固体废物处理与资源化丛书

煤系固体废物
资源化技术

第二版

边炳鑫　李哲　解强　主编

U0247390

化学工业出版社

·北京·

本书共分 4 篇 16 章。第一篇介绍了煤矸石的产生、污染及资源化利用概况，煤矸石的组成、性质和分类，从煤矸石中回收有用矿物，以煤矸石为原料生产化工产品，煤矸石生产建筑材料，煤矸石的其他资源化利用方法，煤矸石沸腾炉渣资源化技术，煤系高岭岩（土）资源化技术；第二篇介绍了粉煤灰的形成、分类与综合利用概况，粉煤灰试验分析方法，粉煤灰及其微珠的理化性质，粉煤灰综合利用；第三篇介绍了烟气脱硫石膏的产生与品质，脱硫石膏资源化技术；第四篇介绍了石墨尾矿的形成和特性，石墨尾矿综合利用。

本书在第一版的基础上重新梳理了应用技术类别，补充完善了新的技术成果，增加了煤系伴生矿物及煤烟脱硫石膏篇章，使全书覆盖面更广泛、内容更全面、技术更实用。可供从事固体废物处理的工程技术人员和管理人员等参考，也可供高等学校环境工程等相关专业师生参阅。

图书在版编目（CIP）数据

煤系固体废物资源化技术/边炳鑫，李哲，解强主编 . —2 版 . —北京：化学工业出版社，2018.10
（固体废物处理与资源化丛书）
ISBN 978-7-122-32769-7

Ⅰ.①煤… Ⅱ.①边…②李…③解… Ⅲ.①煤系-固体废物利用 Ⅳ.①X752

中国版本图书馆 CIP 数据核字（2018）第 175046 号

责任编辑：刘兴春 刘 婧　　　　　　　　装帧设计：关 飞
责任校对：宋 夏

出版发行：化学工业出版社（北京市东城区青年湖南街 13 号 邮政编码 100011）
印　　刷：三河市航远印刷有限公司
装　　订：三河市宇新装订厂
787mm×1092mm　1/16　印张 21¾　字数 528 千字　2019 年 4 月北京第 2 版第 1 次印刷

购书咨询：010-64518888　　　　　　　　　售后服务：010-64518899
网　　址：http://www.cip.com.cn
凡购买本书，如有缺损质量问题，本社销售中心负责调换。

定　　价：138.00 元

我国是世界上少有的以煤为主要能源的国家，当前和今后相当长时间内煤炭工业是我国重要的支柱产业。我国煤炭资源比较丰富，2014 年资源总量约为 5.9×10^{12} t，2015 年全国原煤产量约为 3.75×10^9 t，2017 年全国规模以上煤炭企业原煤产量 3.45×10^9 t。煤系固体废物来自煤的开采、加工和利用过程。其中排出量最大最集中的是煤炭开采、加工过程所产生的煤矸石、燃煤电厂的粉煤灰以及煤矸石作为劣质燃料使用在沸腾炉燃烧后所产生的固体废渣（沸渣）。2013 年，我国煤矸石产生量达 7.5×10^8 t，综合利用量达 4.8×10^8 t，综合利用率仅为 64%；2015 年煤矸石排放量接近 8×10^8 t。历年积存的煤矸石约为 4.5×10^9 t，占地 130km²，已有 2600 多座大型矸石山。我国煤矸石中约 30% 为煤系高岭土，具有较高的回收价值。

2013 年，电力系统火力发电厂粉煤灰排放量约为 5.8×10^8 t，综合利用量 4.0×10^8 t，综合利用率仅为 69%；2015 年全国粉煤灰排放量达到 6.2 亿吨，综合利用率仅为 70%。从 2002 年起，我国火力装电机组呈现爆炸式增长，粉煤灰产生量也急剧增加，由 2001 年的 1.54×10^8 t 增加到 2015 年的 6.2×10^8 t，增长了 4 倍。近年，国家发展改革委组织开展了《煤矸石综合利用管理办法》修订工作。国家能源局、财政部、国土资源部、环保部联合下发了《煤矿充填开采工作指导意见》，推动煤炭行业以矸换煤技术的推广和应用。颁布实施了《煤矸石分类》（GB/T 29162—2012）和《煤矸石利用技术导则》（GB/T 29163—2012）标准，为大规模综合利用煤矸石奠定了基础。

烟气脱硫石膏作为燃用煤炭工业的副产物，被认为是 21 世纪中国最具开发利用价值的新型建筑材料。随着二氧化硫减排要求越来越严格，正在实施的脱硫工程越来越多，副产品脱硫石膏将呈迅速增长之势。为贯彻《中华人民共和国环境保护法》（中华人民共和国第十二届全国人民代表大会常务委员会第八次会议于 2014 年 4 月 24 日修订通过，自 2015 年 1 月 1 日起施行）、《中华人民共和国大气污染防治法》（中华人民共和国第十二届全国人民代表大会常务委员会第十六次会议于 2015 年 8 月 29 日修订通过，自 2016 年 1 月 1 日起施行）、《国务院关于加强环境保护重点工作的意见》等法律法规，保护环境，防治污染，促进锅炉生产、运行和污染治理技术的进步，制定《锅炉大气污染物排放标准》（GB 13271—2014 代替 GB 13271—2001）。新法规及标准实施、执法力度及能力的提高，将极大地改善大气污染现状，同时也一定会增加粉尘颗粒物及脱硫石膏等工业固体废物排放量。工业废物如果不能很好地被处置和综合利用，会造成二次污染，因此，研究脱硫石膏的开发应用、制备出满足工程要求的新材料有着重要的意义。

石墨的变质矿床系由富含有机质或碳质的沉积岩经区域变质作用而成，一些石墨矿床还与煤田伴生。目前，国内生产天然石墨约 1.8×10^6 t，占全球年产量的 50% 以上。石墨尾矿是开采石墨矿后排放的尾矿矿浆经自然脱水后形成的固体矿业废料，石墨尾矿产量约 2.0×10^7 t。由于石墨尾矿排放量大，可利用性差，其在石墨选矿厂周围大量、长期堆积，不仅占用了大量的土地，而且每逢刮风便沙土漫天，严重影响着当地人们的正常生活，对区域生态环境产生了不利的影响。因此，提高石墨尾矿的资源化利用水平具有重要意义。

正是基于此背景，本次修订在第一版的基础上重新梳理了应用技术类别、补充完善了新的技术成果、增加了脱硫石膏资源化技术和石墨尾矿利用技术方面的内容，使全书覆盖面更广泛、内容更全面、技术更实用。本书共分四篇，第一章～第八章为第一篇，分别介绍了煤矸石的组成、性质和分类，煤矸石中有用矿物回收，以矸石为原料生产化工产品，生产建筑材料，煤矸石沸腾炉渣资源化技术和煤系高岭岩（土）资源化技术。第九章～第十二章为第二篇，主要介绍了国内外粉煤灰综合利用概况，粉煤灰的形成、收集与处理，粉煤灰的理化性质，以及粉煤灰在建筑、化工、环保和农林牧业中的应用。第十三章和第十四章为第三篇，分别讨论了烟气脱硫石膏的产生、品质和脱硫石膏资源化技术。第十五章和第十六章为第四篇，分别介绍了石墨尾矿的形成、特性和综合利用资源化技术。本书具有较强的技术性和针对性，适合从事工业固体废物综合利用、矿物加工利用、矿产资源综合利用的工程技术人员及管理人员参考，也供高等学校环境科学与工程、能源工程及相关专业师生参阅。

本书由边炳鑫、李哲、解强任主编，赵由才、张顺艳任副主编。本书主要编写人有边炳鑫（前言、第九章、第十一章）、赵由才（绪论）、解强（第一章、第五章）、武建军（第二章）、马力强（第三章）、李多松（第四章）、秦强（第六章）、金雷（第七章）、邵武、徐德永（第八章）、李哲（第十章、附录）、李哲、徐岩、边炳鑫（第十二章）、李哲、徐德永（第十三章、第十四章）、张顺艳、边炳鑫、李凤会（第十五章、第十六章）。全书最后由边炳鑫统稿、定稿，李哲、张顺艳负责校核工作。

在本书编写过程中，参考和引用了该领域部分图书、论文等资料，在此向书中所引用文献的作者也表示深深的谢意！

限于编者的编写时间和水平，书中不足和疏漏之处在所难免，恳请读者不吝赐教。

编者
2018 年 5 月

　　我国是世界上少有的以煤为主要能源的国家之一，当前和今后相当长时间内煤炭工业是我国重要的支柱产业。我国煤炭资源比较丰富，预测资源量为 4.49 万亿吨，居世界第二位，在一次能源探明总量中煤炭占 90％。

　　煤系固体废物来自煤的开采、加工和利用过程，其中排出量最大最集中的是煤炭开采、加工过程所产生的矸石、燃煤电厂的粉煤灰以及煤矸石作为劣质燃料使用在沸腾炉燃烧后所产生的固体废渣（沸渣）。随着煤炭生产的不断发展，煤矸石的产量与日俱增，每年新增煤矸石 1 亿吨以上，历年积存的煤矸石已超过 30 多亿吨，占地 5 万亩（3333.3 万平方米）以上，已有 1500 多座大型矸石山。目前，全国 76％的电力是燃煤电厂产生的，每年全国电厂年燃煤约 4 亿吨以上，占全国原煤产量的 1/3，1996 年电力系统火力发电厂粉煤灰排放量约为 1 亿吨，成为世界最大的排灰国。如此大量的灰渣排放不仅占用大量的土地，并对环境造成严重的污染，而且也是一种资源的浪费。

　　煤矸石是赋存于煤层中的脉石，在采煤过程中混入原煤，经洗选以洗矸和尾矿的形式排除。煤矸石作为固体废物具有时间和空间的相对性：煤矸石作为废弃物是"三废"（废渣、废气、废水）俱全的污染源，但作为资源，它既是劣质燃料、又是建材和其他一些工业的原料。由于"利用"是处理任何废弃物的最佳方案，煤矸石的处理和利用已引起国内外的广泛重视。

　　粉煤灰是煤粉在锅炉内燃烧后产生的一种粉状灰粒。我国自 20 世纪 50 年代开始利用粉煤灰，经历了几个发展阶段。从 80 年代以后，粉煤灰综合利用事业获得了较大的进展，尤其是 1985 年国务院批转当时的国家经贸委《关于开展资源综合利用若干问题的暂行规定》文件后，对全国粉煤灰综合利用工作起到积极的推动作用。随后 1987 年召开了"第二次全国资源综合利用工作会议"，又确定了把粉煤灰综合利用列为资源综合利用的突破口。中国洁净煤技术"九五"发展规划也把粉煤灰综合利用列为重点研究的内容之一。可见粉煤灰综合利用已成为我国经济建设中一项重大的经济技术政策与战略措施。在国外，20 世纪 80 年代前期曾召开以粉煤灰灰渣的挑战为主题的国际性讨论会。所谓粉煤灰灰渣挑战的实质，就是如何行之有效大量利用粉煤灰的问题。近年来在世界范围内，又把粉煤灰灰渣的处置与利用作为一个全球性的重大课题。

　　本书主要编写人员有边炳鑫（前言、第七章、第十章、第十一章），赵由才（绪论），解强（第一章、第五章），武建军（第二章），马力强（第三章），李多松（第四章），秦强（第六章），李哲（第八章、第九章），李哲、徐岩（第十二章），邵武（第十三章），金雷（第十四章）。全书由边炳鑫统稿。

　　书中介绍了大量的粉煤灰、煤矸石综合利用技术和各种产品的生产工艺，既有理论深度，又有实用技术，相信会对推动我国煤系固体废物的处理与综合利用技术有所裨益。本书主要适合于大、中专院校师生、从事固体废物处理的工程技术人员、有关管理人员等阅读和参考。本书的编写、出版受到建设部［"垃圾衍生燃料（RDF）热解与气化的技术与工艺研究"（03-2-055）］、哈尔滨市科委［"城市垃圾高效洁净能源化利用关键技术与设备"（2003AA4CS128）］的部分资助。

　　本书编写过程中限于作者的水平和经验，叙述中可能有错误和疏漏，恳请读者不吝赐教。同时，对书中所引用文献的作者也表示深深的谢意。

目 录

第三章　从煤矸石中回收有用矿物 / 40

第四章　以煤矸石为原料生产化工产品 / 56

第二篇 粉煤灰资源化技术

第九章 粉煤灰的形成、分类与综合利用概况 / 158

第十章 粉煤灰试验分析方法 / 175

第十一章　粉煤灰及其微珠的理化性质 / 187

第三篇　煤烟脱硫石膏资源化技术

第十三章　烟气脱硫石膏的产生与品质 / 270

第十四章　脱硫石膏资源化技术 / 278

第四篇　石墨尾矿资源化技术

第十五章　石墨尾矿的形成和特性 / 292

第十六章　石墨尾矿综合利用 / 298

绪　论

　　能源是社会经济赖以发展的物质基础，能源的高效利用是实现可持续发展战略的重要途径之一。目前，煤炭占我国一次能源生产和消费构成的70%以上，并且我国地下能源矿藏的储备结构还以煤炭为主，所以，煤炭在未来多年内仍然是我国的主要能源。煤炭工业是我国重要的支柱产业，预测资源量5.9×10^{12} t。从1991年以来我国煤炭产量一直居世界榜首，2013年全国原煤产量达39.69×10^8 t，2014年全国原煤产量38.7×10^8 t，2015年全国原煤产量达37.5×10^8 t。

　　在能源工业中，煤矸石、粉煤灰、沸腾炉渣是具有潜在利用价值的固体废物，由于它们都来自煤的开采、加工和利用过程，因此被称为煤系固体废物。煤系固体废物是最大的工业固体废物，其开发利用不仅具有重大环境意义，而且具有良好的社会效益和经济效益。

　　煤矸石是夹在煤层中的岩石，是采煤和选煤过程中排出的固体废物，是一种在成煤过程中与煤层伴生的含碳量较低、比煤坚硬的黑灰色岩石。煤矸石是由碳质页岩、碳质砂岩、页岩、黏土等组成的混合物，其中的碳、氢、氧是燃烧时产生热量的元素。不同地区的煤矸石由不同种类的矿物组成，其含量相差较大，一般煤矸石主要由高岭土、石英、蒙脱石、长石、伊利石、石灰石、硫化铁、氧化铝等组成。煤矸石中的金属组分含量偏低，一般不具回收价值。据资料显示，我国煤矸石中约30%为煤系高岭土，具有较高的回收价值。

　　煤矸石是各种工业废渣中排放量最大、占地最多、污染环境较为严重的固体废物。在煤炭生产中，煤系及其伴生矿物都当作煤矸石堆山（矸石山）排放。据统计，我国煤矸石累计堆放量约为45×10^8 t，规模较大的煤矸石山达2600多座，占地1.3×10^4 hm²。2013年，我国煤矸石产生量约7.5×10^8 t，综合利用量4.8×10^8 t。目前，我国煤矸石年排放量超过4.0×10^6 t的有东北地区，内蒙古、山东、河北、陕西、山西、安徽、河南、新疆等。自20世纪50年代以来，由于煤矿采掘机械化的发展和开采条件逐渐恶化，致使煤矿排出的煤矸石大量增加，废弃的煤矸石堆积如山。煤矸石露天堆放带来了严重的环境污染，是矿区生态环境的主要污染源之一。煤矸石一般露天堆放，经日晒、雨淋、风化、分解，产生大量的酸性水或携带重金属的离子水，下渗损害地下水质，外流导致地表水的污染。此外，近1/3的矸石山由于硫铁矿和含碳物质的存在发生自燃，产生有害有毒的SO_2、CO_2、NH_3等气体和有害的烟雾，严重污染环境，使附近居民慢性气管炎和气喘病患者增多，周围树木落叶、庄稼减产；煤矸石受雨水冲刷，常使附近河流的河床淤积，河水受到污染。例如，陕西铜川市由于煤矸石自燃产生的SO_2量每天达37t。煤矸石堆放不仅对矿区的自然景观造成一定影响，有时还会产生滑坡、泥石流现象，甚至发生爆炸。

　　国外对煤矸石的综合利用研究比较重视，矸石利用率（不含用于充填、铺路材料）一般在20%～30%，高者可达60%～80%。如美国矿业局从20世纪70年代开始，对所有的矸石山进行采样分析，并做出煤矸石综合利用规划。苏联煤炭部科技委员会于1987年召开了煤矸石的分类、性质和综合利用的专题会议，并研究了煤矸石分类、性质和综合利用的有关技术、工艺和设备，除了用于发电、生产砖、多孔轻骨料等建材外，还用含碳较高的煤矸石生产有机矿物肥料。其他一些国家，如英国、法国、匈牙利等，也对煤矸石利用进行了研究，并建立了煤矸石、沸腾炉渣、粉煤灰生产建材工厂。

我国煤矸石综合利用也已有三四十年的历史。近几年来，随着煤矿环保工作的深入开展和科学技术的进步，煤矸石的利用率也不断提高，2013年煤矸石利用率达到64%，主要用于发电、供热、制砖、水泥掺合料、制肥等。此外还用煤矸石充填复垦、铺路以及回收矸石中高岭岩（土）和硫铁矿加工化工产品等。我国目前煤矸石的综合利用率为65%左右，这不论从环保角度还是从煤矸石资源化、提高经济效益角度来看都与煤炭生产发展很不相适应，即使在利用比较广泛的煤矸石烧沸腾炉、制砖、烧水泥等方面也还存在一些问题。国家制定的《煤矸石综合利用技术政策要点》明确规定：煤矸石综合利用以大宗量利用为重点，将用煤矸石发电、煤矸石建材及制品、复垦回填以及煤矸石山无害化处理等大宗量利用煤矸石技术作为主攻方向，发展高科技含量、高附加值的煤矸石综合利用技术和产品。近年，国家发展改革委组织开展了《煤矸石综合利用管理办法》修订工作。国家能源局、财政部、国土资源部、环保部（现生态环境部）联合下发了《煤矿充填开采工作指导意见》，推动煤炭行业以矸换煤技术的推广和应用。颁布实施了《煤矸石分类》（GB/T 29162—2012）和《煤矸石利用技术导则》（GB/T 29163—2012）标准，为大规模综合利用煤矸石奠定了基础。

燃煤发电是世界各国普遍采用的电力生产方式之一，燃煤所产生的大量粉煤灰、炉底渣的有效利用已成为世界性课题。从2002年起，我国火力装电机组呈现爆炸式增长，粉煤灰产生量也急剧增加。从2001年的1.54×10^8 t增加到2015年的6.2×10^8 t，增长了4倍。如此大量的灰渣不仅占据大量土地，造成严重的环境污染，也是一种资源的浪费。因此，粉煤灰的资源化已成为我国亟待解决的重大课题。

粉煤灰是煤粉经高温燃烧后形成的一种似火山灰质混合材料。狭义地讲，它是指燃煤锅炉燃烧时，烟气中带出的粉状残留物，简称飞灰；广义地讲，它还包括锅炉底部排出的炉底灰，简称底灰。飞灰和底灰的比例随着炉型燃煤品种及燃煤粒度等的不同而变化，目前世界各国普遍使用的固态排渣煤粉炉，飞灰占灰渣总量的80%～90%，炉底灰占其总量的10%～20%。通常粉煤灰可分为原状灰和加工灰两种，原状灰是指从锅炉排出后未经加工的粉煤灰，根据排灰工艺可分为湿灰和干灰。干灰是将收集到的飞灰直接输入灰仓的粉煤灰，湿灰是通过管道和灰浆泵利用高压水力把灰渣输送到贮灰场后的粉煤灰。加工灰是指为便于粉煤灰资源化利用而采用某种工艺进行加工，使其达到使用要求的粉煤灰，加工灰目前有磨细灰、分选灰、调湿灰等。

国外对粉煤灰的利用可追溯到1920年后的电厂大型锅炉革新，美国学者将粉煤灰掺到混凝土填体中，以减少水化热，这就开始了人类利用粉煤灰的历史。1933年美国加州理工学院的R. E. Davis开始了粉煤灰在混凝土水泥中作掺合料的性能研究。上海在20世纪50年代最先进行了粉煤灰的应用研究，开展了粉煤灰在掺入水泥中作掺合料的研究。1956年中国科学院将粉煤灰在建筑和建材中的应用列入重点科技研究十年规划中，但进展缓慢，1979年以前后利用率还不到10%。把粉煤灰资源综合利用作为一项重大的经济政策，并提到战略高度，则是在改革开放以后，国家和地方政府制定了一系列鼓励粉煤灰资源综合利用的政策，有力地推进了粉煤灰的利用；粉煤灰的综合利用率由 1995 年的 41.7％上升到 69％。

沸腾炉渣是由燃烧低热值燃料的沸腾炉炉膛排出的固体废物。沸腾炉在我国是 20 世纪 70 年代发展起来的，现在已遍布全国各地的煤矿和工厂，它的燃料主要是煤矸石、石煤和劣质煤。沸腾炉渣化学成分稳定，有活性，是生产建材的好原料，现在人们已经可以利用沸渣作填充、灌浆材料，水泥生产的掺合料，配制砌筑砂浆和生产各种砌块。

作为燃用煤炭工业副产物的烟气脱硫石膏，被认为是 21 世纪中国最具开发利用价值的新型建筑材料。随着二氧化硫减排要求越来越高，正在实施的脱硫工程越来越多，副产品脱硫石膏将呈迅速增长之势。为贯彻《中华人民共和国环境保护法》（中华人民共和国第十二届全国人民代表大会常务委员会第八次会议于 2014 年 4 月 24 日修订通过，自 2015 年 1 月 1 日起施行）、《中华人民共和国大气污染防治法》（中华人民共和国第十二届全国人民代表大会常务委员会第十六次会议于 2015 年 8 月 29 日修订通过，自 2016 年 1 月 1 日起施行）、《国务院关于加强环境保护重点工作的意见》等法律、法规，保护环境，防治污染，促进锅炉生产、运行和污染治理技术的进步，制定《锅炉大气污染物排放标准》（GB 13271—2014 代替 GB 13271—2001）。新法规及标准实施，执法力度及能力的提高，将极大地改善大气污染现状，同时也一定会增加粉尘颗粒物及脱硫石膏等工业固体废物排放量。如果不能很好地处置和综合利用，会造成二次污染，因此，研究脱硫石膏的开发应用，制备出满足工程要求的新材料有着重要的意义。

第一篇

煤矸石及其沸腾炉渣资源化技术

第一章

煤矸石的产生、污染及资源化利用概况

煤矸石是煤炭生产、加工过程中产生的固体废物，是煤的共生资源，成煤过程中与煤伴生、灰分通常大于50%、发热量一般在3.5～8.3MJ/kg范围内的一种碳质岩石。

煤矸石是在成煤过程中形成的，是成煤物质与其他物质结合而成的可燃性矿石。聚煤盆地沉降运动的变化，引起植物遗体堆积速度和沼泽水面上升速度之间出现"不足补偿"，如果沼泽水面上升速度大于植物遗体堆积速度，造成沼泽水面加深，而沼泽的环境变化，引起泥炭作用减弱或停止，低含炭泥层或泥砂层沉积下来，并在其后的地质作用下形成了煤层的顶板、底板或煤层中间的含碳质泥岩或其他成分的岩层。从狭义上讲，煤炭开采时夹带出来的碳质泥岩、碳质砂岩叫做煤矸石；从广义上讲，煤矸石是煤矿建井和生产过程中排出的一种混杂岩体，它包括煤矿在井巷掘进时排出的矸石、露天煤矿开采时剥离的矸石和洗选加工过程中排出的矸石。

矸石作为赋存于煤层中的脉石，在井巷开拓过程中直接排到地面，在采煤过程中混入原煤，如经洗选过程则排出洗矸和尾矿。矸石就是岩石，一般属于沉积岩，它是由多种矿岩组成的混合物。

第一节　煤矸石的产生与排放量

煤矸石的主要来源有：①露天剥离以及井筒和巷道掘进过程中开凿排除的矸石；②在采煤和煤巷掘进过程中，由于煤层中夹有矸石或削下部分煤层底板，使运到地面上的煤炭中含有煤矸石；③煤炭洗选过程中排出的矸石；④发热量很低的劣质煤炭。

煤矸石作为煤炭生产过程中的副产物，其产生量占煤炭开采量的10%～25%。目前，我国煤矸石累计堆放量约为 $4.5 \times 10^9 t$，规模较大的煤矸石山达 2600 多座，占地 $1.3 \times 10^4 hm^2$。随着煤炭生产的不断发展，矿山的矸石排出量与日俱增，矸石山越来越多，越堆越高，占地面积越来越大。以排矸量占原煤生产的 20% 计算，每年新增加的矸石有 $7.0 \times 10^8 t$ 以上，除综合利用约 $5.0 \times 10^8 t$ 外，其余部分就近自然混杂堆积贮存。

煤矸石已成为我国积存量和年产生量最大、占用堆积场地最多的工业废物。

第二节 煤矸石污染

煤矸石露天堆放带来了严重的环境污染，是矿区生态环境的主要污染源之一。煤矸石一般露天堆放，经日晒、雨淋、风化、分解，产生大量的酸性水或携带重金属的离子水，下渗损害地下水质，外流导致地表水的污染。此外，近 1/3 的矸石山由于硫铁矿和含碳物质的存在发生自燃，产生有害有毒气体，严重污染环境。此外，煤矸石堆放不仅对矿区的自然景观造成一定影响，有时会产生滑坡和泥石流现象。

露天堆放的煤矸石，经长期风化、淋溶、氧化自燃等物理化学作用，所产生的一系列环境及生态问题如图 1-1 所示。

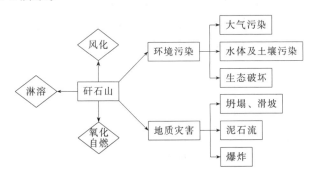

图 1-1 煤矸石露天堆放引起的环境及生态问题

一、大气污染

煤矸石中含有残煤、碳质泥岩和废木材等可燃物，特别是其中的碳、硫是构成矸石山自燃的物质基础。煤矸石野外露天堆放，日积月累，矸石山内部的热量逐渐积蓄，当温度达到可燃物的燃点时，矸石堆中的残煤便可自燃。有资料显示，国有重点煤矿堆积矸石山 1500多座，其中有 389 座长期自燃。自燃后，矸石山内部可达 $800 \sim 1000℃$ 高温，使矸石熔解并放出大量 CO、CO_2、SO_2、H_2S、氮氧化合物及苯并芘等有害气体。一座矸石山自燃可长达十余年至几十年，严重影响排矸场周围的大气环境质量：矸石山的发火自燃导致矿区大气质量严重恶化，呼吸道疾病流行，部分污染严重的矿区（韩城、徐州、林东、丰城、萌营等矿区）甚至发生工人中毒昏迷乃至死亡的恶性事故。如乌达矿务局某矿山自燃，排出 SO_2、H_2S 最高日平均浓度达 $10.69mg/m^3$，使该地区疾病发病率明显高于其他地区；铜川矿务局矸石山发生自燃，使周围地区 SO_2 严重超标，导致在周围工作 5 年以上的职工都患有不同程度的肺气肿病，而且这些地区是癌症高发区。

表 1-1 为部分矿区的大气环境监测结果。

表 1-1 矸石山自燃矿区大气污染情况   单位：（标）mg/m³

矿 山	SO_2	CO	H_2S	矿 山	SO_2	CO	H_2S
乌达矿务局跃进矿	10.6	—	1.57	韩城矿务局桑树坪矿	7.02	184.23	—
阳泉矿务局阳泉矿	19.0	125.9	—	铜川矿务局三里洞矿	3.45	—	—

露天堆放的煤矸石由于风化引起的扬尘也会影响周围的大气环境。根据山西部分矿区的试验及有关科研工作单位的监测分析，煤矿煤矸石山扬尘有以下规律：扬尘量与风速呈正比；在相同的风速下，扬尘量的大小与物质的粒度、质量和破碎状态有关（煤的粒度、质量和块度较小，煤粉多，因而易被吹扬；矸石的粒度、质量和块度较大，岩粉少，吹扬量就较少）；矸石山的扬尘量与装卸活动有关，卸矸时的扬尘量大，平时场尘量小。通过上述监测资料分析说明，矸石山对环境有扬尘污染，且其影响范围一般不超过 1km，因此，适当选取排矸场的位置可减少煤矸粉尘对环境的影响。

煤矸石露天堆放，被风化成微粒，加之含有少量煤粉，随风飞扬污染大气环境。莱芜矿区冬季大气污染物为 SO_2 和总悬浮微粒，后者多来自矸石扬尘，其污染负荷比为 36.15%。夏季主要污染物为总悬浮微粒，污染负荷比为 61%。矸石堆扬尘是主要污染源。煤矸石自燃可释放出 CO、CO_2、SO_2、H_2S、NO_x 等气体，污染大气环境。1997 年对淄博矿区矸石堆附近降水水质进行监测，结果表明，由于矸石自燃，矸石堆附近降水中 SO_4^{2-}、矿化度比对照点明显增高，个别监测点雨水 pH 值达到 5.0（表 1-2），形成酸雨。

表 1-2 淄博矿区矸石堆周边雨水水质

监测点	监测时间	SO_4^{2-}/(mg/L)	矿化度/(mg/L)	pH 值
龙泉矿	1997-07-14	35.0	96.1	7.0
	1997-07-14	12.5	30.4	7.6
	1997-07-28	45.0	92.5	6.9
	1997-08-04	18.8	45.0	8.1
	平均值	27.8	66.0	
岭子矿	1997-07-20	28.8	68.1	5.0
	1997-07-22	4.8	28.1	6.3
	1997-08-19	16.8	50.6	6.5
	1997-08-20	12.0	43.1	7.0
	平均值	15.6	47.5	
对照点	1997-07-14	7.5	29.8	6.2
	1997-07-20	7.5	28.6	5.8
	1997-08-30	15.0	38.1	5.7
	平均值	10.0	32.2	

二、淋溶污染

煤矸石除含有 SiO_2 和 Al_2O_3 以及铁、锰等常量元素之外，还有其他微量的重金属元素，如铅、镉、汞、砷、铬等，这些元素都为有毒重金属元素。经过风化及大气降水的长期淋溶作用，这些元素会形成硫酸或酸性水并离解出各种有毒有害元素渗入地下，导致土壤、地表水体及浅层地下水的污染，形成淋溶酸性水，从而影响土壤环境和水环境，其污染程度则取决于这些元素的含量和淋溶量的大小。尘土和水冲下的矸石风化物细粒可飘洒在周围土地上，污染土壤，矸石山的淋溶水进入潜流和水系，也可影响土壤。我国西南、西北及山西一些高硫分矿区尤为突出。据山西汾西矿务局调查，某些井田范围内的土壤已受 Cd、Hg 的轻度污染。美国俄亥俄州某矿区，受长期的风化淋溶作用，在 10 多年的时间内，矸石山附近水体的硫酸盐浓度增加了 20g/L。

矸石中有害可溶物的含量与地层岩性特征、采矿条件、堆放条件有关，不同矿区的煤矸石的影响程度不同。例如，山东省鄂庄矿新、陈矸石在同样浸泡 24h 的条件下，浸溶液 SO_4^{2-} 含量分别为 6.75mg/L 和 398.63mg/L，相差 58 倍（见表 1-3、表 1-4）说明矸石经风化后有害可溶物可大幅度增加，而经掩埋处理的矸石对环境的危害较小。随着浸泡时间的延长，浸溶液化学组分具递增的规律，但增幅较小，表明即使在水体淹没状态下，矸石的风化速度也比露天堆放条件缓慢，危害较小。

表 1-3　新生煤矸石浸泡液成分

取样地点	浸泡时间/h	SO_4^{2-}/（mg/L）	F^-/（mg/L）	Mo/（mg/L）	Se/（mg/L）	总硬度/（mg/L）	pH 值
南冶矿	24	4.5	0.4	0.0323	0.0012	2.5	7.8
	48	5.25	0.5	0.047	0.0007	2.5	7.7
	72	7.0	0.6	0.059	0.0024	5.05	8.0
鄂庄矿	24	6.75	0.6	0.0047	0.0016	2.5	8.1
	48	14.0	0.65	0.0062	0.0024	2.5	8.2
	72	75.0	1.35	0.0074	0.0033	22.72	9.4
潘西矿	24	351.73	0.7	0.015	0.0043	247.02	7.3
	48	365.8	0.8	0.0162	0.005	249.57	7.6
	72	354.07	0.6	0.0175	0.004	247.02	7.6

表 1-4　陈化煤矸石浸泡液成分

取样地点	浸泡时间/h	SO_4^{2-}/（mg/L）	F^-/（mg/L）	Mo/（mg/L）	Se/（mg/L）	总硬度/（mg/L）	pH 值
南冶矿	24	16.25	0.20	0.0060	<0.0003	33.48	9.1
	48	16.25	0.20	0.0078	<0.0003	33.98	9.1
	72	21.25	0.20	0.0082	<0.0003	42.94	9.0
鄂庄矿	24	398.63	0.90	0.0023	0.0100	257.13	7.4
	48	490.08	0.95	0.0036	0.0340	315.08	7.7
	72	546.35	1.00	0.0043	0.0250	347.86	7.6
潘西矿	24	797.25	0.55	<0.0005	0.0005	789.01	7.1
	48	740.98	0.55	<0.0005	0.0009	776.40	7.4
	72	722.22	0.55	<0.0005	0.0011	761.23	7.4

矸石淋滤液污染土壤环境。表 1-5 为山东省新汶矿区良庄矿和莱芜矿区鄂庄矿矸石堆附近及对照点土壤成分对比结果，说明矸石堆附近土壤中 S、F、Hg 含量比对照点高，其他元素含量与对照点相当。

表 1-5　部分矿区土壤元素分析结果一览表　　　　　　　　单位：mg/g

矿区	距矸石山距离/m	采样深度/cm	pH 值	S	F	Cr	Pb	Cd	Hg	As
新汶矿区	30	0~20	7.72	3400	545	53.4	27.6	0.094	0.110	5.4
		20~40	7.84	700	500	53.4	22.6	0.071	0.090	4.2
	100	0~20	8.11	1200	530	54.3	24.5	0.116	0.037	5.1
		20~40	8.07	1000	508	59.3	26	0.118	0.046	5.6
	对照点	0~20	8.31	700	485	63.9	27.6	0.126	0.035	6.3
		20~40	8.29	600	575	58.3	26.3	0.090	0.037	5.0

矿区	距矸石山距离/m	采样深度/cm	pH 值	S	F	Cr	Pb	Cd	Hg	As
莱芜矿区	30	0～20	8.06	300	378	60.5	23.8	0.064	0.024	7.2
		20～40	8.07	300	460	61.8	21.0	0.620	0.025	6.8
	100	0～20	8.06	700	410	55.2	26.8	0.620	0.028	7.6
		20～40	7.92	2700	648	55.6	23.4	0.044	0.023	7.1
	对照点	0～20	8.14	300	645	51.2	26.1	0.078	0.028	7.8
		20～40	8.62	200	395	51.0	23.8	0.056	0.026	6.0

三、放射性元素对环境的影响

矸石中天然放射性元素主要是铀-238、钍-232、镭-226、钾-40，近几年我国开始了对这方面的研究。对山西省西山矿区监测的结果表明：矸石中的天然放射性元素均高于原煤和土壤中的相应数值，矸石中的铀、钍、镭含量与原煤中的含量相比分别高出3.38倍、3.09倍、2.15倍，与山西土壤中的含量相比分别高出3.94倍、2.11倍、2.56倍，但钾-40的含量则低于土壤含量。依据我国《放射防护规定》《建筑材料放射卫生防护标准》和《建筑材料用工业废渣放射性物质限制标准》中的有关规定，结合全国部分地区土壤放射性核元素含量，可以认为，一般情况下煤矸石不属于放射性废物，而属于一般工业固体废物。煤矸石即使100%用于建材制品，亦满足有关放射性限制标准和卫生防护限制规定。在矿区环境影响评价时，除特殊地区特殊要求外，可不做放射性影响的评价。

山东省莱芜煤田南冶矿和新汶煤田张庄矿煤矸石放射性检测结果见表1-6。

表1-6　部分煤矿煤矸石放射性检测结果

煤　　矿	总 α		总 β	
	10^3 Bq/kg	10^{-8} Ci/kg	10^3 Bq/kg	10^{-8} Ci/kg
南冶	0.53	1.432	1.96	5.297
张庄	0.81	2.189	1.87	5.054

四、生态污染

导致矿区生态污染的原因是多方面的，矸石山自燃和淋溶污染是其中的主要原因。煤矸石自燃矿区周边区域往往树木枯萎，农作物严重减产甚至绝收，煤矿企业每年要向农民支付巨额赔款。

五、地质灾害

1. 矸石山崩塌和滑坡

矿区矸石山多为自然堆积而成，结构疏松，受矸石中碳分自燃、有机质灰化及硫分离解挥发等作用，矸石山的稳定性普遍较差，极易发生崩塌、滑坡。例如，英国Aberfan附近的矸石山滑坡曾导致144人丧生，并造成重大的财产损失。

2. 煤矸石泥石流

山区煤矿大都直接将煤矸石堆于沟谷中，成为泥石流的物质源，一旦山谷中形成较强的径流条件，即可能形成泥石流灾害。泥石流灾害主要发生在山区矿井，多发生于雨季，形成的灾害程度有大有小。20世纪70年代发生于美国西弗吉尼亚州法罗山谷的煤矸石泥石流灾害造成116人死亡，546间房屋和1000多辆汽车被毁，使4000多人无家可归。

六、矸石山爆炸

当矸石山内的瓦斯气体聚集至一定浓度，且得不到有效释放时，则极易产生爆炸，并引起崩塌、滑坡，形成连锁灾害。矸石山爆炸也是我国煤矿常见的地质灾害，20世纪80年代以来，发生大小矸石山爆炸事故10余起，导致30多人死亡，河南省焦作矿区1988年的一次矸石山爆炸即造成6名儿童丧生。

第三节　煤矸石资源化利用概况

煤矸石是对矿区生态环境主要影响源之一，既占用大量土地，又严重污染环境。大量矸石的处理和利用，已引起国内外的广泛重视。

一、煤矸石资源化利用的意义

在煤炭生产和加工过程中会产生大量的煤矸石，煤矸石山已经成为我国煤矿的一个特有标志。煤矸石的大量堆存给矿区生态环境带来种种负面影响，如占用土地、污染环境、破坏景观等。但煤矸石不是一种简单的废物，而是可以利用的资源，可以替代煤炭用于发电，或替代黏土生产建材等。我国煤矸石累计堆放量约为 4.5×10^9 t，规模较大的煤矸石山有2600多座，占地 1.3×10^4 hm^2。随着经济规模的扩大和我国对能源需求的不断增长，煤矸石的产生量还会增加。因此，进一步发展煤矸石综合利用具有十分重要的意义。

开发利用煤矸石具有环保和经济两重意义。一是矸石作为固体废物，长期以来给人类带来了不可忽视的公害。矸石山可以说是"三废"（废渣、废气和废水）俱全的污染源：矸石山占据了大量耕地，自燃时大量排放有害气体，下雨后更是使得有害物随水流出或渗入地下水，污染大气、农田和江河湖泊，影响人们的健康。二是煤矸石作为资源，它既是劣质燃料又是建材和其他一些工业的原料，是为人民造福的财富。

煤矸石的处理与利用可以达到保护耕地的目的。我国的土地资源非常紧缺，人均耕地占有量只有1.59亩，仅为世界人均水平的43％。随着国民经济的发展，每年因基础设施建设、城市用地增加及自然灾害损毁等原因造成耕地的大量损失。因采煤造成的地表塌陷和矸石堆存也是耕地损失的原因之一。综合利用煤矸石，不仅可以减少对土地的占用（包括煤矸石建材替代黏土砖减少的耕地破坏），用煤矸石作塌陷区的充填或回填材料，还可以使因采煤塌陷的土地得到复垦。所以煤矸石综合利用对于保护我国十分珍贵的土地资源，意义十分重大。

煤矸石资源化利用还可以减轻甚至消除煤矿矿区生态污染，尤其是减轻矿区大气污染和地下水污染。我国有 237 座煤矸石山曾发生过自燃，目前仍有上百座矸石山在不同程度地燃烧。煤矸石自燃不仅白白浪费了宝贵的资源，燃烧过程中排放的 CO_2、SO_2、氮氧化物及烟尘等还严重污染大气环境，危害矿区人民的身体健康。煤矸石经雨水淋溶形成的酸性水渗透到地下，会污染地下水。因此，综合利用煤矸石，可以减轻矿区的大气污染和地下水污染。

二、煤矸石环境危害防治的原则

目前，国内外主要从两个方面解决煤矸石的环境问题：①采用一定的措施控制矸石山的物化作用；②对煤矸石进行综合利用，通过减少煤矸石的地面堆积量达到治理的目的，具体途径如图 1-2 所示。

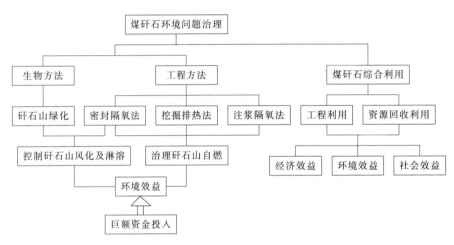

图 1-2　煤矸石环境危害放置途径

抑制煤矸石的物化作用，虽可有效控制污染，但需大量的资金投入，对煤炭企业形成了巨大的经济压力，也制约了先进灭火技术的推广应用。与此相比，煤矸石综合利用的效益是综合型的，可减少乃至消除煤矸石的地面堆积，能够从根本上解决煤矸石的占地和污染问题，也获得了较高的商业利益和明显的社会效益。因此，煤矸石的综合利用已成为世界各主要产煤国解决煤矸石环境问题的主要途径。

煤矸石危害的防治工作应遵循"以防为主，综合利用"的原则。下面是一些具体的例子。

山东省莱芜煤矿田南治煤矿 19 层煤底板的高岭石含量较高，其化学成分接近理想高岭石矿物；15 层煤中硫铁矿结核成层分布，这些矿物具有较高的经济价值。莱芜煤田洗矸中含煤 3%，矿井矸含煤 5%，按此计算该矿每年可拣选煤粉 2.49×10^4 t，按现在煤炭价格其价值逾千万元。

煤矸石中硫铁矿的存在是导致水环境污染和矸石自燃的根本原因。硫铁矿是在缺氧还原状态条件下生成的，在煤层中呈结核和结晶状态，被采到地面后，与空气接触产生氧化作用，变为稳定的氧化状态并放出热量。其反应式如下：

$$4FeS_2 + 11O_2 \longrightarrow 2Fe_2O_3 + 8SO_2 + 3406.7kJ$$

$$2SO_2 + O_2 \longrightarrow 2SO_3 + 192.28kJ$$

$$SO_3 + H_2O \longrightarrow H_2SO_4 + 79.42kJ$$

在供氧充足的条件下，硫铁矿在氧化过程中析出硫黄：

$$4FeS_2 + 3O_2 \longrightarrow 2Fe_2O_3 + 8S + 219kJ$$

硫铁矿的燃点为 280℃ 左右，在其氧化过程中产生大量热量而自燃，并引起矸石中残煤的燃烧，产生下列反应：

$$C + O_2 \longrightarrow CO_2$$

$$2C + O_2 \longrightarrow 2CO$$

在一定的温度、湿度和供氧条件下，发生下列反应：

$$3C + 2SO_2 + 2H_2O \longrightarrow 2H_2S + 3CO_2$$

同时各种硫化物溶解于水而污染水环境。因此，拣选煤粉和硫铁矿等有用成分不但具有可观的经济效益，而且可防止水污染和大气污染，具有显著的社会效益和环境效益。

煤矸石的发热量为 37~62kJ/kg，是一种低热值燃料，可用作水泥、制砖、发电行业的原料。目前煤矸石制砖技术已基本成熟，制砖工艺要求矸石原料含 SiO_2 50%~70%，Al_2O_3 15%~20%，Fe_2O_3 2%~8%，CaO<2%，MgO<3%，S<1%。我国大部分矿区的煤矸石基本符合这一要求，多年堆存的陈矸石更适于此。每 1000 万块矸石砖可消耗矸石 6×10^4 t，节约标准煤 1500~2000t，可获得 50 万元的综合效益，与黏土制砖比较可少破坏土地 3700m²。以矸石和水泥为原料生产空心砌块砖工艺简单，投资少，成品质量稳定。每生产 100 万块砌块砖可消耗矸石 1.1×10^4 t。如建一座年产 120 万块矸石砌块砖的工厂，约需投资 50 万元，可安置人员 30 人。按每块售价 0.82 元计，一年可收回投资。以矸石为原料可生产低标号水泥，燃烧过的矸石是一种具有一定活性的硅铝酸盐，初步具有水泥的特性，可制造彩色水泥并能提高水泥标号。

煤矸石还是沸腾炉的好燃料。国家的节能、环保政策鼓励用矸石进行低热发电，2 台 35t/h 的沸腾炉，装机 2×6000kW 的电厂，可利用矸石 $(1.5~2.0) \times 10^5$ t。

三、煤矸石资源化利用的途径

煤矸石综合利用直接关系到我国煤炭行业的可持续发展和环境保护，随着经济的持续发展和国土的大规模开发，水利、能源、交通等基础建设将随之迅速发展，这为煤矸石的大规模开发利用提供了广阔的空间。

1. 煤矸石资源利用的途径

煤矸石利用的技术和方法大致可以划分为直接利用型、提质加工型和综合利用型三大类，也有按资源回收利用和工程利用方法分类的。煤矸石的主要利用技术包括用作沸腾炉燃料进行发电；对伴生矿物提质利用，如制取氧化铝、聚合铝、矾土及硫酸产品等；生产建筑材料，如制取矸石砖、矸石水泥及耐火材料和陶瓷等。工程利用则是将煤矸石作为充填材料进行复田和土工利用。

近年来我国在煤矸石的处理和利用方面开辟了多种多样的途径（见图 1-3），变废为宝、化害为利，取得了十分可喜的成绩。利用低热值煤矸石作沸腾炉的燃料；矸石作建材原料，可大量制矸石砖、水泥、陶粒等；从矸石中可回收和制取的产品有劣质煤、黄铁矿、铝土矿、聚氯化铝、稀有金属等。我国矸石的治理和利用事业正在蓬勃发展、方兴未艾。

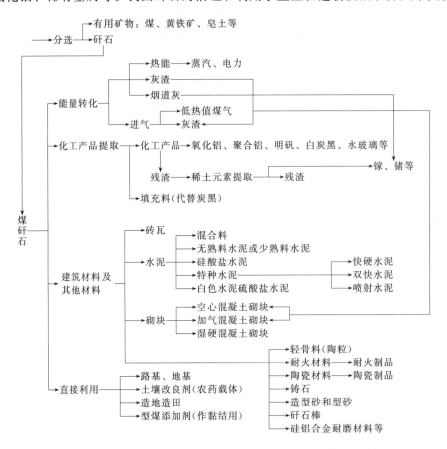

图 1-3　煤矸石处理和利用的途径

2. 我国煤矸石资源化利用的现状

我国从 20 世纪 70 年代起开展了煤矸石综合利用的工作，开辟了一系列煤矸石的利用途径。但由于资源性质的因素、经济条件的制约、技术设备的差距以及市场变化的影响，目前煤矸石的利用率在 65% 左右，与发达国家相比差距仍然较大。为了改变这一状况，1994 年，我国政府在《中国 21 世纪议程——中国人口、环境与发展白皮书》中提出要"促进煤矸石的综合利用"。煤矸石资源化综合利用是关系到环境与发展的大事，已逐渐成为人们的共识。近年，国家发展改革委组织开展了《煤矸石综合利用管理办法》修订工作。国家能源局、财政部、国土资源部、环保部联合下发了《煤矿充填开采工作指导意见》，推动煤炭行业以矸换煤技术的推广和应用。颁布实施了《煤矸石分类》（GB/T 29162—2012）和《煤矸石利用技术导则》（GB/T 29163—2012）标准，为大规模综合利用煤矸石奠定了基础。

据悉，煤矸石综合利用率由 1998 年的 41% 提高至 2013 年的 64%。2013 年我国煤矸石产生量约 7.5×10^8 t，综合利用量 4.8×10^8 t。其中，煤矸石等低热值燃料发电机组总装机容量达 3.0×10^7 kW，年利用煤矸石 1.5×10^8 t，综合利用发电企业达 400 多家，年发电量 1.6×10^{11} kW·h，占利用总量的 32%；生产建材利用煤矸石量 5600 多万吨，占利用总量的

12%；土地复垦、筑路等利用煤矸石 $2.6 \times 10^8 t$，占利用总量的 56%。

3. 我国煤矸石处理及利用的不足与发展途径

我国煤矸石的资源回收利用主要以洗矸为原料，其利用对矸石有相应的品质要求，存在着原料来源相对不足的问题。煤矸石的工程利用对煤矸石品质无特殊要求，且处理量大，应成为我国煤矸石利用的主要领域。

煤矸石具有良好的工程性能，可以作为建筑材料广泛应用于土木工程领域，国外的煤矸石工程应用几乎涉及各类工程建筑（见表 1-7）。我国煤矸石的 70% 为采掘矸石，适于在土木工程中利用。煤矸石的土工利用在我国具有广阔的前景，因此，应重点加强此项应用技术的研究。

表 1-7　国外煤矸石土工利用情况

工 程 类 型	用　途	主 要 工 程 实 例
公路(包括普通公路和高速公路)	路基和路堤的充填材料、承载路面	法国北部公路网；德国 Ruhr 地区公路网；英国 Nottingham、Liverpool 等地区干线公路及 Gateshead 高速公路等
铁路	路基和路堤充填材料	英国 Gloucester、Croydon 铁路编组站，Victoria-Brighne 铁路
水工建筑	坝体充填材料、护层	拦河坝、潜坝(荷兰)；海岸护堤、水库大坝、运河河堤等(英国)
其他	地基垫层	停车场地基、软弱地基处理等

此外，还应加强煤矸石工程利用技术的研究，包括煤矸石不良工程性质的改良、压实处理工艺及特殊加固技术，以及煤矸石作为工程充填材料可能导致的二次污染问题。

四、煤矸石资源化利用的新方法

煤矸石的资源化利用技术，除了传统的从煤矸石中回收有用矿物、将煤矸石用于建材行业、以煤矸石为原料生产一些常见的化学产品外，现在以煤矸石中各化学元素为主线所进行的深层次生产高附加值产品技术的开发日渐重要。

(一) 煤矸石中硅元素的资源化利用

1. 制备系列硅合金

煤矸石中富含硅、铝等元素，有的还含有少量的铁、钛等元素。通过不同的工艺和适当配料，可生产系列硅铝铁合金、铝硅钛合金。

(1) 硅铝铁合金　是炼钢中的主要脱氧剂。我国的一些煤矸石资源主要成分为 Al_2O_3、SiO_2、Fe_2O_3，通过分选和预处理，用直流电热炉直接冶炼。在该工艺中，煤矸石首先加工成熟料，再与煤粉制成球形颗粒，生产出满足商业要求的硅铝铁合金，此工艺能大幅度提高产品的还原速度，降低电耗和生产成本。

(2) 铝硅钛合金　该种合金具有良好的机械强度、耐磨、耐蚀以及耐高温性能，应用十分广泛。传统生产方法由海绵钛与硅先制成中间体，再合成合金，工艺复杂、流程长、成本高。采用直接电解法生产硅铝钛合金，可充分利用煤矸石中的铝、铁和钛资源。该工艺主要环节包括：煤矸石经破碎、焙烧、酸浸脱杂；脱杂后的煤矸石加入冰晶石熔盐体系和其他配料，在 950～1000℃ 条件下，电解还原成金属氧化物，形成合金共同沉积。煤矸石中含有丰富的稀有元素，用煤矸石生产的合金中还含有镓、钒等元素及稀土元素，可使合金的铸造、焊接及挤压轧制等性能得到明显的改善。

2. 合成 SiC

合成 SiC 具有优越的高温强度、高热导率、高耐磨性和耐腐蚀性，在磨料、耐火材料、高温冶金陶瓷、高温和大功率电子等领域应用十分广泛。合成 SiC 主要以硅质煤矸石为原料，辅以石英砂、无烟煤等物质，用 Acheson 工艺合成 SiC，要求硅质煤矸石中的 Si、C 分布均匀，具有合成 SiC 的物质组成条件和微细颗粒的混合条件。硅质煤矸石中 SiO_2 呈直径小于 $10\mu m$ 的球状，被包于厚度小于 $5\mu m$ 的有机质薄壳中。该结构特点使 SiO_2 在反应温度下产生的 SiO_2 气相以较高的扩散压力对外围的碳质层形成径向球面冲击扩散，从而加快传质过程，降低反应温度，也有利于提高反应速度。

3. 合成系列沸石

沸石具有独特的晶体结构、选择吸附性和离子交换特性，根据其晶体结构类型的不同，可分为 A、X、Y 型沸石。目前，以煤矸石为原料合成 A 型沸石的研究较多，特别是 4A 型沸石分子筛，是生产无磷洗衣粉的理想中间体。其生产工艺是先将煤矸石粉碎、煅烧，使其具备一定的活性；再与 NaOH 溶液反应，然后经晶化、过滤、洗涤、干燥等过程。关键步骤是煤矸石原料的选取，要求铝含量较高，有害杂质较低；煅烧温度要严格控制在 $850\sim$ $950℃$，恒温时间 $6\sim8h$。最大限度地除去碳以保证 4A 型沸石的白度；还应尽可能地除去 Fe_2O_3、TiO_2 等杂质，防止产品发黄、发灰。同时，还应使液固比、pH 值、晶化温度等因素处于最佳状态。若控制合成、晶化过程的条件或采用其他工艺，则可生产出 X、Y 型沸石。

4. 制取白炭黑

白炭黑是一种白色无定形、质轻多孔的细粉状物质，主要成分为 SiO_2，广泛用作橡胶、塑料、合成树脂等材料的填充剂，也可以作为润滑剂和绝缘材料。

白炭黑的生产过程包括将煤矸石破碎、煅烧、酸浸、过滤；滤渣中的 SiO_2 与碱液反应制成水玻璃；在适当的温度下，加入盐酸，反应后即得白炭黑产品。在生产过程中，煤矸石的活化是关键步骤，煤矸石的粒径、煅烧温度、反应时间以及盐酸的加入速度都必须严格控制。

5. 生产四氯化硅

四氯化硅主要用于生产硅酸乙酯、气相法白炭黑、特种光导纤维材料等。传统的生产方法主要用硅砂、金刚石、硅铁等原料，而我国某些地区伴生着高硅煤矸石资源，矿床分布集中、稳定、埋藏浅、开发成本低，是生产四氯化硅的理想原料。在高硅含量的煤矸石中具有一定的碳含量，能够减少煅烧过程中的燃料成本。

6. 硅质煤矸石制作硅酸锌结晶釉料

硅酸锌结晶釉料是一种名贵艺术釉，在其生产中 SiO_2 的用量很大。传统工艺是以人工

石英粉或 SiO_2 玻璃粉为原料，成本较高。硅质煤矸石的化学组成含高硅、高碳。除了铁含量略高外，其他氧化物含量均较低，能够满足该类结晶釉的生产要求。釉料用硅质煤矸石、白云石、钠长石等天然矿物原料，破碎磨细到 320 目，合理配制其他组分，在 1240℃ 左右的高温下烧结，形成丰富多彩的巨晶釉。

(二) 煤矸石中铝元素的资源化利用

煤矸石中含有大量氧化铝，特别是在砂矿区开采的煤矸石中 Al_2O_3 的含量较高，有的高达 32% 以上。此类煤矸石是生产铝系列产品的理想原料。

1. 制造系列净水剂

用煤矸石制取的铝盐系列净水剂，适用于各种污水的处理，具有絮凝速度快、团块大、过滤效果好等特点。

(1) 聚合氯化铝 (PAC)　又称聚羟基氯化铝，化学通式为 $Al_n(OH)_mCl_{2n-m}$，是一种絮凝剂，广泛应用于选煤和污水处理中。由煤矸石制取该产品的主要方法是酸溶法。先将煤矸石粉碎成细粒，有利于焙烧和酸浸反应；焙烧温度控制在 600～800℃ 范围内，有利于 α-Al_2O_3 转化为 γ-Al_2O_3 型结构，能极大提高反应活性。在常压下，与 20% 的盐酸反应，加热到 100～110℃，反应 2h 左右，使 Al_2O_3 达到最大浸出率。$AlCl_3$ 的聚合有许多工艺，例如可采用酸溶液的浓缩结晶、沸腾分离、配水聚合工艺；或在溶液中加入一定比例的盐基度调整剂，在适当的条件下发生聚合反应，可获得盐基度在 50% 以上的 PAC 溶液；此外，也可以把酸浸取液进一步加温、负压浓缩，然后冷却成过饱和溶液，再真空吸滤，得到黄色的结晶 $AlCl_3$，再进行聚合。

(2) 聚硫氯化铝 (PACS)　以煤矸石、盐酸和硫酸为原料可制备 PACS。引入 SO_4^{2-} 作为聚合促进剂，能进一步提高 PACS 的净水效果和产品性能。经过粉碎、焙烧的煤矸石物料在 106～108℃ 条件下，加入 20% 的盐酸溶液进行第一次酸浸反应，反应时间为 80min，反应完毕进行过滤，滤液中加入一定量的硫酸再与定量的矸石粉反应，此为第二次酸浸。第二次酸浸后的滤液加入碱化度调节剂，即可生产出 PACS。

2. 制备 Al(OH)₃ 和 Al₂O₃

$Al(OH)_3$ 又称水合氧化铝，为白色单斜晶体。当其加热到 260℃ 以上时脱水吸热，具有良好的消烟阻燃性能，也广泛应用于有机高分子材料之中，又可作为电解提炼铝的原料。$Al(OH)_3$ 的生产工艺是将煤矸石粉碎、煅烧后用硫酸浸取，生成的硫酸铝液相用氨水中和，则有 $Al(OH)_3$ 沉淀生成，过滤后进一步提纯、干燥，则生产出高氢氧化铝。

$Al(OH)_3$ 经高温煅烧，生成 Al_2O_3。

(三) 煤矸石中碳元素的资源化利用

1. 高碳煤矸石生产肥料

含有高有机质的碳质泥岩煤矸石，粉碎后置入适量的农家肥可作为复合肥料。这类煤矸石中含有丰富的农作物生长所需的钾、磷、钠、铁、锰、硫等化学元素，同时煤矸石中大量的 SiO_2 可使土壤疏松，增加土壤的透气性。硫还能调节土壤的 pH 值。煤矸石粉末具有较大的空隙率，能吸附空气和水分，有利于好氧菌和兼氧菌的新陈代谢，促使有机肥的分解，丰富土壤的腐殖质。但是，并不是所有的煤矸石都能作为复合肥原料。应注意煤矸石淋溶液对水源、土壤和环境的污染。

2. 煤矸石制备活性炭

含高铝、硅成分的煤矸石，具有碳、硅、铝成分共同的特点，可以制得一种新型的活性炭——硅胶复合吸附剂。煤矸石用碱熔活化、强酸后处理，制备复合吸附剂。它以硅胶为骨架结构、活性炭均匀分散，具有亲水性和亲有机相双重功能，对苯和酚类衍生物等工业废物具有很强的吸附功能。

3. 煤矸石燃烧发电

含高碳的煤矸石发热量在 $3347 \sim 6276 J/g$ 之间，最大可达 $16736 J/g$，可直接作为燃料使用或直接用于火力发电。随着沸腾炉燃烧技术的成熟，煤矸石发电已被推广应用。目前多采用流化床燃烧技术，锅炉容量从 $10 \sim 150 t/h$ 不等。煤矸石发电不仅可满足矿区用电，而且灰渣活性较好，便于灰渣的综合利用，能取得较明显的经济效益、环境效益和社会效益。

(四) 煤矸石中微量稀土元素的资源化利用

1. 从富镓煤矸石提取镓

镓是稀土元素，主要用于半导体工业。高纯镓和某些金属组成的化合物半导体材料是通信、大规模集成电路、宇航、能源等部门所需的新材料。镓含量大于 $30 g/t$ 的煤矸石具有回收镓的经济价值。

煤矸石中镓的浸出可采用两种方法：一是高温煅烧浸出；二是低温酸性浸出。基本原理都是使煤矸石中的晶格镓或固相镓转入溶液中，再用萃取法、离子交换法或膜法从浸出液中回收镓。

2. 从富钛煤矸石中提取钛

富钛煤矸石也可以用来提取钛。当 $TiO_2 > 2\%$ 时，具有工业生产的价值。

(五) 煤矸石的其他资源化利用方法

1. 制备微米级多孔陶瓷

煤矸石中的炭在烧失过程中能形成微孔，以煤矸石为原料能制备出不同孔径和力学强度的多孔陶瓷。适宜的烧结时间为 $4h$，温度为 $1200℃$。如果粉体颗粒在 $25 \sim 140 \mu m$，就可获得抗弯曲强度为 $11.3 \sim 14.5 MPa$，平均孔径为 $6.9 \sim 34.5 \mu m$ 的高强陶瓷。

2. 生产填料

(1) 橡胶补强剂　煤矸石经过干燥、粉碎、过筛、表面改性处理，可作为橡胶（有机高分子聚合物）的补强填料，以取代或部分取代昂贵的石墨炭黑或陶土粉，可大大降低橡胶制品的成本。

煤矸石中含有部分有机质，其微观结构和石墨相似，易于和有机高分子聚合物结合。经硅烷偶联剂表面处理的煤矸石粉末则与高聚物有较好的相容性，可以形成网络结构，增强橡胶的强度和耐磨性。在应用中应尽量选择挥发性和芳烃含量高的煤矸石为原料，这些有机活性基团易与橡胶高分子发生物理和化学吸附，有利于矸石粉在填充介质中稳定、均匀地分散。

（2）粉体功能填料　在煤矸石粉体表面引入增强、耐磨、阻燃和导电等功能性基团，使其作为高级功能性填料应用于橡胶、塑料等许多材料之中，赋予材料独特的物理化学性能，如铝含量高的煤矸石经过加工改性可作为阻燃型填料。

3. 制作莫来石、堇青石

莫来石具有很高的强度，抗震性能好，热导率低，是一种理想的耐火材料，其分子组成为 $3Al_2O_3 \cdot 2SiO_2$，最高熔点为 1910℃。

传统的生产方法一般采用高岭石质黏土和 Al_2O_3 细粉为原料。基于煤矸石主要成分为黏土和碳元素，选择某些 Fe_2O_3 含量低于 0.5％ 的矸石，经煅烧后，其高岭石含量可达到 98％ 以上，再辅以工业级 Al_2O_3 和塑性黏土，加入助剂后混炼加工，经挤压成型、干燥煅烧，可生产出莫来石。同样，也可以用来生产堇青石。

4. 煤矸石在环境保护中的应用

（1）生产燃煤烟道气脱硫剂　经处理的煤矸石粉末具有良好的活性，是一种廉价、高效的脱硫剂。煤矸石粉体含有一定数量的 CaO、MgO 等碱性氧化物，可与 SO_2 发生反应；煤矸石粉末中少量的 Fe_2O_3 和 V_2O_5 对脱硫反应起到催化作用，能提高脱硫反应速率。虽然煤矸石根据产地不同和选矸方法不同，可能含有硫组分，但多以还原态（如 FeS）形式存在，试验证明不影响脱硫效果，反而有利于 SO_2 的还原反应。

（2）铬渣除毒治理　铬渣中的 Cr^{6+} 会形成严重的环境污染。将铬渣、煤矸石、黏土等混合加工成型，再经隧道窑煅烧，使 Cr^{6+} 还原为无毒物质，不仅去除了铬渣的毒性，还可以生产出铬砖。其中关键因素是窑温、酸碱性、含煤量和助剂的添加量。为有利于 Cr^{6+} 还原，窑中的温度范围要求很窄。煤矸石中含有大量的碳，有利于生成还原气氛，以内燃为主，外加适量还原助剂，生成的铬渣砖具有良好的除毒效果。在大气日晒条件下，经长达 5d 的跟踪分析及对表层 1mm 的检测，Cr^{6+} 仍处达标范围。

总之，煤矸石作为丰富的天然资源，有着广阔的应用前景，应当进一步开发煤矸石的综合利用和工业化生产，变废为宝，既有经济效益，又能保护环境并产生社会效益。煤矸石随地质条件和产地的不同，其组成会有很大差别。为了充分合理地利用国内煤矸石资源，建议建立全国煤矸石资源及成分数据库，以方便用户选取，有利于煤矸石的资源化。在煤矸石化学元素的综合利用中，基本的工序都是煤矸石破碎、煅烧，建议配套中、小型矸石锅炉，既能充分利用能源，又能为下一步的生产提供中间体。

第二章
煤矸石的组成、性质和分类

不同产地的煤矸石其组成成分及特性是不同的，要根据不同的煤矸石类型确定加工利用的工艺方向，制定综合利用方案，把煤矸石转化为有用物质，大量利用煤矸石，保护环境。

由于煤层的生成年代、成煤条件和开采等情况不同，煤矸石的组成和性质各不相同。为了选择较合理的利用途径，首先必须了解煤矸石的组成和特性。

第一节　煤矸石的研究方法

要正确掌握一座矸石山、一个选煤厂排出的煤矸石或煤层顶底板矸石的组成和特性，就必须采取一定数量的具有代表性的试样进行分析研究。为了使所得数据具有科学意义和实用价值，一般应采用以下试验步骤。

（1）采样　采取试样的关键是要具有代表性，取样前要选择适当的取样地点、取样方法、取样量等。

（2）试样缩制　根据试验内容、试样质量和目的制定缩制流程，例如选煤厂煤矸石的缩制原则流程可参考图 2-1 进行。

（3）试验分析研究　主要进行各种成分和性质测定，其主要试验内容一般应包括：①筛分和浮沉试验，了解煤矸石的粒度组成和密度组成，了解煤矸石各粒级和密度级的特性；②用显微镜、X 射线衍射仪、差热分析等方法鉴定煤矸石的矿物和岩相组成，进行定性、定量分析，也可研究有用矿物的分布状态；③用常规化学分析和光谱分析等方法，对煤矸石的化学成分和元素组成进行定性定量分析；④用常规试验法进行工业分析、物理性质及工艺性质测定，如测定煤矸石的水分、灰分、挥发分、发热量、可磨性、机械强度、活性、熔融性、膨胀性、可塑性等。

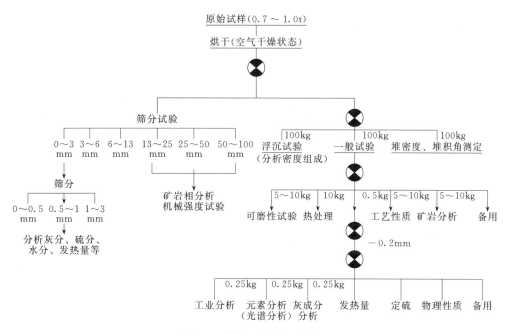

图 2-1　煤矸石缩制原则流程

（4）整理数据及资料分析　首先把试验数据换算成规定的基准，进行误差分析等，确定数据的可靠性；编写报告，分析煤矸石组成和性质方面的特点，为科研、生产、设计提供基础资料，为选择利用途径提供基本依据。

第二节　煤矸石的组成

煤矸石是多种沉积岩组成的集合体，不同的沉积岩又主要由成岩矿物组成。矿物是组成岩石的基本单位，焙烧后转变为各种金属氧化物，称为煤矸石的化学成分（灰成分）。总的来说，煤矸石的矿岩成分均由各种元素组成。

一、煤矸石的矿物组成

煤矸石中的矿物一类主要来源于岩浆岩中的矿物，如石英、云母、长石等，经风化、侵蚀、搬运而沉积下来，常称为陆源矿物；另一类是在水溶液中经化学及生物化学作用生成新矿物沉积而成，如方解石、白云石、菱铁矿等。煤矸石中常见的矿物可见表 2-1。

表 2-1　煤矸石中常见的矿物

矿物种类	矿物名称	化　学　式	说　　明
硅酸盐类矿物	石英	SiO_2	砂岩主要矿物
	长石类：正长石	$KAlSiO_3$	砾岩主要矿物
	闪石类：普通角闪石	$(Ca、Na)_2(Mg、Fe^{2+}、Al、Fe^{3+})_5[(Al、Si)_2O_{11}]_2(OH)_2$	
	辉石类：普通辉石	$Ca(Mg、Fe、Al)[(Si、Al)_2O_6]$	

矿物种类	矿物名称	化 学 式	说 明
黏土矿物	高岭土类:高岭石	$Al_4(Si_4O_{10})(OH)_2$	黏土岩主要矿物
	膨润土类:蒙脱石	$(Al、Mg_3)(Si_4O_{10})(OH)_2 \cdot nH_2O$	
	水云母类:水白云母	$(K、Al_2)(AlSi_3O_{10})(OH)_2 \cdot 2H_2O$	
碳酸盐矿物	方解石	$CaCO_3$	石灰石主要矿物
	白云石	$(Ca、Mg)(CO_3)_2$	
	菱铁矿	$FeCO_3$	
硫化物	黄铁矿	FeS_2	
	白铁矿	FeS_2	
铝土矿	一水硬铝矿	$Al_2O_3 \cdot H_2O$	铝质岩主要矿物
	一水软铝矿	$AlO(OH)$	
	三水铝矿	$Al(OH)_3$	
其他矿物	石膏	$CaSO_4 \cdot 2H_2O$	
	磷灰石	$Ca_5(PO_4)_3(F、Cl)$	
	金红石	TiO_2	

注:"(Ca、Na)"表示两种元素的任意一种,下同。

1. 石英

由于它抗风化能力很强,不易分解,因此在煤矸石中大量出现。除来源于岩浆岩及变质岩中的石英晶体颗粒外,大量的石英来源于由胶体化学及生物化学作用而形成的胶态二氧化硅($SiO_2 \cdot nH_2O$),当泥质或其他杂质含量较多时,就形成燧石。

2. 长石

长石是岩浆岩最主要的造岩矿物,但抗风化能力较弱,因此风化后转变成黏土矿物。

3. 云母

云母可分为白云母和黑云母。黑云母易风化,在沉积岩中较少见;白云母较稳定,分布较多,最后可能变为高岭石。云母呈薄片状,玻璃光泽,容易解理,硬度近于指甲。

4. 黏土矿物

黏土矿物是沉积岩新生矿物中数量最多的一类矿物,其结晶颗粒很小,肉眼无法观察,通常见到的是这类矿物的集合体。黏土矿物主要由富铝长石风化而成,其中最主要的矿物有以下2种。

(1)高岭土 呈白色、灰色或浅黄色、浅褐色,常呈土状或致密块状,暗淡光泽,硬度很小,手摸有滑腻感,具可塑性,干燥时吸水性强,以景德镇东高岭命名。

(2)胶岭石(又称蒙脱石和膨润土) 常呈土状隐晶质块体,白色、粉红色、浅玫瑰色、有时带绿色,脂肪光泽或无光泽,硬度小,柔软、有滑感,遇水膨胀,体积可剧增10~30倍,变成糊状,是黏土的主要成分。

5. 碳酸盐矿物

煤矸石中常见的碳酸盐矿物有方解石、白云石和菱铁矿。

(1)方解石 晶体呈菱面体,集合体为钟乳状,致密块状;无色透明或呈白色,含杂质后可呈黄褐色；玻璃光泽，硬度小，分开后呈菱形解理，加盐酸起泡，是石灰岩的主要成分。

（2）白云石　晶体呈菱面体，集合体呈粒状，致密块状；浅黄、浅褐灰色；玻璃光泽，硬度 3.5～4，加盐酸微弱起泡。

（3）菱铁矿　呈土状或结核状；褐色、浅黄或白灰色；密度比方解石和白云石大些；加盐酸后出现黄绿色斑点，是 $FeCl_3$ 沉淀。

6. 黄铁矿

黄铁矿晶体常呈完好的立方体或五角十二面体，在煤矸石和煤层中常呈细粒状、球状、瘤状结核，浅铜黄色，强金属光泽，相对密度在 5 左右，风化后转化为褐铁矿（$Fe_2O_3 \cdot H_2O$）。

7. 铝土矿

铝土矿类的主要矿物有一水硬铝矿、一水软铝矿和三水铝矿。常见的是一水硬铝矿，通常和其他矿物形成细分散多矿物集合体；大多数是胶态，被含水氧化铁、含水铝硅酸盐等矿物胶结；颜色变化很大，由浅灰白色变到黑灰色，常呈豆状构造，亦成致密块状。

我国部分煤矸石的矿物组成可见表 2-2，前苏联一些选煤厂煤矸石的矿物组成可见表 2-3。

表 2-2　我国部分煤矸石的矿物组成

产　　地	主　要　矿　物	次　要　矿　物
永荣矿务局煤矸石	水云母、高岭石、绿泥石	石英、有机质
峰峰矿务局 12 矿混矸	α-石英、高岭土	石灰石、钙长石
南票矿煤矸石	多铝红柱石、α-石英	钙长石、磷石英、硬石膏
大同矿务局煤矸石	高岭土	有机质
鹤壁矿务局煤矸石	石英	高岭石、水云母、长石、铁白云石、方解石、白云母
衡水煤矸石	水云母	炭粒、黄铁矿、金红石、黑云母

表 2-3　前苏联一些选煤厂煤矸石的矿物组成

选煤厂名称 \ 矿物含量	黏土矿 /%	石英 /%	碳酸盐矿 /%	有机质 /%	黄铁矿 /%
乌克兰	79.4	1.8	3.8	6.1	8.9
俄罗斯	79.6	1.4	3.7	5.8	9.5
基辅	77.5	2.0	4.1	9.9	6.5
卡里米乌斯	75.35	3.15	9.15	8.0	4.35
新乌兹洛夫	66.7	2.0	5.85	19.7	5.75
丘马科夫	68.0	4.2	4.0	24.4	9.4

二、煤矸石的岩石组成

根据成岩矿物、成因、结构（指岩石内部物质的颗粒大小、形状与结晶程度等）以及构造（指沉积岩外表特征，如层理）不同，把煤矸石中常见的岩石可分为碎屑岩类、黏土岩类和化学岩类三大类。

1. 碎屑岩类

主要由机械沉积作用沉积下来的碎屑物质，经紧压、胶结而成。按碎屑颗粒的粗细分成三类：砾质岩（粗碎屑岩，颗粒＞2mm）；砂质岩（中碎屑岩，颗粒0.1～2mm）；粉砂质岩（细碎屑岩，颗粒0.01～0.1mm）。

（1）砾质岩　分为砾岩及角砾岩。如果碎屑磨圆程度较好，棱角不显著，经胶结即是砾岩；如果碎屑仍具棱角，经胶结则为角砾岩。两者的碎屑颗粒常见的有石英与燧石等，胶结物有硅质的，硬度大；有泥质的，比较软；有钙质的，加盐酸起泡；也有铁质的，外表呈红色或黄褐色。

（2）砂质岩　组成岩石的碎屑颗粒有50％以上在0.2～2mm之间，按碎屑颗粒大小可分为粗粒（0.3mm）、中粒（0.25～0.3mm）和细粒（0.1～0.25mm）三级；按胶结物的成分可分为铁质砂岩、钙质砂岩、硅质砂岩及泥质砂岩；按碎屑的主要成分含量大小不同，可分为石英砂岩、长石砂岩和硬砂岩3种。

1）石英砂岩。95％以上是石英颗粒，仅含少量长石，呈黄白色或灰白色，被铁质胶结时呈褐红色。

2）长石砂岩。主要由长石及石英碎屑组成，其中长石含量为25％～50％，呈淡红、米黄色。我国大同、东北矿区可见长石砾岩。

3）硬砂岩。由石英（25％～50％）、长石（15％～25％）以及较多的暗色岩石碎屑组成，色暗、呈灰色或暗灰色。

（3）粉砂质岩　主要由0.01～0.1mm的细碎屑组成，成分仍以石英、长石及云母为主，其中往往混入黏土物质，胶结物质有泥炭和钙质物。粉砂质岩包括粉砂及固结了的粉砂岩，粉砂岩外表像黏土岩，但手摸时有粗糙感，以区别黏土岩。

2. 黏土岩类

黏土岩主要由胶体溶液中凝聚的细小颗粒（其中50％以上＜0.01mm）组成，主要矿物成分是黏土矿物，其次是石英、长石、白云母等碎屑矿物，一般根据岩石的固结程度及构造特点分为黏土、页岩和泥岩。

（1）黏土　是疏松的土状沉积物，主要由黏土矿物组成，干燥时成土状，易捻成粉，吸水性强，具可塑性。

（2）页岩　由疏松黏土紧压固结后形成，具有明显的层理，能沿层理面分裂成薄片，称为页岩，风化后呈碎片状。混入较多有机质后，颜色变成黑色、灰黑或黑褐色，即煤层中常见的碳质页岩。

（3）泥岩　不具明显层理，成层较厚。含碳质的称为碳质泥岩，色呈浑灰到黑色；含铁质的称为铁质泥岩，呈棕红或黄绿色。

3. 化学岩类

从胶体溶液或真溶液中以化学方式或沉淀出来的物质形成的岩石称为化学岩。自然界中，化学作用和生物活动往往有密切联系，所以纯粹的化学岩并不多见，例如灰石岩，虽属于化学岩，但大多数有生物活动参加。

根据岩石成分和成因不同，煤矸石中常见的化学岩类有钙质岩、硅质岩和铝质岩等。

（1）钙质岩　常见的有石灰岩，此外还有泥灰岩和白云岩。石灰岩主要由方解石组成，质纯者呈灰色和灰白色，含有黏土、有机质时呈灰色、淡黄色、灰黑色，常呈致密状、结晶状、角砾状等。当石灰岩中泥质成分达到25%～50%时，则称为泥灰岩，它是钙质岩和黏土岩之间的过渡型岩石。白云岩主要的矿物组成是白云石，含有少量方解石时，呈灰白色和浅黄色。有的钙质岩中常含有菱铁矿，混有较多的黏土矿物和陆源碎屑矿物等。

（2）硅质岩　主要由非晶质的蛋白石（含水胶状石英）、隐晶质的玉髓（胶状石英）以及重结晶形成的细粒石英组成，化学成分以SiO_2为主，可达70%～90%。煤矸石中可见的硅质岩是燧石岩（非晶质石英），燧石是致密坚硬的岩石，有贝壳状断口，主要呈灰色、黑色，有层状、透镜状和结核状构造，常和钙质岩伴生。

（3）铝质岩　富含Al_2O_3的化学岩称铝质岩，和黏土岩相似，主要区别在于它的密度和硬度较黏土岩大些。除呈致密状结构外，还常见豆状、鲕状结构，有各种颜色。如果Al_2O_3：SiO_2含量>1，为铝质岩，Al_2O_3：SiO_2<1则为黏土岩，当铝质岩中Al_2O_3含量>40%、Al_2O_3：SiO_2>2.1时，就称为铝土矿。

煤矸石的岩相分类可归纳如表2-4所列。前苏联一些选煤厂煤矸石的岩相组成可见表2-5，我国北票冠山矿煤矸石的岩相组成见表2-6。

表2-4　煤矸石的岩相分类

岩　类	碎 屑 岩 类			黏土岩类	化 学 岩 类		
结构	砾质结构 >2mm	砂质结构 2～0.1mm	粉砂质结构 0.1～0.01mm	泥质结构 <0.01mm	鲕状、豆状、粒状		
主要 岩石	砾质岩	砂质岩	粉砂质岩	黏土岩	钙质岩	硅质岩	铝质岩
	角砾岩	粗砂岩 中砂岩 细砂岩	黄土 粉砂岩	黏土 泥岩 页岩	石灰岩 白云岩 泥灰岩	燧石岩	

表2-5　前苏联一些选煤厂煤矸石的岩相组成

岩相含量 选煤厂名称	黏土岩 /%	粉砂质岩 /%	砂质矿 /%	钙质岩 /%	煤-矿连生体 /%
乌克兰	80.30	3.60	—	4.20	11.90
俄罗斯	81.00	5.20	—	3.80	10.00
基辅	65.25	4.75	3.25	4.25	22.50
卡里米乌斯	75.50	3.50	—	2.00	14.00
新乌兹洛夫	64.50	4.75	3.50	4.25	23.00
丘马科夫	49.10	5.60	5.60	4.70	34.95

表2-6　北票冠山矿煤矸石的岩相组成

岩石名称	页岩及碳质页岩	砾岩	粗砂岩	细砂岩	砂质页岩	煤
含量/%	63.04	0.54	1.09	18.48	15.23	1.63

三、煤矸石的化学组成

煤矸石的化学组成是评价煤矸石特性、决定利用途径、指导生产的重要指标。通常所指的化学成分是煤矸石煅烧所产生的灰渣的化学成分，一般为由无机化合物（矿岩）转变成的氧化物，尚有部分烧失量。例如：

$$CaCO_3 \xrightarrow{\triangle} CaO + CO_2 \uparrow$$

$$4FeS_2 + 11O_2 \xrightarrow{\triangle} 2Fe_2O_3 + 8SO_2 \uparrow$$

$$2SiO_2 \cdot Al_2O_3 \cdot 2H_2O \xrightarrow{\triangle} 2SiO_2 + Al_2O_3 + 2H_2O$$

化学成分的种类和含量随矿岩成分不同而变化，因此可以用氧化物含量来判断煤矸石中矿岩成分和煤矸石类型等。主要化学成分含量和煤矸石类型见表2-7。

表2-7 主要化学成分含量和煤矸石类型

主要化学成分	煤矸石的岩石类型	主要化学成分	煤矸石的岩石类型
SiO_2 40%～70%、Al_2O_3 15%～30%	黏土岩煤矸石	Al_2O_3>40%	铝质岩煤矸石
SiO_2>70%	砂岩煤矸石	CaO>30%	钙质岩煤矸石

我国典型煤矸石的化学成分可见表2-8。从表中数据可见，我国煤矸石的主要化学成分以 SiO_2 和 Al_2O_3 为主；SiO_2 的含量一般在 40%～60% 之间，但亦有极少达 80% 以上。Al_2O_3 含量在 15%～30% 之间波动，但在以高岭土和铝质岩为主的煤矸石中可达 40% 以上。煤矸石中 CaO 含量一般都很低，只有少数矿的煤矸石可作为石灰石利用。Fe_2O_3 含量绝大部分<10%。

表2-8 我国典型煤矸石的主要化学成分　　　　　　　　　　　单位：%

矸石产地	化学成分					岩石类型
	SiO_2	Al_2O_3	Fe_2O_3	CaO	MgO	
开滦唐山矿风井洗矸	59.13	21.83	6.43	3.53	2.24	SiO_2 含量 40%～70%；Al_2O_3 含量 15%～30%；属黏土岩煤矸石
峰峰马头选煤厂洗矸	52.26	30.09	5.78	2.58	0.62	
鸡西滴道选煤厂洗矸	64.67	23.28	3.97	0.32	1.06	
阜新海州选煤厂洗矸	61.13	17.71	10.32	5.02	4.38	
淄博洪山矿矸石山	57.87	18.90	6.71	4.17	8.27	
徐州大黄山矿矸石山	65.81	21.39	5.64	1.34	0.83	
淮南望风岗选煤厂洗矸	61.29	29.75	4.35	0.76	0.63	
萍乡高坑矸石山	65.42	21.87	3.95	0.70	1.60	
平顶山一矿主井矸石山	63.34	25.56	4.76	1.07	0.49	
甘肃山丹煤矿三槽底板	89.20	1.54	1.59	7.23	0.01	SiO_2>70%，属砂岩煤矸石
湖南涟邵金竹山一平峒	90.45	0.36	2.59	0.14	0.00	
内蒙古海勃湾红旗矿山一号	50.72	44.17	1.88	0.71	0.51	Al_2O_3>40%，属铝质岩煤矸石
山东兖州北宿矿18层底板	51.03	40.68	2.82	0.81	1.29	
南票矿务局选煤厂选矸	49.14	40.68	1.93	0.72	0.13	
兖州唐村矿16层底板	1.69	1.13	2.60	86.09	1.78	CaO>30%，属钙质岩煤矸石
云南小龙潭矿煤矸石	14.28	2.98	4.98	68.60	1.40	

四、煤矸石的元素组成

1. 煤矸石的元素组成

煤的主要成分是有机质，而煤矸石的主要成分是无机矿物质，因此煤矸石中的有机元素碳、氢、氧、氮及有机硫较少，而主要由一些无机元素组成，以硅和铝为主，其次是钙、铁、镁、钾、钠、无机硫、磷等，还有微量的钛、钒、钴、镍、镓等稀有元素存在。我国大部分煤矸石中含硫量（$S_{t,d}$）比较低，一般低于 1%，但亦有不少煤矸石中硫含量相当高，有的高达 18.98%，并多数以黄铁矿形式存在，因此是宝贵的提硫资源。我国一些高硫矸石的产地及其硫含量见表 2-9。

表 2-9　我国一些高硫矸石的产地及其硫含量

高硫矸石产地	$S_{t,d}/\%$	高硫矸石产地	$S_{t,d}/\%$
贵州六枝矿务局凉水井矿夹矸	$11.46\sim13.08$	南桐和干坝子选煤厂洗矸	$9.31\sim18.98$
贵州六枝矿务局木岗矿夹矸石山	$11.58\sim12.59$	陕西韩城下峪口选矸	8.39
内蒙古乌达矿务局跃进矿矸石山	$8.58\sim12.40$	江西丰城矿建新矿手选矸	12.53

2. 煤矸石元素种类与含量对煤矸石利用的影响

煤矸石中的磷含量较低，一般不超过 0.1%。煤矸石中的磷主要是无机磷，如磷灰石 [$3Ca_3(PO_4)_2 \cdot CaF_2$]、磷酸铝（$Al_6P_2O_{14}$）等，但也有有机磷。

煤矸石中的氯主要以 NaCl 或 KCl 的形式存在，一般含量在 0.01%～0.2%，高者达到 1%，在煤矸石燃烧时会强烈腐蚀管道和锅炉受热面，但经过洗选的煤矸石，氯化物由于溶于水而被脱除。

煤矸石中的砷主要以硫化物形态与黄铁矿结合在一起，即以砷黄铁矿（$FeS_2 \cdot FeAs_2$）的形式存在。煤矸石中砷的含量极少，一般为 $3\sim5\mu g/g$，高者可超过 $100\mu g/g$。煤矸石燃烧时，砷会形成 As_2O_3 随烟气进入大气。众所周知，As_2O_3 是剧毒物质，因此，煤矸石作为燃料时，要求砷含量低于 $8\mu g/g$。

除上述几种有害元素外，煤矸石中还有其他有害元素，如汞、铍、铅、铬、镉、氟、锰以及一些放射性元素等。煤矸石中常见的伴生元素及微量元素有铀、锗、镓、钒、钍、铼、钛、铍、锶、锂等。为了在煤矸石处理处置过程中采取适当的污染防治措施，除了需要煤矸石中主要构成元素含量的信息外，对煤矸石中各种有毒、微量元素情况的充分掌握是必要的。煤矸石的化学元素组成很复杂，测定方法亦很繁琐，不仅要用到常规化学分析方法和仪器分析方法，有的还要用到先进的现代分析仪器。例如，全磷测定用硫酸过氯酸铜蓝比色法，全钾测定用火焰光度法，某些金属元素测定还要用到原子吸收光度法等精密仪器。

铀是原子能工业的原料，在煤矸石中的含量一般小于 $10\mu g/g$，个别可达到 $500\mu g/g$，在美国的大平原北部褐煤煤矸石中发现含铀量高达 0.1%。通常铀在低煤矸石化程度的褐煤煤矸石、不黏煤煤矸石中的含量较高，在我国已发现一些铀含量超过工业提取品位（$300\mu g/g$）的褐煤煤矸石矿点。

绝大多数煤矸石中均含有锗，一般含量小于 $5\mu g/g$，个别煤矸石中的含量可达到 $100\sim200\mu g/g$。在工业上可提取利用的品位是 $20\mu g/g$。通常锗富集在低煤矸石化程度的褐煤煤矸石、长焰煤煤矸石、气煤煤矸石中，在高煤矸石化程度的煤矸石中含量较低。锗主要用作半导体材料。

镓在自然界中分布很广，但很分散，没有独立的矿床，但在煤矸石中普遍存在。一般镓在煤矸石中的含量小于 $10\mu g/g$，高的可达 $250\mu g/g$，工业可采品位是 $30\mu g/g$。目前，镓大量用于半导体元件的制造，其性能比锗、硅等元素更好。全国高镓矸石产地不多，仅极少数地区含量较高。例如开滦、贵州桐梓、四川华蓥山矿区镓含量可达 $51\sim92\mu g/g$，但是否具有提取价值尚待研究。

钒和镓常常一起存在于煤矸石中。我国南方的石煤中钒含量很高，我国已成功地开发出从石煤中提取钒的技术，并已用于工业生产。钒元素主要用于制造优质合金钢、高效催化剂等。

五、煤矸石的工业分析

1. 煤矸石的工业分析指标

从化学观点来看，煤矸石是由无机组分和有机组分组成的。无机组分主要包括黏土矿物、石英、方解石、石膏、黄铁矿等矿物质和水；有机组分主要是由构成煤矸石中所含少量煤的碳、氢、氧、氮、硫等元素组成的复杂的高分子有机化合物。组成煤矸石的矿物质和有机质的化学成分十分复杂，特别是有机质化学成分的完全分离和鉴定几乎是不可能的。为了指导煤矸石加工利用并研究煤矸石的性质，在实际中通常采用较为简单的办法分析和研究煤矸石的组成，其中主要有工业分析。

煤矸石的工业分析包括水分（M_{ad}）、灰分（A_{ad}）、挥发分（V_{ad}）和固定碳（FC_{ad}），这也是一种评价煤矸石组成的方法。我国煤矸石的水分含量较低，M_{ad} 一般为 $0.5\%\sim4\%$，A_{ad} 一般在 $70\%\sim85\%$ 之间，挥发分和固定碳产率波动范围很大，V_{ad} 一般低于 20%，FC_{ad} 最高可达 40%，它和煤矸石的发热量成正比关系。我国一些煤矸石的工业分析指标和发热量见表 2-10。

表 2-10　我国一些煤矸石的工业分析指标和发热量

编号	$M_{ad}/\%$	$A_{ad}/\%$	$V_{ad}/\%$	$FC_{ad}/\%$	$Q_{b,ad}/(kcal/kg)$
1	1.98	88.73	6.32	3.96	335
2	0.94	81.58	13.06	5.22	692
3	0.77	78.73	10.31	10.96	850
4	1.13	78.69	8.77	12.53	1097
5	0.55	76.42	6.69	14.90	1177
6	0.11	72.47	14.61	12.92	1299
7	1.77	67.21	11.59	21.20	2649
8	1.09	60.39	11.29	28.41	3068

注：1kcal=4.184kJ，下同。

2. 煤矸石工艺分析指标的测定

工业分析可以将煤矸石的组成分为水分、灰分、挥发分和固定碳。工业分析是一种条件试验，除了水分以外，灰分、挥发分和固定碳的测定结果依测定条件的变化而变化。为了使测定结果具有可比性，工业分析的测定方法均有严格的测定标准。灰分可近似代表煤矸石中的矿物质，挥发分和固定碳近似代表煤矸石中的有机质的含量。

煤矸石的工艺分析指标参照《煤的工业分析方法》（GB/T 212）、《煤的工业分析方法仪器法》（GB/T 30372）和《煤炭分析试验方法一般规定》（GB/T 483）的相关规定执行。

第三节　煤矸石的主要工艺性质

一、煤矸石的粒度与粒度分布

煤矸石的几何尺寸对其处理和利用会产生非常大的影响，特别是对一些筛分和分选（磁选、电选等），每一种工艺和设备能处理的物质的粒度都是一定的。

物质颗粒的大小用其在空间范围内所占据的线性尺寸表示。球形颗粒的直径就是粒径，非球形颗粒的粒径则可用球体、立方体或长方体的代表尺寸表示，以规则物体（如球体）的直径表示不规则颗粒的粒径，称为当量直径。

煤矸石是一种混合物，构成煤矸石的各组分的尺寸并不相同。因此，仅用粒度难以准确反映特定煤矸石的物理尺寸。通常采用粒度分布来表征煤矸石的粒度，即煤矸石中各平均粒度的物料占整个煤矸石的质量百分数（出率）。

二、煤矸石的发热量

煤矸石中含有少量可燃有机质，在燃烧时也能释放一定的热量。单位质量的煤矸石完全燃烧所能放出的热量称为煤矸石的发热量，用 kJ/g 或 MJ/kg 表示。一般煤矸石发热量的大小和碳含量、挥发分和灰分有关，随挥发分和固定碳含量增加而增加，随灰分含量增加而降低。

发热量是煤矸石最重要的质量指标，是煤矸石作为能源的使用价值高低的体现。根据煤矸石的发热量可以计算锅炉的热量平衡、耗煤矸石量、热效率，还可估算锅炉燃烧时的理论空气量、烟气量以及理论燃烧温度等，是锅炉设计的重要依据；煤矸石的发热量对于研究煤矸石质和对煤矸石分类也有重要意义。

1. 煤矸石发热量的测定

参照国家标准《煤的发热量测定方法》（GB/T 213）有关规定执行。

2. 煤矸石发热量的估算

也可用经验公式估算煤矸石的发热量。北京煤科院煤化所用工业分析指标计算不同煤种矸石发热量的半经验公式如下。

① 无烟煤煤矸石分析基低位发热量半经验公式

$$Q_{net,ad} = 79FC_{ad} + 35V_{ad} - 6M_{ad} - 2.5A_{ad}$$

② 炼焦烟煤煤矸石分析低位热值半经验公式

$$Q_{net,ad} = 81FC_{ad} + 47V_{ad} - 6M_{ad} - 3A_{ad}$$

③ 非炼焦烟煤煤矸石分析基低位热值半经验公式

$$Q_{net,ad} = 78FC_{ad} + 38V_{ad} - 6M_{ad} - 6A_{ad}$$

④ 褐煤煤矸石分析基低位发热量半经验公式

$$Q_{net,ad} = K_2(100 - M_{ad} - A_{ad}) - 6(M_{ad} + A_{ad}) = 100K_2 - (K_2 + 6)(M_{ad} - A_{ad})$$

实际应用时，要把分析基低位发热量换算成应用基低位发热量。

我国煤矸石的发热量变化较多，一般在 800～1500kcal/kg 之间。实践经验表明，发热量在 1500kcal/kg 以上的矸石可作为沸腾炉的燃料，不少煤矸石直接或稍加处理都是有用的热能资源。

三、煤矸石的活性

煤矸石中多数矿物的晶格质点常以离子键或共价键结合，断裂后自由能未被迭补，因此具有一定的化学活性。

众所周知，天然煤矸石和煅烧后的煤矸石在物相组成上已有显著的差别，在一定煅烧温度下，煤矸石原来的结晶相大部分分解为无定形物质，晶相居次要地位。因此，在一定温度下煅烧后的煤矸石具有较高的活性，对黏土类矸石来说主要是煅烧过程中黏土矿物分解，一部分结晶矿物形成无定形 Al_2O_3 和 SiO_2 的结果。

活性的大小除了和天然煤矸石物相组成有关外，还和煅烧温度有关。以黏土矿物为主的天然煤矸石，在煅烧过程中发生一系列变化，加热到一定温度时，晶格破坏，转变为半晶质或非晶质，继续加热，某些组成重新结晶，出现新晶体，往往在非晶化同时，又伴随新结晶相的增多，非晶质相应减少。因此从理论上讲，欲获得煅烧煤矸石最高活性的温度，应是煤矸石中所含黏土矿物尽可能分解为无定形物质，而新生成的结晶又最少时的温度。研究表明，高岭石在 590℃ 左右形成半晶态偏高岭石，1000℃ 左右转变为 γ-Al_2O_3 和无定形 SiO_2 或形成莫来石晶芽，1250℃ 左右形成莫来石和方英石新晶相；云母在 980～1000℃ 时完全分解，形成无定形体，1100℃ 重新结晶；蒙脱石分解温度为 900～1000℃，SiO_2 在 1000～1050℃ 时可溶性 SiO_2 含量最高，高于 1100℃ 时出现莫来石新结晶相。

四、煤矸石的熔融性

煤矸石在某种气氛下加热，随着温度升高，产生软化、熔化现象，称为熔融性。煤矸石加热熔融过程也是矿物晶体变化、相互作用和形成新相的过程。在规定条件下测得的随加热温度而变化的煤矸石灰锥变形、软化和流动的特性，曾称"灰熔点"。

煤矸石灰熔点的高低影响到煤矸石利用的工艺与设备。例如，一些固定床热处理设备的热处理温度取决于灰熔点，若床层的温度过高，垃圾灰渣会熔融结块，进而恶化工艺条件，甚至造成设备停车的事故。

1. 煤矸石灰熔融性的测定

熔融性测定方法可参照《煤灰熔融性的测定方法》（GB/T 219）。由于煤矸石成分的多样性和含量的多变性，煤矸石的灰是一种成分与含量变化极大的混合物，没有固定的熔融温度。采用灰锥法测定垃圾灰的熔融性，将定量的垃圾灰与糊精混合，制成一定形状的角锥；把角锥置于特定的加热设备中，在一定的气氛下以一定的加热速度升温，观察角锥形状的变化过程，确定煤矸石的熔融性。

灰锥法（图 2-2）可测出以下几个特征温度：变形温度（deformation temperature，DT），煤矸石灰锥体尖端开始弯曲或变圆时的温度；软化温度（softening temperature，ST），煤矸石灰锥体弯曲至锥尖触及底板变成球形或半球形时的温度；流动温度（flow temperature，FT），煤矸石灰锥体完全熔化展开成高度小于 1.5mm 薄层时的温度。一般以煤矸石灰软化的 ST 作为衡量煤矸石灰熔融性的指标，即灰熔点。

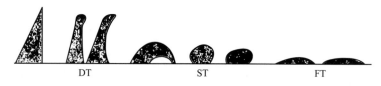

DT   ST   FT

图 2-2　灰锥法测定煤矸石的灰熔点

煤矸石灰成分中 Al_2O_3 的含量越高，ST 越高；Fe_2O_3 及钾、钠、镁的氧化物含量越高，ST 越高；SiO_2 的含量在 $45\%\sim60\%$ 时，含量越高，ST 越低。氧化、弱还原和强还原气氛下，ST 不同，原因是某些元素是多价态的，在不同加热气氛下形成不同的氧化物。

2. 煤矸石灰熔融性的预测

煤矸石熔融的难易程度主要取决于煤矸石中矿物组成的种类和含量。例如，有研究证明煤矸石中 SiO_2 起熔剂作用，易和其他矿物进行共熔。试验表明：SiO_2 由 10% 增加到 45% 时，T_1 由 1268℃增加到 1394℃，T_2 由 1311℃增加到 1423℃；SiO_2 含量在 $45\%\sim60\%$ 之间时，SiO_2 含量增加而灰熔点降低；SiO_2 含量大于 60% 时，灰熔点无变化规律。煤矸石中 Al_2O_3 含量一般较 SiO_2 含量少，随 Al_2O_3 含量增高，灰熔点显著增高，由 5% 增加到 45% 以上时，T_2 由 1279℃增加到 1500℃以上。煤矸石 CaO 含量一般较低，易和 SiO_2 作用形成熔点较低的硅酸盐，因而可以起降低灰熔点的作用，其他成分如 MgO、Fe_2O_3、K_2O、Na_2O，均能降低灰熔点。因此可以根据化学百分含量来计算灰熔点，评价煤矸石熔融的难易程度。例如，当煤灰中以 Al_2O_3 和 SiO_2 为主要成分时，其灰熔点 T_2（℃）的计算可按下面的经验公式计算：

$$T_2 = 200 + 21Al_2O_3 + 10SiO_2 + 5(Fe_2O_3 + CaO + MgO + KNaO)$$

有时可根据煤矸石的化学成分的相对含量来估计、评价煤矸石的熔融性，最常用的参数就是 K 值：

$$K = \frac{SiO_2 + Al_2O_3}{Fe_2O_3 + CaO + MgO}$$

用系数 K 评价熔融性，$K<1$ 时煤矸石易熔，$K>5$ 时煤矸石难熔。

五、煤矸石的膨胀性

膨胀性一般是指煤矸石在一定温度和气氛下煅烧时，产生体积膨胀的现象。造成膨胀的主要原因是煤矸石在熔融状态下，分解析出的气体不能及时从熔融体内排出而形成气泡。煤矸石中的发气物主要是菱铁矿、碳酸盐矿、有机物等在热分解过程中析出 CO_2、H_2、CO等气体。轻质陶粒的生产就是利用这种特性。不同矿物的热膨胀情况见图 2-3。

六、煤矸石的可塑性

煤矸石的可塑性是指煤矸石粉和适当比例的水混合均匀制成任何几何形状，当除去应力后泥团能保持该形状，这种性质称为可塑性。

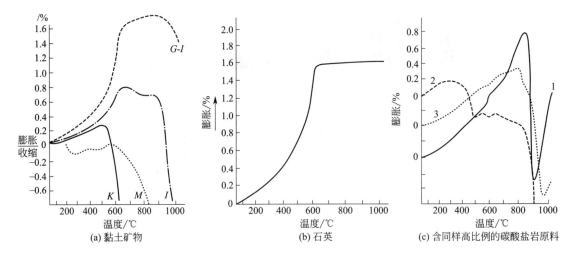

图 2-3　几种矿物的热膨胀曲线

G-I—云母-伊利石；I—伊利石；M—蒙脱石；K—高岭石

1—方解石；2—白云石；3—菱镁矿

泥团具有可塑性的原因主要是因为在含水量较大时，颗粒相互靠近，由于分子引力、表面张力，特别是毛细管力的作用，使粒子表面形成一层水化膜，水的表面张力使相邻颗粒彼此吸引，当吸力大于斥力时，呈塑性体。如果加水过多，水膜太厚，颗粒间距过大，导致颗粒间吸引力消失，泥料呈流动状态。

煤矸石可塑性主要和矿物成分、颗粒表面所带离子、含水量及细度等因素有关。煤矸石中矿物成分的可塑性由大到小依次为蒙脱石＞高岭石＞水云母，这是因为蒙脱石的比表面积大（$100m^2/g$），高岭石为 $10 \sim 40m^2/g$，致使表面张力相差甚大。因表面张力越大，吸力越大，塑性就越高，当加入微量的酸性或碱性电解质到煤矸石粉中，就能引起吸附态阳离子发生变化，使水化膜改变，从而使可塑性变动。一般来说，煤矸石颗粒越细，塑性就越大。含水量超过一定限度后，变成泥浆，水量过小，则不能形成连续水化膜，降低可塑性，因此，只有在相当狭窄的水含量范围内才显示可塑性。在塑性状态下，各颗粒周围水化膜厚度约为 10nm，约 30 个水分子层为宜。此外，泥料陈化可改善泥料的可塑性。

测定和表示泥料可塑性的方法和指标较多，常用的有阿特伯格塑性指数等。阿特伯格塑性指数用 I_P 表示：

$$I_P = W_T - W_P$$

式中，W_T 为塑性上限（对应的含水率），当含水率超过塑性上限时黏土开始具有黏滞流动稠度；W_P 为塑性下限（对应的含水率），当含水率降低到塑性下限时泥料进入半固稠度，不再有塑性。

第四节　煤矸石的分类

煤矸石的各种利用方法和工艺对煤矸石的质量要求不同。由于煤矸石的成分和性质不同，利用途径具有多样性，因此对煤矸石进行分类。

研究煤矸石的组成和特征，从加工利用的角度对煤矸石进行科学分类显得十分必要。对煤矸石进行科学分类的意义在于：①最大限度地利用煤矸石中的有用成分，做到物尽其用；②不需预先进行工艺试验就可初步提出煤矸石的加工利用方向，节省时间和费用；③可以比较精确地研究各类煤矸石的质和量，消除了人为堆积煤矸石造成的煤矸石质量和成分的混杂现象，从而有利于对煤矸石的归类，恢复煤矸石的本来面目；④有利于指导开发煤矸石的新的利用途径。

煤矸石的分类与命名不仅是综合利用煤矸石的基础，同时也是一项基于综合性研究工作结果的系统工程。在煤矸石分类问题上，应尽量多保留各种分类方案中的合理成分，我国于 2012 年颁布了《煤矸石分类》（GB/T 29162—2012），有效推动综合利用煤矸石。

下面根据国内外煤矸石分类方面的研究现状及进展，介绍一些分类方案供参考。

一、国内外煤矸石分类的研究概况

国内外研究者提出过多种煤矸石的分类命名方案，但大都是以某一特定地区煤矸石的研究结果或基于煤矸石的某一或某些特定利用途径提出的，存在种种不完善之处。

20 世纪 80 年代以来，我国对煤矸石的分类进行了较深入的研究，提出了各种分类方案，其中具代表性的有 3 种分类方案。

1. 1985 年重庆煤炭研究所提出了煤矸石的三级分类命名法

该方案首先按煤矸石的产出方式将其分为洗矸、煤巷矸、岩巷矸、手选矸和剥离矸五类，然后再按煤矸石的 Al_2O_3/SiO_2、Fe_2O_3、$S_{t,d}$、TiO_2 和 CaO 等指标划分矸族，最后按煤矸石的岩石类型划分矸岩。煤矸石命名由两部分构成，即在类名前加上族名前缀，而矸岩独立命名。

这个分类方案，首次将煤矸石化学成分指标与煤矸石产出方式、煤矸石矿物组成及岩石组成结合起来，提出了煤矸石的三级命名法。然而，这个分类方案也存在着分类指标过宽或过细、分类指标重复等问题，还有以下不足：某些指标界线划分欠当，如 CaO 含量以 30% 作为分界点，没有考虑某些煤矸石制品对 CaO 含量有严格要求（煤矸石烧结砖要求 CaO≤2%）；个别指标设置的必要性不大，如 TiO_2 含量，因大多数的利用途径对该指标没有要求。

2. 1986 年中国矿业学院提出了华东地区煤矸石分类方案

该方案是以对徐州矿区煤矸石的研究为基础，以煤矸石在建材方面的利用为主要途径的一种分类方案。分类指标为岩石类型、含铝量、含铁量和含钙量 4 种。4 个指标均分为 4 个等级，除"岩石类型"以笔画顺序排等级外，其他 3 个指标都以含量多少排等级，以阿拉伯数字表示等级次序，然后以"岩石类型"等级序号为千位数字，依次与其他 3 个指标的等级序号组成一个四位数，作为煤矸石的分类代号。

这种分类方案是对徐州矿区煤矸石在建材方面的利用提出的，因而对全国范围煤矸石资源化利用的研究和开发就显得有些不足。同时，这种分类虽然简明，但仅限于煤矸石在建材方面的利用，分类过于简单，煤矸石利用范围划得过窄。此外，分类指标中岩石类型术语用得欠妥，如把泥岩、黏土岩作为不同的岩石类型划分。

1991年焦作矿业学院提出了平顶山矿区煤矸石的二级分类命名方案。方案是在对平顶山矿区煤矸石进行了全面、深入研究的基础上，吸收、借鉴了其他分类方案的优点后提出的。该方案主要按照产出方式将煤矸石分成5类：煤巷矸、岩巷矸、自燃矸、洗矸和手选矸，然后按煤矸石的利用途径划分出19个亚类。

这个分类方案较详细合理地提出了煤矸石的分类方案，但有的亚类分类指标不太合理，如$CaO+MgO$含量，且仅是针对平顶山矿区煤矸石而言，也未包括剥离煤矸石。对全国煤矸石资源化利用而言，该方案的主要不足之处是：煤矸石类型和亚类的设置不能覆盖我国煤矸石及其利用的实际情况；个别煤矸石分类指标的界线确定依据不充分。

在国外，欧洲各主要产煤国以及美国、澳大利亚等国都对煤矸石的综合利用进行了大量研究，提出过种种分类方案，其中以前苏联的研究最具代表意义。按煤矸石的来源、特点、成分等不同指标分等级列出分类符号，然后根据各利用途径对煤矸石质量的要求，填入所需要的分类符号，根据分类符号所规定的质量要求，就可以选择煤矸石的加工工艺。

二、煤矸石分类方案示例

1. 按煤矸石来源进行分类的煤矸石分类方案

按这个方案，煤矸石一般可分为3类：①开采煤矸石，即剥离和矿井采出的煤矸石；②选煤厂排出的煤矸石，即洗矸，其中包括浮选尾矿；③煤利用后的废渣，即燃烧、气化和液化后排出的残渣。

2. 按煤矸石组成特点进行分类的煤矸石分类方案

（1）根据煤矸石岩石组成的特点分类　这种方法常用于开采和选煤矸石的分类。一般分为3类：①黏土岩煤矸石，是生产建筑陶瓷、多孔烧结料、含铝精矿、水泥、氯化铝等原料；②砂岩类煤矸石，是生产碎石、混凝土骨料、水泥及硅砂的原料；③碳酸盐类煤矸石，是生产碎石、水泥、改良土壤用石灰及烧石灰的原料。

（2）根据煤矸石化学成分含量分类

1）根据Al_2O_3含量不同分类。可分为低铝煤矸石（$20\%\pm5\%$）、中铝煤矸石（$30\%\pm5\%$）和高铝煤矸石（$40\%\pm5\%$）。中铝以上煤矸石可考虑提取$AlCl_3$和聚合铝、提取Al_2O_3，作水泥原料时，可生产不同种类的水泥。

2）根据Fe_2O_3含量不同分类。可把煤矸石分为5类：低铁煤矸石（$<1.5\%$）、少铁煤矸石（$1.5\%\sim5\%$）、中铁煤矸石（$5\%\sim12\%$）、次高铁煤矸石（$12\%\sim18\%$）和高铁煤矸石（$>18\%$）。煤矸石中Fe_2O_3含量有时决定着煤矸石的利用途径和热加工工艺条件，例如耐火材料只能用低铁和少铁煤矸石，生产细陶制品及瓷器只有低铁煤矸石适用，少铁到次高铁煤矸石可制砖。

（3）根据煤矸石中元素分析特点可采用2个指标分类

1）根据煤矸石含碳量分类　低碳煤矸石（$0\sim4\%$）、少碳煤矸石（$4\%\sim8\%$）、中碳煤矸石（8%～12%）、次高碳煤矸石（12%～20%）和高碳煤矸石（>20%）。高碳煤矸石的发热量可高于2000kcal/kg，适合作燃料，然后用其灰渣作建材原料；少碳到次高碳煤矸石可作多孔烧结料；低碳煤矸石最适于在回转窑中生产陶粒，也可生产饰面砖；一般含碳量高的煤矸石不宜作蒸养制品的硅质材料和水泥的混合材，但可能是烧砖和制水泥的好原料。

2）根据煤矸石中硫分（$S_{t,ad}$）含量分类。可分为4类：低硫煤矸石（<0.5%）、少硫煤矸石（0.5%～1.5%）、中硫煤矸石（1.5%～3.0%）和高硫煤矸石（>3%）。低硫煤矸石可用于生产陶瓷和耐火材料；生产硅酸合金只能用低硫煤矸石，高硫煤矸石可考虑从中回收硫铁矿。

3. 按煤矸石的特性分类

（1）根据煤矸石的颗粒大小分类　可分为粗粒煤矸石（>25mm）、中粒煤矸石（25～1mm）和细粒煤矸石（<1mm）。

（2）根据发热量（$Q_{net,ar}$）分类　可分为低发热量煤矸石（<500kcal/kg）、中发热量煤矸石（800～2000kcal/kg）和高发热量煤矸石（>2000kcal/kg）。低发热量煤矸石作一般建材原料，中发热量以上煤矸石作沸腾炉的燃料，高发热量煤矸石可进行气化。

（3）根据熔融特性（灰熔点或软化区范围）分类　可分为难熔煤矸石（T_2=1400～1450℃）、中熔煤矸石（1250～1450℃）和低熔煤矸石（<1250℃）。难熔煤矸石可作耐火材料原料。

（4）根据膨胀性（膨胀系数）分类　可分为微膨胀煤矸石（<0.2%）、中等程度膨胀煤矸石（0.2%～1.6%）和激烈膨胀煤矸石（>1.6%）。有膨胀性的煤矸石可烧制轻骨料。

（5）根据煤矸石的可塑性（I_p）分类　可分为低可塑性煤矸石（<1）、中等可塑性煤矸石（7～15）和高可塑性煤矸石（>15）。后2种煤矸石适合制矸石砖。

有了这些指标，就有可能对某种煤矸石进行评价，初步确定其合理的用途。

三、我国煤矸石的前分类方案

该分类方案是在河南理工大学分类方案的基础上，吸收国内外其他分类方案的优点，结合我国煤矸石研究及资源化利用的现状提出的。这个方案首先以煤矸石的产出方式为主要划分依据分出六大煤矸石类型，再根据煤矸石资源化利用途径划分出21个煤矸石亚类（利用类）。应用时，首先根据煤矸石的特性按分类质量指标体系确定其质量指标等级，并分别用代号表示，然后再根据各利用途径对煤矸石的质量要求确定其利用分类。

1. 煤矸石类型的划分

煤矸石类型是煤矸石总的分类，以煤矸石的产出方式为主要划分依据，并采用煤矿生产中的一些习惯叫法命名，将煤矸石分成煤巷矸、井岩巷矸、剥离矸、手选矸、选煤矸和自燃矸（过火矸）六大类，见表2-11。实际应用时煤矸石类型的确定十分容易。

表 2-11　煤矸石分类指标体系

煤矸石类型 A	岩石类型 B	FC_{ad}/% C	$S_{t,d}$/% D	Al_2O_3/SiO_2/% E	Fe_2O_3/% F	CaO+MgO/% G
A1 煤巷煤矸石	B1 高岭石泥岩	C1 少碳的 (<4.0)	D1 少硫的 (<1.0)	E1 低铝的 (<0.3)	F1 少铁的 (<1.0)	G1 少钙的 (<2.0)
A2 井岩巷煤矸石	B2 伊利石泥岩	C2 低碳的 (4.0~6.0)	D2 低硫的 (1.0~1.5)	E2 中铝的 (0.3~0.7)	F2 低铁的 (1.0~3.0)	G2 低钙的 (2.0~4.0)
A3 剥离煤矸石	B3 碳质泥岩	C3 中碳的 (4.0~15.0)	D3 中硫的 (1.5~4.0)	E3 高铝的 (>0.7)	F3 中铁的 (3.0~5.0)	G3 中钙的 (4.0~12.0)
A4 手选煤矸石	B4 砂质泥岩或粉砂岩	C4 高碳的 (>15.0)	D4 高硫的 (>4.0)		F4 高铁的 (>5.0)	G4 高钙的 (>12.0)
A5 选煤煤矸石	B5 砂岩					
A6 自燃煤矸石	B6 石灰岩					

（1）煤巷矸　煤矿在巷道掘进过程中，凡是沿煤层的采、掘工程所排出的煤矸石，统称煤巷矸。其特点是，主要由采煤层的顶板、夹层与底板岩石组成，常有一定的含碳量及热值，有时还含有共伴生矿物。

（2）井岩巷矸　在煤矿建设与岩巷掘进过程中，凡是不沿煤层掘进的工程所排出的煤矸石，统称井岩巷矸。其特点是岩石种类杂，排出量较集中，含碳量低或根本不含碳，基本无热值。

（3）剥离矸　煤矿在露天开采时，煤系上覆岩层被剥离而排出的岩石，统称为剥离矸。其特点是岩种杂，一般无热值，目前主要用来回填采空区或填沟造地等，有些剥离矸还含有伴生矿产。

（4）手选矸　是指混在原煤中产出，在矿井地面或选煤厂由人工拣出的煤矸石。手选矸具有一定的粒度，排量较少，主要来自所采煤层的夹矸，具有一定的热值，与煤层共伴生的矿产也往往一同被拣出。

（5）选煤矸　是指从原煤洗选过程中排出的尾矿。其特点是排量集中，粒度较细，碳、硫和铁等的含量一般高于其他各类矸石，具较高的热值，含较多的黏土矿物。

（6）自燃矸（过火矸）　凡是堆积在矸石山（堆）上经过自燃的煤矸石统称为自燃矸。这类煤矸石（渣）原岩以粉砂岩、泥岩与碳质泥岩居多，烧失量较低，颜色多为红、黄、白等杂色，具有一定的火山灰活性和化学活性。因其性能与用途特殊，故单独划为一类。

必须指出的是，这个分类方案没有按煤矸石的堆存形式分类，原因是历年已混杂堆积的煤矸石约占 90%；这类煤矸石岩石种类杂，化学成分复杂多变，利用价值不高，主要用作填筑材料或生产建筑材料。若要开发生产中、高档产品必须对煤矸石进行分选。按煤矸石的产出方式分类实际上就蕴含了初步分选的含义。应用时可先按照该分类方案对煤矸石进行评价，若从技术、经济方面考虑，煤矸石适于开发生产中、高档产品，则把煤矸石作为资源对待，采用分排分运的方法排放煤矸石；否则可混合排矸，用作填筑材料或生产建材。这样可大大提高煤矸石的资源回收率和利用率，取得经济效益、环境效益和社会效益的统一。

2. 煤矸石的分类指标体系与亚类划分方案

不同来源的煤矸石的化学、矿物组成及工艺性能往往存在一定差异，这种差异使煤矸石的利用途径也不相同。因此，选择对煤矸石资源化利用有重要影响的 7 项指标，即矸石类型、岩石类型、固定碳含量（FC_{ad}）、全硫含量（$S_{t,d}$）、Al_2O_3/SiO_2 比值、Fe_2O_3 含量与CaO+MgO 含量，作为煤矸石利用分类的质量指标，并分别用 A、B、C、D、E、F 和 G 作为代表符号，同时用自然数字表示此 7 项指标各自的质量等级序次，见表 2-12。

表 2-12　煤矸石亚类（利用分类）划分表

分类代号	建材及其制品								燃料		化工产品							其他			
	轻骨料、陶瓷	建筑陶瓷	空心砌块	混凝土	烧结砖、瓦	免烧砖、瓦	通用水泥	特种水泥	沸腾炉燃料	矿物燃料掺料	铝系净水剂	系列分子筛	橡、塑填料	农肥	耐火材料制品	铝硅系合金	细瓷	矿物棉	复垦	回填	提取微量元素
A	1	1	—	—	1	6	—	1	1	1	1	1	1	1	1	1	1	1	—	—	
	4	4	—	—	4	—	—	4	4	4	4	4	4	4	4	4	4	4	—	—	
	5	5	—	—	5	—	—	5	5	5	5	5	5	5	5	5	5	5	—	—	
	6		6	6			6	6					6	6					—	—	
B	1	1	1	1	1	1	1	1	1	1	1	1	1	1	1	1	1	1	—	1	
	2	2	2	2	2	—	2	2	2	2	2	2	2	2	2	2	2	2	—	2	
	3	4	3		3	—	3	3	3	3				3				3	—	3	
	4		4		4		4	4	4									4			
C	—	1	—	—	1	1	—	2	4	3	1	1	—	2	1	1	1	—	1	1	TiO₂>2.0% 或 Ga>30μg/g 等
	2	2	1	1	2	2	2	3		4	2	2	—	3	2	2		—	2	2	
	3	3	2		3	3	3	4	3		3	3	—	4	3	3		—	3	3	
D	1	1	1	1	1	1	1	2	1	1	1	1	1	1	1	1	1	1	—	1	
	2	2	2		2	2	2	3	2	2	2	2	2	2	2	2	2	2	—	2	
	3	3	3		3	3	3	4	3	3	3	3		2	3	3		—	—	3	
E	—	2	—	4	2		1	2	—		2	3			3	2	2	—	—	—	
	2	3			3		2	3			3					3	3				
F	3	1	—	—	1	1	—	2	—	—	1	1	1		1	1	1	1	—	—	
	4	2			2	2		3							2			2			
	1	3		4			3	4													
G	1	1	—	4	1	1	3	3	—	—	1	1	1		1		1	4	—	—	
	2	2			2	2	4	4					2	2	2					—	

按照煤矸石资源化利用的研究和应用现状，进一步划分出轻骨料、陶粒用煤矸石等21个煤矸石亚类（包括一个特殊煤矸石亚类，即提取微量元素用煤矸石亚类），见表2-12。根据表2-11所列煤矸石的分类指标体系及不同煤矸石资源化利用途径对煤矸石质量的要求制定了煤矸石亚类（实际是利用分类）。

下面概要说明煤矸石分类方案中质量指标等级的划分界线。

煤矸石的岩石学特征和矿物组成决定了煤矸石的岩石类型，结合我国煤矸石的岩石组成特征，将煤矸石划分为高岭石泥岩（高岭石含量＞50％）、伊利石泥岩（伊利石含量＞50％）、碳质泥岩、砂质泥岩（或粉砂岩）、砂岩与石灰岩。

根据煤矸石含有一定的碳这一特殊性质，按固定碳含量（FC_{ad}）将煤矸石划分为4个等级：1级＜4％（少碳的），2级4％～6％（低碳的），3级6％～15％（中碳的）和4级＞15％（高碳的）。FC_{ad}的含量决定着煤矸石资源化利用的方向，高碳煤矸石具有较大的能源潜力，一般热值＞7500kJ/kg，适于作沸腾炉燃料；中碳煤矸石的热值一般在3340～7500kJ/kg之间，可用作燃料掺合料。就全国而言，热值在7500kJ/kg以上的煤矸石并不多见，因此3340kJ/kg应作为一条辅助界线，近年来利用煤矸石作沸腾炉燃料的实际经验表明这一界线是切实可行的。

煤矸石的全硫含量影响其利用途径和加工工艺方式。就目前研究和利用水平，在煤矸石利用分类时将其全硫含量（$S_{t,d}$）分为4个等级：1级＜1.0％（少硫的），2级1.0％～1.5％（低硫的），3级1.5％～4.0％（中硫的）和4级＞4.0％（高硫的）。高硫煤矸石在资源化利用过程中有两条界线是需要研究的：一是煤矸石利用过程中多数制品对其硫含量的最高允许界线；二是硫资源回收时要求硫含量的最低界线。近年来，对某些高硫选煤矸石再采用重力分选工艺回收硫铁矿资源获得成功。结果表明，$S_{t,d}$达6％的选煤矸石就有回收利用价值。

在煤矸石中SiO_2与Al_2O_3的含量最高，铝硅比（Al_2O_3/SiO_2）既反映了大多数煤矸石的无机成分特征，也决定着煤矸石一般的利用途径，是煤矸石资源化利用的重要质量指标。从实用角度对煤矸石亚类划分时将铝硅比分为3个等级：铝硅比＜0.3时，煤矸石的特点是硅含量比铝含量高得多，其矿物成分主要是石英、长石，黏土矿物含量较低，质点粒径大，可塑性差；铝硅比在0.3～0.7之间时，煤矸石的特点是铝、硅含量适中，矿物成分以高岭石、伊利石为主，次要矿物有石英、长石和方解石等；当铝硅比＞0.7时，煤矸石的特点是铝含量高，硅含量低（较一般煤矸石的含量而言），矿物成分往往以高岭石为主（或以伊利石为主），次要矿物为石英、长石和方解石等，煤矸石质点粒径较细，可塑性较好，煅烧时具膨胀现象。此类煤矸石可作为烧制高档陶瓷，合成系列分子筛（或生产农肥）等的原料。选择铝硅比以0.3为下界，是因为在此分界线以上的煤矸石一般可作为生产铝系列净水剂的原料。

煤矸石的Fe_2O_3含量也决定和影响其利用途径和热加工工艺，如生产高档细瓷、合成分子筛等都对铁含量有严格控制，烧制陶粒时还要求有一定含铁量等。因此在煤矸石亚类划分时按铁的氧化物含量分为4个等级：1级＜1.0％（少铁的），2级1.0％～3.0％（低铁的），3级3.0％～5.0％（中铁的）和4级＞5％（高铁的）。

设置CaO＋MgO含量这一指标的目的在于，用少钙等级控制煤矸石在制烧结砖、瓦中的使用，用高钙等级界定作矿物棉的生产原料。

3. 煤矸石分类方案的使用说明

本分类方案是二级分类命名方案，首先根据产出方式确定煤矸石的类型（大类），其次再根据煤矸石的质量确定其亚类（应用类）。确定煤矸石亚类时，首先应查明煤矸石的化学成分与矿物成分等性能；然后根据各质量指标的取值及等级界线确定煤矸石的各质量指标等级，并用代号表示；最后按照质量等级代号的完备组合查表2-12，即可确定煤矸石属于哪些亚类（应用类）。

例如，对某煤矿煤巷掘进排放煤矸石的性能测试分析结果如表2-13所列，据此可确定该煤矸石的各质量指标等级，并用代号分别表示，进而查表2-12认定其同属建筑陶瓷用煤矸石等11个煤矸石亚类。由于亚类是按利用途径分类，煤矸石的亚类一旦确定，其资源化利用途径也就明确，一般无需再进行工艺试验（生产分子筛等极少数化工产品的利用途径除外），即可选择利用项目。

表 2-13　煤矸石分类方案应用举例

分类指标	煤矸石类型	岩石类型	FC_{ad} /%	$S_{t,d}$ /%	Al_2O_3/SiO_2 /%	Fe_2O_3 /%	$CaO+MgO$ /%
实测值	煤巷矸	高岭石泥岩	3.52	1.21	0.72	0.87	1.71
指标等级代号	A1	B1	C1	D2	E3	F1	G1
煤矸石亚类(利用类)	建筑陶瓷用煤矸石、空心砌块用煤矸石、烧结砖瓦用煤矸石、铝系列净水剂用煤矸石、系列分子筛用煤矸石、橡塑填料用煤矸石、耐火材料用煤矸石、铝硅系合金用煤矸石、细瓷用煤矸石、复垦用煤矸石和回填用煤矸石						

这个分类方案设置的一项特殊煤矸石亚类"提取微量元素用煤矸石"的确定，要视煤矸石中微量元素的含量是否达开采品位而定，这一亚类的命名由可提取的具体微量元素参与命名。

四、我国现行的煤矸石分类

我国现行的煤炭分类执行《煤矸石分类》（GB/T 29162—2012）国家标准。本标准适用于煤矸石的产出与资源化利用。

第三章

从煤矸石中回收有用矿物

随着采煤机械化水平的不断提高，煤矿生产煤炭的煤质变差，导致煤矸石含量增高。在煤炭分选生产中为了降低精煤在煤矸石中的损失，提高精煤产率，在操作过程中使部分煤矸石进入二段，使中煤的煤矸石量增大，对精煤也造成了污染，影响了精煤的质量，同时也增加了中煤的灰分。这样，在有些煤矸石中（煤巷掘进排矸和洗矸等）往往混入发热量较高的煤、煤矸石连生体和碳质岩。此外，有些煤矸石是高铝煤矸石，而硫铁矿一般富集在洗矸中，均可采用适当的加工方法回收有用矿物，提高品位作燃料或原料使用。加工后的煤矸石再作建材原料，也改善了质量。因此，从煤矸石中回收有用矿物可认为是进一步利用前的预处理作业。

煤矸石中有用矿物能否加以回收主要取决于技术和经济上的可行性。

第一节　从煤矸石中回收煤炭

一、煤矸石分选原理

从煤矸石回收煤炭，其实质就是依据煤矸石中各种组分（煤、无机矿物）的物理性质、物理化学性质、化学性质的不同将这些成分分离的过程。

煤与和煤共伴生的无机矿物质在密度、表面润湿性、磁性、导电性之间存在着较大的差异，根据这些差异，有时人为地创造条件增大这些差异，使煤和矿物质在分选过程中表现出不同的运动方向或运动速度而加以分离。按照分选时所依据的煤与矿物质的性质差异的不同，可分为：①重力分选法（重选），按照煤粒与矿物质在密度和粒度上的差异机械分选的方法，常见的有跳汰选、重介选、摇床法等；②浮游分选法（浮选），根据矿物表面物理化学（表面润湿性）性质的差异使煤和矿物质分离的方法；③磁选、电选，分别根据矿物的磁性和导电性同粉煤的差异使煤和无机矿物质分离。

煤矸石分析回收煤炭主要由选前预处理、分选操作及产品后处理等环节构成。各种分选方法对原料的粒度、浓度有要求，有些方法对原料的水分有要求，通过破碎、筛分、干燥、矿浆准备等环节，为选煤做准备；然后采用重选、浮选、磁性、电选等方法将煤矸石中的各种成分分开；最后通过脱水、脱介、干燥、分级等方法对分选产品进行后处理得到合格的产品。

1. 煤矸石的破碎

煤矸石的破碎就是矸石在外力作用下粒度减小的过程。破碎作用分为挤压、摩擦、剪切、冲击、劈裂、弯曲等，其中前三种是破碎机通常使用的基本作用。

根据煤矸石颗粒的大小、要求达到的破碎比和选用的破碎机类型，破碎流程可以有不同的构成方式，其基本工艺流程如图 3-1 所示。

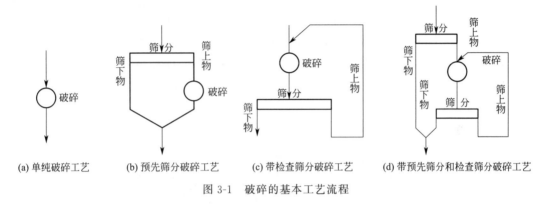

(a) 单纯破碎工艺   (b) 预先筛分破碎工艺   (c) 带检查筛分破碎工艺   (d) 带预先筛分和检查筛分破碎工艺

图 3-1   破碎的基本工艺流程

煤矸石破碎常用的破碎机类型有颚式破碎机、冲击式破碎机、锤式破碎机和球磨机等。

（1）颚式破碎机   通常按照可动颚板（动颚）的运动特性分为两种类型，即动颚做简单摆动的双肘板机构（所谓简摆式）的颚式破碎机［图 3-2(a)］和动颚做复杂摆动的单肘板机构（所谓复摆式）的颚式破碎机［图 3-2(b)］。近年来，液压技术在破碎设备上得到应用，出现了液压颚式破碎机［图 3-2(c)］。颚式破碎机构造简单、工作可靠、制造容易、维修方便，至今仍获得广泛应用。

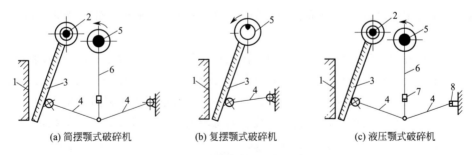

(a) 简摆颚式破碎机   (b) 复摆颚式破碎机   (c) 液压颚式破碎机

图 3-2   颚式破碎机的主要类型

1—固定颚板；2—动颚悬挂轴；3—可动颚板；4—前（后）推力板；5—偏心轴；
6—连杆；7—连杆液压油缸；8—调整液压油缸

（2）冲击式破碎机   其工作原理是，给入破碎机空间的物料块，被绕中心轴高速旋转的转子猛烈碰撞后，受到第一次破碎；然后物料从转子获得能量高速飞向坚硬的机壁，受到第二次破碎；在冲击过程中弹回再次被转子击碎，难以破碎的物料，被转子和固定板挟持而剪断，破碎产品由下部排出。当要求的破碎产品粒度为 40mm 时，可以达到目的，而若要求粒度更小如 20mm 时，接下来还需经锤子与研磨板的作用，进一步细化物料，其间空隙远小于冲击板与锤子之间的空隙，若底部再设有算筛，可更为有效地控制出料尺寸。

（3）锤式破碎机 是一种新型高效破碎设备，具有破碎比大、适应性广（可以破碎中硬、软、脆、韧性、纤维性物料）、构造简单、外形尺寸小、安全方便、易于维护等许多优点。锤式破碎机一般装有两块反击板，形成两个破碎腔，转子上安装有两个坚硬的板锤，机体内表面装有特殊钢制衬板，用以保护机体不受损坏。

（4）球磨机 图 3-3 是球磨机结构和工作原理示意。球磨机主要由圆柱形筒体、端盖、中空轴颈、轴承和传动大齿轮圈等部件组成。筒体内装有钢球和被磨物料，其装入量为筒体有效容积的 25%～50%。筒体两端的中空轴颈有两个作用：一是起轴颈的支撑作用，使球磨机全部重量经中空轴颈传给轴承和机座；二是起给料和排料的漏斗作用。电动机通过联轴器和小齿轮带动大齿轮圈和筒体缓缓转动，当筒体转动时，在摩擦力、离心力和衬板的共同作用下，钢球和物料被衬板提升，当提升到一定高度后，在钢球和物料本身重力的作用下，产生自由泻落和抛落，从而对筒体内底脚区内的物料产生冲击和研磨作用，使物料粉碎，物料达到磨碎细度要求后，由风机抽出。

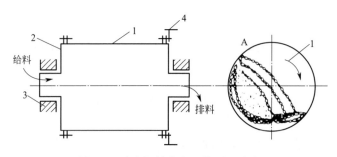

图 3-3 球磨机结构和工作原理示意
1—筒体；2—端盖；3—轴承；4—大齿轮

2. 筛分

筛分操作可将煤矸石按其组成的颗粒粒度进行分选，是煤矸石分选预处理过程的重要方法。

筛分是利用混合固体的粒度差异，使固体颗粒在具有一定孔径的筛网上振动，把可以通过筛孔的和不能通过筛孔的粒子群分开的过程。该分离过程可看作是由物料分层和细粒透过筛子两个阶段组成的。物料分层是完成分离的条件，细粒透过筛子是分离的目的。一个有均匀筛孔的筛子，只允许较小的颗粒透过筛孔，而将较大的颗粒排除。一个颗粒，如果至少有两个尺寸小于筛孔尺寸，它就能够透过筛孔。

煤矸石分选工艺常用的筛分设备主要有振动筛和共振筛。

（1）振动筛 振动筛的特点是振动方向与筛面垂直或近似垂直，振动频率 600～3600 r/min，振幅 0.5～1.5mm。物料在筛面上发生离析现象，密度大而粒度小的颗粒钻过密度小而粒度大的颗粒的空隙，进入下层到达筛面，大大有利于筛分的进行。振动筛的倾角一般在 8°～40°之间。振动筛由于筛面强烈振动，消除了堵塞筛孔的现象，有利于湿物料的筛分，可用于粗、中、细粒的筛分，还可以用于振动和脱泥筛分。振动筛主要有惯性振动筛和共振筛两种。

惯性振动筛是通过由不平衡体的旋转所产生的离心惯性力，使筛箱产生振动的一种筛子，其构造及工作原理如图3-4所示。当电动机带动皮带轮作高速旋转时，配重轮上的重块即产生离心惯性力，其水平分力使弹簧发生横向变形，由于弹簧横向刚度大，所以水平分力被横向刚度所吸收；而垂直分力则垂直于筛面，通过筛箱作用于弹簧，强迫弹簧做拉伸及压缩运动。因此，筛箱的运动轨迹为椭圆或近似于圆。由于该种筛子激振力是离心惯性力，故称为惯性振动筛。

（2）共振筛　是利用连杆上装有弹簧的曲柄连杆机构驱动，使筛子在共振状态下进行筛分。其构造及工作原理如图3-5所示。

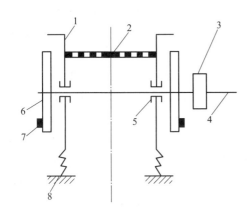

图3-4　惯性振动筛构造及工作原理示意
1—筛箱；2—筛网；3—皮带轮；4—主轴；
5—轴承；6—配重轮；7—重块；8—板簧

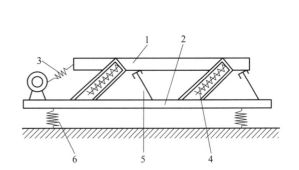

图3-5　共振筛构造及工作原理示意
1—上机体；2—下机体；3—传动装置；
4—共振炭黑；5—板簧；6—支撑弹簧

当电动机带动装置在下机体的偏心轴上转动时，轴上的偏心使连杆做往复运动。连杆通过其端的弹簧将作用力传给筛箱，与此同时下机体也受到相反的作用力，使筛箱和下机体沿着倾斜方向振动。筛箱、弹簧及下机体组成一个弹性系统，该弹性系统固有的自振频率与传动装置的强迫振动率接近或相同时使筛子在共振状态下筛分，故称为共振筛。共振筛具有处理能力大、筛分效率高、耗电少及结构紧凑等优点，是一种有发展前途的筛分设备；但其制造工艺复杂，机体笨重，橡胶弹簧易老化。

共振筛的应用很广，适用于矸石中的细粒的筛分，还可用于矸石分选作业的脱水、脱泥重介质和脱泥筛分。

3. 煤矸石的分选

（1）手工拣选　对于手工拣选，确定选别程序和识别标志是很容易的。可以根据颜色、反射率和不透明度等性质来识别各种物料；可以凭感觉来检查物料的相对密度，最后用手拣出（分类）物料。手工拣选通常在第一级机械处理装置（一般是破碎机）的给料皮带输送机上进行。输送机的皮带将物料均匀地送入破碎机，拣选者就站在皮带的两侧，将要拣出的物料拣出。经验表明，一名拣选工人每小时可拣出约0.5t物料。供拣选的给料皮带，如果是单侧拣选，皮带宽度应不超过60cm；如果是两侧拣选，宽度可定为90～120cm。皮带运动速率不大于 9m/min，可根据拣选工人的人数来定。

手工拣选最好在白天进行。人工照明尤其是荧光灯照明由于光谱较窄，使拣选工人难以识别各种物料。如果不能在室外进行，应该利用大的天窗采光。

（2）跳汰分选　跳汰分选属于重力分选方法。重力分选简称重选，是利用混合固体在介质中的相对密度（或密度）差进行分选的一种方法。不同固体颗粒处于同一介质中，其有效相对密度差增大，从而为具有相同相对密度的粒子群的分离创造了条件。固体的颗粒只有在运动的介质中才能分选。重力分选介质可以是空气、水，也可以是重液（相对密度大于水的液体）、重悬浮液等。以重液和重悬浮液为介质而进行分选的叫做重介质分选。对于煤矸石在大多数情况下是以水为介质进行分选的。

跳汰分选是在垂直变速介质流中按密度分选固体废物的一种方法。它使磨细的煤矸石在垂直脉动介质中按密度分层，小密度的颗粒群位于上层，大密度的颗粒群（重质组分）位于下层，从而实现物料分离。在生产过程中，原料不断地进入跳汰装置，轻重物质不断分离并被淘汰掉，这样可形成连续不断的跳汰过程。

图 3-6 为跳汰分选装置的工作原理示意。机体的主要部分是固定水箱，它被隔板分为两室，右为活塞室，左为跳汰室。活塞室中的活塞由偏心轮带动做上下往复运动，使筛网附近的水产生上下交变水流。在运行过程中，当活塞向下时，跳汰室内的物料受上升水流作用，由下而上升，在介质中成松散的悬状态；随着上升水流的逐渐减弱，粗重颗粒就开始下沉，而轻质颗粒还可能继续上升，此时物料达到最大松散状态，形成颗粒按密度分层的良好条件。当上升水流停止并开始下降时，固体颗粒按密度和粒度的不同做沉降运动，物料逐渐转为紧密状态。下降水流结束后，一次跳汰完成。每次跳汰，颗粒都受到一定的分选作用，达到一定程度的分层。经过多次反复后，分层就趋于完全，上层为小密度的颗粒，下层为大密度颗粒。

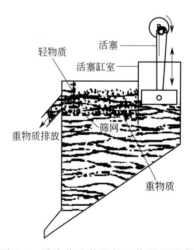

图 3-6　跳汰分选装置的工作原理示意

跳汰分选的优点是能够根据密度的不同进行分选，而不必考虑颗粒的尺寸（在极限尺寸范围内）。

（3）摇床分选　摇床分选也属于重力分选，是细粒固体物质分选应用最为广泛的方法之一。摇床床面由来复条构成，各来复条之间有缝隙，来复条也与水流方向垂直。图 3-7 是摇床结构示意。

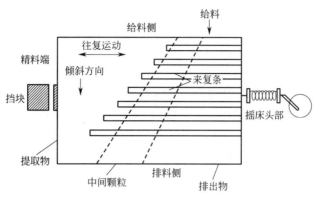

图 3-7　摇床结构示意

摇床的床头机构由一个偏心轮与一根柔性连杆组成。床面的运动由于受到挡块的阻挡而突然停止。给料从倾斜床面的上端给入,在水流和摇动的作用下,不同密度的颗粒在床面上呈扇形分布,从而达到分选的目的。细小颗粒直接横向流过床面并排出,而每一冲程开始时的冲撞作用通过床面使粗重颗粒产生斜向运动速度,从而向精料端运动。当摇床被挡块阻挡而突然停止时,粗重颗粒由于冲力而进一步做斜向运动。驱动轴与床面之间的柔性连杆可缓冲偏心轮的运动,然后慢慢将床面拉离挡块,从而完成一个循环。

固体颗粒在摇床床面上有两个方向的运动:在洗水水流作用下沿穿面倾斜方向运动;在往复不对称运动的作用下,由传动端向精料端的运动。颗粒的最终运动为上述两个方向的运动速度的向量和。

床面上的沟槽对摇床和方向起着重要作用。颗粒在沟槽内成多层分布,不仅使摇床的生产率加大,同时使呈多层分布的颗粒在摇动下产生析离,即密度大而粒度小的颗粒钻过密度小而粒度大的颗粒间的空隙,沉入最底层,这种作用称为析离。析离分层是摇床分选的重要特点。颗粒在来复条之间的分布情况如图3-8所示。小而重的颗粒(精料)处于来复槽的底部,大而重的颗粒在小颗粒的上面,依次是小而轻的颗粒,最后是大而轻的颗粒。之所以能形成这种分布,首先是由于颗粒在床面往复运动过程中,因密度不同而重新排列(由轻到重);其次是小颗粒穿过密度相同而尺寸较大的颗粒之间的间隙的运动;来复条面上水流的流动在来复槽中形成许多小涡流,则是第三种作用。

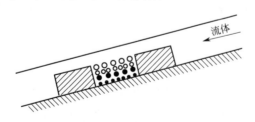

图 3-8　颗粒在来复条之间的分布情况

来复条的高度从床头至床尾逐渐减小。因此,大而轻的颗粒由于最先失去来复条的支持而最早流出床面,然后是小而轻的颗粒,最后是小而重的颗粒在床面尾端排出。

因此,摇床分选机床面的强烈摇动使松散分层和迁移分离得到加强,分选过程中析离分层占主导,使其按密度分选更加完善;摇床分选是斜面薄层水流分选的一种,因此,等降颗粒可因移动速度的不同而达到按密度分选;不同性质颗粒的分离,不单纯取决于纵向和横向的移动速度，而主要取决于它们的合速度偏离摇动方向的角度。

二、选煤厂选矸再选回收煤炭工艺流程

从选矸中回收煤炭目前在国内外得到广泛应用。我国选煤厂大多采用跳汰-浮选联合流程，根据煤炭可选性的差异、精煤灰分的要求，洗矸中 $1.8g/cm^3$ 级的含量在 $15\% \sim 25\%$ 范围内，其灰分一般在 $15\% \sim 30\%$ 的范围内波动，含有相当多的煤炭。这种矸石外排，一方面造成了大量的煤炭资源浪费；另一方面也对周围的环境造成了不良影响。为此，我国许多选煤厂开展了对矸石再洗工艺、设备的开发与应用，回收煤炭，取得了显著的经济效益和社会效益。

1. 矸石再选工艺

某选煤厂采用两台型号为 STK-16 的主选跳汰机，单台处理量230t/h，工艺流程见图 3-9。

为回收矸石中的煤炭，对工艺系统进行了技术改造，把原有中煤再选跳汰机变为矸石再选机，一台主选跳汰机既可以用作主选机又可用作中煤再选，改造后的工艺流程见图 3-10。

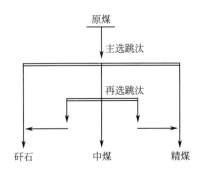

图 3-9　某选煤厂选煤工艺流程

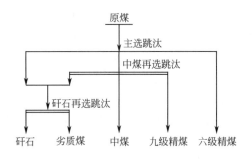

图 3-10　矸石再选流程

实施矸石再选后，虽然跳汰矸石中 $1.8g/cm^3$ 含量有了下降，但仍然较高，主要原因是：①物料在矸石再选跳汰机中分选时，在第一段（二室）分选时间偏短，一部分物料往往得不到及时分选而直接排放到矸石中，而进入第二段的物料量少，难以形成稳定的床层，不能有效分选；②跳汰机分选面积大（实际为15m²），风水制度调整不及时，透筛量大，末煤损失多。

2. 矸石再选用跳汰机改造

提高分选速度、减少分选面积、同时确保有效的分选面积并保持煤泥水系统稳定式洗矸，再选用跳汰机改造的技术路线，通过提高筛板角度，提高分选角度，基本原理是使颗粒在每一个跳汰周期内移动距离加大，假设跳汰机的风水制度和运动周期不变，颗粒在不同角度筛板上的运动轨迹见图 3-11。

从图 3-11 可以看出，在同一个跳汰周期中，筛板角度越大，颗粒在同一跳汰周期移动的距离就越大。为此，在改造中把筛板角度由3°提高到5°，物料在一个跳汰周期中移动距离增加 ΔL。为确保有效的分选面积，把二段分选改为一段分选，第一段由二室改为三室，总面积由15m²改为9m²，由一段二室的6m²提高到一段三室的9m²。为保证洗水系统不受

矸石再洗的污染，超粒度的物料进入尾煤系统，在溢流中增设一个物料沉淀区，防止未得到沉淀的物料直接进入溢流水；在沉淀区后加两道隔板，煤泥水从隔板下侧返出，进入溢流管，同时在溢流管前设一道箅篦子，有效地控制煤泥水固体颗粒的粒度。

改造后跳汰机的结构如图 3-12 所示。从改造后的实施情况看，矸石中（1.8g/cm³）含量有大幅度下降，达到 8.8％以下。

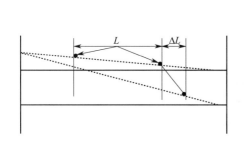

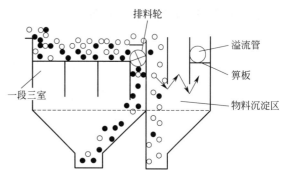

图 3-11　颗粒在不同角度筛板上的运动轨迹　　　图 3-12　改造后跳汰机结构关系示意
● 物料颗粒；L 为物料移动距离；　　　　　○ +1.8g/cm³ 密度级物料；
ΔL 为物料移动增加距离　　　　　　　● −1.8g/cm³ 密度级物料

矸石再选工程实施后取得了较大的经济效益和社会效益。选煤厂按实际年入洗原煤 1.50Mt 计算，矸石产率改造前为 17％，其中煤炭含量为 20％，实施改造后矸石带煤损失为 8.8％，比改造前降低 11.2％，折合煤量为 28.6kt/a，生产劣质煤的灰分 40％左右，发热量为 14.45～13.38MJ/kg，可以作为低值燃料煤满足附近窑厂的用煤。

表 3-1 是典型的矸石再选产品平衡表。

表 3-1　矸石再选产品平衡表

产品名称	处理量/(10^4t/a)	产率/％	灰分/％
块煤	5.21	11.46	25.46
末煤	11.20	24.66	30.58
外排矸石	29.02	63.88	68.71
合计	45.43	100.00	54.35

三、小型模块式煤矸石回收煤炭工艺

由于国外煤炭生产成本迅速提高，煤价不断上涨，从煤矸石中回收煤炭有利可图，如英国威尔士的勃尔发矿区的矸石选煤厂小时处理能力 140t，采用威姆科型三产品重介分选机，入料粒度 76～5mm，小于 5mm 粒级矸石用两台威姆科型末煤跳汰机分选，小时处理能力 30t，日处理量 2400t，平均日产商品 400t，灰分 16％，回收率 22％，吨煤选煤成本不到该矿区煤炭生产成本的 1/2。因此，美国、英国、法国、日本、波兰、匈牙利等国都建立了从矸石中回收煤的选煤厂。

从矸石中回收煤炭的分选工艺各有特点，除上述重介-跳汰联合分选工艺外，还有一些小型的、模块组合式煤矸石煤炭回收工艺，较典型的工艺包括重介旋流器工艺、斜槽分选工艺及螺旋分选工艺等。

1. 旋流器回收工艺

波兰和匈牙利联合经营的哈尔德克斯（HALDEX）矸石利用公司在波兰下西西里矿区建立5个矸石处理厂，矸石处理首先着眼于回收煤炭，再根据矸石特性加以利用。该公司每年处理矸石 6.0×10^6 t，从中回收发热量为 5000kcal/kg 的煤炭 4.0×10^5 t，供发电厂作燃料；生产水泥和轻质陶粒原料各 3.0×10^5 t，剩余 5.0×10^6 t矸石作矿井水沙填料。

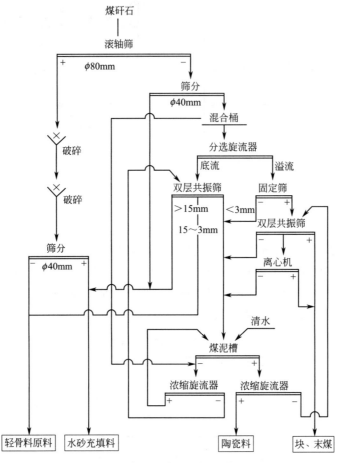

图 3-13　旋流器分选工艺原则流程

米哈乌矸石处理采用旋流器分选工艺，见图 3-13。小于 40mm 的矸石进入直径为 500mm 的分选旋流器，以风化矸石粉作重介质，配成相对密度为 1.3 的悬浮液，固液比为 1∶4，入口压力为 1kgf/cm²。分选旋流器的溢流经脱介和分级，得到 5000kcal/kg 的块煤和末煤，底流经筛孔为 $\phi 15$mm 和 $\phi 3$mm 的双层共振筛脱介和分级，得到大于 15mm 的矸石制轻骨料；15～3mm 的矸石，发热量 600～800kcal/kg，作水沙充填料；小于 3mm 的物料，发热量 1000～1400kcal/kg，作陶瓷原料。

2. 斜槽分选机工艺

在前苏联乌拉尔、库兹巴斯等矿区广泛采用斜槽分选机（KHC）从煤矸石或劣质煤中回收煤炭。斜槽分选机（图 3-14）是一个矩形截面的槽体，呈 46°～54°角倾斜安装。分选机内设有上、下调节板，板上装有铝齿形横向隔板，靠手轮调节下部矸石段和上部精煤段的横断面。入料由给料槽连续给入分选机中部，水流按定速在分选机底部引入。由于下降物料在水力作用下周期性地松散和密集，轻物料进入上升物料流由溢流口排出，重产品逆水流移动排矸石，实现按相对密度分选。

用斜槽分选机处理煤矸石的工艺过程可参照图3-15进行。

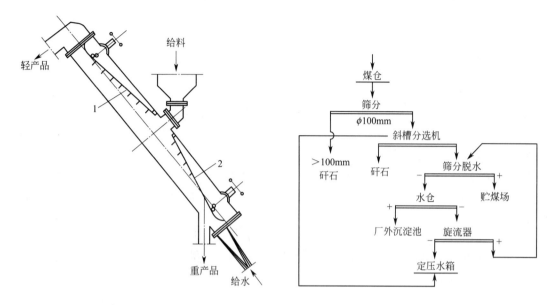

图 3-14　斜槽分选机示意　　　　　　　图 3-15　斜槽分选机处理煤矸石工艺原则流程

3. 螺旋分选机工艺

美国除采用跳汰机、重介分选机、重介旋流器、水介质旋流器及摇床从矸石中回收煤炭以外，还采用螺旋分选机回收露天矿或矿井废料，和水混合后给入顶部给料箱，物料在重力

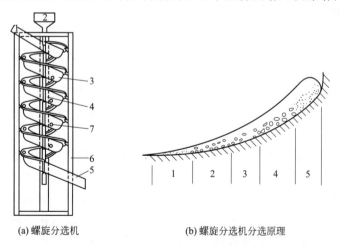

(a) 螺旋分选机　　　　　　(b) 螺旋分选机分选原理

图 3-16　螺旋分选机装置及分选原理示意

（a）1—给矿槽；2—冲洗水导槽；3—螺旋槽；4—连接法兰；5—尾矿槽；6—机架；7—重矿物排出管

（b）1—重矿物细颗粒；2—重矿物粗颗粒；3—轻矿物细颗粒；4—轻矿物粗颗粒；5—矿泥

和离心力作用下按相对密度分层，煤粒浮在上层，由水流带走，到底部排出；矸石沿螺旋槽底部排入卸料孔汇集到矸石收集管排出（见图3-16）。

第二节　从煤矸石中回收硫铁矿

一、回收硫铁矿的意义

硫铁矿是化学工业制备硫酸的重要原料。据不完全统计，我国和煤伴生或共生的硫铁矿资源比较丰富，储量约 $16.4 \times 10^8 t$，占全国硫铁矿保有储量的 1/2 以上，分布在全国 21 个省。这些硫铁矿可和煤炭一起或分层开采出来，经精选后获得符合质量要求的硫精矿。一般硫铁矿在原煤洗选过程中富集于洗矸中，例如某矿区原煤的硫含量为 2.5%～3.5%，而洗矸中的含硫量达 10% 以上，超过硫铁矿的工业开采品位（8%）；分选回收的硫精矿含硫40.1%，完全能达到工业上制备硫酸的要求（制硫酸时要求硫含量≥35%），是制备硫酸的好原料。

煤矿从矸石中回收硫铁矿，使资源得到合理利用，减少硫黄进口满足国内急需，同时投资较省，吨精矿生产能力投资要比单独开采约减少 1/2。从洗矸中回收 1t 精矿，同时每处理4～5t 洗矸尚可回收 1t 劣质煤作沸腾锅炉燃料。

回收矸石中的硫化铁不仅可以得到化工原料而带来可观的经济效益，同时也减轻了对环境的污染。煤矸石中的黄铁矿与空气接触，产生氧化作用，这是一个放热的过程。在通风不良的条件下，热量大量积聚，就导致矸石的温度不断升高。当温度升高到可燃质的燃点时便引起矸石山自燃。另外，硫化铁的氧化还放出大量的 SO_2 气体，污染大气。因此，回收（或除去）矸石中的硫化铁，就减少了矸石山自燃和污染大气的内在因素。

二、煤矸石中回收硫铁矿的原理

高硫煤矸石中含有的主要有用矿物为硫铁矿和煤。纯硫铁矿相对密度高达 5，与脉石相对密度差为 2～2.3，而共生硫铁矿与脉石相对密度差为 0.5～1。因此，使硫铁矿尽可能从共生体中解离出来，利用相对密度差即可将硫铁矿分选出来。

煤矸石的原矿粒度较大，其中黄铁矿的组成形态以包括结核体、粒状、块状等宏观形态为主，经显微镜和电镜鉴定，煤中黄铁矿以莓球状、微粒状分布在电镜煤体中，而在细胞腔中亦充填有黄铁矿，个别为小透镜状、细粒浸染状。矿物之间紧密共生，呈细粒浸染状，所以在分选前必须进行破碎、磨矿，煤矸石的解离度越高，选别效果越理想。

赋存在煤中的黄铁矿经过洗选后大部分富集于洗矸中。洗矸中黄铁矿以块状、脉状、结核状及星散状四种形态存在；前三种以 2～50mm 大小不等、形态各异的结核体最常见，矸石破碎至 3mm 以下，黄铁矿能解离 80% 左右，破碎至 1mm 以下几乎全部解离。星散状分布的黄铁矿很少，多呈 0.02mm 立方体单晶，嵌布于网状岩脉中很难与脉石分开。黄铁矿的回收方法和工艺流程原则上是从粗到细把黄铁矿破碎成单体解离，先解离、先回收，分段解离、分段回收。

三、硫铁矿回收工艺

硫铁矿回收工艺主要根据硫化铁在矸石中的嵌布特性来确定，原则上应该是从粗到细把硫化铁破碎成单体分离；先分离，先回收，分段破碎，分段回收。例如 50～13(6,3)mm 的大块，一般采用跳汰机或重介分选机回收硫精矿；13mm，6mm 或 3mm 以下的中小块，可采用摇床、螺旋分选机回收；小于 0.5mm 的细粒物料可采用电磁选或浮选法回收。

硫铁矿回收流程有重介旋流器流程、全摇床流程、跳汰-摇床联合流程、跳汰-螺旋溜槽联合流程和跳汰-摇床-螺旋溜槽联合流程五种，其中跳汰-摇床联合流程（见图 3-17）虽然流程复杂、投资大，但其分选效果好、综合技术经济指标合理，得到广泛应用。

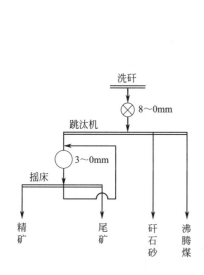

图 3-17　跳汰-摇床联合流程

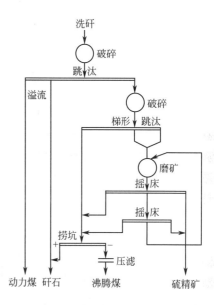

图 3-18　唐家庄选煤厂硫铁矿回收流程

四川南桐矿务局建设有三座煤矸石选硫车间厂，其中南桐、干坝子洗煤厂选硫车间以洗煤厂洗矸为原料加工回收硫精砂；红岩煤矿硫铁厂以矿井半煤岩掘进煤矸石为原料加工回收硫精砂。这几座选煤厂均采用原矿破碎解离、跳汰或摇床主洗、矿泥摇床扫选回收硫精矿工艺。三座车间在生产回收硫精砂的同时，副产沸腾煤供电厂发电。

开滦唐家庄选煤厂洗矸含量为 3.18%，采用如图 3-18 所示的工艺流程回收硫铁矿，硫铁矿含硫量 36.66%，用于制硫酸；同时回收热值约 14.63kJ/kg 的动力煤。硫精矿的回收率见表 3-2。

表 3-2　唐家庄选煤厂硫精矿回收率

名　称	产率/%	硫品位/%	硫回收率/%	备　　注
硫精矿	4.84	36.66	44.75	含碳 5.16%
动力煤	20.96	2.32	11.89	灰分 50.67%
尾矿	74.20	2.25	43.36	
原料	100.00	3.96	100.00	

南桐、干坝子选硫车间始建于 1979 年，后经多次改造，南桐选硫车间于 1996 年达到设

计处理洗矸 $21 \times 10^4 t/a$、生产硫精砂 $3.5 \times 10^4 t/a$ 的能力；干坝子选硫车间于 1984 年建成，达到设计处理洗矸 $1.0 \times 10^5 t/a$、生产硫精砂 $3 \times 10^4 t/a$ 的能力；红岩选硫车间于 1989 年 12 月建成投产，达到设计处理半煤岩掘进煤矸石 $1.3 \times 10^5 t/a$、生产硫精砂 $2.5 \times 10^4 t/a$ 的能力。

由于分离粒度的不均匀性，所以一般采用多种方法联合的工艺流程。四川南桐干坝子选煤厂回收黄铁矿流程如图 3-19 所示。

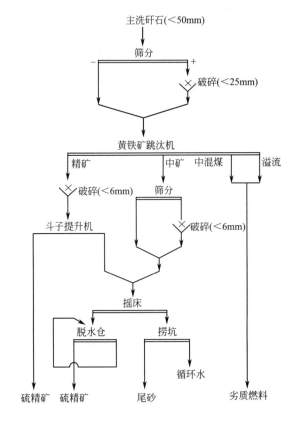

图 3-19　干坝子选煤厂从选矸中回收黄铁矿的原则流程

第三节　富镓煤矸石中镓的提取

镓为稀土元素，主要与铝和锌矿物共生，其生产主要来自氧化铝工业，其次来自炼锌厂。镓的工业品位为 30g/t 左右。煤矸石作为采煤及洗选加工过程中排放的固体废物、最大的工业固体废物源，不仅含有黏土矿物、石英、方解石、硫铁矿等矿物，还有少量镓、钒、锗等稀土元素。富镓煤矸石主要是指其中金属镓含量大于 30g/t 的煤矸石，因其含镓品位达到了镓的工业品位，所以就有回收镓的可能。

镓主要用于导体工业，它的化合物有砷化镓、磷化镓、镓砷磷等。20 世纪 90 年代以来，随着科学技术的不断发展，镓的用途越来越广泛。尤其是高纯镓与某些有色金属组成的化合物半导体材料已成为当代通信、大规模集成电路、宇航、能源、卫生等部门所需的新技术材料的支撑材料之一。以 GaAs、GaP 等为基础的发光二极管，特别是高辉度发光二极管和彩色二极管的发展速度相当快，预计年增长率为 20％～30％。用于移动电话的金属镓每年也增长较快。目前，世界金属镓的需求每年以 5％以上的速度增长。

因此，富镓煤矸石的综合利用意义重大。富镓煤矸石综合利用的原则是，对于含镓高的煤矸石，特别是镓品位达到 60g/t 时，其综合利用应以回收镓为中心，同时兼顾煤矸石其他有用组分（主要是铝和硅）的利用。

一、煤矸石中镓提取的机理

煤矸石中镓的提取可采用两种方法，即高温煅烧浸出或低温酸性浸出，使煤矸石中的晶格镓或固相镓转入溶液，然后用汞齐法、置换法、萃取法、离子交换法、萃淋树脂法、液膜法等从浸出液中回收镓。

二、富镓煤矸石的浸出

煤矸石的酸性浸出，是利用酸与镓、铝、硅氧化物反应，生成相应的镓、铝盐和硅渣。反应过程如下：

$$Ga_2O_3 + 6H^+ \longrightarrow 2Ga^{3+} + 3H_2O$$
$$Al_2O_3 \cdot 2SiO_2 + 6H^+ \longrightarrow 2Al^{3+} + 3H_2O + 2SiO_2$$

浸取反应完毕后经过滤，滤液用于回收镓和铝盐，滤渣含 80％～90％的活性 SiO_2。

1. 高温煅烧浸出

煤矸石经粉碎到一定粒级后，在 500～1000℃进行煅烧，然后用酸（硫酸、盐酸、硝酸、亚硫酸等）或多种酸的混合物在一定温度和压力下浸出，使铝和镓转入溶液，而硅进入滤渣。由于煤矸石含部分碳质，有时利用自身热量也能在所需温度下焙烧。

差热分析的结果表明，煤矸石在 500～1000℃之间有强吸热峰，为黏土矿物（高岭石、多水高岭土、伊利石等）的吸热反应，主要是晶体结构的变形与部分化学键的断裂。经过焙烧生成大量活性 γ-Al_2O_3，更有利于镓、铝的浸出，镓、铝的浸出率可达 85％以上。

2. 低温酸性浸出

煤矸石经粉碎至细粒级后，在有酸存在的情况下，加入一些添加剂，于 80～300℃和一定条件下浸取几小时，使部分镓、铝转入溶液。由于所需温度较低，镓的浸出率不到 75％，并且浸取时间较长，所需酸量较大。低温酸性浸出还有许多工作要做。

三、含镓浸出母液中镓的回收

从酸性母液中富集分离镓主要有溶剂萃取法、萃淋树脂法、液膜法等。

1. 溶剂萃取法

溶剂萃取法根据所用萃取剂的不同，又可分为中性萃取剂萃取法、酸性及螯合萃取剂萃取法、胺类萃取剂萃取法等。

中性萃取剂主要有醚类萃取剂、中性磷类萃取剂、酮类萃取剂以及亚砜类（二烷基亚砜）、酰胺类（N503）萃取剂等。酮类萃取剂如 MIBK（甲基异丁基甲酮）等在萃取镓时首先在强酸性介质中质子化，然后与镓的化合物缔合成 $RH^+ \cdot GaCl_4^-$ 进入有机相。HAA（乙酰丙酮）的萃合物为 $H_2GaCl_4^+ \cdot AA^-$。但酮类萃取剂主要用于镓的分析。醚类萃取剂像乙醚、二异丙醚、二异丁基醚等，其萃取镓的机理也是在强酸性介质中质子化，然后缔合成 $R_2OH^+ \cdot GaCl_4^-$ 萃合物。由于醚类萃取剂沸点低，易燃，在工业应用中逐渐淘汰。中性磷类萃取剂主要有 TBP（磷酸三丁酯）、TOPO 等，其得到的萃合物组成随条件的不同而不同，可从 $GaCl_3 \cdot 2TBP$、$GaCl_3 \cdot 3TBP$ 和 $GaCl_3 \cdot TOPO$、$GaCl_3 \cdot 2TOPO$ 到 $HGaCl \cdot nH_2O \cdot 3TBP$、$HGaCl_4 \cdot nH_2O \cdot 3TOPO$，中性磷类萃取剂已应用于工业。

酸性及螯合萃取剂是目前研究较为活跃的领域之一，有酸性磷类、脂肪酸类（癸酸、高级脂肪酸）、羟肟酸类（$C_7 \sim C_9$ 羟肟酸、H106）及它们与一些非极性溶剂的组合等，其中酸性磷类是研究较为充分的一类萃取剂，主要有 P204、P507、P5709、P5708 等。P204（D_2EHPA）在有机相主要以二聚物体形式存在（记为 H_2A_2），其单独萃取 Ga^{3+} 或有大量 SO_4^{2-} 离子存在时的反应式为：

$$Ga^{3+}(a) + nH_2A_2(o) \longrightarrow GaA_m(HA)_{2n-m}(o) + mH^+(a)$$

在盐酸介质中的萃取机理为：

$$Ga^{3+}(a) + nCl^- + (3+m-n)/2H_2A_2(o) \longrightarrow GaCl_nA_{3-nm}(HA)(o) + (3-n)H^+(a)$$

在强酸性介质中 P204 的萃取机理为：

$$Ga^{3+}(a) + 4HCl^- + n/2H_2A_2(o) \longrightarrow HGaCl_4 \cdot nHA(o) + 3H^+(a)$$

注："o" 代表有机相、油相，"a" 代表水相。

P507（EHP）与 P204 相比，酸性较弱，萃取 Ga^{3+} 的平衡常数也低，在不同的条件下，得到的萃合物组成也不相同，主要有 $GaA_3 \cdot HA$、$GaCl(HA_2)_2$、$Ga(HA_2)_3$ 和 $HGaCl_4(HA)_2$ 几种形式。

有机胺类萃取剂从盐酸介质中萃取 Ga^{3+} 时，其萃取能力依伯胺、仲胺、叔胺、季铵顺序依次增强。为满足胺类缔合萃取机理，水相介质的酸性一般较强，以使镓转化为 $GaCl_4^-$。常见的胺类萃取有三辛基胺、季铵盐以及胺醇类（SAB-172，TAB-194，N2125）等。

2. 含镓浸出母液中镓的回收新方法

萃淋树脂法、液膜法等方法正处于研究阶段，它们是在溶剂取法的基础发展起来的。目前，研究较多的萃淋树脂有 N503 萃淋树脂、Cl-TBP 萃淋树脂等。Cl-TBP 萃淋树脂是以苯乙烯-二乙烯苯为骨架，共聚固化中性磷萃取剂 TBP 而成。该种树脂已用于多种元素分离，具有萃取速度快、容量大的特点。在酸性溶液中，镓能以水合离子或酸根配阴离子稳定存在。TBP 在酸性介质中加质子生成阳离子 $[(C_4H_9O)_3P = OH^+]$，从而与镓配阴离子发生离子缔合作用。而 N503 萃淋树脂与镓的反应为：

$$2N503 + H^+ + Ga^{3+} + 4Cl^- \longrightarrow (N503)_2H^+ + GaCl_4^-$$

因浸出液中含大量 Al^{3+}、Fe^{3+} 等，若不能使镓与它们有效分离，会影响镓产品的质量与进一步加工。我们的研究是利用 Fe^{2+} 与某些萃取剂结合能力弱的特点，用铁粉将 Fe^{3+} 还原为 Fe^{2+}，然后在酸性介质用萃取剂除去绝大多数 Al^{3+}、Fe^{2+}，而镓富集于萃取剂的有机相。经过调节溶液酸碱度，变换萃取剂，改变水相与有机相配比，进行多级连串萃取反萃操作，可使镓富集 100 倍以上，镓的回收率在 90% 左右。最后的反萃液或电积或沉淀或置换得镓产品。

四、浸出母液和浸渣的综合利用

1. 母液中铝的利用

在用硫酸或盐酸浸取反应完毕后，原则上可在提镓之前或之后提铝。滤液经过浓缩、结晶，可获得硫酸铝或结晶氯化铝。将精制硫酸铝分别与碳酸氢铵或硫酸铵反应，可得到氢氧化铝及铵明矾。铵明矾和结晶氯化铝加热分解，又可获得活性氧化铝及冶金氧化铝。它们的反应原理如下：

$$Al_2O_3 \cdot 2SiO_2 \cdot 2H_2O + 3H_2SO_4 + 13H_2O \longrightarrow Al_2(SO_4)_3 \cdot 18H_2O + 2SiO_2$$
$$Al_2O_3 \cdot 2SiO_2 \cdot 2H_2O + 6HCl + 7H_2O \longrightarrow 2AlCl_3 \cdot 6H_2O + 2SiO_2$$
$$Al_2(SO_4)_3 \cdot 18H_2O + 6NH_4HCO_3 \longrightarrow 2Al(OH)_3 + 3(NH_4)_2SO_4 + 6CO_2 + 18H_2O$$
$$Al_2(SO_4)_3 \cdot 12H_2O + (NH_4)_2SO_4 \longrightarrow 2NH_4Al(SO_4)_2 \cdot 12H_2O$$
$$2NH_4Al(SO_4)_2 \cdot 12H_2O \longrightarrow Al_2O_3 + 2NH_3\uparrow + 13H_2O + 4SO_3\uparrow$$

但煤矸石滤液应用较多的还是用于制净水剂聚铝（$[Al_2(OH)_nCl_{6-n} \cdot xH_2O]_m$），可分为热解法和两步法。热解法的反应原理是用结晶氯化铝在一定温度下分解为碱式氯化物（聚合铝单体），然后熟化聚合成固体聚合铝；两步法是将铝的氯化物溶液加入聚合剂熟化聚合成液体产品，若制成固体产品可进一步干燥成品。

2. 硅渣的利用

为提高滤渣中 SiO_2 的含量，可用酸洗硅渣，进一步除去无机化合物，经水洗合格后加入改性剂进行表面改性，经脱水、烘干、粉碎后得产品白炭黑（一种橡胶补强剂和塑料填充剂）。由于硅渣中的 SiO_2 具有较强的活性，一定条件下与碱反应制取水玻璃（亦称硅酸钠、泡花碱），然后以水玻璃为源头，通过不同的化学处理制得沉淀 SiO_2、偏硅酸钠、硅溶胶、PAAS、沸石等硅系化学品。

第四章
以煤矸石为原料生产化工产品

煤矸石作为化工原料，主要是用于生产无机盐类化工产品。例如南票矿务局用洗矸做原料，建成了一座年产 $1.0 \times 10^4 t$ 的化工厂，生产氯化铝、聚合氯化铝和硫酸铝，并从提取氯化铝的残渣中制出氧化钛和二氧化硅；太原选煤厂利用煤矸石中含碳酸铁、硫酸铝和硫酸镁较高的特点制取铵明矾等。选择合适的煤矸石为原料，能制备多种化工产品。

第一节　结晶氯化铝的生产工艺

结晶氯化铝呈浅黄色粉末，分子式为 $AlCl_3 \cdot 6H_2O$，代号 BAC。它是新型净水剂、造纸施胶沉淀剂和精密铸造型壳硬化剂。氯化铝的生产原料包括金属铝、氢氧化铝、三氧化二铝或各种含铝矿物。一些煤矸石含有较高水平的铝，也是生产结晶氯化铝的优良原料。

一般矸石的硅铝比小于3，常用酸法生产。煤矸石中的铝主要以高岭石的形式存在，煤矸石受热分解可形成具有活性的 Al_2O_3，加酸后形成 $AlCl_3$ 溶液，再经固液分离、浓缩、结晶，就可生产出结晶氯化铝。

结晶氯化铝生产的原则流程见图4-1，生产过程主要包括矸石准备、焙烧、酸浸、浓缩结晶等主要环节。

一、原料的选择和准备

实践证明，用煤矸石提取铝盐产品时，选择的原料一般应满足以下3个条件：①矸石中杂质含量要低，尤其是含铁量应低于 1.5%，钙、镁含量在 0.5% 左右；②矸石中氧化铝含量要高，实际生产中氧化铝含量应在 30% 以上，以降低原料和盐酸的单耗；③浸出率要高，

一般 Al_2O_3 酸浸出率应大于 60%。

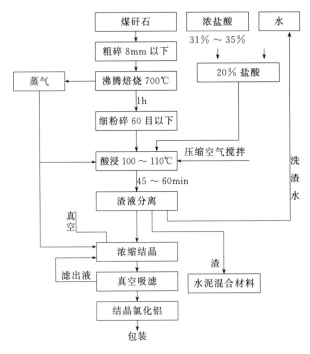

图 4-1 结晶氯化铝生产的原则流程

由于原料焙烧速度和粒度大小有关，因此要先将原料破碎至 8mm 以下，然后加入沸腾炉中焙烧。

二、焙烧

焙烧的作用主要是使原料脱水、脱碳，破坏其内部分子结构，形成游离态的 Al_2O_3 和 SiO_2 无定形混合物。焙烧后的熟料失去结晶水和有机物，形成无数的微孔，具有很大的活性表面，有利于提高浸出率和渗出强度。

焙烧温度对 Al_2O_3 浸取率有很大的影响。焙烧温度控制在 $600\sim700℃$ 之间为最佳。当温度高于 $850℃$ 后，铝硅二次结合，重新重结晶成新相，非晶质 Al_2O_3 和 SiO_2 不断减少，Al_2O_3 与酸的反应性急剧减弱，浸出率降低。

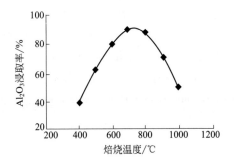

图 4-2 焙烧温度对 Al_2O_3 浸取率的影响

由图 4-2 可以看出，煤矸石在 400～700℃ 区间脱除 H_2O，其间逐步形成在酸中具有一定化学活性的偏高岭石，因而，浸取率随焙烧温度的提高而增加。当温度为 700～800℃ 时，Al_2O_3 转变为在酸中具有化学活性的 γ-Al_2O_3，故浸取率较大。但随着温度的继续升高，γ-Al_2O_3 逐步过渡为 α-Al_2O_3，失去反应活性，导致 Al_2O_3 在酸中的浸取率急剧降低。

三、酸浸

1. 酸浸反应

酸浸制取结晶氯化铝工艺的主要环节，浸出过程有连续法和间歇法两种。因沸渣中除含活性 Al_2O_3 外，尚含有 SiO_2、Fe_2O_3、CaO、Ga_2O_3 等，酸浸的主要反应有：

$$Al_2O_3 + 6HCl + 3H_2O \longrightarrow 2AlCl_3 \cdot 6H_2O + 706.260kJ$$
$$Fe_2O_3 + 6HCl + 9H_2O \longrightarrow 2FeCl_3 \cdot 6H_2O + 129.704kJ$$
$$CaO + 2HCl \longrightarrow CaCl_2 + H_2O$$
$$Ga_2O_3 + 6HCl \longrightarrow 2GaCl_3 + 3H_2O$$

2. 影响酸浸反应的因素及控制

由于铁的金属性比铝更强，优先转入溶液，给浓缩、结晶和分离作业带来困难，影响质量的外观色泽。CaO 和 MgO 很容易和 HCl 反应，增加了单位成品 HCl 的消耗量，因此这些杂质含量要严格控制。Ga_2O_3 富集于滤液中，可用低碳脂肪酸萃取，回收镓。

从酸浸的主要反应看到，矸石和盐酸反应属于固-液多相反应，影响浸出率和速度的因素较多，生产中控制的主要因素如下。

（1）矸石的成分和性质 要求原料中 Al_2O_3 含量高，结构不复杂，杂质少。焙烧后形成活性 Al_2O_3 含量越高，越有利于浸出。反应时熟料的粒度越小，反应总表面积越大，浸出速度越快。粒度过细，由 60 目减小到 100 目时，浸出率略有增加，但粒度太细，使溶液浓度增加，造成渣液分离困难，因此粒度以小于 60 目为宜。

（2）反应温度 提高反应温度在其他条件相同时，每增加反应温度 10℃，则可提高浸出率 20%～50%。但考虑到系统压力不宜太大，要保持良好的操作条件。因此反应温度一般控制在 100～110℃ 之间。

（3）溶剂浓度 从理论上分析，用高浓度的盐酸浸取，化学反应激烈，浸出速度能提高一些，但酸的浓度过高，在反应中容易挥发造成单耗过高，污染环境。因盐酸浓度在 20% 时沸点最高，浸出效果亦较理想，所以选用 20% 浓度的盐酸作溶剂为宜。

（4）搅拌强度 增加搅拌强度有利浸出反应进行，但增加到一定值后对浸出速度影响不大。为了避免机械搅拌的腐蚀，一般采用压缩空气搅拌。

（5）反应时间 浸出时间与原料的内部结构有很大关系。一般反应时间增长，浸出率增加，但时间过长，反应速度逐渐下降，同时设备生产能力降低，因此反应时间一般控制在 1～1.5h。

四、渣液分离

氧化硅不与盐酸反应，在料浆中以硅渣固相的形式存在。我国多数生产厂采用自然沉降工艺，使三氯化铝母液与硅渣分离。一般硅渣微粒（1～5μm）在料浆中沉降速度要受到渣粒大小、料浆相对密度、料浆的pH值和溶剂黏度的影响。为了加快沉降速度，在溶剂中可加入0.05%的聚丙烯酰胺溶液絮凝剂。

五、浓缩结晶

由沉降分离出来的三氯化铝液体进入浓缩器加热蒸发。为了提高浓缩效率，可采用负压蒸发。

当母液蒸发后达到过饱和状态时，出现新的固相，开始结晶过程，改变影响晶核生长速度和晶粒成长速度的因素，就可以控制晶粒的大小。

经渣液分离后的氯化铝浸出液，送入搪瓷浓缩罐中进行浓缩结晶。罐体夹套通入120～130℃的蒸汽加热，蒸汽压力保持在300～400kPa。为加快浓缩和结晶的速度，采用负压浓缩，真空度控制在665kPa以上。在加热和负压条件下，浓缩液内有大量结晶生成，当固液比达到1∶1时，便可停止加热，打开底阀，将浓缩好的浓缩液放入缓冲冷却罐，使浓缩液冷却到50～60℃，晶粒进一步长大，以利于真空吸滤和提高单罐产量。

浓缩液脱水采用真空吸滤，将冷却后的浓缩液中的结晶氯化铝与饱和溶液用吸真空的方式进行分离。真空吸滤采用普通砖砌真空吸滤池，其内壁及池底衬三层玻璃钢及两层瓷板以加强防腐。池底向滤出液出口方向倾斜，池底上用小瓷砖砌成支撑柱，支撑上部的玻璃钢穿孔滤板，滤板上铺耐酸尼龙筛网。浓缩液放入池内，开启真空泵，滤出液通过尼龙筛网流入池底，筛网上剩余的黄色结晶便是结晶氯化铝的成品。

浓缩结晶后的料浆放入过滤器中，使晶体和滤液分离，得到的晶体即为结晶氯化铝成品。滤液加工成品。滤液循环，当滤液中铁含量超过控制指标时，就不再循环，而将其浓缩加工成3号混凝剂，供净化工业污水使用。

第二节　聚合氯化铝的生产工艺

聚合氯化铝的通式为$[Al_2(OH)_nCl_{6-n} \cdot xH_2O]_m$（$m \leqslant 10, n = 1 \sim 5$），简称PAC，属于阳离子型无机高分子电解质，分子量为1000～2000。它是由碱式铝盐经缩聚而成的羟基铝聚合物，因此也称为碱式铝、羟基铝、络合铝、聚合铝等，可视为$AlCl_3$水解成$Al(OH)_3$的中间产物。聚合氯化铝分子结构中羟基化程度称为碱化度。碱化度高，说明聚合物的聚合度高，分子量大，电荷量低，凝聚效能高。碱化度常用羟基铝当量比，即$B = [OH]/3[Al] \times 100\%$来表示。

聚合氯化铝是一种无机高分子化合物，其组成随原料及制作条件的不同而异，非单一固定的分子结构，而是由各种络合物混合而成，属可水解阳离子型的无机盐类，具有使胶粒脱稳和吸附架桥作用，是水质混凝处理中首选的混凝剂。

聚合氯化铝有液体和固体产品，Al_2O_3的含量固体中为43%～46%，液体中为8%～10%；与硫酸铝比较，Al_2O_3成分含量高，投量少，药耗省，成本低；pH值在5.0～9.0

范围内均适用，投加时最低配制浓度为 5％，其絮凝体致密且大，形成快，易于沉降。聚合氯化铝在投加使用中操作方便，腐蚀性较小；处理水碱度降低少，对低温低浊和污染原水的处理效果较好，在众多混凝剂中应用最为广泛和普遍。

聚合氯化铝作为一种新型无机凝聚剂，同传统硫酸铝、氯化铝等相比，有一系列的优点，它不但在各种用水和工业废水处理技术中的应用日益广泛，而且在造纸、制药、制糖、精密铸造、油井防砂、混凝土、高级鞣皮、耐火硅铝纤维的黏结等方面也有研究和应用。

用煤矸石生产聚合氯化铝，有热分解、喷雾选粒、溶液干燥三种工艺，其中喷雾选粒工艺具有工艺短、质量好、易控制、整个工艺能连续化和自动化等优点。喷雾选粒工艺是将矸石与盐酸反应，得到氯化铝母液，母液通过雾化器的作用，喷洒成极细小的雾状液滴，这些液滴同载热体均匀混合，在瞬间进行热交换，使水分解时蒸发形成固体，然后在同一装置内进行热分解，得到单体，单体加水聚合产生固体聚合氯化铝。

结晶氯化铝水解也可得到聚合氯化铝。

一、聚合氯化铝生产的基本原理

首先用含铝矿物生产出结晶氯化铝，在一定温度下加热，分解析出一定量的 HCl 和水分，变成粉米状的碱式氯化铝，称为聚合铝单体，如把单体聚合，即可得到溶于水、凝聚效果好的固体聚合氯化铝。反应式为：

$$2AlCl_3 \cdot 6H_2O \longrightarrow Al_2(OH)_nCl_{6-n} + (12-n)H_2O + nHCl$$

$$\xrightarrow{\text{聚合}} \left[Al_2(OH)_nCl_{6-n} \cdot xH_2O\right]_m$$

二、生产工艺

1. 聚合氯化铝的生产工艺

聚合氯化铝的生产工艺流程见图 4-3。将结晶氯化铝加入热解塔内，由塔底导入 400～

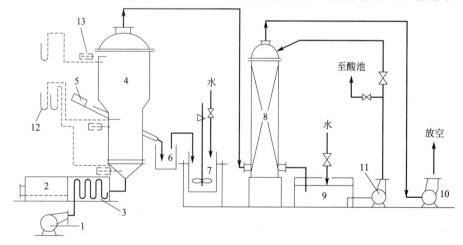

图 4-3 聚合氯化铝的生产工艺流程

1—鼓风机；2—加热炉；3—列管式换热器；4—沸腾热解炉；5—电磁振荡；6—单体料桶；7—熟化聚合罐；8—吸收塔；9—循环洗涤水池；10—引风机；11—循环耐酸泵；12—压差计；13—热电偶

500℃的热风，经密孔板进入炉内使结晶氯化铝进行热解，沸腾段的热解温度应严格控制在170～200℃之间。分解出来的 HCl 和水分经冷水洗涤塔回收盐酸复用。得到的聚合铝单体再进行熟化聚合。聚合反应可在一个带搅拌的罐中进行，先把水加入罐内，再陆续加入单体，达到单体和水按质量比 1：1.5 配合。由于单体和水发生放热反应，温度可上升到 60℃以上，反应约 10min，料浆由淡黄色逐渐变成深褐色的稠状液体时，即放入冷凝池内，形成树脂状胶体产物，即固体聚合铝。再进一步烘干后便可长期保存。

2. 影响氯化铝生产的主要因素

（1）加酸摩尔比、盐酸起始质量分数的影响　加酸摩尔比即反应时加入的盐酸与矸粉中氧化铝的摩尔比。加酸摩尔比和盐酸起始质量分数对氧化铝浸取率的影响如图 4-4 所示。从图 4-4 可知，盐酸起始质量分数一定，浸取率随加酸摩尔比的增加而增加。当加酸摩尔比小于 1.25 时，增幅较大；大于 1.25 时，增幅较小。加酸摩尔比一定，浸取率随盐酸起始质量分数的增大而增大。盐酸质量分数大于 18％时，浸取率增加的速度减慢。

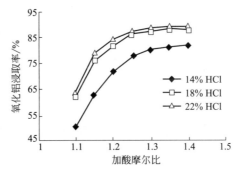

图 4-4　加酸摩尔比和盐酸起始质量分数对氧化铝浸取率的影响

（2）矸粉投加比对碱化度的影响　矸粉投加比 A（A＝新加入的矸粉中的 Al_2O_3 质量/一次酸浸液中的 Al_2O_3 质量）对碱化度的影响如图 4-5 所示。可以看出，碱化度 B 值随 A 值的增加而增加。当 A 小于 1.5 时，由于在一次酸浸液中含有过量的盐酸，随着矸粉的加入，过量的盐酸逐步被反应消耗掉，酸浸液中 Al^{3+} 逐步增多，$[Al(H_2O)_6]^{3+}$ 中的配位水水解机会增多，使溶液中 OH^- 浓度增加，从而使 B 值增加的幅度较大；当 A 大于 1.5 时，过量的盐酸已基本反应完，酸浸液中 Al^{3+} 就不会增多，因而 B 值趋于稳定。

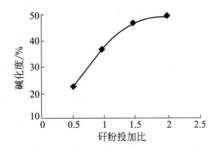

图 4-5　矸粉投加比对碱化度的影响

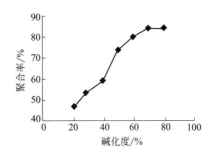

图 4-6　聚合率与碱化度的关系

（3）聚合率与碱化度 B 的关系　聚合率是指 PACs 中聚合态铝与总铝的百分比。图 4-6 表明，聚合率随 B 的增加而增加。聚合开始时，铝是以络合离子 $[Al(H_2O)_6]^{3+}$ 的形式存在的。当溶液中 pH 值升高时，络合离子内配位水发生水解，从而引起质子迁移过程，单体间的两个 OH^- 产生架桥而逐步缩聚为二聚体、三聚体。因此，开始时随 B 值增加而聚合率增大。但当聚合到一定程度时，因 Al^{3+} 越来越少，聚合机会减小，因而 B 值大于 70% 后，聚合率趋于稳定。

三、产品质量规格

结晶氯化铝、聚合铝单体和固体聚合氯化铝的质量指标见表 4-1 和表 4-2。

表 4-1　结晶氯化铝的质量指标

等级	Al_2O_3/%	Fe_2O_3/%	不溶物/%	游离酸	外观
一级品	≥20	<0.5	<0.1	无	淡黄色
二级品	≥18	<2.0	<0.3	无	深黄色

表 4-2　聚合铝单体和固体聚合氯化铝的质量指标

指标名称	质量指标		指标名称	质量指标	
	聚合铝单体	固体聚合氯化铝		聚合铝单体	固体聚合氯化铝
外观	黄色粒状固体	褐色树脂状固体	Al_2O_3/%	>45	>20
不溶物	微量	微量	碱化度/%	70～75	70～75

第三节　煤矸石生产氢氧化铝和氧化铝

一、氢氧化铝和氧化铝的用途

氢氧化铝$[Al(OH)_3]$，又称水合氧化铝，为白色单斜晶体，相对密度 2.42，不溶于水；氧化铝为白色晶体，熔点 2050℃、沸点 980℃。氧化铝及水合氧化铝是冶金炼铝的重要基本原料。冶金级氧化铝（熔盐电解生产金属铝）应符合 GB 8178—87 要求。Al_2O_3 化学成分国家标准见表 4-3。

表 4-3　Al_2O_3 化学成分国家标准　　　　　　　　单位：%

等级	牌号	Al_2O_3	杂质含量			
			SiO_2	Fe_2O_3	Na_2O	灼烧
一级	$Al_2O_3^-$（1）	≥98.6	≤0.02	≤0.03	≤0.55	≤0.8
二级	$Al_2O_3^-$（2）	≥98.5	≤0.04	≤0.04	≤0.60	≤0.8
三级	$Al_2O_3^-$（3）	≥98.4	≤0.06	≤0.04	≤0.65	≤0.8
四级	$Al_2O_3^-$（4）	≥98.3	≤0.08	≤0.05	≤0.70	≤0.8
五级	$Al_2O_3^-$（5）	≥98.2	≤0.10	≤0.05	≤0.70	≤1.0

氢氧化铝为含铝矿物制取氧化铝的中间产物，它本身也是一种商品。水合氧化铝加热至 260℃ 以上时脱水吸热，具有良好的消烟阻燃性能，可广泛用于环氧聚氯乙烯、合成橡胶制

品的无烟阻燃剂。高纯超细 α-氧化铝具有特殊优良的物理、化学性能，在精细陶瓷、微电子集成电路、轻工纺织等行业亦有很高的应用价值。我国非冶炼行业用（多用途）氢氧化铝数量占炼铝用量的 15% 左右。"九五"期间，非冶炼用氢氧化铝的数量每年要达到 $4.5 \times 10^5 t$ 左右才能满足电子、石油、化工、陶瓷、造纸、耐火材料、磨料、油墨等行业对氢氧化铝和氧化铝的需要。

世界上绝大多数氢氧化铝、氧化铝均采用铝土矿碱法生产，要求原料有较高的铝硅比。我国铝土矿主要分布在山西、河南、贵州、广西等省区。如果铝土矿的铝硅比低于 4.5，则采用烧结法生产，能耗高、成本高。随着铝土矿的长期开采，所生产的矿石产量及性能将无法满足日益发展的铝业要求。与此同时，我国煤系地层中的共生高岭岩（土）资源丰富，现已探明的储量为 $1.6 \times 10^9 t$，远景储量为 $5.5 \times 10^9 t$，以高铝矸石为原料制取多用途氢氧化铝，不仅可以扩展煤矸石的综合利用途径，也可为铝业生产开拓一条取之不尽、用之不竭的矿物资源。

二、氢氧化铝生产的基本原理及工艺流程

1. 生产氢氧化铝的工艺流程

高铝矸石制取多用途氢氧化铝的工艺流程如图 4-7 所示。

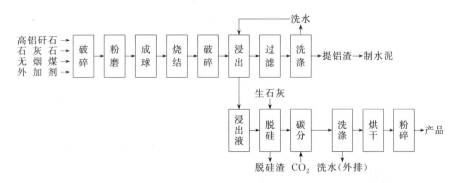

图 4-7　高铝矸石制取多用途氢氧化铝的工艺流程

2. 氢氧化铝的生产原理

氢氧化铝和氧化铝生产过程中各主要环节及发生的化学反应叙述如下。

（1）烧结　对铝矿物进行烧结的目的在于使矸石中的 Al_2O_3 成为可溶于纯碱溶液的化合物，而使铝与硅、铁等杂质分离。由于高铝矸石含铝较低而含硅高（铝硅比<1），只能采用石灰烧结法。

在石灰烧结过程中发生的主要化学反应如下：

$$CaCO_3 \longrightarrow CaO + CO_2$$

$$3(Al_2O_3 \cdot 2SiO_2) \longrightarrow 3Al_2O_3 \cdot 2SiO_2 + 4SiO_2$$

$$SiO_2 + 2CaO \longrightarrow (2CaO \cdot SiO_2)(C_2S)$$

$$3Al_2O_3 \cdot 2SiO_2 + 7CaO \longrightarrow 3(CaO \cdot Al_2O_3) + 2(2CaO \cdot SiO_2)(CA)$$

$$7(3Al_2O_3 \cdot 2SiO_2) + 64CaO \longrightarrow 14(2CaO \cdot SiO_2) + 3(12CaO \cdot 7Al_2O_3)(C_{12}A_7)$$

$$2CaO + Fe_2O_3 \longrightarrow 2CaO \cdot Fe_2O_3(C_2F)$$

$$CaO + TiO_2 \longrightarrow CaO \cdot TiO_2(CT)$$

上述反应的结果，生成了可被碱液分解出铝酸钠的铝酸钙（Ca_2A_7、CA）及不易与碱液反应的 C_2S、C_2F 和 CT 等。

（2）浸出　浸出的目的在于通过用纯碱溶液处理烧结熟料，使其中的铝化合物以铝酸钠形态进入溶液而与绝大部分杂质分离。在浸出过程中发生的主要反应有：

$$(12CaO \cdot 7Al_2O_3) + 12Na_2CO_3 + 33H_2O \Longrightarrow 14NaAl(OH)_4 + 12CaCO_3\downarrow + 10NaOH$$

$$(2CaO \cdot SiO_2) + 2Na_2CO_3 + aq \Longrightarrow Na_2SiO_3 + 2CaCO_3\downarrow + 2NaOH + aq$$

$$(2CaO \cdot SiO_2) + 2NaOH + aq \Longrightarrow 2Ca(OH)_2 + Na_2SiO_3 + aq$$

$$3Ca(OH)_2 + 2NaAl(OH)_4 + aq \Longrightarrow 3CaO \cdot Al_2O_3 \cdot 6H_2O + 2NaOH + aq$$

$$2Na_2SiO_3 + (2+n)NaAl(OH)_4 + aq \Longrightarrow Na_2O \cdot Al_2O_3 \cdot 2SiO_2 \cdot nNaAl(OH)_4 \cdot xH_2O$$
$$+ 4NaOH + aq$$

第一个反应是生产的主反应，余下的几个反应为副反应（二次连串副反应）。副反应的发生导致 Al_2O_3 和碱的损失。

（3）脱硅　碱浸液除含有铝、钠等元素外，还含有硅等杂质。当用此种溶液制取阻燃剂氢氧化铝时，必须加以净化，才能制得合格产品。碱浸液含 SiO_2 约 1g/L，可采用加石灰常压除硅。除硅过程中发生的主要反应为：

$$3Ca(OH)_2 + 2NaAl(OH)_4 \Longrightarrow 3CaO \cdot Al_2O_3 \cdot 6H_2O + 2NaOH$$

$$3CaO \cdot Al_2O_3 \cdot 6H_2O + xNa_2SiO_3 \Longrightarrow 3CaO \cdot Al_2O_3 \cdot xSiO_2 \cdot (6-2x)H_2O$$
$$+ 2xNaOH + aq$$

（4）碳分　碳分过程发生的主要反应有：

$$2NaAl(OH)_4 + CO_2 \Longrightarrow 2Al(OH)_3\downarrow + Na_2CO_3 + H_2O$$

当溶液含硅较高时，还有下列反应发生：

$$2Na_2SiO_3 + (2+n)NaAl(OH)_4 + aq \Longrightarrow Na_2O \cdot Al_2O_3 \cdot 2SiO_2 \cdot nNaAl(OH)_4 \cdot xH_2O$$
$$+ 4NaOH + aq$$

在碳分后期，当 $NaAl(OH)_4$ 浓度不高时，有下列反应进行：

$$2NaAl(OH)_4 + 2CO_2 + aq \longrightarrow Na_2O \cdot Al_2O_3 \cdot 2CO_2 \cdot nH_2O + aq$$

在生产过程中，可以通过控制碳分工艺条件（CO_2 浓度、碳分温度、原液的 Al_2O_3 浓度、碳分率、碳分速度等）及洗涤来实现对产物质量的控制。

三、氧化铝的生产

1. 生产原理与工艺

高铝煤矸石经煅烧，所含的高岭土活化，其中的 Al_2O_3 再经酸溶、水解、碱溶、碳化及煅烧，就可得到纯净的 Al_2O_3。生产过程中发生的主要反应有：

酸溶　　　　　　　$$Al_2O_3 + 6HCl \longrightarrow 2AlCl_3 + 3H_2O$$

$$Fe_2O_3 + 6HCl \longrightarrow 2FeCl_3 + 3H_2O$$

水解　　　　$$2AlCl_3 + 3H_2O + 3CaCO_3 \longrightarrow 2Al(OH)_3 \downarrow + 3CaCl_2 + 3CO_2 \uparrow$$

$$2FeCl_3 + 3H_2O + 3CaCO_3 \longrightarrow 2Fe(OH)_3 \downarrow + 3CaCl_2 + 3CO_2 \uparrow$$

碱溶　　　　　　　$$Al(OH)_3 + NaOH \longrightarrow NaAlO_2 + 2H_2O$$

碳化　　　　　$$2NaAlO_2 + CO_2 + 3H_2O \longrightarrow 2Al(OH)_3 \downarrow + Na_2CO_3$$

焙烧　　　　　　　$$6Al(OH)_3 \longrightarrow 3Al_2O_3 + 9H_2O$$

煤矸石生产氧化铝的工艺流程如图 4-8 所示。

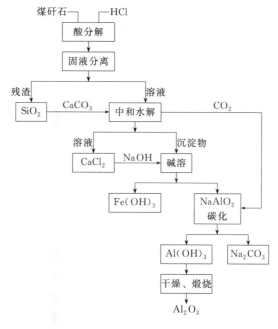

图 4-8　煤矸石生产氧化铝的工艺流程

2. 影响氧化铝生产的主要因素

（1）酸浸条件　煤矸石粒度通过 100～120 目筛，焙烧时温度控制在（700±50）℃，焙烧时间 1h。盐酸浓度为 20%，酸浸温度为 100℃，酸浸时间为 1.5h，固液比为 1：3.5，Al_2O_3 溶出率可达 85% 以上。

（2）水解温度影响　碳酸钙作为 $AlCl_3$ 和 $FeCl_3$ 的水解促进剂，其反应机理为：

$$CaCO_3 + 2H^+ \longrightarrow Ca^{2+} + H_2O + CO_2 \uparrow$$

该反应在室温下能够顺利进行，反应 60min 后 $FeCl_3$ 的水解率达 91.3%，$AlCl_3$ 的水解率达 87.7%，并且随着水解温度升高，水解率也增大（见图 4-9）。固液比为 1：10；反应时间 60min。

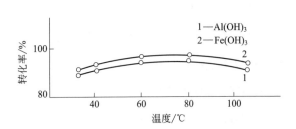

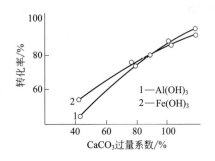

图 4-9　Al(OH)₃ 和 Fe(OH)₃ 转化率
与反应温度之间的关系
固液比 1:10，反应时间 60min

图 4-10　Al(OH)₃ 和 Fe(OH)₃ 转化率
与 CaCO₃ 过量系数之间的关系
固液比 1:10，反应时间 60min，反应温度 60℃

（3）碳酸钙用量的影响　从图 4-10 可以看出，当反应温度为 60℃ 时，固液比为 1:10，碳酸钙过量 100%（按化学反应方程式计量）。反应时间为 60～80min 时，它们已达到足够高的转化率，若再增加碳酸钙用量显然是不合理的。

（4）反应时间的影响　从图 4-11 可以看出，在反应温度为 60℃、固液比为 1:10、碳酸钙过量 100% 的条件下，反应时间为 60～80min，氢氧化铝和氢氧化铁转化率最大。

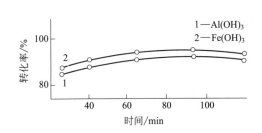

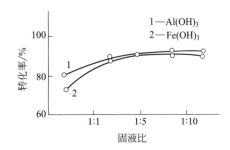

图 4-11　Al(OH)₃ 和 Fe(OH)₃ 转化率与
反应时间之间的关系
固液比 1:10，反应温度 60℃

图 4-12　Al(OH)₃ 和 Fe(OH)₃
转化率与固液比之间的关系
反应时间 80min，反应温度 60℃

（5）固液比的影响　溶液中的水不仅作为溶剂，而且还参与 Fe^{3+} 和 Al^{3+} 的水解反应而生成 $Fe(OH)_3$ 和 $Al(OH)_3$，因此随着固液比的增加，$FeCl_3$ 和 $AlCl_3$ 的水解率大为提高。从图 4-12 看出，当固液比为 1:1 时，$Al(OH)_3$ 的转化率为 85.5%，$Fe(OH)_3$ 的转化率为 80%，而当固液比为 1:10 时，$Fe(OH)_3$ 的转化率为 100%，$Al(OH)_3$ 的转化率为 98.2%。

四、生产氢氧化铝和氧化铝的新工艺

1. 生产氢氧化铝和氧化铝新工艺的工艺流程

从煤矸石中提取氧化铝并用残渣直接煅烧硅酸盐水泥熟料，同时将废气、废液循环利用是煤矸石高附加值、低污染资源化综合利用的新工艺。在这一工艺过程中，氧化铝提取是至关重要的步骤。既要通过粉料制备、烧结和浸取工序完成一系列的物理、化学变化，尽可能多地提取煤矸石中的氧化铝，又要使得残渣具有合适的化学和矿物组成，以实现其直接利用。工艺流程如图 4-13 所示。

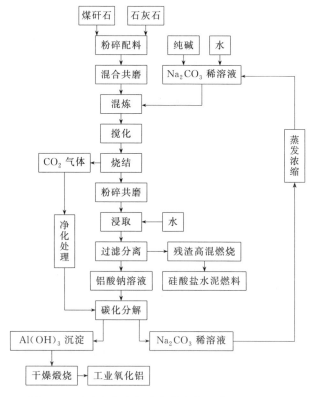

图 4-13 生产氢氧化铝和氧化铝新工艺的工艺流程

2. 新工艺的主要影响因素及控制

对影响氧化铝提取过程的诸多因素进行研究和分析，寻求合理的工艺配方和工艺条件，是提高煤矸石中氧化铝提取率的关键。

（1）反应原料的配料　煤矸石-石灰石-纯碱混合粒化物料烧结过程的目的是使煤矸石中的 Al_2O_3 与纯碱中的 Na_2O 结合，生成易溶于水的铝酸钠。考虑到提取氧化铝的残渣中保留适量的 Al_2O_3，故物料中 Al_2O_3 与 Na_2O 的分子比可采用 $1:1$，并由此确定煤矸石与纯碱之间的配比。

物料中 CaO 与 SiO_2 的分子比（钙硅比），对煤矸石-石灰石-纯碱烧结过程中的固相反应，特别是对铝酸钠的生成反应影响较大。图 4-14 描述了维持 Al_2O_3 与 Na_2O 分子比值为 1 时，混合物料在 1000℃下烧结 80min 后，氧化铝的提取率随 CaO 与 SiO_2 分子比变化而变化的情况。当钙硅分子比较小时，烧结过程中只有少量的 SiO_2 与 CaO 生成 $2CaO \cdot SiO_2$，大量游离的 SiO_2 一方面阻碍了煤矸石中高岭石的分解；另一方面也可能消耗一部分 Na_2O 并生成 Na_2SiO_3，从而影响铝酸钠的生成，使 Al_2O_3 的提取率降低。随着钙硅分子比的增大，氧化铝的提取率提高，当钙硅分子比值约为 2 时，提取率达到最大值，这显然与烧结物料中物质的结合状态有关。

进一步提高钙硅分子比虽然能使烧结物料中的 $2CaO \cdot SiO_2$ 含量达到最大值，但同时也将使游离的 CaO 含量增加，从而促进 CaO 与 Al_2O_3 之间的反应，生成更多的 CaO·Al_2O_3，消耗掉一部分 Al_2O_3，使氧化铝的提取率明显下降。所以烧结物料配方的钙硅分子比值以 2 为适宜。

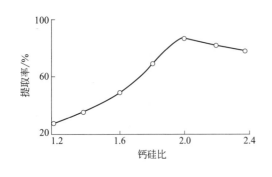

图 4-14　氧化铝提取率随
钙硅比的变化关系

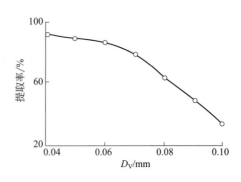

图 4-15　粉料体积平均粒径与
氧化铝提取率的关系

（2）物料粒径　物料的比表面积与粒径和级配有关。对粉料颗粒群的粒径描述方法有很多，其中在筛分分析的基础上计算颗粒群的体积平均粒径 D_V，是一种较为常见的粉料粒径表示形式。

图 4-15 为烧结时间 80min 和烧结温度 1000℃不变的条件下，煤矸石、石灰石粉料体积平均粒径与氧化铝提取率的关系。可以看到，随着物料颗粒平均粒径的增大，煤矸石中氧化铝的提取率下降。物料的平均粒径越小，则其比表面积越大，烧结过程中固相反应的接触界面增大，反应的完全程度增加，因而氧化铝的提取率增大。此外，物料的平均粒径降低后，反应物 Na_2CO_3 在固相反应过程中扩散迁移的距离缩短，也使得烧结过程的固相反应加快，有利于提高氧化铝的提取率。

物料的平均粒径下降，加速烧结过程固相反应另一个不容忽视的原因是，物料在机械加工过程中增大了颗粒的表面能，同时也造成了煤矸石、石灰石等物料颗粒晶格或内部结构的缺陷，不仅增大了颗粒表面与其他物质的反应倾向和反应速度，而且也提高了晶体本身的反应活性，降低了固相反应的开始温度。

由图 4-15 可知，要使氧化铝的提取率在 80%～85%之间，煤矸石、石灰石粉料的体积平均粒径应在 0.06～0.07mm（即 200～270 目）范围内。

（3）烧结温度及时间　烧结温度的变化对煤矸石中氧化铝提取率的影响十分明显。从图 4-16 中可见，固定烧结时间为 80min 时，煤矸石中氧化铝的提取率随烧结温度的升高呈上升状态，并在大约 1040℃下达到极大值。这是因为烧结温度升高，煤矸石中高岭石的分解趋向完全，铝酸钠的生成反应加快，氧化铝的提取率增大。但当烧结温度超过 1040℃时，由于煤矸石中部分 Al_2O_3 与石灰石分解产生的 CaO 生成难溶的铝酸钙（CaO·Al_2O_3）数量增多，使得氧化铝的提取率反而呈下降趋势。

保持烧结温度为 1040℃不变，测定不同烧结时间下煤矸石中氧化铝的提取率，得到图 4-17 所示的关系曲线。当烧结时间较短时，随着烧结时间的延长，煤矸石中的高岭石分解趋向完全，铝酸钠的生成量也逐渐增多，因而氧化铝的提取率不断上升。经过一定的烧结时间（约 80min）后，氧化铝的提取率随时间变化十分缓慢。这说明烧结过程的各种固相反应已经基本完成，铝酸钠的生成量不再增加，延长烧结时间只是使烧结过程中一些新生矿物的晶体长大，而不能提高氧化铝的提取率。

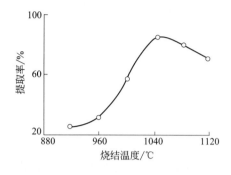

图 4-16　烧结温度与氧化铝提取率的关系

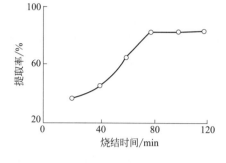

图 4-17　烧结时间与氧化铝提取率的关系

值得指出的是，以水溶液的形式向物料中引入纯碱，不但提高了纯碱分散的均匀性，而且对烧结过程的固相反应有着重要的促进作用。因为，煤矸石中的高岭石分解并与 Na_2CO_3 反应生成铝酸钠，这一反应是在基本没有液相参与的情况下进行的，因而反应的速度和完全程度取决于反应物 Na_2CO_3 在固相中的传质扩散迁移。以水溶液的形式引入 Na_2CO_3，煤矸石颗粒被 Na_2CO_3 溶液润湿并均匀包裹，且溶液还能沿着煤矸石颗粒本身的毛细孔、相界面及内部缺陷进一步渗透到其内部，水分蒸发后，Na_2CO_3 便均匀分布于粉体中，使得其扩散传质的距离缩短，速度加快，从而加速了烧结过程的固相反应，有利于提高氧化铝的提取率。

第四节　用煤矸石制取白炭黑

白炭黑即沉淀二氧化硅，是一种白色无定形微细粉状物，质轻且多孔，主要用作橡胶、塑料、合成树脂以及涂料消光等产品的填充剂，也可用作润滑剂和绝缘材料，其生产方法一般有碳化法、燃烧法和沉淀法 3 种。前 2 种方法存在所需设备较多、操作复杂、成本较高等问题，沉淀法（即酸性硅溶胶两步法）是以煤矸石制取白炭黑的主要工艺路线。这种方法不需要像碳化法那样高的温度和诸多的生产设备，也不需要像燃烧法那样需经过压缩和高温水解等复杂过程，反应条件易控制，操作简单，成本低，经济效益好。

一、煤矸石生产白炭黑的基本原理

煤矸石中所含的元素可达数十种，其主要成分是 Al_2O_3 和 SiO_2，另外还含有 Fe_2O_3、CaO、MgO、K_2O 以及磷、硫的氧化物和微量的稀有金属元素。由于煤矸石中 SiO_2 和 Al_2O_3 的平均含量较大，一般在 $40\%\sim60\%$ 和 $15\%\sim30\%$ 之间；同时在一定的焙烧温度下，煤矸石中原来的结晶相大部分分解为无定形态，活性大大提高，为从煤矸石中提取白炭黑的物理和化学反应基础。

将煤矸石破碎、焙烧、酸溶、过滤后，滤液中的氯化铝经过浓缩、结晶、热解、聚合、固化、干燥等过程制成聚合氯化铝；而滤渣中的二氧化硅通过碱浸（与 NaOH 反应）就可制成水玻璃，然后以水玻璃和无机酸为原料，按一定计量比，在适当的温度下，经过一定时间使两者完全反应而制取白炭黑产品，其反应方程式为：

$$Na_2SiO_3 + 2HCl \longrightarrow H_2SiO_3 + 2NaCl$$

$$m\,H_2SiO_3 \longrightarrow m\,SiO_2 \cdot m\,H_2O$$

因此，超微细沉淀法（酸性硅溶胶两步法）制取白炭黑的工艺过程包括煤矸石经煅烧、酸溶等制备出水玻璃；然后在已形成的二氧化硅晶核粒子的母液中加入酸溶胶，在碱性条件下，酸性硅溶胶解聚的单体硅酸通过 OH^- 的催化作用，在二氧化硅晶核或粒子表面与之发生缩聚反应使二氧化硅粒子逐渐长大。当反应介质中盐酸超过一定浓度时，粒子开始形成聚集体，若继续加入活性二氧化硅，对聚集体进行补强，就可使其形态稳定。

二、影响煤矸石生产白炭黑的主要因素及控制

1. 焙烧温度

煤矸石中硅、铝的浸取率直接影响到水玻璃的质量，进而影响到白炭黑的质量，因此煤矸石的活化是十分关键的步骤。煤矸石的最佳焙烧温度应在 650~750℃之间，在此区间煤矸石大量脱水、脱碳，生成游离状态的 SiO_2 和 Al_2O_3，活性最高。温度过低，活化不完全；温度过高，又会重新生成新的结晶相而使活性急剧下降。

2. 焙烧时间

焙烧时间对熟料活性的影响相对较小，当焙烧时间达到 2h 后，浸取率增加缓慢，焙烧时间越长，耗能越多，成本越高，因此焙烧时间应控制在 2~2.5h 为宜。

3. 煤矸石的粒度

在焙烧之前，煤矸石的粒度需要控制，以保证焙烧效果，并节省焙烧时间。焙烧之后的熟料粒度更需要控制，此时熟料粒度越细，进行酸溶、碱浸反应时固液两相接触面积越大，浸取率越高。但粒度过细，渣液分离困难，同时破碎设备所消耗的电能大大提高，综合考虑，熟料粒度应控制在 60 目左右为宜。

4. 反应温度

在晶核生成的过饱和范围内升高温度，能使继续增大的质点尺寸变小，因而聚集体原生粒径小。而且高温能增大聚集速度，增加高能簇团的总数，使得大簇团之间相互有效碰撞形成更大的聚集体概率增大。因此高温下生成的聚集体结构疏松，原生粒径小，比表面积大，活性高。而在低温时，原生粒径大，且较大簇团易动性较差，聚集过程主要在小粒子与簇团之间逐渐变化，结果形成紧密且坚实的聚集体，活性低，补强性差。但温度也不能太高，否则成核速度快，生成的晶核又极小，质点表面张力降低，在溶液中分散性增强，从而抑制了

质点的增长。反应温度一般控制在 50～90℃为最佳。

5. 溶液的 pH 值

酸性条件下，二氧化硅不可能完成成核及粒子增长反应，它只能形成一种称为聚硅酸的低分子聚合物，在 pH 值为 5～7 时溶胶粒子极易聚结成凝胶。pH 值小于 8，不易制得沉淀白炭黑，而 pH 值大于 10.5，溶胶部分解聚为硅酸盐离子，在 pH 值为 8～10 时所得产品性能最好。

6. 陈化条件

陈化的目的是使系统里的溶胶粒子均匀化。一般情况下，陈化条件对产品的品质有较大影响。在 80℃以上沸腾并保温 0.5～2h 效果最佳。

7. 加酸速度

在利用盐酸与水玻璃反应来制备酸性硅溶胶的过程中，加酸速度是控制参数中的一个非常重要的指标。加酸速度慢，则同一时间内晶核生成数量少，随着酸的加入，新核不断产生，溶液中晶核增长过程不同，因而导致原生粒径很不均匀，从而影响了产品质量。若加酸速度过快，则晶核生成速度太快，大量的晶核来不及增长，结果同样得到大量细小的质点交联而成的凝胶。因此加酸速度以控制反应时间为 0.5～1.0h 为宜。

三、白炭黑的质量

以煤矸石为原料采用超微细沉淀法，以上述较佳操作条件生产了水玻璃，然后可进一步制取白炭黑产品。

白炭黑产品质量列于表 4-4。由表中数据可以看出，以煤矸石为原料制取的白炭黑，其质量指标除挥发分略超一点外，其他各项指标均达到了部颁标准 HG-1-125-64 或企业标准。

表 4-4　白炭黑产品质量

项　　　目	数　值	部颁标准 HG-1-125-64	备　　　注
SiO_2 含量/%	87.2	≥86	
游离水分/%	5.0	≤6	150℃恒重
挥发分/%	13.2	≤13	950℃恒重
pH 值	6.8	6～8	
密度/(g/mL)	0.24	0.25	
吸油值/(mg/g)	3.2		企业标准为 2.6～3.5

四、白炭黑的改性

按超微细沉淀法生产的白炭黑是亲水性的。可以通过白炭黑改性的方法以提高其疏水性，扩大其使用的范围。

白炭黑改性的基本原理是将亲水性白炭黑表面含有的大量羟基基团与含有活性官能

团的物质在适当条件下发生脱水缩合反应，使非极性的基团取代羟基而形成疏水的表面。

硅烷偶联剂类疏水剂是常用的白炭黑改性剂，改性过程中发生的反应主要有硅烷偶联剂水解、表面键合和缩合反应等。通过改性，白炭黑的疏水率提高1/3。

第五节　煤矸石生产沸石分子筛

一、概述

1. 分子筛性能及应用

分子筛属于无机笼状化合物，是一种微孔型的具有骨架结构的晶体。分子筛的骨架中有大量的水，一旦使其失水后，其晶体内部就形成了许许多多大小相同的空穴，空穴之间又有许多直径相同的孔道相连。分子筛具有均匀微孔，孔径大小与一般分子直径相当。从结构上看，硅、铝、氧原子构成其三维骨架，金属阳离子分布其间平衡电荷。脱水的分子筛具有很强的吸附能力，能将比孔径小的物质分子通过孔吸到空穴内部，而把比孔径大的物质分子拒于空穴之外，从而把分子大小不同的物质分开，正因为它具有筛分分子的能力，所以称为分子筛。

正是由于分子筛的微孔结构、较大的静电场和可逆的离子交换能力，使得它对气、液体分子的大小及极性差异表现出选择性吸附，从而广泛应用于工业、农业、环保等部门的气、液体的干燥、分离和提纯。

2. 沸石分子筛及分类

在生产中最常用的分子筛是沸石分子筛。沸石分子筛的基本结构单元是由硅氧四面体和铝氧四面体按一定方式连接而形成其基本骨架——四元环和六元环，再以不同的方式连接成立体的网格状骨架。骨架的中空部分（即分子筛的空穴）称作笼。

由于铝是+3价的，所以铝氧四面体中有一个氧原子的负电荷没有得到中和，这样就使得整个铝氧四面体带有负电荷。为了保持电中性，在铝氧四面体附近必须有带正电荷的金属阳离子来抵消它的负电荷，在合成分子筛时，金属阳离子一般为钠离子。钠离子可用其他阳离子交换。

将胶态 SiO_2、Al_2O_3 与四丙基胺的氢氧化物水溶液于高压釜中加热至 $100 \sim 200℃$，再将所得的微晶产物在空气中加热至 $500℃$ 烧掉季铵阳离子中的 C、H 和 N，转化为铝硅酸盐沸石的方法，是人工合成沸石分子筛的主要工艺。

根据沸石分子筛不同晶型和组成硅铝比的差异有 A、X、Y、M 型号；又根据它们孔径大小分别叫做 3A、4A、5A，10X 等。

（1）A 型分子筛　A 型分子筛的结构见图 4-18。在立方体的八个顶点被称为 β 笼（β 笼的骨架是一个削去全部 6 个顶点的八面体）的小笼所占据。8 个 β 笼围成的中间的大笼叫做 α 笼。α 笼由 6 个八元环、8 个六元环和 12 个四元环构成。小于八元环孔径（420pm）的外界分子可以通过八元环"窗口"进入 α 笼（六元环和四元环的孔径仅为 220pm 和 140pm，

一般分子不能进入 β 笼）而被吸附，大于孔径的分子进不去，只得从晶粒间的空隙通过。于是分子筛就"过大留小"，起到筛分分子的作用。

（2）X 型分子筛和 Y 型分子筛　X 型分子筛和 Y 型分子筛具有相同的硅（铝）氧骨架结构（图 4-19），只是人工合成时使用了不同的硅铝比例而分别得到了 X 型和 Y 型。X 型分子筛组成为 $Na_{86}[(AlO_2)_{86}(SiO_2)10_6] \cdot 264H_2O$，理想的 Y 型分子筛的晶胞组成为 $Na_{56}[(AlO_2)_{56}(SiO_2)_{136}] \cdot 264H_2O$。X 型分子筛和 Y 型分子筛的孔穴叫做八面沸石笼，其结构见图 4-20。

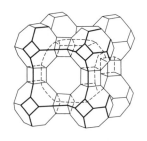 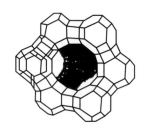 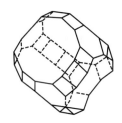

图 4-18　A 型分子筛的结构　　　图 4-19　X 型分子筛和 Y 型分子筛的硅（铝）氧骨架结构　　　图 4-20　X 型分子筛和 Y 型分子筛的孔穴结构

二、利用煤矸石合成 4A 分子筛

目前，应用范围较广、应用量较大的 A 型分子筛主要有 3A、4A、5A 和富氧 5A 型，称为 A 型系列分子筛。在组织生产时，首先低温水热合成 4A 分子筛，然后对 4A 分子筛进行不同的离子交换，即可生产出 3A、5A 和富氧 5A 型分子筛，合成出高质量的 4A 型分子筛是生产 A 型系列分子筛的基础和关键，也是整个工艺中的技术难点。

（一）4A 分子筛的结构、特性及用途

4A 分子筛，即 4 angstrom molecular sieves，缩写为 4AMS，其化学式为 $Na_2O \cdot Al_2O_3 \cdot 2SiO_2 \cdot 4.5H_2O$，单位晶胞组成为 $Na_{12}[Al_{12}Si_{12}O_{48}] \cdot 27H_2O$，因此也称铝硅酸钠。其化学组成为 Na_2O 17%，Al_2O_3 28%，SiO_2 33%，H_2O 22%。

4AMS 是具骨架结构的铝硅酸盐晶体，其最基本的结构单位是硅氧四面体和铝氧四面体，四面体通过"氧桥"相互连接构成三维骨架孔穴，称为腔。其基本结构单元如图 4-21 所示。

硅（铝）氧四面体组成 β 笼，将 β 笼置于立方体的 8 个顶点位置上，用单四元环相连接，8 个 β 笼连接后在中心形成 1 个 α 笼，即构成 A 型沸石分子筛的骨架结构。在 1 个 α 笼周围有八个 β 笼、12 个立方体笼和 6 个 α 笼。

图 4-21　4A 分子筛的基本结构单元示意

α 笼和 β 笼通过六元环相沟通，α 笼之间通过八元环相沟通。八元环是 A 型沸石分子筛的主通道，有效孔径为 0.42nm。由于在八元环上 Na^+ 分布偏向一边，阻挡了八元环孔道的一部分，使得八元环的有效孔径变小为 0.4 nm（4Å），所以称其为 4A 沸石或 4A 沸石分子筛。

4A 分子筛是一种人工合成沸石。在矿物学中，它属于含水架状铝硅酸盐类，其内部结构呈三维排列的硅（铝）氧四面体，彼此连接形成规则的孔道。通道孔径为 0.412nm（4.12Å）的分子筛，常简称 4A 分子筛。

近年来，4A 分子筛在我国石油、化工、冶金、电子技术、医疗卫生等部门有着广泛的应用，尤其合成洗涤剂领域，随着人们环保意识的逐渐增强，易导致水体产生富营养化污染的传统洗涤助剂三聚磷酸钠（$Na_5P_3O_{10}$）正逐步被限用或禁用，4A 分子筛作为传统洗涤助剂三聚磷酸钠的替代品日益受到人们的重视，需求量不断增加。然而，工业上利用化工原料合成 4A 分子筛因其成本太高而给它的推广使用带来一定困难。近年来，利用优质高岭土合成 4A 分子筛的研究将 4A 分子筛的应用推进了一大步，但优质高岭土目前在我国同样是供不应求。因此，选择廉价的 4A 分子筛合成原料成为目前推广 4A 分子筛应用的重要制约因素。

传统的沸石分子筛生产大都采用 $Al(OH)_3$、NaOH 和 $Na_2SiO_3 \cdot H_2O$ 等化工原料，低温水热合成的方法。由于原料成本高，生产工艺复杂等原因，阻碍了分子筛应用范围的扩大。

煤矸石可能作为沸石合成原料使用。煤矸石的矿物成分主要是高岭石，是一种较为纯净的高岭石泥岩，含有合成沸石所必备的成分 Al_2O_3、SiO_2 及少量 Na_2O，经过适当处理，采用合适的工艺条件，可以合成出合格的沸石晶体。

以煤矸石中的高岭岩（土）等铝硅酸盐矿物为主要的铝源、硅源、调整补充适量的 $Al(OH)_3$ 和 $Na_2SiO_3 \cdot H_2O$，与 NaOH 等低温水热合成 A 型和 X 型系列分子筛，以其丰富、廉价的原料、简单的工艺流程和低廉的成本，具有较强的竞争力。

（二）原料煤矸石的选择

我国煤矿资源分布时代较广，从古生代的石炭纪、二叠系到中生代的三叠纪、侏罗纪都有煤层分布。各煤层中煤矸石的种类也不都相同，并不是所有煤层中的煤矸石以及所有种类的煤矸石都可以用来合成 4A 分子筛。能够用来合成 4A 分子筛的煤矸石应具备以下两个特征：其一，在矿物组成上以高岭石为主，含量在 90% 以上，其他有害杂质较低；其二，在形成时代上以石炭纪、二叠纪煤层中的煤矸石合成效果达到最佳。因为形成时代早，在煤层的成岩过程中，煤矸石都经过重结晶作用，形成的煤矸石具有质地致密、成分较纯等优点。因此，合成 4A 分子筛时宜选用石炭纪、二叠纪煤层中的硬质黏土煤矸石。

（三）煤矸石生产沸石分子筛的工艺流程

根据煤矸石本身的自然特征，用它做原料合成 4A 沸石的工艺流程如图 4-22 所示。

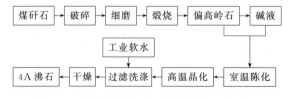

图 4-22　煤矸石生产沸石分子筛的工艺流程

将煤矸石先经过煅烧，成为活性高岭土，然后加入 NaOH 溶液与之反应，晶化，最后过滤、洗涤、干燥即得 4A 分子筛成品。

1. 煤矸石的破碎和细磨

用颚式破碎机将煤矸石粉碎后再送入球磨机进行球磨直到产品能够通过 320 目筛子为止。这样小的固体原料颗粒使原料具有极大的比表面积，能够提高固液反应的接触面积。

2. 煤矸石的煅烧

在采用煤矸石合成 4A 分子筛之前，应预先对煤矸石进行煅烧，通过煅烧可以清除煤矸石中碳和有机质，提高合成原料的白度。要使煅烧产物能够满足合成 4A 分子筛的要求，煅烧时应控制如下因素。

（1）煅烧温度　煅烧温度主要取决于高岭石的失水温度以及碳和有机质的分解温度。根据高岭石的差热分析曲线特征，550℃ 开始矿物结构破坏逸出羟基水，在 970℃ 左右形成新的矿物相。因此，要使煤矸石中的高岭石充分转化，煅烧温度必须控制在 550～970℃ 之间。煤矸石中的碳以有机碳、无机碳和石墨三种形式出现，各自对应的分解温度分别为 460～490℃、620～700℃ 以及 800～840℃。因此，要使煤矸石中的碳完全分解，煅烧温度应控制在 840℃ 以上。结合高岭石和碳两方面的因素确定：煤矸石的煅烧温度在 850～950℃ 范围内最为适宜，恒温时间一般为 6～8h。

（2）煤矸石煅烧的气氛　煤矸石在煅烧时，只有保持氧化气氛才能使其中的碳分解，即煅烧体系应始终是开放体系，有充足的氧气供给，这一点在工业窑炉中常难以控制。目前，煅烧煤矸石的方法主要有煤煅烧、煤气煅烧和天然气煅烧等几种方式，其中以煤气煅烧、天然气煅烧最有利于气氛的控制。

（3）煤矸石中易熔组分（$K_2O + Na_2O$）的影响　$K_2O + Na_2O$ 是易熔组分，在煅烧时容易导致产物产生固结，造成工业生产上的"结窑"。因此，煤矸石中的全碱（$K_2O + Na_2O$）含量应注意控制，一般说来不宜高于 5%，越低越好。

（4）煅烧煤矸石白度的提高　对于合成的 4A 分子筛，其应用领域常对白度有一定要求，如作洗涤助剂的 4A 分子筛对白度要求就相当高。这就要求合成的原料应具备相当高的白度。对于沉积成因的煤矸石，由于其中影响白度的杂质主要是 Fe_2O_3、TiO_2，在煅烧过程中导致产物发黄、发灰，如不对其进行预处理，煅烧产物的白度常达不到要求。采用食盐与腐殖酸混合作增白剂，增白效果显著，可达 5 度左右。

3. 反应碱液的浓度

碱浓度决定了反应的速度和产物的质量。一般说来，碱浓度越大，反应速度越快。但产物中无效组分羟基方钠石（$4Na_2O \cdot 3Al_2O_3 \cdot 6SiO_2 \cdot H_2O$）含量增大，4A 分子筛有效组分减少，产品的性能越差。

碱液浓度对分子筛合成反应的影响还可从 Ca^{2+} 交换能力的角度加以研究。碱液浓度不能过大，否则容易发生晶型转变或变成羟基方钠石，影响产品质量。碱液浓度在 0.09～0.13g/mL 范围内，4A 沸石产品晶体颗粒均较小。图 4-23 表示碱液浓度和 Ca^{2+} 交换能力之间的关系。从图 4-23 中可以看出，碱液浓度在 0.10～0.12g/mL 之间时，Ca^{2+} 交换能力较大。可选取该浓度区间进行合成反应。

4. 固液比

固液比指的是煤矸石焙烧粉样（偏高岭石粉）和 NaOH 溶液的配料比例。在

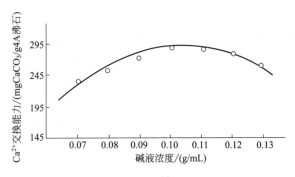

图 4-23　碱液浓度和 Ca^{2+} 交换能力的关系

NaOH 溶液浓度一定时，其溶液用量（容积）多少也直接影响 4A 沸石分子筛的合成质量。在合成 4A 分子筛过程中，固液比对合成的速度、产品的性质也有较大的影响。若固液比过小，则合成后 NaOH 过量，导致合成的 4A 分子筛向羟基方钠石转化，降低产物的有效性能；反之，若固液比太大，则又不能保证煅烧土完全反应。因此应采取合适的固液比。

图 4-24 表示固液比和 Ca^{2+} 交换能力的关系。可以看出，当固液比在 0.24～0.40 范围内，生成的沸石晶体颗粒较小。随着固液比的增大，4A 沸石钙离子交换能力也增强。但固液比超过一定数值后，Ca^{2+} 交换能力开始下降。因此选定 0.28～0.36 作为合成反应的最佳固液比。

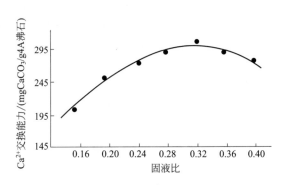

图 4-24　固液比和 Ca^{2+} 交换能力的关系

5. 晶化温度及时间

沸石合成过程中，合成晶化温度作为一个重要因素不容忽视。晶化温度不宜过低，否则晶化过程太慢；也不宜过高，因为 4A 沸石在热力学上属亚稳体系，容易转变成羟基方钠石，影响产品的纯度。

从表 4-5 是晶化温度对晶化时间及沸石 Ca^{2+} 交换能力的影响。可见在晶化过程中提高晶化温度可加快结晶进程，缩短晶化时间。在 60℃下晶化可获得的沸石的 Ca^{2+} 交换能力较大，但需要 24.5h 左右；在 80℃以下晶化时间可缩短至 6.5h，但 Ca^{2+} 交换能力稍有降低；在 100℃下晶化时，只需 4.5h，但 Ca^{2+} 交换能力明显低于 60℃时的数值。因此，合成晶化温度、时间的选择应综合考虑，一般以 85～90℃合成温度、恒温时间 10h 效果较好。

表 4-5　晶化温度对晶化时间和沸石 Ca^{2+} 交换能力的影响

晶化温度/℃	晶化时间/h	Ca^{2+} 交换能力/(mgCaCO$_3$/g4A 沸石)
60	24.5	302
80	6.5	294
100	4.5	289

6. 合成产物的分离

4A 分子筛在中性或弱碱性介质中较稳定，在强酸或强碱性溶液中则不稳定，结构易遭到破坏。在合成 4A 分子筛的母液中，一般碱度较高，因此合成的 4A 分子筛应及时分离，否则，随着时间的增长，4A 分子筛会转化为羟基方钠石，影响产品的性能和合成效果。

三、以煤矸石为原料合成 Y 型沸石

以煤矸石为原料，采用导向剂法可以合成 Y 型沸石。Y 型沸石是一种重要的石化催化剂，40 多年前就已应用于硫化催化裂化及加氢裂化。与别的催化剂相比，它具有高的稳定性及产物选择性，可大幅度提高汽油产率及辛烷值。目前，其生产工艺主要是化工原料法，但此法成本较高，所以，以储量大且成本低的煤矸石生产 Y 型沸石，是一条经济、环保的技术路线。

1. 煤矸石生产 Y 型分子筛的原理与工艺

煤矸石原料是含有有机杂质的煤系高岭岩，经高温焙烧，不仅可脱除有机杂质，且可提高原料的反应活性。焙烧温度一般在 700℃左右，在此条件下，煤矸石发生的化学变化为：

$$Al_2O_3 \cdot 2SiO_2 \cdot 2H_2O \longrightarrow Al_2O_3 \cdot 2SiO_2 + 2H_2O$$

这样就使活性低的高岭石结构转变为高活性的偏高岭石结构。焙烧温度超过 1000℃时，则偏高岭石结构又转变为尖晶石结构，其化学变化为：

$$2Al_2O_3 \cdot 4SiO_2 \longrightarrow Al_4Si_3O_{12} + SiO_2$$

原料中的 Si、Al 就失去了反应活性，特别是分解生成的 SiO_2。

总的合成工艺流程可表示为：

（煤矸石→粉碎→焙烧）+碱液+水玻璃+导向剂→陈化→晶化→过滤洗涤→产品

在补加导向剂之后，原料配比为 $(1.0 \sim 2.8)Na_2O$：Al_2O_3：$(3.0 \sim 8.2)SiO_2$：$(70 \sim 100)H_2O$，产品的过滤和洗涤可同时进行，一般洗到 pH 值在 8～9 为宜。

煤矸石一般粉碎至 325 目左右。焙烧实质上就是其脱碳及活化的过程，活化后煤矸石粉的 SiO_2/Al_2O_3 在 2 左右，而一般合成 Y 型沸石时该比值需调到 6～10，所以需添加部分硅源，如液态水玻璃。添加一定量的碱液和导向剂后，体系进入陈化即预晶化阶段。晶化过程中温度控制在 95℃左右，一般需 18～24h 完成。产品的过滤和洗涤可

同时进行，一般洗到 pH 值在 8～9 为宜。过滤洗涤后产品为白色粉末，粒径在 $4\mu m$ 左右。

2. Y 型沸石合成影响因素

（1）导向剂　导向剂是生成高结晶度及晶相单一的 Y 型沸石的重要条件，它在沸石合成中起结构导向作用。不加导向剂很难合成出晶相单一的 Y 型沸石。

常采用的导向剂配比为 $16Na_2O : Al_2O_3 : 15SiO_2 : 320H_2O$。在使用不同量的导向剂时，结晶相在相同时间下的晶化度见图 4-25。结果表明，导向剂的添加量是影响沸石晶化速度及晶化结果的重要因素。导向剂量不足时，不仅有 P 型沸石，而且 Y 型沸石的结晶度也很低；当量达到反应体系总体积的 10% 时，产品的晶化速率基本恒定。

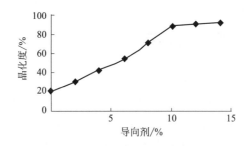

图 4-25　导向剂量与产物结晶度的关系

（2）碱度　碱度是影响沸石合成的速度、产物硅铝比及粒度的重要因素。它主要是控制硅酸根离子的状态及体系中各组分平衡状态的位置。不同碱度下 Y 型沸石晶化的结果见图 4-26。由图 4-26 可知，适宜的碱度是保证沸石晶化速度的重要因素，过高，Y 型沸石的结晶度下降，这主要是因为高碱度下生成 P 型沸石。不同碱度下产物的硅铝分析结果见图 4-27。由图 4-27 可知，随着晶化碱度的提高，产物的硅铝比逐渐降低。

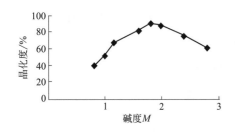

图 4-26　晶化碱度与产品结晶度的关系

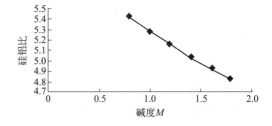

图 4-27　碱度与产物硅铝比的关系

（3）陈化时间　以煤矸石为原料采用补硅工艺合成 Y 型沸石，由于存在一个补充硅源与煤矸石相中原有硅源的结合过程，所以在配料完成后必须有一个低温的陈化过程。在陈化阶段，补充硅源在新的碱度环境下重新解聚、重排，而固态煤矸石也会在碱性环境下溶解，并与补充硅源结合成一个新的离子聚集体。不同陈化时间下产品的结晶情况见表 4-6。

表 4-6   不同陈化时间下产品晶化结果

陈化时间/h	0	4	8	10	12	14
晶化结果	Y+A+P^{++++}	Y+P^{+++}	T+P^{++}	Y+P^{+}	Y	Y

注：＋号越多者，表明其含量越大。

（4）配料硅铝比　　Y 型沸石的硅铝比是影响其水热稳定性的一个重要因素，硅铝比高，则其水热稳定性好。为了获得硅铝比高的沸石产物，在保证合适的碱度的前提下，可通过提高配料硅铝比来提高产物的硅铝比。配料硅铝比与产物硅铝比的关系见图 4-28。由图 4-28 可知，产物硅铝比的提高与配料硅铝比的增加并不呈线性关系，特别是当配料硅铝比超过 8 以后，产物的硅铝比不再提高，这说明补充的硅源并没有全部参与沸石的晶化过程。由此可见，通过单纯提高配料硅铝比的办法，很难获得高硅铝比的产物。

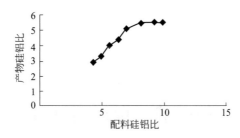

图 4-28　配料硅铝比与产物硅铝比的关系

第五章
煤矸石生产建筑材料

第一节　煤矸石制砖

利用和黏土成分相近的煤矸石烧制砖瓦在技术上比较成熟，应用已很广泛，部分企业还生产了高级建筑材料，如饰面砖等产品。煤矸石代黏土生产砖瓦可以做到烧砖不用土或少用土，烧砖不用煤或少用煤，大量节省耕地，减少污染。

矸石砖的规格和性能要求与普通黏土砖基本相同，标准尺寸为 240mm×115mm×53mm，其余性能指标符合国家标准《烧结普通砖》（GB/T 5101）的要求。

利用煤矸石烧砖可分为内燃和超内燃焙烧两种方法。内燃法是将煤矸石和黏土混合在一起做原料，也可以全部用低热值矸石做原料，焙烧过程中矸石产生的全部热量将砖烧熟，制得内燃砖。超内燃法制砖就是全部用煤矸石做原料，每块砖坯所含的热量除把砖本身烧熟外，还有富余热量，余热可以利用，制得的砖称超内燃砖。热工计算的结果表明，每块标准砖烧成热量为 950～1200kcal（1kcal＝4.184kg，余同），砖坯所含的热量大于此值时，就属于超内燃。例如，广东石鼓矿务局煤矸石平均发热量为 550～580kcal/kg，每块砖坯干重 2.4kg，含热 1320～1390kcal，超过每块标准砖烧成所需热量，即是超内燃焙烧，此时在焙烧窑上可设置余热锅炉。

一、对制砖煤矸石原料的要求

不同煤矿产生的矸石成分和性质变化很大，并不是所有的矸石均能制砖。其中泥质和碳质矸石质软，易粉碎成型，是生产矸石砖的理想原料；砂质矸石质坚，难粉碎，难成型，一般不宜制砖；含石灰岩高的矸石，在高温焙烧时，由于 $CaCO_3$ 分解放出 CO_2，能使砖坯崩解、开裂、变形，一般不宜制砖，即使烧制成品，一经受潮吸水后，制品也要产生开裂、崩解现象；含硫铁矿高的矸石，煅烧时产生 SO_2 气体，造成体积膨胀，使制品破裂，烧成遇水后析出黄水，影响外观。因此，生产烧结砖用煤矸石的二氧化硅、三氧化二铝、放射性等主要指标应符合《煤矸石利用技术导则》（GB/T 29163）中规定的要求。

1. 化学成分

（1）SiO_2　一般含量控制在 $55\% \sim 70\%$。

煤矸石中的 SiO_2 主要以石英和黏土矿物形式存在。如果 SiO_2 含量高，则石英矿物多，黏土矿物少；反之，如果 SiO_2 含量低，则石英矿物少，黏土矿物多。

石英在焙烧过程中，发生多次晶型转变并伴随体积变化（表 5-1），易发生爆裂而严重影响砖体的完整性。

表 5-1　石英晶型转变及其体积变化

晶形变化	温　度	体　积	晶形变化	温　度	体　积
γ 鳞石英→β 鳞石英	117℃	$+0.2\%$	α 石英→β 石英	573℃	0.8%
β 鳞石英→α 鳞石英	163℃	$+2.3\%$	α 石英→α 鳞石英	870℃	$+14.7\%$
β 方石英→α 方石英	180~270℃	$+3.3\%$			

SiO_2 含量高，干燥焙烧收缩小，制品抗压强度高，是砖的主要骨料。石英硬度高、无可塑性，在混合料中起到降低矸石泥料可塑性的作用，适当的石英含量可以减少坯体在干燥与烧成过程中的收缩作用，有助于提高成品率；当 SiO_2 含量超过 75% 时，制品的力学强度降低，特别是抗折强度降低显著。

值得指出的是，在石英各种晶形转变中，573℃ 的转变虽然体积变化小，但转变速度快，控制不当最易产生裂纹。煤矸石中的 SiO_2 含量应严格控制。当 SiO_2 含量过高时，可用筛选法除出矸石中的大粒径砂质岩石。

（2）Al_2O_3　一般含量控制在 $15\% \sim 25\%$ 之间。含量高，可提高塑性指数、耐火度及制品的抗折强度，是制品的次要骨料。

煤矸石中的 Al_2O_3 主要以黏土形式存在，多为高岭石或伊利石，少部分可能以长石、铝土矿形式存在。因此，适当提高 Al_2O_3 含量会提高黏土矿物含量，从而提高矸石泥料的塑性，能提高坯体强度和制品的抗压与抗折强度。此外，由于煤矸石的熔点随 Al_2O_3 含量增加而迅速提高，Al_2O_3 含量的增加将提高制品的烧结温度，特别是当含量超过 35% 时制品易出现欠火现象。

由于选择了高 Al_2O_3 的煤矸石原料制砖而导致烧结困难、质量差的煤矸石砖厂较为常见，应该引起重视。

（3）Fe_2O_3　助焙剂，含量控制在 $2\% \sim 8\%$ 之间，最好不大于 5%。

煤矸石中铁多以黄铁矿的形式存在，量小时则以其他矿物的杂质存在。Fe_2O_3 是一种助熔剂，Fe_2O_3 含量高，可降低焙烧温度：Fe_2O_3 含量每升高 1%，焙烧温度降低 $18℃$。因此，适度的 Fe_2O_3 可降低制品的烧结温度。氧气充足时，铁矿物转化为 Fe_2O_3，Fe_2O_3 是着色剂，使制品呈红色；含量低于 1% 时制品呈黄白色，含量越高，颜色越深，当含量高于 9% 时制品呈酱红或酱紫色。在缺氧条件下，生成 FeO，制品呈蓝、灰色。含量超过 5%，在高温焙烧时，砖的表面易出现膨胀泡，影响外观。

由于硫铁矿硬度大，难以磨细，煅烧时，由于局部铁含量过高易出现铁斑、铁瘤而影响外观。

（4）CaO 煤矸石中的 CaO 是有害组分，主要以方解石（$CaCO_3$）的形态存在，也有少量以石膏（$CaSO_4 \cdot H_2O$）的形式存在，一般控制在 2%以内。如高于 2%，必须降低粒度，使 CaO 在砖坯中均匀分布，减少不均匀膨胀性，但 CaO 含量超过 6%时，不宜作烧砖原料。

CaO 在矸石中多以 $CaCO_3$ 的形式存在。如果方解石颗粒较细，并均匀地分布在黏土中，一部分会与 Al_2O_3、SiO_2 反应生成稳定的多元化合物，一般至 1000～1050℃可保证砖体达到足够的强度，但烧成范围变窄。方解石颗粒大于 1mm 时在砖焙烧过程中不会完全转化为化合物，而是分解成生石灰 CaO，成品砖中未化合的生石灰遇水生成熟石灰 $Ca(OH)_2$，同时固相体积膨胀 97%。这就是高 CaO 砖遇水发生爆裂的原因。

碳酸钙受热后化学反应如下：

$$CaCO_3 \longrightarrow CaO + CO_2 \uparrow$$

氧化钙吸水后化学反应如下：

$$CaO + H_2O \longrightarrow Ca(OH)_2$$

CaO 最高允许含量与矸石粉料粒径有关（表 5-2），粒径小于 3mm，一般以含量不超过 2.5%为宜。

表 5-2　CaO 最高允许含量与矸石粉料粒径间的关系

CaO 最高允许含量/%	2.5	4	5
粒径极限/mm	3	1	0.5

另外，适当提高砖的烧成温度、延长焙烧时间，或在原料中加入 0.2%～0.5%的 NaCl 溶液也可放宽 CaO 最高允许含量。无论采取哪种方法，其根本目的是促进 CaO 与其他成分化合而消除危害。

（5）MgO 一般要求含量不超过 1.5%。

MgO 多以 $MgCO_3$ 的形式存在，且往往与 $CaCO_3$ 共生成 $Ca \cdot Mg(CO_3)_2$，是烧结砖瓦的有害组分。$MgCO_3$ 在 590℃分解为 MgO，与 CaO 相比，MgO 水化反应速度更慢，体积膨胀更大，因此潜伏时间长，危害更大。MgO 含量过高，焙烧时易使制品变形，若吸收空气中的水分，也会发生体积膨胀及泛霜现象，影响制品的稳定性。

（6）SO_2 硫是烧结砖的有害组分，一般含量控制在 1%以下为宜。煤矸石中的硫有无机硫和有机硫两种赋存状态，且以无机硫为主，最常见的是黄铁矿。

影响砖质量的另一个因素是泛霜，砖出现泛霜的根源是矸石中含有 MgO 和 $MgSO_4$，泛霜是一种砖或砖砌体外部的直观现象。它分为砖块和砌体两种泛霜，砖块的泛霜是由于砖内含有可溶性硫酸盐，遇水潮解，随着砖体吸收水量的不断增加，可溶解度由大逐渐变小。当外部环境发生变化时，砖内水分向外部扩散，作为可溶性的硫酸盐，也随之向外移动，待水分消失后，可溶性的硫酸盐形成晶体，集聚在砖的表部呈白色，称为白霜，出现白霜的现象称为泛霜。煤矸石空心砖的白霜以 $MgSO_4$ 为主，白霜不仅影响建筑物的美观，而且它会使砖体分层和松散，直接关系到建筑物的寿命。

综上所述，对用于生产烧结砖的煤矸石原料，其化学成分（即灰成分）应符合表 5-3 的指标。

表 5-3　用于烧结砖的煤矸石原料的化学成分

SiO_2	Al_2O_3	Fe_2O_3	CaO	MgO	S
55%～70%	15%～25%	2%～8%	<2.5%	<1.5%	<1%

2. 塑性指数

塑性指数一般控制在 7～17 之间。塑性过低则成型困难；过高，则易变形，干燥焙烧要求严格。如果指数偏高，可适当掺加瘦化剂（如河沙等）；如指数偏低，则粒度要细，或掺入少量黏土来调整，有条件的可加热蒸汽或热水搅拌提高塑性。

对于低塑性的煤矸石原料可采取以下措施提高其塑性：①降低原料的粒度；②适当增加原料的陈化时间；③有条件的地方可通过掺加一些肥黏土以采用热水或蒸汽搅拌来提高原料的可塑性。

3. 矸石粒度

矸石粉料中细颗粒比例增多，可提高成型性能和制品的抗压强度。但如果料磨得过细，耗电和耗钢量增加，干燥时易出现裂纹。制砖原料中粗粒过多，影响外观和砖的质量，使砖坯和制品易产生裂缝。因此，原料一般要求粒度控制在 3mm 以下，小于 0.5mm 的含量不低于 50%，当 CaO 含量小于 2% 时，粒度大于 3mm 的含量应少于 3%；当 CaO 含量大于 2%，粉料中最大粒度应小于 2mm。

从图 5-1 可以看出，当煤矸石颗粒比较大时，随着粒度减小，煤矸石原料塑性提高很快；但在颗粒细度达到 0.177mm 之后，再减小颗粒细度对塑性的提高效果渐趋不明显。而原料细度每提高一个等级，对于工业生产来说，破碎成本将大幅度提高，所以实际生产中煤矸石原料并不是越细越好。生产中煤矸石原料的细度应根据原料的性能特点（主要指塑性的高低、含钙量的高低以及其他有害物质的高低）、挤出机挤出压力的高低、生产产品的质量要求等具体情况来确定。

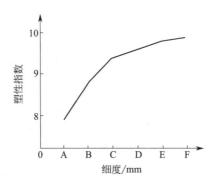

图 5-1　矸石破碎细度与塑性指数间的关系

矸石颗粒尺寸：A 组，0.42～0.50mm；B 组，0.35～0.42mm；C 组，0.25～0.35mm；
D 组，0.177～0.25mm；E 组，0.149～0.177mm；F 组，0.105～0.149mm

4. 发热量

全矸制内燃砖，一般每块砖的发热量控制在 950～1200kcal（3974.8～5020.8kJ），并要保持稳定。若发热量低，则要加煤，以免欠烧。由于煤矸石性质不同，烟煤矸石的挥发分高，起火快，发热量要求可低些；无烟煤矸石的挥发分低，起火慢，发热量要求要高些。

在全矸制超内燃砖时，余热要设法散失或加以利用，以防过火。

二、煤矸石制砖工艺

煤矸石制砖的工艺过程和制黏土砖基本相同。主要包括原料制备、成型、干燥和焙烧等工艺过程。多数煤矸石制砖采用的是软塑成型工艺。图 5-2 是煤矸石制砖工艺原则流程。

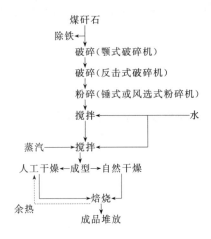

图 5-2　煤矸石制砖工艺原则流程

1. 原料的制备

原料的制备工艺主要是把选择好的原料经过净化、均化、粉碎、困存和陈化、搅拌混合、蒸汽处理等工序制备成适宜成型的泥料。

（1）净化　煤矸石在开采及运输过程中不可避免地会混入砂岩、石块、石灰石、铁物质、编织袋、草根、绳子、木块等杂物。砂岩、石块硬度高，难以破粉碎，极大地影响破碎设备、粉碎设备的使用寿命，影响其磨损程度，影响破粉碎效率，且降低原料的塑性；石灰石是产生爆裂的主要原因，生产中必须减少石灰石的含量；铁物质，如螺栓、螺母、铁钉、铁丝、铁块等对破粉碎设备及成型设备影响很大，必须剔除；黄铁矿（FeS_2）是干燥砖坯和烧成制品泛霜的间接原因，焙烧中爆裂则是块状、粒状黄铁矿造成的主要缺陷，坯体中的黄铁矿还能同有机质等一道形成还原黑心，黄铁矿的加热分解释放出的二氧化硫、三氧化硫气味刺鼻，其形成的亚硫酸腐蚀窑车等钢结构件以及厂房等，因此，必须将其尽量清除；编织袋、草根、绳子、木块等难以破碎，容易堵筛板、筛孔，影响成型坯体的外观质量，也必须清除。

清除煤矸石原料中杂质的方法，除了将煤矸石在进行有用矿物回收（例如黄铁矿的回收）的同时进行净化外，煤矸石砖厂主要在煤矸石山处装车前、在板式给料机前后进行人工拣选。

（2）均化　煤矸石由于其开采部位的不同、开采时间的不同以及堆料的特殊性，其原料成分波动特别大。此外，物料具有离析现象。堆场中堆料是从料堆顶部沿着自然休止角滚落，较大的颗粒总是滚落到料堆底部两端，而细粒料则留在上半部，大小颗粒的成分不同引起料堆横断面上成分的波动。

原料成分的较大波动实际上就是原料的各种化学成分发生了较大变化，未经均化的原料，其化学组成的分布肯定是很不均匀的，这样就会影响烧成的质量。原料均化可以确保产品的质量均匀。在不增加原料的情况下，增加产量，降低成本；可以减小烧窑调整的难度，达到高热值矸石与低热值矸石的混合使用，不致造成高热值时排出大量余热，否则，在煤矸石热值较低的情况下，为保证砖的烧成，需要掺煤或投煤，这就增加了生产操作环节，增加了生产成本。

原料均化消除成分波动，满足生产工艺技术所规定的要求。对于煤矸石烧结砖生产线，其整个原料制备均化系统分为 3 个环节，即矸石山原料装车运输的合理搭配、原料的预均化堆场、粉碎加水后的陈化均化库。这三个环节对均化任务各尽其能，各有所长，必须要合理搭配。

（3）粉碎　原料的粉碎是矸石制砖的重要工序，是获得良好颗粒组成的关键，能使硬质物料"释放"出足够数量的自由黏土物质。

根据矸石的物理性质、最大粒度和要求的粒度、产量等参数选择粉碎工艺流程及设备。在煤矸石生产中，一般采用两级或三级粉碎机高速磨机和球磨机等。当煤矸石的含水量高于10％时，宜采用笼形粉碎机；当煤矸石中石灰石含量高或塑性低时，宜采用球磨机或风选式球磨机磨出部分细料作掺配用。

为保证粉碎物料的粒度均匀化要求，可在锤式破碎机后增加筛分工序，严格控制破碎后原料的粒度。

在破碎后增加筛分工序，可以带来以下好处：①可以增加原料的可塑性；②可以提高坯体的致密性；③加快反应速度；④对有害物质起分散作用；⑤可以提高砖的强度。粉料的粒度越小，坯体的致密性越好，砖体的抗压强度越高。

（4）困存和陈化　在制砖工艺过程中，困存的概念是指经粉碎的物料未经均匀化处理在料库中贮存；陈化是指已经均匀化处理的物料在密封空间中在有压力的作用下贮存。

制砖原料的陈化对成品砖的质量、生产工艺的稳定具有相当大的意义。原料的陈化除了能保证生产过程可靠、顺利地进行，需要原料不间断、不受干扰地供应，并使原料有所储备，进而均衡受气候影响而发生的采掘量的波动和均衡各供需生产制度不同的波动。另外，原料的陈化还是整个制备系统的组成部分。

原料经过陈化，可以达到以下目的：①原料均匀地被水润湿；②原料疏解，就是使所有塑性组分都得以膨胀，使团聚紧密的原料团粒疏松；③生物化学作用过程有助于原料的疏解和塑化；④对原料可以实行批量混合。总之，陈化使物料被水均匀润湿、泥料疏解，进行化学、生物化学的作用；对原料实行批量混合，保证了生产的均衡性和连续性。通常，困存和陈化的结果能使颗粒细化，促进组分和含水率均匀化，使塑性指数、温坯抗压强度、干抗弯强度、抗剪强度等有明显提高。

陈化参数主要有陈化时间、陈化水分和陈化温度。

煤矸石原料经一定时间的陈化后，一般都能改善其成型性能和烧结性能，提高产品的质量，最明显的是原料塑性的提高，特别是在陈化的初期效果比较明显，一般陈化时间为 3d，原料塑性就可得到较大的提高，再延长陈化时间，其性能的改善渐趋不明显，且导致陈化库增大，投资增加，生产运行成本提高（主要是胶带输送机装机功率的提高）。对于硬塑挤出，由于要求成型含水量小，陈化时间可以稍长些。在冬天，由于室温低，可以适当延长陈化时间。

煤矸石原料陈化的效果与原料加入的水量有很大的关系，加入过多，超过了成型的原料含水量，生产中将难以调整；加入过少则原料不能被水充分润湿，原料不能充分疏解，陈化效果就差。一般来讲，陈化水分应稍小于成型水分或与成型水分相同，生产中既容易调节，又能达到预期的陈化效果。

陈化温度的提高可以使原料均化程度提高，使离子的扩散速度加快，促使原料中的有机物质尽快形成有机胶体物质，而增加原料的塑性，缩短陈化时间。一般陈化温度在夏天可以达到 $35\sim40℃$ （温度太高则不利于工人的操作，厂房必须采取适当的保温措施），在冬天，陈化温度也应在 $20℃$ 以上，以保证原料的陈化效果（除厂房采取保温措施外，北方地区还必须增加采暖设施）。

（5）搅拌混合 煤矸石制砖要严格控制水分。水分低，可塑性差、泥条易裂；水分过高，坯体强度低，易造成压印和变形。通常煤矸石含水率不高，需在搅拌过程中加水，以便获得较好的塑性成型含水率。含水率要求严格控制在 $16\%\sim20\%$ 之间。为了使水分分布均匀，常采用二次搅拌，在用人工干燥和一次码烧工艺时，最好采用热水搅拌，热挤出成型。

搅拌机的种类很多，常用的是双轴搅拌机。图 5-3 是带过滤网的双轴搅拌机。

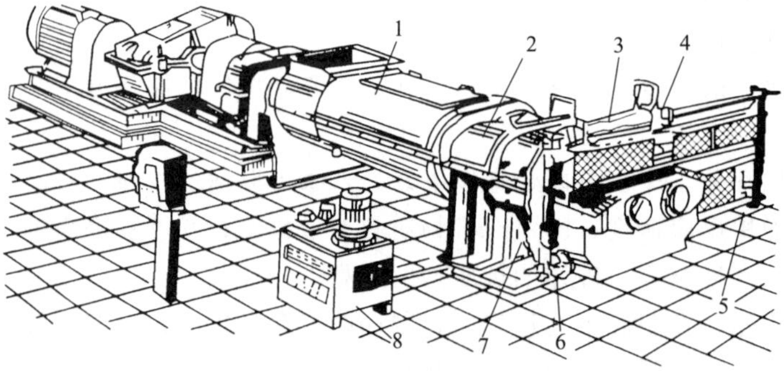

图 5-3 带过滤网的双轴搅拌机
1—搅拌机泥缸；2—机头；3—过滤网；4，6—移动过滤网的油缸；5，7—机架；8—液压装置

（6）蒸汽处理 在制备过程中，向给料机、陈化器或搅拌机中通入蒸汽处理泥料，称蒸汽处理。其主要功能有：减少拌和水量，提高泥料均匀化程度和泥条的稳定性，降低成型机动力消耗或提高螺旋挤泥机的生产能力，减少成型机的磨损，节省干燥时间和能量，促使物料充分疏解，改善坯体性能。

2. 成型工艺

煤矸石砖坯的成型方法可分为塑性成型、半干法成型和硬成型。通常采用塑性成型，它主要是利用螺旋挤泥机，使无定形的松散泥料经挤压成为致密的具有一定断面形状的泥条，经切割成坯体来实现。目前我国挤出式制砖机型号有 150 型、450 型、601 型等，其中以 150 型成型机应用最多，矸石砖成型以加强型 150 挤泥机为佳。

螺旋挤泥机如图 5-4 所示。其工作原理是将制备好的泥料加入受料斗，由于打泥板或压辊的作用，使泥料进入泥缸中，被旋转着的螺旋绞刀推动前进，并受绞刀的压力作用和稍许拌和，使泥料通过机头时被挤压实，由机口挤出成为符合规定尺寸和形状的连续矩形泥条。泥条由专门设备切割成一定长度，最后由切割机切成单块坯体。例如一台 ZH150 型砖机，动力 75kW，产量为 $54\sim74$ 块/min。

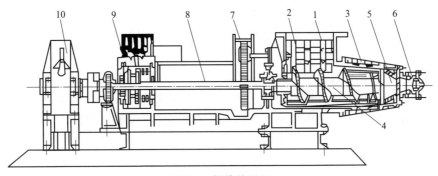

图 5-4　螺旋挤泥机

1—受料斗；2—打泥板；3—泥缸；4—绞刀；5—机头；6—机口；

7—传动齿轮；8—主轴；9—轴承；10—减速箱

3. 砖坯干燥

砖坯的干燥有自然干燥及人工干燥两种方法。自然干燥所需的时间长，占地面积大，正规的矸砖厂逐步推广人工干燥，即在干燥室内用热气体干燥砖坯。

煤矸石制砖因物料中粗粒多，尘粒少，成型含水量一般偏低，干燥性能良好，敏感性小，干燥收缩率在 2%～3% 之间，干燥周期短。因此对干燥条件的要求没有黏土砖严格，但干燥后，坯体残余含水率不得高于 7%。

人工干燥一般在隧道式干燥室中进行。如峰峰矿务局工程处的干燥室，长 75m，宽 1m，高 1.08m。铸铁干燥车 850mm×1500mm，每条干燥室容纳干燥车 48 台，每台码砖坯 255 块，日产 6 万块左右。送入热风温度 98～112℃，出口平均温度 40～50℃，干燥后残余水分在 7% 以内。干燥室热源来自窑炉烟气和预蒸空气。

许多矸砖厂采用一次码烧工艺，其特点是将湿坯码上窑车，干燥和焙烧在一条隧道窑内进行，也就是隧道窑中有一段干燥带。根据北京豆店等砖厂经验，在干燥带和焙烧带之间设置中闸门，用风机抽取烟气，余热供干燥坯体，效果良好。

4. 焙烧工艺

焙烧是矸石制砖的最后工序，也是决定制品质量的关键环节。焙烧中，矸石物料各种组分在高温作用下发生物理、化学及矿物学的复杂变化，最后烧成坚硬高强度的制品。

由高岭石、伊利石、蒙脱石、云母类等矿物组成的矸石料，在高温下发生相反应，晶体变化，生成新相，转变成矸石。研究发现，在低石灰石含量的黏土岩矸石烧成制品中通常含有石英、方解石、赤铁矿、白榴石、尖晶石等矿物和无定形物质，有时含有莫来石。

（1）焙烧过程　坯体在焙烧过程中，随着温度升高，由坯烧成砖，大体可分为几个阶段。

1）干燥及预热阶段（20～400℃）。这一阶段中主要脱除结晶水以外的各种水分。工艺上要注意过分干燥的砖坯进入潮湿气氛的干燥带会再度吸湿，导致制品发生面层网裂；还应避免坯体脱水过快，严重时会引起坯体爆裂。

2）加热阶段（400～900℃）。在 400～700℃ 温度范围内将脱去大部分结晶水。大量研究表明，在加热到 450～600℃ 时，黏土岩坯体发生强烈膨胀，易生成从内部边缘发展的裂纹。由于大约在 575℃ 时 β-型石英突然相变为 α-型石英，会产生体积突然膨胀。在这阶段中，坯体内可燃质剧烈燃烧，黄铁矿急剧分解，都能使坯体产生裂纹。如果可燃组分燃烧产生的气态产物因致密表面阻止不能排出时，易使砖表面起泡。当温度略低于900℃时，石灰石分解，如果坯体中石灰石颗粒较粗，高温分解后留在砖体内的氧化钙颗粒也较大，当出窑砖受湿空气作用时，氧化钙消解，体积膨胀几倍。其压力足以使砖碎裂。因此，要尽量在原料制备中消除隐患，在焙烧时控制加热速率，减少制品缺陷产生。

在加热阶段产生的另一种现象是还原性黑心的形成。当加热内燃砖坯时，表面温度较内部高，表层吸热反应 $CO_2+C \longrightarrow 2CO$ 向右方进行。CO 从表面向内部扩散，在坯体内部放热反应 $2CO \longrightarrow CO_2+C$ 向右进行，CO_2 向表面扩散，碳则在坯体内部沉淀；当加热速度较快时，坯体内部剩余碳来不及燃烧，亦还原成碳；此外高价红色 Fe_2O_3 被还原成黑褐色 Fe_3O_4。由于上述原因形成了还原性黑心，可能降低砖的抗冻性能。

3）烧成阶段（900℃至最高温度段末端）。在烧成阶段中，除在低温下就已经开始的固相反应继续进行外，还发生颗粒的熔融、烧结以及新结晶相的生成等高温变化过程，同时产品颜色生成，强度增长。

在烧成阶段中，生成的新结晶相主要是钙铝硅酸盐。除了高温液相发展，新结晶产生外，坯体中微孔体积减小，熔融液相流入颗粒缝隙中，使颗粒彼此靠近，坯体体积收缩，最终得到致密的砖。一般矸石砖的焙烧温度不能低于900℃，不高于1100℃，保温时间不少于15～18h。

4）冷却阶段（由最高温度下降起始）。从烧成阶段的末端直到约600℃，坯体冷却很快。在此阶段中，砖尚处于准塑性状态，冷却时坯体内部产生温差，表面收缩快，内部缓慢收缩，当表层拉应力超过弹性膨胀能力时就产生裂纹。因此要控制冷却速度。400℃以下，制砖原料很少表现出对快速降温的敏感性。

（2）焙烧窑　焙烧窑分为间歇式和连续式两类。连续焙烧窑主要有轮窑和隧道窑两种。有条件的地方应采用比较先进的隧道窑烧砖。该窑的主要优点是装卸产品便于实现机械化，装窑和出窑在窑外进行，因而改善了工人的劳动条件，减轻了劳动强度；隧道窑的烧成带固定，因此单位产品的热量消耗较低，但投资较大，耗用钢材较多。

1）隧道窑的焙烧原理。隧道窑是一个长的隧道，两侧有固定的窑墙，上面有窑顶，沿着窑内轨道移动的窑车构成窑底，窑车上装有被烧的制品。在隧道中部设有固定的焙烧带，被烧制品从一端进入，另一端卸出。热烟气与窑车相对移动，由窑车的出口端进入冷空气，冷却烧成制品，被加热了的空气用于焙烧带燃烧；燃料产生的烟气流经预热带预热砖坯，而后从窑头的两侧墙内所设的排烟孔流经烟道与烟囱或排烟机排入大气中。整个隧道窑按其长度方向的温度分布不同可区分为预热带、焙烧带、保温带和冷却带。

2）隧道窑的结构。隧道窑又可分为一次码烧隧道窑和二次码烧隧道窑。一次码烧隧道窑即砖坯的干燥和焙烧可同时在一条窑中完成。一般窑长不宜短于110m，二次码烧窑则砖坯的干燥和焙烧分开进行，一般窑不宜短于90m。例如，焦作矿务局的小断面一次码烧全自然煤矸石砖隧道窑见图5-5。该窑长×宽×高为 108m×1.48m×1.40m，有效断面 1.98m²，轨道坡度 4%，轨距 600mm；码高 11 层，每立方米 279 块。全长 108m 中，排潮带 26m、预热带 14m、焙烧带 48m、保温带 10m，冷却带 10m。焙烧周期 36h 左右，隧道窑为全负压集中通风，窑头设总风机 1 台，抽取窑室及排潮带烟道的气体；另设 1 台导热风机，从焙烧带两侧烟道抽出高温气体，跨越预热带；从拱顶送入排潮湿带加快坯体干燥。排潮方法采用顶送风，侧排潮。窑的出口为进风口，不设窑门；窑进口设窑门、烟道，总风道分别设有板式闸门调节风量。该窑在保温带设余热锅炉 1 台。

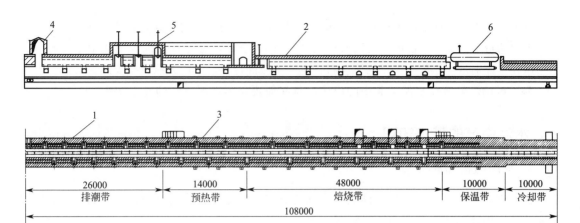

图 5-5 小断面一次码烧隧道窑
1—窑侧墙；2—窑顶；3—轨道；4—烟道；5—调节闸；6—余热锅炉

三、煤矸石砖的质量

对煤矸石砖质量通常采用下述指标进行检查和评价。

（1）强度 要求矸石砖的标号不应低于 100，即 5 块平均抗压强度不低于 $100kg/cm^2$，最小值不小于 $75kg/cm^2$；5 块平均抗折强度不小于 $22kg/cm^2$，最小值不小于 $11kg/cm^2$。多年来我国生产实践表明，煤矸石砖一般都能达到这个要求。

（2）抗冻性 矸石砖经过 $\pm15℃$，冻融 15 次，每次冻融各 4h，质量损失在 2% 以内，强度损失不大于 25%，为合格品。四川永荣矿务局测定表明，矸砖抗冻性符合规范要求，而且比黏土砖好，测定结果可见表 5-4。

表 5-4 抗冻性试验结果

试件名称	冻后质量损失/%	冻前冻后抗压强度/(kg/cm^2)			冻前冻后抗折强度/(kg/cm^2)		
矸石砖	0.113	259.0	296.5	+14.4	41.0	65.2	+34.3
黏土砖	3.100	234.6	134.5	−45.0	39.9	20.5	−49.0

（3）吸水率 黏土砖吸水率要求应不大于 16%，不小于 8%，而煤矸石砖吸水性能偏低，如广东石鼓矿务局矸砖吸水率为 14%，永荣曾家山煤矿矸石砖吸水率为 7.6%。

（4）耐酸碱性能 规范要求，在试验中把试件用 15% 的酸、碱溶液处理后分别置于 33% 的酸和碱溶液中浸泡，30d 后进行强度检定。永荣矿务局试验结果表明，矸砖的耐酸耐碱性能极好，黏土砖在 15d 时就出现崩裂和溶解现象。

除以上 4 项性能指标外，砖的外观特征也是重要的。一般要检查砖的弯曲程度，有无缺棱、掉角、裂纹等。此外，对煤矸石的导热、保温及吸声性能也可以进行检定。一般矸砖的热导率较大，保温性和吸声性能不如黏土砖。

第二节　煤矸石在水泥工业中的应用

水泥是基本的建筑材料。2018 年我国水泥的产量达到 2.177×10^9t，从水泥消费量来看居世界首位。近年来，许多国家都在研究和开发把煤矸石应用于水泥工业的方法，逐步形成一种生产水泥的新工艺技术。目前，我国水泥品种约有 60 余种，煤矸石在水泥工业中主要有三大应用途径，分别是：作普通水泥的原燃料；生产水泥混合材；生产无熟料及少熟料水泥。

为了讨论煤矸石在水泥工业中的应用，首先简要介绍水泥生产的基本知识。

一、水泥生产的基本知识

1. 水泥的概念和分类

在物理化学作用下，能从浆体变成坚固的石状体，并能胶结其他物料，制成有一定机械强度的复合固体的物质，称为胶凝材料。

胶凝材料分水硬性和非水硬性两大类。非水硬性胶凝材料只能在空气中或其他条件下硬化，而不能在水中硬化，如石灰、石膏等。水泥则是一种无机水硬性胶凝材料，它和水成浆状后，既能在空气中硬化，又能在潮湿介质或水中继续硬化，并能把沙、石等材料牢固地胶结在一起形成人工石材。

水泥的种类很多。按性质和用途把水泥分为一般用途水泥和特种用途水泥。一般用途水泥如硅酸盐水泥、普通硅酸盐水泥、矿渣硅酸盐水泥、火山灰硅酸盐水泥、粉煤灰硅酸盐水泥等的组成特性见表 5-5。特种用途水泥如用于快速和抢修工程的早强水泥和快凝快硬水泥、用于水利工程的水工水泥、用于防渗堵漏的膨胀水泥、油井水泥以及用于炉衬材料的耐火水泥等。按矿物的化学成分可分为硅酸盐水泥、铝酸盐水泥、硫铝酸盐水泥、氟铝酸盐水泥等。目前水泥品种已达 100 多种。我国大量生产和广泛使用的是普通硅酸盐水泥、矿渣硅酸盐水泥和火山灰硅酸盐水泥。

表 5-5 常见的水泥品种及组成特性

水泥品种	混合材总掺量	混合材种类					
		矿渣	粉煤灰	火山灰(包括煤矸石渣)	窑灰	石灰石	砂岩
硅酸盐水泥	0～5%	0～5%				0～5%	
普通硅酸盐水泥	6%～15%	0～15%	0～15%	0～15%	0～5%	0～10%	0～10%
粉煤灰硅酸盐水泥	20%～40%		20%～40%				
火山灰硅酸盐水泥	20%～50%			20%～50%			
矿渣硅酸盐水泥	20%～70%	20%～70%	0～8%	0～8%	0～8%	0～8%	
复合硅酸盐水泥	15%～50%	0～20%	0～45%	0～45%	0～8%	0～10%	0～10%

由于水泥具有良好的黏结性和可塑性，凝结硬化后有很高的机械强度，硬化过程中体积变化小，能和钢筋配合制成钢筋混凝土预制构件或制成其他混凝土等，因此是重要的建筑材料和工程材料。

2. 水泥的国家标准

根据国家标准 GB 175 规定，凡以适当成分的生料烧至部分熔融，所得以硅酸钙为主要成分的硅酸盐水泥熟料，加入适当的石膏，磨细制成的水硬性胶凝材料称为硅酸盐水泥。

凡由硅酸盐水泥熟料、少量混凝土合材料、适量石膏磨细制成的水硬性胶凝材料称为普通硅酸盐水泥（简称普通水泥）。

如果适当调整硅酸盐水泥熟料矿物组成、石膏掺合量、水泥粉磨细度或掺加某些外加剂使水泥具有某种特殊性质或用途时，则称为快硬硅酸盐水泥、硅酸盐大坝水泥等。

硅酸盐水泥的品质指标如下。

（1）氧化镁　熟料中氧化镁含量应小于6%。

（2）三氧化硫　水泥中三氧化硫质量分数不得超过3.5%。

（3）细度　0.080mm方孔筛筛余不得超过10.0%。

（4）凝结时间　初凝不小于45min，终凝不大于600min。

（5）安定性　用沸煮法检验，必须合格。

（6）烧失量　不得超过5.0%。

（7）强度　水泥强度等级按规定龄期的抗折强度、抗压强度来划分，各强度等级水泥的各龄期强度均不得低于表5-6规定的数值。

表5-6　国家标准对普通硅酸盐水泥各龄期强度的要求　　　　单位：MPa

强度等级	抗压强度		抗折强度		强度等级	抗压强度		抗折强度	
	3d	28d	3d	28d		3d	28d	3d	28d
32.5	11.0	32.5	2.5	5.5	42.5R	21.0	42.5	4.0	6.5
32.5R	16.0	32.5	3.5	5.5	52.5	22.0	52.5	4.0	7.0
42.5	16.0	42.5	3.5	6.5	52.5R	26.0	52.5	5.0	7.0

（8）水泥中碱含量　按$Na_2O+0.658K_2O$的计算值来表示。

3. 水泥的生产方法

由于制造水泥的条件不同，生产方法也有所不同。

（1）按生料制备的方法分类　按生料制备的方法不同，水泥的生产可分为以下三类。

1）湿法。采用湿法时，是把各种原料加水进行粉磨和混合，得到的黏稠浆液称生料浆（一般料浆含水分33%~40%），入窑煅烧。

2）干法。采用干法生产时，原料需预先干燥，然后进行磨碎和混合，制得的干细粉末叫生料粉（一般含水量应低于1%），入窑煅烧。

3）半干法。介于湿法和干法之间，将干法制得的生料粉调配均匀加适量的水（加水12%~14%），制成料球再入窑煅烧。

一般回转窑生产可采用湿法、干法和半干法，立窑生产只采用半干法。

（2）按煅烧熟料窑的结构分类　按煅烧熟料窑的结构，水泥生产可分为以下两类。

1）立窑。有普通立窑和机械化立窑。

2）回转窑。可分为湿法回转窑（中空式、带热交换装置的窑）；干法回转窑（中空式窑、带余热锅炉的窑、带预热器的窑和带分解炉的窑）和半干法回转窑（立波尔窑）。

各种生产水泥的方法均具有各自的优缺点，例如湿法生产具有操作简单，生料成分容易控制，产品质量较高，浆料输送比较方便，原料车间扬尘较少等优点，但热耗较高。一般耗热量为1250~1500kcal/kg熟料，但需采用比较复杂的空气搅拌系统才能保证生料成分均匀，同时存在扬尘大、电耗高等缺点。半干法采用立波尔窑生产水泥。由于窑内排出的高温废气再次通过物料，并且接触良好，传热迅速，所以热效率较高，煤耗低，生产能力较大。热耗一般为850~1000kcal/kg熟料。但算式加热机管理较复杂，运转率低，而且生料成球需要有良好的可塑性。干法体积产量大，可就地取材，充分利用地方资源，热耗较低。一般为850~1100kcal/kg熟料，但生产规模小，劳动生产率低，劳动强度大，单机产量低。

新建厂时，应根据建厂地区的资源情况、自然与经济条件，选择合理的生产方法。一般大型厂（>5.0×10⁵t/a）和中型厂[(1.0~5.0)×10⁵t/a]宜采用回转窑，小型（<1.0×10⁵t/a）采用立窑生产。

4. 水泥生产的工艺过程

一般用湿法和干法回转窑生产硅酸盐水泥的工艺流程可见图5-6和图5-7，用立窑（半干法）生产硅酸盐水泥的工艺过程可见图5-8。

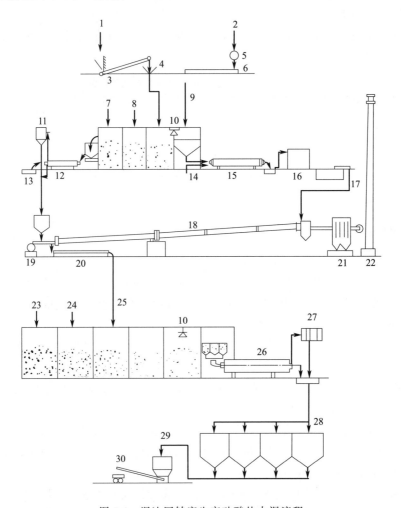

图 5-6 湿法回转窑生产硅酸盐水泥流程

1—石灰石；2—黏土；3—颚式破碎机；4—锤式破碎机；5—辊式破碎机；6—制浆池；7—煤；
8—辅助料；9—黏土浆；10—吊车抓斗；11—旋风集尘器；12—磨煤机；13—燃烧室；14—水；
15—原料磨；16—校准料浆池；17—卧式料浆池；18—回转窑；19—鼓风机；20—篦条式冷却机；
21—电收尘器；22—烟囱；23—水硬性混合材料；24—石膏；25—熟料；26—水泥磨；
27—袋式收尘器；28—水泥库；29—包装机；30—装车

在确定某一种工艺过程时，应特别注意在生产中技术管理方便和降低水泥成本，同时应考虑生产工艺上的一些重要条件，即有效的粉磨设备、均匀的调和控制、优良的熟料烧成、合理的热利用和动力使用、经济的运输流程、高的劳动生产率、有力的防尘措施、最少的占

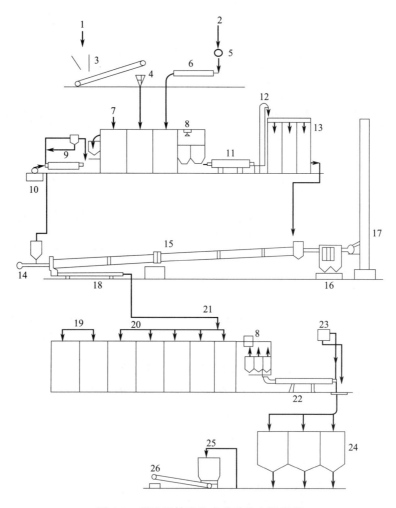

图 5-7 干法回转窑生产硅酸盐水泥流程

1—石灰石；2，9—黏土；3—颚式破碎机；4—锤式破碎机；5—辊式破碎机；6—烘干机；

7—煤；8—吊车抓斗；10—燃烧室；11—原料磨；12—提斗；13—生料库；

14—鼓风机；15—回转窑；16—电收尘器；17—烟囱；18—篦条式冷却机；19—石膏；

20—混合材料；21—熟料；22—水泥磨；23—袋式收尘器；24—水泥库；

25—包装机；26—装车

地面积及最低的生产流动资金等。因此，工艺流程应通过不同方案的分析比较而确定。

二、煤矸石作原燃料生产水泥

煤矸石能作为原燃料生产水泥，主要根据煤矸石和黏土的化学成分相近的特点，代替黏土提供硅酸铝质原料；根据煤矸石能释放一定热量的特点，可代替部分优质燃料。

目前我国用煤矸石作原燃料生产水泥的方法主要采用半干法立窑生产。

1. 生产流程

煤矸石作原燃料生产水泥的生产工艺与生产普通水泥基本相同。将原料按一定比例配

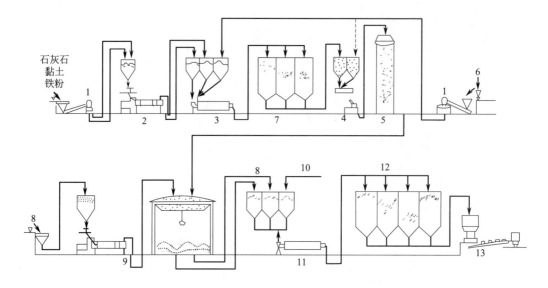

图 5-8　立窑生产硅酸盐水泥流程

1—破碎机；2，9—干燥机；3—生料磨；4—成球机；5—立窑；6—无烟煤；7—生料库；

8—混合材料；10—粗碎石膏；11—水泥磨；12—水泥库；13—包装机

合，磨细成生料，烧至部分熔融，得到以硅酸钙为主要成分的熟料，再加入适量的石膏和混合材料，磨成细粉而制成水泥。即所谓"两磨一烧"。煤矸石生产水泥原则流程可见图 5-9。

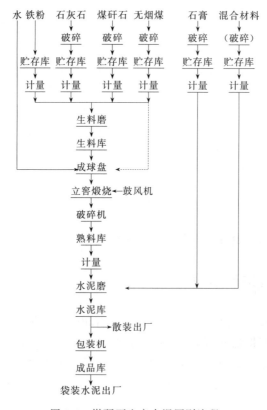

图 5-9　煤矸石生产水泥原则流程

2. 原燃料选择

水泥的质量主要取决于熟料的质量。要烧成高质量的熟料，关键是选择质量合格的原料，配成合适的生料。

（1）石灰质原料　它以碳酸钙为主要成分，提供水泥熟料中的 CaO。对石灰质原料的质量要求见表 5-7。在使用 Al_2O_3 含量高的煤矸石时，石灰石中 SiO_2 含量偏高一些更便于配料，这样可以适当降低对石灰石品位的要求。

表 5-7　石灰质原料的质量要求　　　　　　　　　　　　单位：%

品　　位		CaO	MgO	R_2O	SO_3	燧石或石灰
石灰石	一级品	＞48	＜2.5	＜1.0	＜1.0	＜4.0
	二级品	45～48	＜3.0	＜1.0	＜1.0	＜4.0
泥灰石		35～45	＜3.0	＜1.2	＜1.0	＜4.0

（2）煤矸石　大多数煤矸石是一种黏土原料，主要提供熟料所需的酸性氧化物 SiO_2 和 Al_2O_3。根据煤矸石生产水泥的特点，可按成分中对配料影响较大的 Al_2O_3 含量多少把煤矸石分为低铝（20%±5%）、中铝（30%±5%）和高铝（40%±5%）三类。

低铝矸石的成分与黏土相似，用于生产普通水泥时和黏土的配料相同。使用中铝煤矸石生产水泥，熟料中 Al_2O_3 含量达 7%～8%，基本仍和普通水泥配料相同。对于高铝煤矸石宜用于生产特种水泥，可代替矾土，但为了尽可能多地处理煤矸石，只要当地有低品位石灰石和铁矿石等原料时，就应该生产需要量大的普通水泥。

各类煤矸石与石灰石、铁粉搭配，按普通水泥和双快水泥（快凝、快硬）计算（煤灰包括在煤矸石灰分内一起计算）。可粗略地用表 5-8 表示熟料中 Al_2O_3 含量变化趋势及可能得到的水泥品种。

表 5-8　煤矸石组成与煤矸石水泥品种　　　　　　　　　单位：%

煤矸石灰成分 Al_2O_3	石灰石 CaO					
	53±2		49±2		≤47	
	Al_2O_3	水泥品种	Al_2O_3	水泥品种	Al_2O_3	水泥品种
低铝 20±5	7±1	普通水泥 喷射水泥	≤7	抗硫酸盐水泥 普通水泥	≤6	油井水泥 抗硫酸盐水泥
中铝 30±5	7～10	普通水泥(高铝) 喷射水泥	≤8	普通水泥(高铝)	≤7	普通水泥
高铝 40±5	≥10	喷射水泥 双快水泥	7～10	普通水泥(高铝) 喷射水泥	≤8	普通水泥(高铝)

生产实践表明，用矸石生产普通水泥时，一般要求如下：①应选择以黏土矿物为主组成的碳质页岩和泥质岩矸石，在不加校正料时按矸石灰成分计算 Al_2O_3 应小于 25%，SiO_2 应大于 35%，发热量在 1500kcal/kg 以上；②优先利用不需进行预均化的洗选矸石，使用堆放矸石时必须进行预均化；③矸石中硬质砂岩含量过高时，因难磨细，电耗大，经济上不合算，不宜利用；④矸石产地到水泥厂运距过长，运费太贵时不宜利用；⑤矸石有害成分超过要求，影响水泥质量时，不能利用。因此，矸石能否代土，节能要做可行性研究。

（3）铁质校正原料　铁质校正原料用来提供熟料中的 Fe_2O_3。一般采用硫铁渣或低品位铁矿石粉加入。当煤矸石中 Al_2O_3 含量较高时，采用高铁方案配料是一条技术途径，而且还希望铁粉品位低（Fe_2O_3 少，SiO_2 多），以便更容易把 SiO_2、Al_2O_3 调整到接近于普通水泥成分的范围。

（4）矿化剂　为了改善熟料的形成条件，保证好烧，又能使熟料的矿物组成产生重要变化，改善水泥性能，达到增产的目的，根据各地原料的不同性质，可适当添加萤石和石膏等矿化剂。

（5）燃料　燃料煤矸石发热量一般较低，为了保证熟料烧成需要的热量，尚需外加燃料。立窑煅烧时，一般用无烟煤，要求挥发分低于 10%。

3. 配料计算

根据水泥品种、质量要求和各种原燃料的化学成分按一定的比例配合，以达到烧制熟料所必需的生料成分称为配料。确定配料方案即配料计算的基本依据是对熟料矿物组成的种类和数量的要求，可归纳为几个常用的"系数"（熟料的率值）来反映熟料各种矿物组成和它们的化学成分之间的关系，并利用这些系数来确定配料方案。

（1）普通水泥熟料的矿物组成　水泥熟料并不是各种氧化物简单混合组成，因此，水泥熟料是一种由多种矿物组成的结晶细小的人造岩石。组成水泥熟料的主要矿物有四种：①硅酸三钙（$3CaO \cdot SiO_2$，简写为 C_3S），由 CaO 和 SiO_2 化合生成，特性是水化和凝结快，生成物早期和后期强度均较高；②硅酸二钙（$2CaO \cdot SiO_2$，简写为 C_2S），由 CaO 和 SiO_2 化合生成，水化和凝结硬化速度较 C_2S 慢；③铝酸三钙（$3CaO \cdot Al_2O_3$，简写为 C_3A），由 CaO 和 Al_2O_3 化合生成，水化和凝结硬化相当快，产物的强度绝对值并不大，但在加水后短期内几乎可全部发挥出来，因此是影响普通水泥早期强度及凝结快慢的主要矿物；④铁铝酸四钙（$4CaO \cdot Al_2O_3 \cdot Fe_2O_3$，简写为 C_4AF）由 CaO、Al_2O_3 和 Fe_2O_3 化合生成，它不是影响水泥凝结硬化和强度的主要产物，但在煅烧熟料的过程中能降低熟料的熔融温度和液相的黏度，有利于 C_2S 的生成。

此外，还有少量游离氧化钙（f-CaO）、方镁石、含碱矿物及玻璃体等。游离氧化钙和方镁石是水泥的有害成分，水化速度很慢，在水泥硬化后才开始水化，从而引起水泥制品体积膨胀，致使强度下降、开裂甚至崩溃。因此，在水泥熟料中的含量不得超过国标规定。

一般回转窑和立窑烧制普通水泥熟料，其矿物组成如表 5-9 所列。

表 5-9　普通水泥熟料的矿物组成　　　　　　　　　　单位：%

熟料类别	C_3S	C_2S	C_2A	C_4AF	SO_3	MgO	R_2O
回转窑熟料	42～61	15～32	4～11	10～18	<1.5	<4.5	<1.3
立窑熟料	38～55	20～33	4～7	13～20	<1.5	<4.5	<1.3

（2）普通水泥熟料的化学成分　熟料的化学成分主要由 CaO、SiO_2、Al_2O_3 和 Fe_2O_3 四种氧化物组成，总含量 95% 以上。另外还含有少量的其他氧化物，如 MgO、TiO_2、SO_3、Na_2O、K_2O、P_2O_5 等。普通水泥熟料的化学成分见表 5-10。

表 5-10　普通水泥熟料的化学成分　　　　　　　　　　单位：%

熟料类别	CaO	SiO_2	Al_2O_3	Fe_2O_3
回转窑熟料	62～67	20～24	4～7	2～5
立窑熟料	62～66	20～22	5～7	4～5
煤矸石配料熟料	60～67	17～24	4～6	2～7

（3）普通水泥熟料的率值　　所谓率值就是用来表示水泥熟料中各氧化物之间相对含量的系数。

1）石灰饱和系数（KH）。其是熟料中 CaO 和 SiO_2 实际化合的数量与理论上全部形成硅酸三钙所需 CaO 数量的比值，可反映出熟料中 SiO_2 被 CaO 饱和成硅酸三钙的程度。可按下式计算：

$$KH = \frac{[CaO] - 1.65[Al_2O_3] - 0.35[Fe_2O_3] - 0.7[SO_3]}{2.8[SiO_2]}$$

KH 值一般在 0.80～0.95 范围内。KH 值越大，硅酸三钙含量越高，水泥具有快硬高强的特性，但要求煅烧温度较高，煅烧不充分时熟料中将含有较多的 f-CaO 影响熟料的安定性。KH 值过低时熟料中硅酸二钙的含量增多，强度发展缓慢，早期强度低。

2）硅酸率（n）。其是熟料中 SiO_2 含量与 Al_2O_3 和 Fe_2O_3 含量的比值。可按下式计算：

$$n = \frac{[SiO_2]}{[Al_2O_3] + [Fe_2O_3]}$$

n 值反映熟料中硅酸盐矿物（$C_3S + C_2S$）与熔剂矿物（$C_3A + C_4AF$）的相对含量。n 值过大时，熟料较难烧成，煅烧时液相量较少；n 值过小时，熔融物含量过多，煅烧时易结大块。

3）铝氧率（P）。其是熟料中 Al_2O_3 含量和 Fe_2O_3 含量的比值。可按下式计算：

$$P = \frac{[Al_2O_3]}{[Fe_2O_3]}$$

P 值反映熟料中铝酸三钙和铁铝酸四钙的相对含量。P 值过大时，C_3A 含量高，液相黏度大，不利于 f-CaO 的吸收，还会使水泥急凝；P 值过小时，窑内烧结范围窄，不易于掌握煅烧操作。

普通水泥熟料的率值控制在一定范围内可见表 5-11。

表 5-11　普通水泥熟料的率值

熟料类别	KH	n	P
回转窑熟料	0.85～0.93	1.7～2.5	1.0～1.8
立窑熟料	0.84～0.90	1.8～2.2	1.0～1.5
煤矸石配料熟料	0.81～0.96	1.3～2.5	0.85～4.0

（4）煤矸石生产普通水泥的配料计算　　配料计算的方法很多，有烧失量法、酸钙滴定法、试凑法、代数法等。在缺乏原料成分化学分析数据、技术条件较差的小型水泥厂，可采用烧失量法和碳酸钙滴定法。目前水泥厂较广泛采用试凑法。

例如，某水泥厂用煤矸石代土在回转窑生产普通水泥，其原燃料的化学成分和煤及煤矸石的工业分析数据见表 5-12 和表 5-13。

表 5-12　原燃料化学成分　　　　　　　　　　　　　　　　　　　单位：%

原燃料名称	烧失量	SiO_2	Al_2O_3	Fe_2O_3	CaO	MgO	备　　注
石灰石	41.08	4.20	1.14	0.46	52.14	0.44	
铁矿石	3.66	44.80	6.54	36.53	3.64	1.27	
煤矸石	—	76.50	16.43	3.41	1.32	0.60	灰成分
煤矸石	27.89	55.00	12.10	2.46	0.95	0.43	灰分为 72.11%
煤灰	—	35.40	24.72	14.63	12.42	0.95	燃煤 SO_2 为 10.16%
洗矸	—	69.10	23.50	3.46	1.24	1.58	喷烧用煤矸石

表 5-13　煤和煤矸石的工业分析　　　　　　　　单位：%

名　称 \ 工业分析指标	A_{ad}	V_{ad}	C_{ad}	$Q_{net,ad}/(kcal/kg)$
原煤	21.15	25.04	53.83	6843
煤矸石	72.11	10.56	17.33	1773
洗矸	68.30	13.70	13.00	2010

采用的灼烧基试凑法进行配料计算的步骤如下。

1）计算熟料中煤灰掺入量

$$q = \frac{pAB}{10^4}$$

$$p = \frac{Q_r}{Q}$$

式中，q 为水泥熟料中煤灰掺入量，%；p 为熟料耗煤，%；Q_r 为热耗，kJ/kg；Q 为煤的发热量，kJ/kg；A 为灰分，%；B 为熟料中煤灰掺入率，%，它与窑型有关，如立窑为100%、立波尔窑为80%。

根据工厂实际情况，假设 Q_r（未考虑煤矸石带入的热量）为1500kcal/kg 熟料、Q 为 6843kcal/kg、A 为 21.13%、B 为 80%、$p = 22$kg/1000kg 熟料，则

$$q = \frac{22 \times 21.13 \times 80}{100 \times 100} = 3.7\%$$

2）配料计算。首先设计原料配比，然后算出生料成分和灼烧生料成分，最后算出熟料成分。

① 设计原料配比为石灰石：铁矿石：煤矸石＝81：8：11。

② 计算生料化学成分。

各生料的化学成分＝各原料的化学成分×配比

然后把各生料的化学成分相加，即得总的生料化学成分。

③ 灼烧生料成分（%）按下式计算：

$$灼烧生料的化学成分 = \frac{生料的化学成分}{100 - 烧失量}$$

④ 不含煤灰灼烧基生料成分计算。不含煤灰灼烧生料的基准为 $100\% - 3.7\% = 96.3\%$，则

不含煤灰灼烧生料化学成分＝96.3%×灼烧生料的化学成分

⑤ 计算煤灰的化学成分含量。

煤灰的化学成分含量＝煤灰化学成分×煤灰掺入量

⑥ 熟料的化学成分＝不含灰灼烧生料的化学成分＋掺入煤灰的化学成分。

3）计算各率值。KH＝0.923，$n = 1.92$，$p = 0.86$。

计算结果表明（见表5-14），熟料的化学成分及率值均在煤矸石烧普通水泥熟料的波动范围以内。同时和生产实际得到的熟料化学成分及各率值基本相符，因此设计的原料配比就可应用。如果计算得到的熟料化学成分和各率值某项不符合要求时，则可调整设计的配比，重新计算，直到获得满意的配比为止。

表 5-14　配料计算的计算结果　　　　单位：%

名　称	配　比	烧失量	SiO$_2$	Al$_2$O$_3$	Fe$_2$O$_3$	CaO	MgO
石灰石	81	33.30	3.40	0.92	0.37	42.25	0.36
铁矿石	8	0.29	3.68	0.52	2.92	0.27	0.10
煤矸石	11	3.07	6.05	1.33	0.27	0.10	0.05
生料	100	36.66	13.13	2.77	3.56	42.64	0.51
灼烧生成料	100	—	20.70	4.36	5.62	67.50	0.80
不含煤灰灼烧生料	×96.3	—	19.95	4.20	5.42	65.00	0.78
煤灰	×3.7	—	1.31	0.91	0.54	0.46	0.04
熟料	100	—	21.26	65.11	5.96	65.4	0.82

注："×96.3"和"×3.7"表示两列数据分别用 96.3% 和 37% 校正。

4. 立窑烧制水泥熟料

（1）立窑　煤矸石作原燃料生产水泥广泛使用立窑煅烧水泥熟料。立窑具有热耗低、投资少、收获快、需要钢材少、占地面积小等优点。按照加料卸料方式，可分为普通立窑和机械化立窑两类。普通立窑是指人工加料和卸料或机械加料，人工卸料。机械化立窑是采用机械加料和机械卸料。普通立窑和机械化立窑分别见图 5-10 和图 5-11。

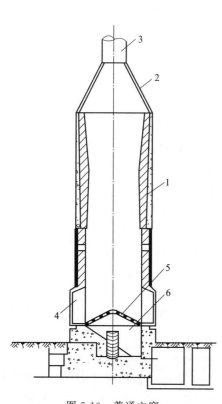

图 5-10　普通立窑

1—窑体；2—窑罩；3—烟囱；4—卸料门；
5—炉箅子；6—送风管

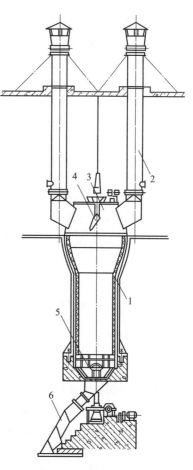

图 5-11　机械化立窑

1—窑体；2—烟囱；3—窑罩；4—加料器；
5—卸料箅子；6—密闭闸门

普通立窑有 $\phi 1.5m \times 6m$ 及 $\phi 2m \times 8m$ 两种，年产 $(1.0 \sim 2.0) \times 10^4 t$ 水泥的小厂使用较多。机械化立窑一般规格为 $\phi 2.5m \times 10m$，日产 $170 \sim 220t$。与普通立窑相比，机械化立窑改善了操作和卫生条件，产量高，熟料质量好，是小水泥厂的发展方向。机械化立窑装料过程是将生料和煤经自动称量、混匀、成球后落入加料器，均匀地撒入窑内，加料器可正反向旋转，卸料箅子可回转，对熟料起破碎作用。一般从窑底鼓风，也可设腰部通风。

(2) 立窑煅烧的基本原理　水泥生料的煅烧是指生料在水泥窑（回转窑或立窑）内加热到 $1400 \sim 1500℃$ 的高温，经过复杂的物理化学和热化学反应，最后形成各种矿物组成的熟料。生料在煅烧过程中，一般要经过干燥预热、碳酸盐分解、放热反应、烧成和冷却几个阶段。在立窑煅烧熟料过程中，上述几个阶段的反应大体可区分在 3 个带中完成。

1) 预热带。它是物料干燥、预热和分解阶段。生料球入窑后，首先被上升的热气流烘干，并预热到一定温度，当物料温度上升到 $450℃$ 左右时，黏土中的主要成分高岭土脱水，分解为偏高岭石，并进一步分解为化学活性较高的无定形氧化铝和氧化硅：

$$Al_2O_3 \cdot 2SiO_2 \cdot 2H_2O \longrightarrow Al_2O_3 \cdot 2SiO_2 + 2H_2O \uparrow$$
$$Al_2O_3 \cdot 2SiO_2 \longrightarrow Al_2O_3 + 2SiO_2$$

在 $650℃$ 左右时，石灰石中的碳酸镁开始分解，反应进行到 $900℃$ 左右基本结束：

$$MgCO_3 \xrightarrow{650℃左右} MgO + CO_2 \uparrow$$

在 $750℃$ 左右时，碳酸钙开始分解，在 $1000℃$ 左右时基本结束：

$$CaCO_3 \xrightarrow{750℃左右} CaO + CO_2 \uparrow$$

2) 高温带。它是物料放热反应和烧成熟料矿物阶段。随着物料向下移动，温度逐渐升高，在 $1300℃$ 以前，CaO、Al_2O_3、Fe_2O_3、SiO_2 等发生固相放热反应，先后生成铝酸三钙、铁铝酸四钙、硅酸二钙及部分未化合的氧化钙等。其反应的顺序如下：

$$CaO + Al_2O_3 \xrightarrow{1000℃左右} CaO \cdot Al_2O_3 + 热$$
$$2CaO + Fe_2O_3 \xrightarrow{1000℃左右} 2CaO \cdot Fe_2O_3 + 热$$

同时生成少量 C_2S、C_3A_2。当温度升高到 $1200℃$ 左右时，下列反应迅速进行：

$$2CaO + Fe_2O_3 \longrightarrow 2CaO \cdot Fe_2O_3 + 热$$
$$3(CaO \cdot Al_2O_3) + 2CaO \longrightarrow 5CaO \cdot 3Al_2O_3 + 热$$
$$5CaO \cdot 3Al_2O_3 + 3(2CaO \cdot Fe_2O_3) + CaO \longrightarrow 3(4CaO \cdot Al_2O_3 \cdot Fe_2O_3) + 热$$
$$5CaO \cdot 3Al_2O_3 + 4CaO \longrightarrow 3(3CaO \cdot Al_2O_3) + 热$$
$$2CaO + SiO_2 \longrightarrow 2CaO \cdot SiO_2 + 热$$

当温度升高到 $1300 \sim 1450℃$ 烧成温度范围内，铁铝酸四钙、铝酸三钙及氧化镁、碱质焙烧成液相。氧化钙和硅酸二钙溶液在液相中进一步反应生成硅酸三钙。当温度达到 $1450℃$ 以上时，这个反应进行很激烈。其反应式如下：

$$2CaO \cdot SiO_2 + CaO \longrightarrow 3CaO \cdot SiO_2 + 微量热$$

3) 冷却带。它主要是熟料冷却阶段。由于物料不断下移，燃料逐渐烧尽，与窑底送入的冷空气相遇，温度降到 $1300℃$ 以下，熟料中的液相固化。如果通风不良，熟料冷却缓慢，特别当熟料中 C_2S 含量多时，就会产生 C_2S 晶型转变而引起"分化"现象。使熟料的强度和水硬性显著降低。

（3）立窑煅烧工艺　用煤矸石配料在立窑中煅烧熟料，欲达到优质、高产、低消耗的目的，采用先进的煅烧工艺是十分重要的。

1）保证生料质量稳定是烧熟料的前提。生料稳定的含义包括生料成分和流量稳定、配煤和料球质量的稳定。

① 保证生料成分和流量稳定，就必须确定最佳的原料方案。煤矸石要进行预均化，入磨料的给量和粒度要合适，水分控制在 $1\%\sim2\%$，磨出生料的细度要控制在 4900 孔筛筛余量不超过 10%，磨细后生料也要进行均化，使生料 $CaCO_3$ 滴定值波动在 $\pm0.2\%$ 以内。

② 准确配煤。用煤矸石配料在立窑中烧水泥熟料时，为了给煅烧提供合适的热量，在料球或中、边料中要外加煤炭。要加准、加匀，经常要根据煤质变化及时调整加煤量。用无烟煤时粒度要求小于 5mm，其中小于 3mm 的含量要大于 80%，烟煤的粒度可适当放粗。

③ 料球质量稳定。立窑煅烧的工艺特点是含有燃料的生料球由窑的上部向下运动，供燃烧用的空气由窑下部向上运动，通过料球间的缝隙与燃料反应，煅烧物料。由于缝隙分布不均匀等原因，很难在窑的横断面上达到通风均匀，因而影响熟料质量，这是立窑的最大弱点，所以必须十分重视提高成球质量，使布风均匀，达到煅烧均匀。一般要求生料球直径控制在 $5\sim10$mm，在风压较低时，球径可提高到 $8\sim15$mm。料球强度一般要求从 $1.3\sim1.8$m 高的孔隙度自由落地时不破碎。成球水分控制在 $12\%\sim14\%$ 之间。料球的孔隙率不低于 27%，最好达到 $30\%\sim32\%$。一般水泥厂采用成球盘成球。

2）选择合适的煅烧方法。根据窑的横断面上中部通风差、耗热低、边部通风较好、耗热高的特点，为了保持全断面加热均匀，煤矸石制水泥宜采用中料全黑生料差热煅烧法，即将中料制成全黑生料球（煤矸石加少量好煤组成），边料由中料加入部分粒状煤进行煅烧。此法可降低煤耗，熟料质量也有所提高。

3）在稳定底火的基础上，采用二大三快、浅暗火操作。稳定底火，主要为了保证高温煅烧。这就要做到不漏生、不结柱。加料轻撒薄盖，窑面成蝶形。普通立窑卸料不宜过深，各卸料口应均衡卸料，每次出窑 $40\sim50$cm，每班卸料 $8\sim12$ 次。底火深度稳定在 1m 左右。底火不宜过深，否则烧成带过长，冷却不好，通风阻力增大；底火不宜过浅，以免烧成带太短，使物料反应不完全。生烧料增多，料球预热不够，窑面散热较多，耗热高，窑面温度高，料球遇热易炸，不利通风。

在稳定底火的基础上，采用大风、大料（"二大"）和快烧、快冷、快卸（"三快"）操作制度，做到风料平衡，可以降低废气中 CO 含量，降低热耗，加快烧成速度，保证烧成质量，提高产量。

浅暗火操作的特点是底火不太深，窑面火苗微露。在普通立窑上操作时，哪里火苗微露，就轻撒薄盖一层料球，既有利于提高窑温，又方便看火操作，这是普遍采用的煅烧方法。

总之，立窑煅烧熟料应遵循稳定生料，稳定底火，保证高温，采用"二大""三快"的浅暗火的操作原则。

（4）水泥的制成　制成熟料烧成以后，尚需加入适量的石膏和混合材料磨制成水泥。为了保证磨制出合格的水泥，必须注意控制以下因素：①熟料要有一定存放期，要求按质堆放，搭配使用；②石膏掺入量，最合适的掺入量要根据熟料中 C_3A 含量、碱含量、混合材料质量与掺入量、水泥粉磨细度等情况，通过试验来确定，如立窑厂一般掺 $3\%\sim5\%$；③混合材料的掺量，掺量要根据水泥品种、熟料质量等情况确定，要求做到掺量准确；④水泥的粉磨细度，一般立窑厂细度控制在 4900 孔筛筛余量在 $5\%\sim9\%$，最好在 $5\%\sim7\%$ 的范围内，比表面积控制在 $3000\sim3200\mathrm{cm}^2/\mathrm{g}$。

5. 用煤矸石生产特种水泥

（1）煤矸石生产快硬水泥　安徽省宿县地区水泥厂用 Al_2O_3 含量为 28.8% 的煤矸石代黏土生产快硬水泥。原燃料化学成分见表 5-15。

表 5-15　原燃料化学成分　　　　　　　　　单位：%

名　称	烧失量	SiO_2	Al_2O_3	Fe_2O_3	CaO	MgO	生料配比
煤矸石	12.75	57.24	25.04	1.86	0.92	0.53	13.75
石灰石	41.68	3.82	0.39	0.35	53.25	0.53	80.17
铁粉	2.04	18.96	11.24	62.18	1.94	1.89	5.08
无烟煤		50.32	35.50	3.98	5.68	0.78	

采用立窑差热煅烧工艺，所得熟料的化学成分和矿物组成可见表 5-16，熟料的各率值为：KH＝0.275、f-CaO＝0.865、n＝1.74、P＝1.37。

表 5-16　熟料化学成分和矿物组成　　　　　　单位：%

SiO_2	Al_2O_3	Fe_2O_3	CaO	MgO	f-CaO	C_3S	C_2S	C_3A	C_4AF
21.40	7.00	5.12	65.32	0.98	0.58	48.44	24.64	9.86	15.56

生产所得熟料可达 400 号（硬冻）快硬水泥的要求；加入 $30\%\sim40\%$ 矿渣、4% 石膏，可满足 400 号（硬冻）矿渣水泥的各项规定要求。

（2）煤矸石生产早强水泥　河南建筑工程材料科研所利用 Al_2O_3 含量为 $25\%\sim27\%$ 的煤矸石，配以石灰石、石膏和萤石制成生料，在立窑上烧成以 C_3S 为主，又含有氟铝酸盐（$C_{11}A_7 \cdot CaF_2$）、无水硫铝酸盐（$C_3A \cdot CaSO_4$）以及少量 $\beta\text{-}C_2S$、C_4AF、$CaSO_4 \cdot CaS$ 等矿物的熟料。熟料烧成温度为 $1350\sim1410$℃。熟料外掺 $1\%\sim3\%$ 经 1000℃ 左右煅烧的石膏用以增强，并以 $1.5\%\sim3\%$ 二水石膏调节凝结时间。粉磨细度为 4900 孔筛余量 10% 以下，1d 硬冻强度可达 $300\mathrm{kg/cm}^2$ 以上，28d 达 $600\mathrm{kg/cm}^2$ 以上。这种水泥不仅早期强度发展快，而且后期强度继续增长，具有作业性能良好的微膨胀不收缩等特点。

（3）煤矸石制双快水泥　锦州南票水泥厂采用 Al_2O_3 含量为 42% 的高铝煤矸石和 CaO 含量为 52% 左右的石灰石配料，在立窑试制氟铝酸钙型双快水泥。熟料的主要成分是 C_2S、$C_{11}A_7 \cdot CaF_8$、C_2S、C_2AF。通常 1d 强度可达 $200\sim300\mathrm{kg/cm}^2$，28d 强度达 $400\sim600\mathrm{kg/cm}^2$，可作为喷射水泥用于锚喷支护。

三、煤矸石作水泥混合材料

1. 混合材料概述

在磨制水泥时，除掺加 $3\%\sim5\%$ 的石膏外，还允许按水泥的品种和标号，掺加一定数量的材料与熟料共同粉磨，习惯上称此材料为混合材料（简称混合材）。

在保证质量的前提下，水泥中掺加混合材可提高产量、降低成本；可改善水泥性能，例如改善水泥的安定性，提高混凝土的致密性、不透水性、耐水及耐硫酸盐等溶液侵蚀性能，减少水化热；可生产多标号、多品种水泥。

水泥混合材料的分类见表 5-17。

表 5-17　水泥混合材料的分类

种　　类		名　　称	来　　源	作　　用
非活性混合材		砂岩 长石 石灰岩等	天　　然	增加产量
活性混合材	矿渣混合材	高炉矿渣 钢渣 铝渣	炼铁废料 炼钢废料 炼铝废料	增加产量 改善性能 降低成本
	火山灰混合材	硅藻土、沸石 浮石、页岩灰 凝灰岩	天　　然	增加产量 改善性能 降低成本
		煅烧煤矸石 烧黏土、粉煤灰 煤渣	人　　工	

2. 煤矸石作水泥混合材

凡天然或人工矿物质原料磨成细粉，加水后本身虽不硬化，但与气硬性石灰或硅酸盐水泥混合加水拌成胶泥状态后，由于这种矸石中活性 SiO_2 和 Al_2O_3 能与石灰石或水泥水化后生成的 $Ca(OH)_2$ 在常温常压下起化学反应，生成稳定的不溶于水的水化硅酸钙和水化铝酸钙等水化物，在空气中能硬化，并在水中继续硬化，从而产生强度。因此，煤矸石煅烧后，含有活性 SiO_2 和 Al_2O_3，就可以作为活性火山灰质混合材使用。

煤矸石活性除与化学成分、细度有关外，主要取决于热处理温度。煤矸石煅烧过程中，当加热到某一温度时，黏土矿物分解，晶格破坏，变成非晶质，形成无定形 SiO_2 和 Al_2O_3，具有活性。继续加热到一定温度时又重结晶，新晶相增多，非晶质相应减少，活性降低。因此，煤矸石有一个最佳的煅烧温度，一般为 800～900℃，此时煅烧产物的活性最高。由于炉膛内温度不均，往往实际的煅烧温度为 1000℃。

人工煅烧煤矸石的方法有多种，国内主要使用的有堆炉、平窑、隧道窑、立窑和沸腾炉煅烧等。

3. 煤矸石作混合材生产火山灰水泥

（1）生产工艺流程　用煤矸石作混合材生产火山灰水泥的工艺流程与生产普通水泥流程基本相同。一般流程是熟料、煅烧煤矸石和石膏，按比例配合后入水泥磨磨细，入水泥库然后包装出厂。

（2）原料要求

1）熟料。其是水泥产生强度的基本组分，也是煤矸石混合材活性激发剂，因此希望熟料中的 C_3S 含量高。熟料的强度高，煤矸石掺量增加。熟料的游离石灰不宜超过 3%。

2）煅烧煤矸石。应以黏土矿物为主要成分，自燃矸石应均化，人工煅烧时应控制窑煅烧温度，控制烧失量指标。技术要求中规定烧失量小于 15%，从生产实践看，烧失量超过 8% 时，对耐久性特别是抗冻性有明显影响。因此，为保证水泥质量，烧失量应小于 8%。

3）石膏。除了天然二水石膏、硬石膏外，也可用氟石膏、磷石膏、盐场硝皮子等工业废渣。采用时需经过试验。

（3）混合材配合比的确定　煤矸石作混合材生产火山灰水泥的配比，一方面应根据水泥的标号要求及现场使用的需要；另一方面与熟料和煤矸石的质量以及生产厂设备（粉磨能力）有关。

1）煤矸石掺入量。通常根据水泥要求的标号（如要求生产 325 号火山灰水泥）和熟料质量（如 425 号熟料）做一系列掺不同百分比的煅烧煤矸石的强度试验，如掺 40％能达到 325 号，则决定掺加量为 40％。

2）石膏掺入量。适当掺入石膏能提高水泥的强度，但达到一定值后随着加入量增加强度下降。当水泥中 SO_2 含量为 2％～2.5％时，湿胀率最小；超过 3.5％时，湿胀率急剧增大。因此要求水泥中 SO_2 含量不超过 3.5％，一般石膏掺加量为 3％～5％。

（4）水泥磨粉细度　根据水泥国家标准 GB 1344—1999 规定，火山灰水泥细度要求 0.080mm 方孔筛筛余量不得超过 10.0％，实际生产一般细度控制在 8.0％以下。

四、煤矸石熟料水泥及少熟料水泥

1. 概述

煤矸石无熟料水泥是以煅烧煤矸石为主要原料，掺入适量石灰石膏磨细制成的水硬性胶凝材料，有时也掺用少量熟料作激发剂。生产这种水泥方法简单，投资少、收效快、成本低、规模可大可小。标号能达到 200～300 号，经蒸汽养护的抗压强度可达 400kg/cm^2 以上。

煤矸石少熟料水泥也是以煤矸石为主要原料制成，但用熟料代替石灰作为主要原料之一。它与无熟料水泥相比，具有凝结快、早期强度高、劳动条件好、省去蒸汽养护、简化使用工艺等特点，标号可达 300～400 号。

以上两种水泥，可作为砌筑水泥使用，节省高标号水泥。

2. 生产工艺

一般生产工艺流程是煅烧煤矸石、石灰加少量熟料或单用熟料、石膏按比例配合磨细，然后入库即获得无熟料或少熟料水泥。

煤矸石的技术要求与做混合材料生产火山灰水泥基本相同。要求含碳量低、活性高、成分稳定。煅烧温度在 650～1050℃之间。

近年来许多地方采用沸腾炉煅烧法，掺入量根据煅烧煤矸石的活性、石膏和石灰（或熟料）的质量确定，一般占 60％～70％，如用蒸汽养护，可超过 70％。

石灰（或熟料）是提供 $Ca(OH)_2$ 与煅烧煤矸石中活性组分作用生成水硬性胶凝材料的原料。一般用量变动在 15％～30％之间，大部采用新鲜生石灰。

石膏加入是为了加速水泥硬化，提高强度。一般加量为 3％～5％，根据水泥中 SO_3 的总含量在 3.5％～4％来控制石膏的掺加量。

第三节　煤矸石陶粒

陶粒一般作轻混凝土的骨料，所以也称轻骨料（轻集料）。轻骨料可分为天然和人造两类。通常人造轻骨料以黏土、页岩、煤矸石、粉煤灰、沸渣等做原料，经加工后焙烧，使其膨胀和多孔化后制成。作为一种新型轻质、保温、高强的人造混凝土轻骨料，陶粒是在我国重点发展的一种新型墙体材料。轻骨料具有容量小、强度高、热导率低、耐高温、化学稳定性好等优点。采用轻骨料制成的混凝土，可用于建造大跨度桥梁和高层建筑。

目前我国生产的陶粒，大多是黏土陶粒，而适合生产市场需求量大、性能好的超轻陶粒的原料是有机质含量高、更适合耕种的肥沃黏土。虽然与红砖相比，生产黏土陶粒可以减少耕地的毁坏，但随着市场对陶粒需求的不断扩大，生产黏土陶粒而毁坏耕地的问题将日益突出。有的煤矸石在高温焙烧时具有发气膨胀的特性，是生产轻骨料的理想原料之一。以煤矸石代替黏土生产陶粒，既可以处理工业固体废物，同时还可以减少黏土消耗、保护农田和宝贵的土地资源。

矸石陶粒的生产工艺类似黏土陶粒，可单独或与其他原料配合，经磨细、配料、搅拌、成球、干燥和焙烧（1100～1300℃）而形成表皮坚硬、内部呈微细膨胀气孔的人造轻骨料。

一、矸石陶粒形成的基本原理

1. 陶粒膨化的机理

陶粒（包括黏土陶粒、页岩陶粒和粉煤灰陶粒）的生产，其焙烧方法主要有烧胀型和烧结型两种。烧结型主要是粉煤灰陶粒，用此法烧出的陶粒容重偏大。要生产轻质和超轻陶粒，一般都用烧胀法。

陶粒经焙烧而引起膨胀，应同时具备以下 2 个条件：①在高温下形成具有一定黏度的熔融物，即在一定应力下会产生变形；②当物料达到一定黏稠状态时，产生足够的气体。陶粒在高温下的热膨胀是固相、液相、气相三相动态平衡的结果，只有同时具备上述两个条件，才可能获得膨胀良好的均质多孔性陶粒。

矸石陶粒的形成机理和黏土陶粒基本相同，在焙烧时主要产生 2 种物理化学变化过程：①矸石在高温作用下，类似矸石砖焙烧一样，矸石各种成分发生相互反应，矸石软化、熔融、具有一定黏度，在外力作用下可以流动变形；②矸石在高温作用下产生足够的气体，在气体压力作用下，使具有一定黏度的软化融熔矸石发生膨胀，形成多孔结构。

陶粒原料中 SiO_2、Al_2O_3 含量越高，要达到一定黏度，需要越高的温度，而 CaO、MgO、FeO、Fe_2O_3、K_2O、Na_2O、B_2O_3 等是助熔剂，含量高，黏度下降，即要达到一定黏度，需要的温度也低。各种助熔剂的助熔效果不同，CaO、MgO、Fe_2O_3 低温助熔效果不佳，而在高温下，温度稍有提高，熔液量就急剧增加；K_2O、Na_2O、B_2O_3 属于强助熔剂。为改善陶粒膨化过程中工艺上的可操作性，要求陶粒在高温下，黏度-温度变化梯度不能过大，即在允许的黏度范围内，温度区间要宽。适当增加 Al_2O_3、MgO 的含量，相应减少 CaO、K_2O、Na_2O、B_2O_3 含量，对减少黏度-温度变化梯度是有利的。

陶粒原料中，加热能产生气体的因素有很多，如有机物、碳酸盐、硫化物、铁化物和某些矿物的结晶水等。这几种物质在不同温度下产生气体的剧烈程度也各有不同，因此，在不同温度范围内，气体由哪一种或几种物质产生，也不是固定的。

产生气体的反应如下。

1）在 400～800℃，有机物析出其挥发物和干馏产物，而在快速升温或缺氧条件下，有机物要完全氧化，温度要接近其软化温度。

$$C+O_2 \longrightarrow CO_2\uparrow$$
$$2C+O_2 \longrightarrow 2CO\uparrow \quad（缺氧条件下）$$
$$CO_2+C \longrightarrow 2CO\uparrow \quad（缺氧条件下）$$

2）碳酸盐分解

$$CaCO_3 \xrightarrow{850\sim950℃} CaO+CO_2\uparrow$$
$$MgCO_3 \xrightarrow{400\sim500℃} MgO+CO_2\uparrow$$

3）硫化物的分解和氧化

$$FeS_2（黄铁矿）\xrightarrow{近900℃} FeS+S$$
$$S+O_2 \longrightarrow SO_2\uparrow$$
$$4FeS_2+11O_2 \xrightarrow{(1000\pm50)℃} 2Fe_2O_3+8SO_2\uparrow \quad（氧化气氛下）$$
$$2FeS+3O_2 \longrightarrow 2FeO+2SO_2\uparrow$$

4）氧化铁的分解与还原

$$2Fe_2O_3+C \longrightarrow 4FeO+CO_2\uparrow$$
$$2Fe_2O_3+3C \longrightarrow 4Fe+3CO_2\uparrow$$
$$Fe_2O_3+C \longrightarrow 2FeO+CO\uparrow$$
$$Fe_2O_3+3C \longrightarrow 2Fe+3CO\uparrow$$

上述反应在 1000～1300℃ 之间进行。在高温作用下，陶粒原料中有机质（包括炭粒）和铁的氧化-还原反应所产生的气体，是促使具有一定黏度的陶粒膨胀的主要原因。

5）石膏的分解及硅酸二钙的生成

$$2CaSO_4 \xrightarrow{1100℃左右} 2CaO+2SO_2\uparrow+O_2\uparrow$$
$$2CaCO_3+SiO_2 \xrightarrow{1100℃左右} Ca_2SiO_4+2CO_2\uparrow$$

6）火成岩含水矿物在高温下析出结晶水蒸气。

综上所述，陶粒的高温膨胀是多种反应、多种因素共同作用的结果，陶粒原料化学成分、矿物组成的不同以及生产工艺条件和参数的差异，都会对陶粒的膨化效果产生很大影响。

2. 煤矸石陶粒的膨化特点

与黏土陶粒、页岩陶粒相比，煤矸石陶粒的膨化既有相同之处，又有很大差别。因此，如果完全照搬普通陶粒生产工艺，难以生产出轻质煤矸石陶粒，其根本原因就在于煤矸石中含有较多的煤（或碳）。普通陶粒从入窑到出窑，一般在 25～40min，在这样短的时间内，煤矸石陶粒内部的碳难以完全除尽，残留的碳非常难熔，致使陶粒内部黏度过大，表面因碳氧化而残碳少，黏度较小，只在熔化好的表面薄层中产生少量气孔，内部密实、黑心、无气孔。如提高温度，使内部黏度降低，则表面过度熔化，容易黏结成大块，甚至黏附于窑内壁，形成"结圈"。为解决上述问题，煤矸石陶粒在焙烧过程中，加入了独有的"除碳"工序。

碳的燃烧是在 $600\sim950℃$，温度越高，氧过剩系数越大，除碳越迅速。但在陶粒膨化过程中，碳又不能完全除尽，还需要碳在预定温度下，陶粒熔融达一定黏度时，产生足够的气体。此外，陶粒中都含有一定数量的铁，在还原气氛下，还原成 FeO，其助熔效果明显好于 Fe_2O_3 或 Fe_3O_4。在高温下，由于陶粒内部残碳作用，其表面是氧化气氛，内部形成一定的还原气氛。在此气氛的作用下，陶粒表面 Fe_2O_3 多，内部 FeO 多，造成了表面黏度稍大，内部黏度稍小，有利于陶粒的膨化，降低了陶粒的焙烧温度，又可减少实际生产中结块、粘窑现象。

以下 3 个因素影响除碳效果。①除碳温度：温度越高，除碳越迅速；②氧过剩系数：氧过剩系数越大，除碳越快；③除碳时间：时间越长，除碳越彻底。除此以外，陶粒内外残碳差异不能过大，均匀除碳有利于膨化出密度更小、微孔结构更均匀的陶粒。

二、生产陶粒煤矸石原料的选择

在焙烧过程中，当物料为固相时，孔隙中的气体和化学反应生成的气体外逸概率高，在体内难以形成大量气泡；温度升高到一定值，液相不断增加，阻碍气体外逸，形成许多小气泡；温度继续升高，液相增多，流动性增大，黏度降低。小气泡内气压大于液相表面张力，气泡涨大，使整个体积膨胀；当气体压力再增大时，气泡可能产生破裂和合并。因此，要控制在膨胀温度范围内产生的气体压力小于气泡壁的破裂强度，最终形成多孔结构。所以，要获得合格的轻骨料，关键在于选择合适的原料，即在焙烧时能产生相当多的气体，能产生具有一定黏度的熔融体；同时要确定适宜的生产工艺和控制焙烧温度等。

1. 原料成分的要求

化学成分满足由 SiO_2、Al_2O_3 和助熔剂（CaO、MgO、FeO、Fe_2O_3、K_2O、Na_2O）组成的三角相图核心区要求的原料（见图 5-12），就具有良好的膨胀性，经粉磨、成球、加热都可以膨胀。

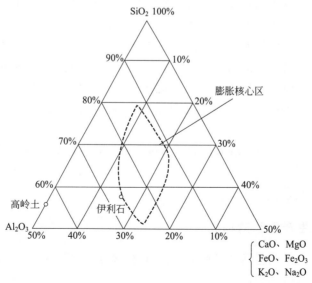

图 5-12　膨胀性良好原料的化学组成

具体的，用于制备陶粒的煤矸石在组成上一般需符合以下要求。

矸石中 SiO_2 和 Al_2O_3 是难熔成分，RO（CaO、MgO）、R_2O（K_2O、Na_2O）和 Fe_2O_3 为易熔成分，要求其含量比值：

$$\frac{[SiO_2]+[Al_2O_3]}{[Fe_2O_3]+[RO]+[R_2O]}=3.5\sim10$$

此值低于 3.5 的原料膨胀发泡性变坏，可能是因为熔融体黏度太小的缘故；此值大于 10 的原料，不易熔融，烧成温度要高，不经济。

煤矸石中 SiO_2 含量以 55%～65% 为宜。含量过高，膨胀性降低，高于 75% 时几乎不膨胀。煤矸石 Al_2O_3 含量高，陶粒强度较高，但含量高于 25% 时，烧胀温度要高。CaO 和 MgO 起强烈助熔作用，对液相起稀释作用，但含量过高，缩小了软化温度范围，使发泡性能降低，一般含量不得超过 6%～8%。K_2O 和 Na_2O 是易熔成分，助熔作用超过 RO，在高温下，与矸石中其他成分生成熔点低得多的共晶混合体，促使大量液相产生，使黏土类矿物得到必要的黏度，因此要求 R_2O 含量高于 1.5%～3.0%，以 2.5%～5% 为最佳。

Fe_2O_3 和有机质（C）含量是陶粒生产的关键成分。主要作用有：Fe_2O_3 在氧化时生成 FeO，能降低熔融温度和黏度；有机质在还原时生成 CO_2 是膨胀的主要因素；有机碳在高温下烧失，亦是发气剂，有利于膨胀，同时碳还是 Fe_2O_3 的还原剂。但碳含量过高，矸石的可焙性降低，降低产品质量。因此，要求 Fe_2O_3 与有机碳含量要有一定比例，Fe_2O_3 含量控制在 4%～10% 之间，以 5%～10% 为佳；有机质碳含量以 2%～5% 为宜。Fe_2O_3 不足时，可添加矿渣等调整，有机质中含碳量过高时要进行脱碳。

2. 原料高温性能的要求

（1）烧炸率要小　烧炸率指的是料球或料块从常温突然进入高温时，炸裂颗粒数占试样原始颗粒的百分数。

（2）膨胀率　膨胀率指的是在适宜的焙烧制度下，烧胀后的体积和未烧前体积之比。用于陶粒生产的煤矸石，一般要求其膨胀率大于 2。

（3）膨胀温度范围　即物料开始膨胀到膨胀结束之间的温度范围。在焙烧中，温度和时间是相互依赖的，在膨胀温度范围内，温度越高，则焙烧时间越短；但温度过高，因黏度太小，气体外逸，反而使膨胀率降低，同时可能产生结窑现象。因此，要求在膨胀温度范围内，快速焙烧为宜。例如北京页岩陶粒的焙烧温度为 1100～1200℃，而焙烧时间仅 6min 左右。

（4）软化温度范围　要求有较宽的温度范围为宜，越宽越易烧成，操作也方便。

三、矸石陶粒生产工艺

1. 煤矸石陶粒生产工艺的构成

煤矸石陶粒的生产工艺包括原材料加工、制粒和热加工等工序。煤矸石陶粒的制粒工艺分为干法和粉磨成球法两种。

干法工艺就是将采集的原料经二级或三级破碎，筛分成所需粒级（5～10mm 或 10～

20mm）的原料块即可。这种工艺简单、投资少，但只适合质量非常均匀的硬质原料，不能用掺入外加剂的方法来调整原料性质。

粉磨成球法适于原材料质量不均匀、膨胀性较差的原料，其原料加工和制粒工序包括粗碎、烘干、粉磨和成球，该工艺复杂、一次投资大，但其最大优点是可以根据设计要求，掺入外加剂调节化学成分，从而制成粒型、级配优良的陶粒。

陶粒的热加工工艺一般包括烘干、预热和焙烧及冷却三个工序。在200℃以下应缓慢加热，防止爆裂，保证料球的完整性；生料球的膨胀性主要取决于200～600℃预热段的加热速度，加热速度越快，物料膨胀的越好；随着温度提高，物料的软化在膨胀带（温度1100～1200℃）内完成，这时内部气体逸出，形成压力，促使料球膨胀。预热和焙烧是陶粒烧成最重要的工序，但冷却工艺对陶粒质量也有很大影响。公认的合理冷却制度是，焙烧的陶粒在温度最高的膨胀带迅速冷却至1000～700℃，而在700～400℃应缓慢冷却，避免结晶和固化产生大的应力，至400℃时又可快速冷却。

根据煤矸石陶粒生产的主要烧结设备，其生产工艺主要有回转窑工艺、烧结机工艺和喷射炉工艺。下面以煤矸石陶粒生产的实际工艺为例，介绍常用的回转窑生产工艺及烧结机生产工艺。

2. 回转窑生产工艺

比利时的洛时利斯轻骨料厂利用选煤厂排出的18～20mm碳质页岩矸石作原料，其矿物和化学组成可见表5-18。

表 5-18　碳质页岩选矸的矿物和化学组成

（1）矿物组成

矿物成分	含量/%	矿物成分	含量/%
石英	20～25	菱铁矿	5～11
伊利水云母、钠长石	60～65	碳（可燃）	3～6.5

（2）化学组成

化学成分	含量/%	化学成分	含量/%
SiO_2	55～60	MgO	1.3～1.8
Al_2O_3	22～26	K_2O	4～4.5
Fe_2O_3	5～12	Na_2O	0.8～0.9
CaO	0.5～1		

比利时的洛时利斯轻骨料厂的生产工艺流程如图5-13所示。原料和添加料混合破碎到40mm以下；在轮碾机中进行干燥粉碎，控制大于$200\mu m$颗粒含量不超过12%～15%；热源来自冷却装置换出的热。粉碎料进入两个300t的仓中在螺旋给料机上增湿，使配料水分达15%，入挤切机切成每段长6mm的颗粒，然后进入回转窑。窑分成干燥带、脱碳带、焙烧带和冷却带，每带均有自己的坡度和旋转速度。脱碳带的出口必要时送入空气，使剩余碳燃烧；在焙烧带头部设有粉料级给入装置，使粉状料将陶粒包围，以免在焙化时发生黏结；焙烧带平均温度为1160℃。该窑的额定生产能力为500t/d。生产出来的轻骨料容重为650kg/m³和450kg/m³，气孔率为56%和68%。

3. 烧结机生产工艺

波兰和匈牙利联合经营的哈尔德克斯米哈乌轻骨料厂生产工艺流程见图5-14。

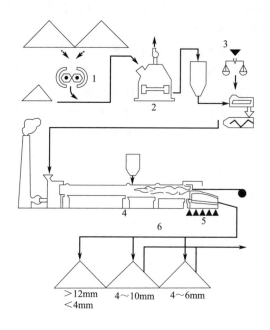

图 5-13　洛时利斯工厂生产工艺流程

1—配料和破碎；2—干燥和细磨；3—加水和挤压机；

4—煅烧；5—冷却；6—筛分、贮藏和发货

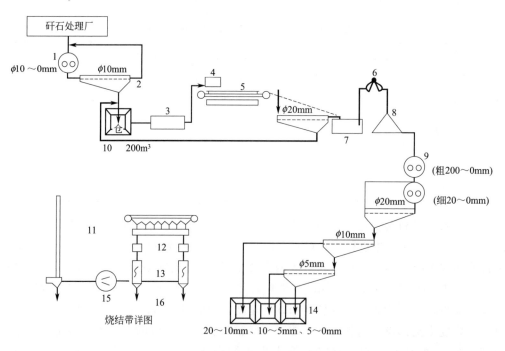

图 5-14　米哈乌轻骨料厂生产工艺流程

1—PRALL 型破碎机；2—筛子；3—滚筒团粒机；4—燃烧炉；5—烧结带；6—电抓斗；

7—烧结物坑；8—堆放冷却；9—破碎机；10—料仓；11—低压室；12—扩散室；

13—静电除尘；14—骨料仓；15—抽风机；16—某碳化合物

四、煤矸石轻骨料的质量标准

煤矸石制备陶粒等轻骨料不仅可以消除污染，还有很大的经济效益与社会效益。然而，由于各地排出矸石的含碳量、发热量及自燃程度不同，影响了自燃煤矸石轻骨料的物理力学性能和有害物质含量，因此势必影响到自燃煤矸石轻骨料混凝土的性能。所以有一个适于配制混凝土、钢筋并保证其安全性，同时又能指导自燃煤矸石轻骨料生产的标准是十分必要的。

《轻集料及其试验方法第 1 部分：轻集料》（GB/T 17431.1）是在 JC/T 785～788—81、JC 487—92 和 JC/T 541—94 等 6 项标准多年来的实践和科研成果基础上，参考美国、英国、法国、德国和前苏联等国 20 世纪 80 年代以来的有关标准修订而成，是 1998 年发布实施的生产煤矸石陶粒的国家标准，该标准于 2010 年进行修订。

第六章
煤矸石的其他资源化利用方法

除了回收用于矿物、生产化工产品和建筑材料以外，煤矸石的其他利用方法尚多，现简要介绍以下几个方面。

第一节　煤矸石的直接利用

煤矸石的直接利用可分为地下和地面处理两类。

地下处理主要是用于地下采煤采空区作充填料。水力充填是将矸石回填到地下最常用的方法。一般充填料由破碎的煤矸石（约12mm）、砂、黏土或其他固体废渣组成，加大量的水搅拌成泥浆，用泵输送到井下，然后把排出的水用泵抽出矿井，而使均匀紧密的填料留在矿井内，填料干燥后，充填于采空区。此外，尚可采用风力或机械充填方法。

地面处理矸石范围很广，它可以回填废矿井、露天矿废坑、塌陷区、沼泽地、填海、复垦地造田等。例如日本利用矸石在近海填筑人工岛建工厂。许多国家利用煤矸石铺筑公路、铺设防滑路面，作机场和工厂地基、建筑大坝等。法国把自燃后矸石进行破碎筛分，获得准确的粒级，用于空地和公共广场表面装饰。可以认为，直接利用是大量处理煤矸石的有效途径。

一、回填

无论工程回填还是矿井回填对煤矸石的质量要求都不高，特别适合处理成分混杂、难以利用的煤矸石。

工程回填是将煤矸石充填沟谷、塌陷区等，获得充填密度高、承载能力大并有足够稳定性的地基。施工通常采用分层填筑的方法，边回填边压实。国内外的实践表明，影响煤矸石工程回填效果的因素主要有颗粒级配、分层厚度、压实方式、压实能力和煤矸石含水量等。

矿井回填，也称矿井充填，指将煤矸石或砂子、碎石、炉渣等材料充填到煤矿采空区，借以支撑围岩，防止或减少围岩跨落或变形。充填方法分为自溜充填、机械充填、风力充填和水力充填。自溜充填只能在急斜煤层中使用；机械充填设备简单但充填能力低、质量差，在我国没有应用；风力充填，运输简单、适应性强、充填能力大，但对充填料要求严格、电耗大、管路磨损快，在国外有一定应用，在我国未能推广。目前我国主要采用水力充填法。

对煤矸石充填材料的要求包括数量足、取材容易、质量好、安全可靠、价格低、易加工等。质量要求主要包括含泥量和颗粒级配合理、透水性好、含水率低、不含可燃成分。另外，还可在充填材料中加入适量的胶凝材料，提高充填体强度、控制围岩，但成本较高、工艺复杂。

1. 工程回填

用煤矸石为填筑材料，充填沟谷、采煤沉陷区等低洼区建筑工程用地，填筑铁路、公路路基等，称为工程填筑。煤矸石工程填筑是以获得高的充填密实度，使煤矸石地基具有较高的承载力并保持足够的稳定性为目的的。施工通常采用分层填筑方法，边回填边压实。

工业发达国家对利用煤矸石做填筑材料进行工程填筑十分重视。英国利用煤矸石在拉姆斯盖特附近建造直升机起落场和海堤。美国利用自燃矸作为筑路材料，并成为目前煤矸石利用量最大的一种途径。我国在煤矸石工程填筑方面也开展了一些工作，如徐州矿务局屯城煤矿在沉陷区复垦土地 $129000m^2$ 的沉陷稳定区边缘建筑了一座面积 $2360m^2$ 的三层办公楼，楼前建筑了花园、曲桥、水榭及苹果园等；此外，还建筑了一幢面积 $2213m^2$ 的三层职工文化楼，一座面积 $2952m^2$ 的电影院，四幢面积为 $8480m^2$ 的四层职工家属楼，一个面积为 $12000m^2$ 的综合运动场和一个面积为 $4500m^2$ 的煤球场。利用煤矸石进行工程填筑，煤矸石用量大，既节约填土用地，又增加了建筑用地，环境效益、社会效益及经济效益俱佳，应大力推广。

影响煤矸石分层充填压实效果的主要因素为颗粒级配、分层厚度、压实方式、压实能力、煤矸石含水量和压实次数等。

（1）颗粒级配　通常用不均匀系数 C 表示颗粒级配的优劣。其计算公式为：
$$C = d_{60}/d_{10}$$
式中，d_{60} 为界限粒径，即小于某粒径的煤矸石颗粒质量累计百分比为 60% 的粒径；d_{10} 为有效粒径，即小于某粒径的煤矸石颗粒质量累计百分比为 10% 的粒径。

不均匀系数 C 是由描述土粒的级配好坏引申而来。其值越大，煤矸石颗粒级配越良好，压实系数越大，压实效果越好；反之，颗粒级配越差，压实系数越小，压实效果越差。同时煤矸石颗粒级配良好时，对降低矸石层的透气性，减少填筑工程的湿陷和不均衡沉陷，防止煤矸石自燃，都十分有利。根据不同的建筑工程对地基的不同要求，可采用相应的破碎措施破碎煤矸石，以获得适当的颗粒级配，保证煤矸石填筑的地基具有足够的稳定性。

（2）分层厚度　煤矸石工程填筑时，矸石的分层厚度对压实效果有较大影响。一般随着分层厚度的增大，压实效果变差。当分层厚度大到一定程度时，即使增加压实机行走次数，压实系数也不可能达到 0.96 以上；在压实能力较大时，分层厚度也不易太小，否则经济上不合理。

（3）压实方式　常用的压实方式有振动压实与非振动压实两种。对同一厚度的煤矸石分层，采用振动压实比非振动压实效果要好 1～1.5 倍。如用 78.5kN 压路机压实 0.6m 的煤矸石分层，行走 10 次，振动压实压实系数可达 0.99，而非振动压实仅为 0.91。因此煤矸石工程填筑时，应尽量采用振动压实方式。

（4）压实能力　压路机的压实能力越大，可压实的煤矸石分层厚度也越大。对一定压实能力的振压机，当分层厚度超过某一值时，即使增加压路机行走次数，压实效果也不明显增加，该分层厚度称界限厚度，或称经济厚度。对不同压实能力的压路机，其界限厚度用下列经验公式计算：

$$H = 0.5Q + 20$$

式中，H 为界限厚度，cm；Q 为振压机的压实能力，kN。

（5）煤矸石含水量　使煤矸石分层获得最好压实效果的煤矸石含水量为最佳含水量。最佳含水量与压实能量有关，压实能量小，欲获最佳压实效果，矸石颗粒间需较多水分使其更为润滑，最佳含水量就较大；压实能量大，最佳含水量较小。实际压实施工时，要通过试验确定最佳含水量。

（6）压实次数　在压实次数开始增加时，随着压实次数的增加，压实效果增加非常明显，当压实次数增加到某一值时，即使再增加压实次数，压实效果也不会增加。这说明不能单靠增加压实次数来获得好的压实效果。实际压实施工时，若增加压实次数仍达不到设计的压实密度，应加大压实能力或减少煤矸石分层厚度。

实际上在煤矸石填筑工程施工过程中，影响压实效果的诸因素并不是独立地起作用，它们同处于一个统一体中，相互影响、相互依存。通常工程设计中提出工程对压实系数的取值要求，可根据用作填筑材料的煤矸石的颗粒级配，以及所用压实机械的压实能力、压实方式，通过试验及计算可获得煤矸石的最佳含水量、界限厚度及压实机的行走次数，为保证工程质量提供施工技术参数。

2. 矿井回填

地下采煤造成大量采空区地表沉陷，引起地面原有结构的破坏，危及沉陷区工业及民用建筑物和人民生命财产。用煤矸石做回填材料，回填煤矿采空区及废弃矿井，既可以大量消耗煤矸石，减少排矸占地和对空气、水的污染，又可以使地表稳定，越来越受到人们的重视。2013 年初，国家能源局、财政部、国土资源部、环保部联合下发了《煤矿充填开采工作指导意见》，推动煤炭行业以矸换煤技术的推广和应用。

用煤矸石进行矿井回填，通常采用水力充填和风力充填两种方法。

（1）水力充填　也称水砂充填，是用煤矸石进行矿井回填最常用的方法。首先，将煤矸石破碎、筛分至粒径在 12mm 以下，以煤矸石与水质量比为 1:4 的大致比例配料，搅拌成泥浆，用泥浆泵把矸石泥浆输送到采空区或废弃矿井内。数日之后充填料渗出水并干燥固结成一体，把渗出的水用泵抽回，循环使用，而把均匀紧密的煤矸石充填料留在采空区或矿井内，以稳定地支承地面。

煤矸石矿井回填流程见图 6-1。

当煤矸石的岩石组成以砂岩和石灰岩为主时，进行矿井回填需加适量的黏土、粉煤灰或水泥等胶结材料，以增加充填料的黏结性和惰性。当煤矸石的岩石组成以泥岩和碳质泥岩为主时，需要添加适量的砂子，以增加充填料的骨架结构强度和惰性。

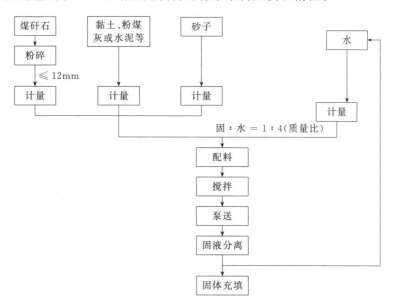

图 6-1　煤矸石矿井回填流程

水力充填有可能构成一种能防止空气和水进入内部的填充层，所以发生自燃的可能性很小。当充填材料以惰性物质为主时，发生潜在污染的可能性也小。

水力充填所需用的水，可以从废矿井中抽取，也可以利用采煤过程中排出的水，填充后固液分离渗出的水还可以重复使用，这样既节约用水又减少矿井排出的酸性水对周围环境的污染。

（2）风力回填　这种方法与水力充填法相似，只不过它是采用压缩空气而不是水将粉碎的煤矸石粉及添加的黏结材料、惰性材料和骨架材料等吹运到采空区和废矿井中。这种方法在国外、特别是欧洲已得到广泛应用。

二、土地复垦

土地复垦是指对在生产建设过程中，因挖掘、塌陷、压占等破坏的土地，采取整治措施，使其恢复到可利用状态的活动。在煤矿，煤矸石堆积如山，压占大量土地，同时随着采矿活动的进行，由采矿引起的地表塌陷也日趋严重。地下开采万吨煤平均塌陷土地 3.0 亩（1 亩＝666.67m²，下同），出矸率 15%；露天开采挖损 1.56 亩/10^4t，排土占地 1.61 亩/10^4t。

1. 煤矸石用于土地复垦的适宜性

煤矸石排放后，裸露堆积，必然受到不同程度的风化作用。在应用煤矸石进行土地复垦之前，也应考虑其潜在的危害。

（1）煤矸石有害元素评价　我国绝大部分矿区的煤矸石中有害元素含量未超过国家对固体废物规定的排放标准，对复垦种植的植物生长无不良影响。但当种植食用植物时，必须事先对煤矸石中有害元素的含量进行测定。若有害元素含量不超标，可少量试种，并对果实中有害元素含量进行测定，含量也不超过国家有关食用标准规定时，方可大量种植，并将果实投放市场。

(2) 煤矸石风化程度及其影响　煤矸石的风化主要受当地气候-水热条件的影响。按其风化过程，可分为强淋溶型与弱淋溶型两大类。

1) 强淋溶型。这种风化类型主要发生在南方高温多雨地带。煤矸石在风化过程中，因水热条件温暖潮湿，以化学风化为主，物理风化为辅，风化速度较快，风化作用进行较彻底，可将形成的盐基淋失，使风化物呈酸性或强酸性，pH 值可低至 3 左右，同时在成土过程中可产生较多的次生矿物，形成透气透水性很差的粘盘，对大多数植物生长不利。

2) 弱淋溶型。这种风化类型主要发生在北方水热条件为干寒的地带。煤矸石在风化过程中，以物理风化为主，化学风化为辅，风化速度较慢，风化作用进行不彻底，风化物颗粒较粗，可将形成的盐基大部分保留下来，pH 值一般 6～8，风化物呈中性或弱碱性，对大多数植物生长较为有利。但风化物透气透水性强，保肥、保墒能力较差。

煤矸石风化物 pH 值的高低还与采动的煤系地层形成时的古地理环境有关。一般浅海或滨海环境形成的煤层，煤系中有机硫和无机硫的含量偏高，其风化物呈酸性；大陆环境形成的煤层，煤系中硫化物含量偏低，风化物呈中性或弱碱性。

2. 煤矸石土地复垦

目前，国内外对煤矸石（或利用煤矸石）进行土地复垦的工作主要有矸石山复垦种植和塌陷区复垦造田。

除正在自燃的煤矸石山之外，只要将煤矸石原地适当平整，或将煤矸石填到采煤塌陷区等低洼处，填入矸石前将原有的表土剥离，待煤矸石填入整平后，覆土 10～30cm，上层即可开始种植。由于煤矸石与土的性质大不一样，主要表现为保水、保肥、缓冲性差，因此必须采取有利于植物生长的系列措施，坚持种植与管理并重，复垦才能成功。无条件的即使不覆盖土层也可直接种植。如平顶山二矿在废矸石山上直接种植以洋槐和椿树为主的树业已基本成林。我国许多矿区还将煤矸石复垦与美化矿区环境相结合，统一规划与施工，创造出一幅幅亭台楼阁与植物花草交相辉映的优雅景观，为广大矿工提供了工余休闲的好去处。

对处于开发早期，尚未形成大面积沉陷区或未终止沉降形成塌陷稳定区的矿区，可采用预排矸复垦。事先将先期开采区上方的沉降区表土挖出堆放四周，继而根据地表下沉预计等值线图预先排放适当厚度的煤矸石，待沉陷坑停止下沉后覆土造田，这样既减少了煤矸石堆放占地，又实现了沉陷区复垦造田。

煤矸石风化物与土的性状大不相同，必须采取有利于植物生长的一系列复垦技术和管理措施，复垦种植才能成功，成果才能巩固。通常采用以下主要的技术和措施。

1) 煤矸石风化物大都呈砾状，其最小颗粒远比土壤的最大颗粒大得多，不易成土状，且未燃烧过的煤矸石表面呈黑色或灰黑色，虽与土壤接受同样的日照，但远比土壤吸收的热量多，致使矸石风化物表面温度远比土壤表面高，水分蒸发也快、多。因此在进行煤矸石复垦种植时，最好在煤矸石风化物上覆盖或掺入一定量的表土、污泥等，使其表层颗粒组成变细，颜色变浅，以利种植。

2) 强淋溶型的煤矸石风化物呈酸性，复垦种植时要首先施适量石灰中和酸性，然后覆盖或掺入表土，方可种植。弱淋溶型的煤矸石风化物呈中性或弱碱性，对一般植物的生长都较适宜，不必施加石灰。

3) 煤矸石在风化过程中因淋溶，化学成分会发生一些变化，但在短期成土过程中主要成分不会有大的变化。风化物中，有机质的含量为 $1.5\%\sim4.5\%$，与土壤中有机质含量基本相当；含植物所需的有效养分 N、P、K 等并不丰富，因此煤矸石的复垦种植必须施肥，尤以有机肥为好，这样既可供给植物生长所需的全面养分，又为风化物提供了有机质和大量微生物，以加速成土过程。煤矸石复垦种植的大量实践证明，只有培肥了煤矸石风化层，才能巩固复垦种植的成果。

4）煤矸石风化物与土的性状大不相同，复垦种植初期选择合适的"先锋植物"就显得十分重要。根据煤矸石风化物贫瘠、缺水、立地条件差，易受粉尘、SO_2、SO_3 等侵蚀的特点，应选择耐干旱、耐贫瘠、抗粉尘、抗酸气污染的豆科牧草、豆科阔叶树（如榆树、臭椿、洋槐等）和带土球的针叶树（如侧柏、杜松等）等。

5）煤矸石风化物中阳离子交换量为 $9\sim20mg/100g$，高于土壤的阳离子交换量。但由于煤矸石粒度分布不理想，粗粒至块状的砂岩及石灰岩含量较高，致使煤矸石风化物，特别是其早期风化物，不似土壤有较高的吸附性，保水、保肥、缓冲性都很差。为保证复垦种植的植物成活率，巩固复垦种植成果，应坚持种植与管理并重的原则，加强灌溉、保墒和施肥。

煤矸石复垦虽有一定的投资，但除可减少排放煤矸石占地外，还解除塌陷带来的危害，减轻环境污染，改善生态环境，并可获得一定的经济效益。随着成土过程的进展，风化物逐渐培育成肥土，复垦种植的经济效益、环境效益和社会效益会越来越好。

第二节　煤矸石作肥料

化肥滥用给生态环境带来的危害已越来越被人们所认识。此外，化肥生产还是一种高耗能产业，而且需要大量优质煤、天然气等作原料。为此，世界各发达国家都投入大量人力、物力，研究开发能够替代化肥的新型肥料。

利用煤矸石为原料生产农用肥料，在国外已得到推广应用。捷克曾试验把浮选尾矿和氮、磷、钾的化工残渣混合物搅成胶状，然后成球、烘干、磨细制成"磷肥"，实验证明对玉米等农作物具有很高的肥效。英国试验在播种冬小麦前用浮选尾矿肥料施肥，增产 $7\%\sim10\%$。美国曾在西红柿的周围，在土壤上盖一层洗矸，提高产量 $10\%\sim15\%$，并使成熟期提前。前苏联用浮选尾矿对不同农作物的肥效做了试验，获得了较好的效果，农作物增产 $15\%\sim40\%$。

矸石作肥料的作用在于使土壤的微生物群落提高了有机物和氮、磷化合物的活性，并提供了 B、Zn、Cu、Mn、Mo 等元素。用 $1:1$ 的矸石与肥料混合物、矸石和过磷酸钙或氯化铵混合作肥料，均可使收成提高 $5\%\sim15\%$，这种肥料对腐殖土和砂土特别有效。

一、煤矸石用作农肥的物质基础

煤矸石之所以可以作为农肥使用，主要是由于煤矸石具有的某些物理、化学特性符合一般农肥的要求。同时，煤矸石作为农肥使用，其所含的所有成分均与人的食物链发生关系，对煤矸石中有害成分的含量、使用煤矸石农肥的后果也要加以研究。因此，农业用煤矸石的污染物含量及灰分产率和有机质含量等主要指标应符合《煤矸石利用技术导则》（GB/T

29163—2012）中规定的要求。

1. 煤矸石中的主要养分

煤矸石（主要是选煤矸石、煤巷矸石）中 N、P 和 K 的含量与土壤中的含量相差不多（表 6-1），基本满足国家对农肥养分的五级标准要求。然而，煤矸石中可溶的速效 N、P 和 K 含量比土壤中含量要低，与国家养分五级标准要求相差较远。

表 6-1   淮北朔里煤矿煤矸石养分含量

矸石来源	全量/%			速效成分含量/(μg/g)			有机质/%
	N	P	K	N	P	K	
老矸石	0.079	0.036	0.903	1.26	1.465	96.2	4.33
新矸石	0.096	0.017	1.287	2.61	1.039	213.4	4.61
复垦区矸石	1.117	0.061	1.596	4.73	2.742	152.5	5.11
复垦区土壤	0.104	0.017	1.304	3.15	1.607	223.1	1.48
全国标准养分五级	0.05~0.075	0.03~0.05	—	30~60	3~5	30~50	≥1.50

煤矸石有机质含量一般高于土壤中含量的 3~10 倍，碳元素的含量丰富，一般要高出土壤 30~40 倍。值得指出的是，虽然硫在许多煤炭加工利用项目中为有害元素，高硫煤或煤矸石燃烧后生成的 SO_2 等排入大气，危害农作物生长，但土壤中含适量的硫却是一种肥源，能促使作物成熟、水稻增产。

2. 煤矸石中的微量营养元素

由于煤矸石中含有大量黏土矿物，而黏土矿物具有较强的吸附性，在聚煤期及聚煤期后的漫长地质年代中，对微量元素的吸附性一直在发挥作用，致使许多矿区的煤矸石中含有丰富的微量营养元素 B、Zn、Cu、Mn、Mo 等（表 6-2），其含量高于土壤数百倍，对作物生长及提高果实质量大有益处。

表 6-2   有关矿区煤矸石微量元素含量   单位：%

矸石来源	B	Zn	Cu	Mn	Mo
平顶山矸石[①]	62	118		600	
鹤壁六矿老矸石	10	100	60	1000	<10
鹤壁六矿新矸石	10	150	50	1000	<10
土壤背景值[②]	0.0387	0.0677	0.0200	0.482	0.0012

① 平顶山煤业集团公司所属矿及选煤厂煤矸石微量元素的平均含量。

② 全国土壤 A 层（表层或耕层）背景值。

3. 煤矸石的粒度及酸碱度

粒度和酸碱度是土壤基本物化特性的两项重要指标。土壤中砂粒过多或胶粒过多都会严重影响农作物的生长。矿区煤矸石的粒度一般都偏大，但经过 1 年以上风化的煤矸石，筛分除去其中的砂岩、粉砂岩及石灰岩后，其粒度分布特性是：大部分为粉粒，少部分属砂粒和泥粒，符合农业部门的标准。在这种粒度下的煤矸石是一种改变土壤团粒结构的改良剂，特别是对于黏土田，是一种理想的掺和改土材料。

土壤的酸碱度直接影响土壤中矿物质的溶解，对土壤中养分的有效性、农作物生长和代谢都具有显著作用。我国煤矸石的 pH 值平均为 8.36~8.55，属碱性。这样的酸碱度，除了可以在 pH 值小于 5.5 的酸性土壤中直接使用外，一般不宜在农田中直接使用。

4. 煤矸石的阳离子交换量

煤矸石吸收阳离子的容量一般比土壤大 1～10 倍（表 6-3），因此煤矸石在与粪肥混合时可吸收它的养分，使养分保持在分子吸附状态，从而可大大提高农作物吸收煤矸石中营养元素的有效值。如煤矸石与氨或过磷酸钙混合时，大量的氨盐或磷酸盐被煤矸石保持在分子吸附状态，形成一种新型实用肥料，其营养元素更易被农作物有效摄取。

表 6-3　淮北朔里煤矿煤矸石与土壤的阳离子交换量　　　　单位：mg/100g

老矸石	新矸石	复垦区矸石	复垦区土壤	国家标准养分五级
9.30	19.14	35.01	16.41	4.00

5. 煤矸石中的有害元素

根据农业部门的有关规定，一种新农肥在试制或投产前都必须做有害元素测定。煤矸石中主要的有害元素有 Pb、Cd、Hg、As、Cr、F 等。

由于这些元素在含量极微时都表现出极大的毒性，而且在土壤、水或作物中，一旦污染就不易分解消除，并慢性积累，引起作物遭受毒害，进入食物链，危及人类健康。尽管我国大部分矿区煤矸石中有害元素含量低于国家控制标准，但也有一些矿区的某些有害元素超过全国土壤背景值（表 6-4）。因此在决定一个矿（或矿区）的煤矸石是否可用作农肥时，应对煤矸石系统取样，测试各有害元素含量。经测定有害元素含量不超标的煤矸石原则上可以用作农肥，但最好先在小范围试用，对所种作物果实进行有害元素含量测试，并与未施用煤矸石的相同果实中有害元素含量进行对比，有害元素含量无明显增加且未超过国家有关食物卫生标准的，方可大面积推广使用。

表 6-4　我国部分矿区煤矸石中有害元素含量　　　　单位：%

矸石来源	Cd	Pb	Cr	As	Hg
淮北朔里矿老矸石	0.101	21.59	57.28	2.340	0.058
淮北朔里矿新矸石	0.069	20.99	53.90	1.808	0.077
淮北朔里土壤	0.116	20.40	61.57	16.09	0.029
鹤壁六矿老矸石	<0.01	20.00	≤30.00	<0.1	
鹤壁六矿新矸石	<0.01	20.00	≤30.00	<0.1	
全国土壤背景值	0.000074	0.0236	0.0539	0.0092	0.00004

因此，煤矸石用作农肥的有利因素包括煤矸石中主要的营养元素 N、P、K，其含量与土壤的含量相当，但微量元素 B、Zn、Cu、Mn、Mo 等的含量丰富，可以制农用复合微量元素肥料；煤矸石的有机质含量一般高出土壤 30 倍，有机质逐渐氧化并在微生物的参与下，大大增加土壤的可吸收有机质及 N、P 的含量；煤矸石经筛分处理之后粒度符合土壤要求，并具有改善土壤团粒结构的作用，可直接施于农田，特别是可直接施于酸性黏土田以改良土壤。

然而，对煤矸石用作农肥的不利因素也应有客观的认识，主要由于煤矸石的酸碱度偏高，属碱性，除了酸性土壤外，一般不宜在农田中直接施用；煤矸石因经过成岩及煤变质等地质作用，固化度高，其中所含营养元素的水溶性差，农作物能吸收的有效值不高，需经活化处理；少数矿区的煤矸石中有害元素偏高。

二、利用煤矸石生产农肥

利用煤矸石生产肥料，依照原理和工艺的不同，主要有煤矸石微生物肥料和煤矸石有机复合肥料两类。

1. 煤矸石生产微生物肥料

自然界中微生物与植物共同存在。一些微生物的主要成分是氮、磷、钾，可供给植物营养，因而可以作为微生物肥料，也称为菌肥。近几年来，在发展生态农业及绿色食品的倡导下，微生物的研制及应用有了新的意义。目前国内微生物肥料的年产量在 30 万吨左右，主要以固氮菌肥、磷细菌肥、钾细菌肥为主。

由于煤矸石和风化煤中含有大量的有机物，是携带固氮、解磷、解钾等微生物最理想的原料基质和载体，加之取材广泛，成本低廉，可有效地清除环境污染物，变废为宝，使煤矸石成为生产微生物肥料最主要的原料。

与其他肥料相比，煤矸石微生物肥料有以下特点：①制作工艺简单，耗能低，投资只有同等规模化肥厂的 10% 左右，耗能也仅相当于同等规模化肥厂的 5%～10%。整个生产过程不排渣，进厂的是煤矸石等废品，出厂的是成品肥料；②是一种广谱性的微生物肥料，各地区、各种植物和作物施用后都有较好的效用；③煤矸石微生物肥料在保护环境、克服化肥对环境带来的污染方面具有重要意义。

目前，全国煤炭系统共有煤矸石微生物肥料厂 4 个，年产微生物肥料 8×10^4 t 左右。其中辽宁南票矿务局与中国农科院合作开发生产的金丰牌微生物肥料、山东龙口矿务局和河南郑州矿务局与北京田力宝科技研究所开发生产的田力宝微生物肥料都取得了很好的经济效益和社会效益。黑龙江鸡西矿务局、辽宁北票矿务局、内蒙古乌达矿务局、新疆乌鲁木齐矿务局等企业也都已开发煤矸石微生物肥料产品。煤矸石微生物肥料是综合利用煤矸石资源的一条重要途径。

（1）生产微生物肥料的煤矸石原料技术指标　煤矸石中有机质含量越高，煤矸石微生物肥料的碳素营养越充足，越有利于肥效的发挥。用于生产微生物肥料的煤矸石在成分上应满足表 6-5 中指标的要求。

表 6-5　生产微生物肥料的煤矸石的组成指标

项目	灰分/%	水分/%	全汞/(mg/kg)	全砷/(mg/kg)	全铅/(mg/kg)	全铬/(mg/kg)	全镉/(mg/kg)
含量	≤85.0	≤2.0	≤3.0	≤30.0	≤100.0	≤150	≤3.0

1）磷矿粉。要求全磷含量大于 25%，细度大于 150 目。

2）面粉。淀粉含量应在 80%～85%，以利于生物发酵。

3）骨胶釉度。（恩氏）3～4 度，pH 值在 5.5～7.0 之间。

（2）煤矸石生产微生物肥料的原理　煤矸石作为载体，在加工过程中喷施、掺加有效的 H_7 系列菌种，为细菌提供安全、稳定的贮存环境，并在微生物的代谢活动中为其提供碳素营养。煤矸石在风化菌的生物降解作用下，将矸石中腐殖质类大分子聚合物转变为简单的有机小分子碳水化合物，便于其他有用菌种的消化吸收。

（3）煤矸石微生物肥料生产工艺流程　煤矸石微生物肥料的生产工艺流程见图6-2。

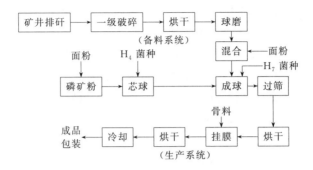

图 6-2　煤矸石微生物肥料生产工艺流程

煤矸石破碎后，烘干至矸石粉的水分小于 5%，然后进入球磨机细磨，矸石粉细度应大于 150 目，贮存在混合罐中，按一定比例掺加面粉后待用。

将磷矿粉、面粉按一定比例混合后在成球盘制成芯球，其间喷施 H_4 系列菌液，成芯后由输送带送至大成球盘内，加入贮存的矸石粉、面粉混合料，同时喷施 H_7 系列菌液，使颗粒外观基本达到标准要求，然后过筛，小于 0.5mm 的返回成球盘继续成球，0.5～5.0mm 的进行烘干，大部分水分去除后，再到挂膜盘中滚动挂膜，进一步烘干达到标准要求，风冷后装袋。

（4）煤矸石微生物肥料性能指标　煤矸石微生物肥料为三层结构的颗粒状肥料，内芯由磷矿粉、面粉、解磷菌、解钾菌等组成，中间为矸石粉、面粉、固氮菌、煤矸石风化菌等，最外层为骨胶。为了使微生物发挥群体作用，最大限度地施放效能，煤炭行业标准对煤矸石生物肥料的内在、外在质量做了严格的规定，见表6-6。

表 6-6　煤矸石微生物肥料技术性能指标（MT/T 574—1996）

项　　目	指　　标	项　　目	指　　标
固氮酶活性(5d)/($C_2H_4\mu$mol/g)	≥100	灰分/%	≤80
水分/%	1.5～5.0	粒径率(0.5～5mm)/%	>95
淀粉含量/%	≥4.0	粉尘含量/%	≤3
浸水破碎率/%	≤15	颗粒抗压强度/Pa	≥6×10^5
三层结构率/%	≥90	破碎率/%	≤5
全磷(以 P_2O_5 计)/%	≥4.5		

上述指标中有一项不合格都将影响微生物肥料的肥效正常发挥，这对生产工艺中的各个环节的控制提出了更高的要求。从原料进厂、产品加工直至包装都要求保证质量标准。

2. 煤矸石生产有机复合肥料

由于长期使用化学肥料，土壤中有机质、腐殖质逐渐枯竭，土壤孔隙度降低，土壤变得坚硬。植物生长所需的空气、水分、微生物受到极大影响。而煤矸石中一般含有大量的碳质页岩，其中有机质含量一般在 15%～25%，B、Zn、Cu、Co、Mo、Mn 等植物生长所必需的微量元素一般比土壤中的含量高出 2～10 倍，具有较大的吸收容量，施于田间可以增强土壤肥力，并有疏松、透气作用，改善土壤结构达到增产的目的，弥补化学肥料的不足。

选择合适的煤矸石过筛后可直接施入黏土田中作底肥，以改善土壤，兼具提供底肥营养；也可与粪肥 1:1 混合用作底肥；还可与过磷酸钙等其他化学肥料配合生产有机复合肥。

与其他肥料相比，煤矸石有机复合肥有如下特点：①生产加工简单，原料易得易选，建厂投资省、回收周期短，能做到当年设计、当年施工、当年投产、当年见效；②煤矸石中N、P、K含量不高，但含有丰富的有机质和微量元素，并有较大的吸收容量，不但有明显的增产效果，而且能使农作物的品质有所改善；③煤矸石有机复合肥属于长效肥，随着颗粒的风化，其中的养分陆续析出，在2～3年内均可有肥效；④煤矸石有机复合肥施用后可增强土壤的生物活性和腐殖酸的含量，同时，由于氮菌的大量繁殖，还使土壤的固氮能力大大增强；⑤产品可多样化，且成本低廉，可根据气候、土壤、作物、煤矸石成分不同调整配方，适应各种需要。

(1) 生产有机复合肥的煤矸石的选择　用于生产有机复合肥的煤矸石应符合以下要求：①要求煤矸石的有机质含量大于20%，粒径小于6mm；②煤矸石中的N、P、K是植物生长的必需元素，含量要高；③矸石中应富含农作物生长所必需的B、Cu、Zn、Mo、Mn、Co等微量元素。有害元素As、Cd、Pb、Sc等要符合GB 8173—87农用标准的要求（表6-7）。值得指出的是在土壤中适量的硫是一种肥源，而不是有害元素，它能促进作物成熟、水稻增产。

表6-7　有害元素限定含量　　　　　　　　　　　　　　　　单位：mg/m³

元素名称	As	Cd	Pb	Se
GB 8173—87 中要求的限量	75	10	500	15

(2) 煤矸石有机复合肥生产工艺流程　虽然煤矸石中含有较为丰富的植物生长所需要的有机质和营养元素，但煤矸石中的营养成分本质程度高、水溶性差，能被植物吸收的有效值并不高，这就需要对煤矸石进行活化处理。

生产煤矸石有机复合肥料的基本方法是化学活化法。首先选用有机质含量较高的碳质泥岩或粉砂岩就地粉碎并磨细；将破碎的煤矸石与过磷酸钙按一定比例混合，同时加入适量的活化添加剂，充分搅拌均匀后，再加适量水，使矸石充分反应活化，堆沤一定时间即成。因为煤矸石具有较强的吸水容量，在与过磷酸钙和添加剂混合沤制时，形成一种新型实用肥料，大量的磷酸盐、铵盐被煤矸石保持在分子吸附状态，营养元素更易被作物吸收，从而提高了煤矸石中的有效营养成分。煤矸石复合肥生产工艺流程见图6-3。

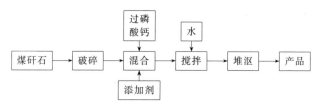

图6-3　煤矸石复合肥生产工艺流程

选用有机质含量较高（<20%）的碳质泥岩或粉砂岩，经破碎、磨细至粒度小于6mm；将磨细的煤矸石与过磷酸钙以10:1的比例混合，同时加入适量的添加剂充分搅拌均匀后，再加适量水，使矸石充分反应活化，堆沤7～10d即成。

三、利用煤矸石直接改善土壤

煤矸石中挑拣出煤质含量较高的矸石，即所谓的"黑矸"（主要由煤层的底板及夹矸组成），将其粉碎成粉末状或细小颗粒，然后配入适量的有机肥料，如粪便、草木灰等，施于中低产农田中，进行翻耕，以此作为土壤的肥料和改良剂，取得了明显的效果。应用于农业生产可使一些主要农作物和蔬菜，如小麦增产 20%～40%，地瓜增产 30%～50%，大豆增产 20%～30%，大葱增产 20%～35%，可见煤矸石具有肥效作用。

1. 煤矸石改善土壤的原理

地表土壤中的无机物当初主要来源于火成岩。构成地壳的火成岩在各种地质应力作用下转化为土壤。构成地壳的火成岩的平均组成如表 6-8 所列。

表 6-8　构成地壳的火成岩的平均组成　　　　单位：%

SiO_2	Al_2O_3	Fe_2O_3	FeO	MgO	CaO	Na_2O	K_2O	TiO_2	P_2O_5
60.18	15.61	3.14	3.88	3.56	5.17	3.91	3.91	1.06	0.3

当岩石风化变成土壤时，产生各种物理化学的变化，许多成分遭到严重地流失，如盐类矿物、石灰质量容易流失，而铁和铝几乎全部保存下来。此外，氯化物、硝酸盐和硫酸盐也遭到大量流失，磷酸盐的流失比较少，硅酸盐分解后也有一部分流失掉。

将一些主要农植物进行灰化，可以分析主要农植物的无机成分，其结果如表 6-9 所列。从表中可以看出，农植物生长所需的主要元素为 K、Ca、Mg、P、Na、S 等。

表 6-9　主要植物灰的主要成分分析　　　　单位：%

农作物	K_2O	P_2O_5	CaO	MgO	Na_2O	SO_2	SiO_2	Fe_2O_3	Cl	MnO
小麦	29.5	51.7	2.6	15.3	—	—	1.8	0.3	—	0.14
大豆	46.2	18.4	6.1	11.2	7.6	6.1	0.2	1.4	0.3	0.9
地瓜	60.1	15.9	3.4	5.6	4.1	5.1	0.1	—	3.1	—
大葱	32.7	16.4	21.6	4.1	2.6	5.3	9.5	—	2.6	—
菠菜	17.1	11.2	10.9	6.4	35.1	6.9	4.4	—	6.2	—

对比煤矸石的主要化学成分（见第二章）和表 6-8 数据可以看出，成为土壤根源的火成岩成分在煤矸石中几乎都能找到；而从植物的营养素来看，煤矸石比土壤所含的钾、磷酸、石灰和碳酸钠都高，因此，用煤矸石作为土壤的改良剂是很有物质基础的。

2. 煤矸石改良土壤的作用机制

（1）煤矸石的吸附水分作用　煤矸石含有较高量的 Al_2O_3 和 Fe_2O_3，由于原生煤矸石是赋存于地壳深部的，开采到地面后，组成夹矸的物质所受的压力就会发生变化，即从高压状态转化为"无压"状态，这类矸粉末遇到水时，立即有部分的 Al^{3+}、Fe^{3+} 从矸石粉末中离解出来，但它们并非以 Al^{3+} 的简单形态存在，而是结合有 6 个配位水分子 $[Al(H_2O)_6]^{3+}$ 的水合铝、铁离子，而这种最简单的单核配合物又可以进行水解，最终生成中性氢氧化铝沉淀物。当 pH 值低于 4 时，水解受到抑制，水中存在的主要是 $[Al(H_2O)_6]^{3+}$。当 pH 值高于 4 时，水中将出现 $[Al(OH)(H_2O)_5]^{2+}$、$[Al(OH)_2(H_2O)_4]^+$ 以及少量的 $[Al(OH)_3(H_2O)_3]$，当 pH 值为 7～8 时，只是各自浓度所占比例不同而已。煤矸石中含有硫，从而能提高土壤酸性，即增加 H^+ 浓度，可以进一步抑制 $[Al(H_2O)_6]^{3+}$ 和 $[Fe(H_2O)_6]^{3+}$ 的水解，则土壤中的水分因 Al^{3+} 和 Fe^{3+} 的吸附作用，降低了蒸发速度，有利于植物的正常生长。

（2）煤矸石对土壤结构的改变　煤矸石和土壤掺和在一起，能够起到疏松土壤的作用。

土地因长期使用化学肥料，有机质变得贫瘠，土壤中的腐殖质逐渐枯竭，土壤孔隙度降低，变得坚硬，植物生长所需的空气、水分、微生物受到极大的影响。而煤矸石中含有较高量的有机成分和其他矿物成分，因此能够改良土壤结构，使土壤的孔隙度增加，连通性好，提高了土壤的含水性能，矿石肥料就能够充分地溶解于水中，有利于植物根部的吸收，空气中的氧可以较充分地进入土壤和水中，促进好氧细菌和兼氧细菌的新陈代谢，分解有机物，丰富土壤腐殖质，从而使土地得到"肥化"，增进植物的生长。

因此，利用煤矸石改善土壤是其综合利用的重要途径之一。煤矸石对中低产田的改造具有显著的效果，但是要做到有效的应用，首先要查明低产田土壤的化学成分和物理性质，找出其影响农植物生长的主要原因，然后分析煤矸石所含植物生长所需的有益元素含量，以确定其作为矿物肥料的可能性。在具体使用时，可以配一些有机肥料，例如粪便、草木灰等，以此作为农田肥料和土壤的改良剂，来改造砂土地、红黏土地、酸性土地及碱性土地，将会得到更好的效果。

第三节　煤矸石生产粉体材料

用煤矸石生产功能性粉体填料是煤矸石高值利用的途径之一，它能充分发挥煤矸石组成元素的特性。煤矸石经过粉碎之后，在粉体表面引入增强、耐磨、阻燃和导电等功能性基因，这种粉体能作为高级功能性填料应用于橡胶、塑料等许多材料之中，赋予材料独特的物理化学性能。

利用煤矸石生产粉体材料具有技术含量高、附加值高的特点，弥补了目前普遍采用的几种煤矸石综合利用途径经济效益不显著的不足。这种工艺几乎能完全利用煤矸石成分，而且消耗煤矸石量较大，因此应用前景十分广阔。

一、粉体及超细粉体的性质

煤矸石粉体的应用与粉体的性质密不可分。粉体是重要的工业原料，它包括金属、非金属、高聚物等多种颗粒材料。很多材料都要通过粉体材料的使用才能得到性能优良的产品，例如橡胶制品中有了炭黑才能表现出较高的力学强度和耐磨性。

粉体物料最重要的质量指标之一，是它的粒度。它决定了粉体的比表面积、吸附性能以及在液相介质中的分散性等。超细粉体泛指粒径在 $1\sim100nm$ 范围内的粉末（零维材料）。一般来说，作为填料使用的粉体越细越好，细度增加有助于粉体在本体中的分散，并充分发挥增量、补强、耐磨等功能。然而，当粒度小到一定程度（例如纳米级）后，粉体的性质还会有一些突变，产生块状或较大颗粒材料所不具有的诸如表面效应、量子效应等现象。例如纳米 Al_2O_3 粒子放入橡胶中可提高橡胶的介电性和耐磨性，纳米氧化物粒子与高聚物或其他材料复合具有良好的微波吸收性等。正因为超细化后的粉体具有新的特殊功能，使得产品价格也发生了重大变化，如微米级 Al_2O_3 价格不高于 1000 元/t，而纳米级 Al_2O_3 则高达 20 万元/t。

在精细化工和新材料领域中，以粉末为原料的产品约占 50%，粉末原料成本占本产品总成本的 30%～60%。

目前已有许多非金属矿物（如高岭土、伊利石、滑石等）的粉体制备及应用研究取得了很大进展，因此，有理由相信煤矸石也能在粉体（包括超细粉体）材料领域占有一席之地。

二、煤矸石粉体制备技术

粉体制备技术有两方面的含义：一是制备具有指定粒径大小及分布的粉体，二是为了满足一定的性能要求而对粉体进行表面改性。

1. 煤矸石粉体研究开发的前景

煤矸石的利用可以借鉴其他非金属矿资源应用研究的成果。从组成上看，煤矸石含有大量的非金属矿成分，这些非金属矿物由于具有独特的化学、物相结构，使其存在特殊的应用潜力，例如铝含量高的煤矸石，作为阻燃剂填料的可能性就较大。此外，在未经灼烧的矸石粉中会含有一定量的有机成分。同煤的结构类似，这种有机成分可能含有多种不同的官能团。这些官能团可以使矸石粉在被填充介质中（例如高聚物）稳定、均匀地分散，或在进一步的表面改性中提供更多的作用点，而这无疑会增强粉体的填充功能。

对我国淮南矿区几种煤矸石粉经过表面处理后添加到橡胶制品中的试验结果表明，煤矸石粉对橡胶具有一定的补强作用，在替代了部分补强炭黑之后，试样仍能达到部颁优质品标准。不仅如此，矸石粉填料还增加了试样的耐磨性。

煤矸石粉作为化工填料是其高值利用的重要途径，在实践上是可行的。单是部分替代昂贵炭黑（橡胶制品中炭黑的用量是非常可观的）便会产生较好的经济效益，而且这种填料还可能应用到其他许多材料之中。

矸石粉中的有机成分对改善粉体与高聚物本体材料之间的相容性与分散性起着至关重要的作用，而这一点是其他非金属矿资源所不具备的。这也是煤矸石粉作为填料的一个优势所在。

粉体的表面处理对其使用性能的改进起着非常重要的作用。恰当的表面处理不仅会使最终产品具有特殊的理化性能，而且也会增加粉体的需求量。

2. 粉体的制备

粉体的制备概括起来有 2 类：①通过机械力将材料粉碎（粉碎法）；②通过化学或物理的方法，将原子或分子状态的物质凝聚成所需要的超细颗粒。

目前，粉碎法主要是机械粉碎，常用的粉碎设备有球磨机、胶体磨、机械冲击磨和气流粉碎机等。从实际粉碎效果（包括粉碎效率、选择性等指标）来看，气流粉碎效果较好。我国目前制备超细粉体主要采用气流粉碎机。

除了粉碎法以外，还可通过化学反应（或物理化学作用）的方法，使原料在发生化学反应或相转变（如氧化、分解、沉淀、蒸发等）的同时，生成粉体。然而，就煤矸石的粉体制备而言，可能粉碎法更加可行一些。

第七章
煤矸石沸腾炉渣资源化技术

煤矸石因含有少量可燃有机质，在燃烧时能释放一定的热量。我国的煤矸石的发热量变化较大，一般在 800～1500kcal/kg 之间（1kcal≈4.186kJ，下同）。因此，不少煤矸石可直接或稍加处理成为有用的热能资源。然而，由于煤矸石的特殊性，在对其进行燃烧以利用其所含的热能时，难以采用普通锅炉作为燃烧设备。国内外研究与实践结果表明，流态化燃烧锅炉（或称沸腾燃烧锅炉，简称沸腾炉）是理想的煤矸石燃烧设备。实践表明，发热量在 1500kcal/kg 以上的煤矸石可作为沸腾炉的燃料。

煤矸石在沸腾炉中于 900～1000℃ 下充分燃烧所排出的残渣就是沸腾炉渣，简称沸渣。煤矸石作为燃料，因发热量低、灰分高，燃烧产生的残渣很多。我国每年产生的沸渣在 2×10^7t 左右。大量的沸渣若不加以处理或利用，将会对环境造成极大的污染。近年来，国内外开发了多种处理沸渣的途径，主要是将沸渣用于生产建材方面。

第一节　煤矸石流态化燃烧及沸腾炉渣的产生

煤矸石主要采用流态化燃烧技术在流化床锅炉（沸腾炉）内进行燃烧。流化床技术首先于 1922 年在德国取得专利，1926 年应用于 Winkler 煤气炉作为大规模的化学反应装置投入实际运行。1964 年，英国制造并使用了工业规模的流化床燃烧成套装置，此后世界各国特别是日本、美国和德国积极进行了流态化燃烧技术和设备的开发。我国从 20 世纪 70 年代开始进行流化床燃烧技术和装备的引进、研究，迄今在基础理论研究、设备开发和实际应用等方面均已取得了极大的进展。

一、流态化燃烧基本原理

煤矸石粒料在流化床锅炉的燃烧过程中，空气通过床底的布风板后均匀地通过料层

（图 7-1）。如果通过料层的风速 v 较低，气流对粒料的向上吹托力不能克服层料重力，则料层在布风板上不动，空气从料层颗粒间的空隙通过，这种状态称为固定态，见图 7-1（a）；当风速增大到临界速度时，气流对粒料向上的吹托力等于料层的重力，料层开始松动，料粒间隙加大，气流通过料粒间隙的实际速度保持不变，这种状态称为沸腾态，见图 7-1（b）；如果再加大风速，当风速大到某一极限值 v_{jx} 时，料层便转入悬浮状态，粒料被气流吹走，这种状态下的燃烧称为悬浮态，见图 7-1（c）。要使料层达到并保持流态化，就必须使气流速度 v 大于临界流化速度 v_{lj} 而小于极限速度 v_{jx}，即让气流流速 v 保持 $v_{lj}<v<v_{jx}$，料层在这种状态下的燃烧称为流化床燃烧。

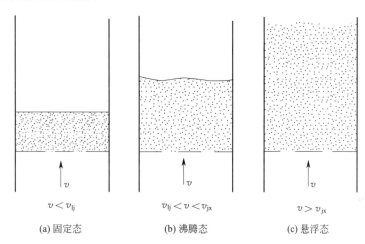

$$v<v_{lj}$$

$$v_{lj}<v<v_{jx}$$

$$v>v_{jx}$$

(a) 固定态   (b) 沸腾态   (c) 悬浮态

图 7-1 固体燃料床层的 3 种燃烧状态

二、流化床燃烧方式对煤矸石燃烧的适应性

沸腾炉的燃烧层较厚，燃料在炉内停留时间较长，固体燃料上下翻腾、相互碰撞，空气与固体颗粒间的相对运动速度也很大，并且炉料中正在燃烧的炽热料保持在 95％ 左右，而新加入的燃料仅占 5％。因此，在流化床内空气与燃料的接触和混合良好，除了流化床（沸腾床）中接近底部的区域温度稍低外，其余部分温度很均匀，均具备燃烧条件。这样，新燃料进入沸腾层后就能立即与炽热的炉料均匀地混合、碰撞，很快着火，稳定燃烧。这些都为灰分高、发热量低的煤矸石等劣质燃料提供了良好的着火与稳定燃烧条件。

此外，煤矸石在流化床内燃烧时，炉内热容量大、炉温容易控制，燃料的燃烧温度一般控制在 850～1050℃，恰好处于煤矸石的中温活性区。这样，煤矸石经流化床燃烧，既利用了其热量，灰渣又有很高的活性，便于进一步处理和利用。

我国目前约有近千台流化床锅炉在运行，其中大多数都是鼓泡床沸腾炉。典型的流化床锅炉见图 7-2。

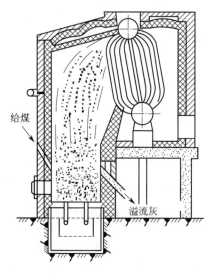

给煤

溢流灰

图 7-2 典型的流化床锅炉

三、沸渣的火山灰性质

1. 煤矸石活性的产生

煤矸石中的主要矿物是结晶良好的石英、长石、黏土类矿物、水云母和高岭石等。煅烧前，煤矸石的活性很低，表现为用其制成的蒸养和蒸压制品的强度均不高，因而不适于作为建筑材料。煤矸石经过煅烧后，其主要结晶矿物形成无定形的 Al_2O_3 和 SiO_2，就具有了活性。煅烧煤矸石的活性主要取决于煅烧的温度和时间，一般以 $900\sim1000℃$，$0.5\sim1h$ 所得产物的活性最佳。沸腾炉燃烧的条件大致与此相符。因此，沸渣具有良好的活性，属人工火山灰质材料，可用于生产建材。

煤矸石经过长期堆放要发生自燃，其自燃温度在 $1000\sim1100℃$ 之间。经过自燃后的煤矸石的烧失量很低，自燃状态下的矿相变化与人工煅烧时的情况基本相同。但是，值得指出的是，由于煤矸石自燃时一般不能人为控制，使得自燃煤矸石的活性较差，质量也不均匀。自燃煤矸石的处理、利用与沸渣的处理和利用基本上采用相同的方法。

2. 煤矸石活性的评价

通常所说的煤矸石的活性，实际上是指煤矸石的强度活性，即指煤矸石作为某种胶凝材料的一个组分时该胶凝材料所具有的强度。

我国制定的《用于水泥中的火山灰质混合材料》（GB/T 2847—2005）采用了国际标准化组织推荐的 ISO 法，用火山灰活性试验及水泥胶砂 28d 抗压强度试验的结果来评定火山灰材料的活性。由于目前我国还没有评定煤矸石活性的国家及部门标准，在评定煤矸石的活性时通常参照 GB/T 2847—2005 标准，按照火山灰活性试验标准测定掺煤矸石试样的抗压强度，与纯水泥试样的抗压强度对比。

（1）煤矸石试样配比　煤矸石：硅酸盐水泥：标准砂＝162g：378g：1350g。

（2）纯水泥试样配比　硅酸盐水泥：标准砂＝540g：1350g。

试验时，煤矸石作为混合材使用，含水率＜1％，磨细至 0.08mm 方孔筛筛余 5％～7％；硅酸盐水泥熟料安定性合格，强度在 41.7MPa 以上，比表面积 $2900\sim3100cm^2/g$；石膏掺入量（外掺）以 SO_3 计为 1.5％；用水量238mL，流动性控制在 $125\sim135mm/s$；试样在 $40℃\pm2℃$ 条件下养护。分别测定 2 个试样的 28d 抗压强度 R_1、R_2，计算 2 个试样的抗压强度比。即

$$抗压强度比 = \frac{R_1}{R_2} = \frac{掺30\%煤矸石粉的水泥胶砂\ 28d\ 抗压强度}{纯水泥胶砂\ 28d\ 抗压强度}$$

用该抗压强度比值表示煤矸石经自燃或煅烧后煤矸石渣的强度活性。该强度比值不低于62％时，煤矸石即可作为用于水泥中的火山灰质混合材使用。即使该比值低于62％，仍可作为砂浆、混凝土与砌块等的掺合料使用，并可不同程度地减少胶凝材料的用量。

3. 煤矸石活性的增强

在实际应用过程中，试件的养护条件对煤矸石沸渣活性的发展具有较大的影响。上述煤矸石活性的评定就是在标准养护条件下进行的。煤矸石沸渣活性的提高和增强可以通过对以煤矸石沸渣为原料制备的建筑材料的养护来达到。

通常，煤矸石沸渣建筑制品的养护条件有自然养护、蒸汽养护和蒸压养护 3 种。在自然养护条件下，石灰-煤矸石制品的水化产物主要为水化硅酸钙 CSH、水榴子石 C_3ASH_4 和 $Ca(OH)_2$，其中后者还占有一定的比例。在蒸养条件下，石灰-煤矸石制品的水化产物主要为水化硅酸钙和水榴子石，此外，尚有少量 $Ca(OH)_2$ 存在。如掺入少量的石膏，开始便能迅速形成 E 盐（三硫型水化硫铝酸钙，通常称钙矾石，化学式为 $3CaO \cdot Al_2O_3 \cdot 3CaSO_4 \cdot 3H_2O$），随着石膏的逐渐减少，E 盐逐渐转变为 M 盐（单硫型水化硫铝酸钙，化学式为 $3CaO \cdot Al_2O_3 \cdot CaSO_4 \cdot 12H_2O$）。而在蒸压条件下，石灰-煤矸石制品的水化产物主要为水化硅酸钙、水榴子石和托贝莫来石 $C_5S_6H_5$，而没有 $Ca(OH)_2$ 存在。掺入少量石膏也是为了提高煤矸石硅酸盐制品的强度，使其抗碳化、抗收缩性能得到改善。

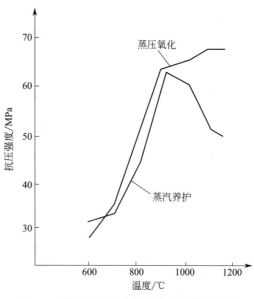

图 7-3　煅烧温度和养护条件对煤矸石活性
（以制品的抗压强度为指标）的影响

一般而言，在制品配比一定的条件下，自然养护获得的强度最小，蒸压养护获得的强度最大。由图 7-3 可以看出，煤矸石的煅烧温度与制品的养护条件对煤矸石硅酸盐制品的强度有较大影响，二者处于最佳匹配时，制品强度达到最大。

煤矸石经过煅烧可以制备水泥混合材和生产无熟料及少熟料水泥，这在第五章中已介绍了。这两章主要讨论沸渣生产煤矸石混凝土空心砌块和煤矸石沸渣加气混凝土。

第二节　煤矸石沸腾炉渣制混凝土空心砌块

混凝土小型空心砌块，简称混凝土砌块，是目前国内外常用的一种建筑材料。

煤矸石沸腾炉渣混凝土空心砌块，简称煤矸石空心砌块，是以自燃或人工煅烧煤矸石（如沸渣）和少量生石灰、石膏混合磨细作胶结料，以经过破碎、分级的自燃或人工煅烧煤矸石、其他工业废料或天然砂石等作为粗、细骨料，胶结料和粗细骨料按比例计量配料、加水搅拌、振动成型、蒸压养护后即制成煤矸石空心砌块。

生产煤矸石空心砌块可以大量地利用沸渣，而且生产工艺简单、产品性能稳定、使用效果良好，既是一种有前途的新型墙体材料，也是一种大量利用、处理固废的有效途径。

一、原料及配比

1. 胶结料原料选择

（1）沸渣　对沸渣的要求和作水泥混合材时的要求基本相同，应选择经过自燃或人工煅烧的以泥质页岩为主的煤矸石所形成的灰渣。这类煤矸石经高温煅烧，其中黏土矿物被分解为无定形 SiO_2 和 Al_2O_3，使之具备和石灰、石膏进行水热合成反应的条件。一般实际煅烧温度控制在 $950\sim1100℃$ 之间为宜。沸渣的化学成分中含 $50\%\sim60\%\,SiO_2$、$15\%\sim25\%$ Al_2O_3、$3\%\sim8\%\,Fe_2O_3$，其他是少量钙、镁、钾、钠等氧化物。

（2）生石灰 生石灰是煤矸石胶结料中重要组分。生石灰的主要成分是 CaO 和少量 MgO，遇水消化，CaO 将变为 $Ca(OH)_2$，同时体积膨胀 $1\sim3.5$ 倍，并放出大量热量。

生石灰在煤矸石空心砌块中的主要作用如下。

1）消化生成的 $Ca(OH)_2$ 和自燃或煅烧煤矸石中的活性 SiO_2 与 Al_2O_3 进行水化反应，生成水化硅酸钙和水化硫铝酸钙（在石膏存在条件下），从而使砌块获得一定强度和其他力学性能。

2）生石灰消化放出大量热量，加速水化反应进行，提高了砌块的初始强度，从而提高了砌块抵抗蒸汽养护过程中的温度应力及水化产物形成时固相膨胀能力，避免砌块表面产生酥松或裂缝。

3）生石灰完全消化的理论需水量为其质量的 32.13%，加之消化热作用下水分蒸发的损失和消化时石灰的体积膨胀，相应降低了砌块的水胶比并提高了密实度，从而改善了砌块的内部结构，提高了砌块的强度和耐久性能。

用于煤矸石混凝土空心砌块的生石灰应具备下列条件。

1）有效氧化钙含量要高。所谓有效氧化钙指的是能和煤矸石中的活性 SiO_2 和 Al_2O_3 进行水化反应的 CaO 和 $Ca(OH)_2$。有效氧化钙含量高可提高砌块的强度，减少生石灰用量，降低成本。一般生石灰中有效氧化钙含量不应低于 60%。

2）氧化镁含量要低。生石灰中的 MgO 是煅烧石灰时 $MgCO_3$ 的分解产物。由于 $MgCO_3$ 的分解温度（$700℃$）低于 $CaCO_3$ 的分解温度（$900℃$），因此在正常温度（$1000\sim1200℃$）下煅烧生石灰，MgO 为过烧成分。它在正常温度下消化的速度极慢，在蒸汽养护过程中会继续消化并伴随体积膨胀，将破坏砌块内部已形成的结构，使制品强度下降，甚至开裂。因此生石灰中，一般氧化镁的含量不应大于 5%。

3）生石灰的消化温度要高，一般$>60℃$，消化时间控制在 30min 以内。

4）过烧和欠烧石灰含量要少。

为了保证煤矸石空心砌块的质量，配制胶结料时应尽量采用有效氧化钙含量高、消化温度高、氧化镁含量低的新鲜石灰。

（3）石膏 石膏在胶结料中掺量不大，但作用明显。它对砌块强度有显著影响，其作用如下。

1）加速石灰与煤矸石中活性 SiO_2 和 Al_2O_3 的水化反应，促进水化产物的形成和数量增加，并提高水化产物的结晶度。

2）参与水化反应，生成水化硫铝酸钙。

3）延缓生石灰的消化放热反应，有效抑制生石灰消化过程中的热膨胀，改善内部结构，提高砌块的密实度。配制煤矸石胶结料所用的石膏，一般采用二水石膏（$CaSO_4\cdot2H_2O$）。

2. 骨料的选择

骨料是砌块的骨架，不仅对强度起重要作用，同时能有效地减少制品的收缩裂缝。骨料由粗、细两部分组成。

砌块细、粗骨料的选择，一般要求采用较坚实的材料，保证强度；颗粒的级配要符合规定，以形成孔隙率最小的坚强骨架；根据砌块的断面尺寸决定粗骨料的最大粒径，以保证制品质量。

一般有煤矸石资源的地方，自燃和人工煅烧煤矸石不仅是胶结料的主要原料，也可以制成粗、细骨料，一般选用 5～20mm（或 5～25mm）粒级作粗骨料，小于 5mm 的作细骨料。但用人工煅烧煤矸石作骨料时，在经济上不一定合理，可因地制宜选用其他工业废渣或天然砂石作粗、细骨料。

应注意剔除夹杂在骨料中的石灰块等有害杂质，以免在蒸养过程中消化膨胀，使砌块干裂。

3. 配合比的确定

配合比分胶结料配合比和混凝土配合比两部分。

（1）胶结料配合比　实践表明，胶结料配合比在一般情况下煅烧后煤矸石占 70％左右，生石灰取 25％，控制有效氧化钙在 15％～25％之间；石膏的掺量为 3％～6％，胶结料蒸养后强度将大于 $400kg/cm^2$。有效氧化钙含量和石膏掺量对胶结料强度的影响可见图 7-4 和图 7-5。

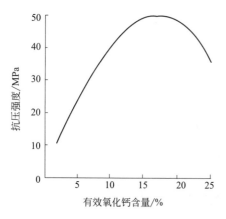

图 7-4　有效氧化钙含量对胶结料强度的影响　　　图 7-5　石膏掺量对胶结料强度的影响

图中曲线表明，随着生石灰量增加，水化产物随之增加，强度增加。掺量超过一定值后，由于过剩生石灰消化时体积膨胀对结构的破坏作用，反使胶结料强度下降。石膏掺量对强度的影响比石灰还敏感，其规律和石灰类似。

（2）混凝土配合比　一般混凝土配合比采用正交设计或试配等试验方法来确定。表 7-1 是几个生产单位煤矸石空心砌块的配合比实例。

表 7-1　煤矸石空心砌块的配合比实例

生产单位	骨料品种	混凝土配合比 胶结料：细骨料：粗骨料	水胶比	蒸养抗压强度 /(kg/cm²)
焦作硅酸盐制品厂	自燃煤矸石	1：1：3	0.5～0.55	150～200
株洲煤矸石制品厂	卵石河砂	1：2：4	0.5～0.55	200
淄博房建二公司	自燃煤矸石	1：1：2	0.5～0.55	200
徐州九里山采石厂	人工煅烧煤矸石及碎石膏	1：2：3	0.45～0.5	150～200

二、生产工艺

1. 煤矸石无熟料砌块生产工艺

砌块的生产工艺主要由胶结料和骨料的制备、搅拌和成型、养护、堆放等环节组成。煤矸石空心砌块生产的典型工艺流程如图 7-6 所示。

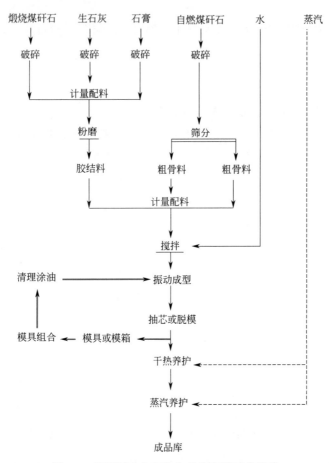

图 7-6 煤矸石空心砌块生产的典型工艺流程

（1）胶结料的制备 配备好的煅烧煤矸石、生石灰和石膏在球磨机中混合磨细，磨得越细，在蒸养过程中相互间进行水化反应的表面积越大，生成的水化产物越多，制品强度高、性能好。然而，过细的粉磨会使电耗过高、磨机产量降低，所以胶结料的细度一般控制在 4900 孔/cm² 筛筛余量在 8% 以下。粉磨好的胶结料对贮存很敏感，贮存一个月，强度要降低 7%～14%，因此贮存期不要超过一个月，最好边生产边使用。

（2）混合料的制备 混合料的制备主要包括计量和搅拌 2 个环节。

计量方法一般采用简易自动配料秤和电子秤等。配料计量允许误差（以重量计）：胶结料和水各为 ±2%，骨料为 ±3%。

搅拌的目的在于获得均匀的混合料，进而保证砌块的质量和均质性。搅拌时间控制在 3min 以内为宜。

投料顺序分为一次投料方式和分组投料方式。一次投料是先加细骨料，再加胶结料，最后加粗骨料，加入全部用水量；分组投料是先加粗骨料和部分水，清除筒壁上的残渣，后加胶结料和细骨料及余下的水。一般采用间歇式搅拌机，以采用 J_1-375、J_1-1500 型强制式搅拌机为宜。

（3）砌块成型　煤矸石空心砌块采用振动成型法生产，分为平模振动型和立模振动成型 2 种。平模法一般采用振动台，立模法采用空心砌块成型机。

1）平模成型。主要由振动台和模具组成。一般选用 1.5m×6m、载重 3t 的振动台，频率为 3000 次/min，振幅 0.3～0.5mm，振动 3～5min，模具要求规格尺寸正确，连接牢固，密合不漏浆，不变形，有足够的刚度，易装卸。

2）立模成型。用立模成型具有制品质量好、生产效率高、机械化程度高等优点。例如三工位液压传动砌块成型机（图7-7）。它由组合模箱、给料系统、振动系统、制品顶推机构和机架组成。基本工作原理是，原料由给料箱送入模具，给料过程中下部振动，料被捣实，送到中间上压板进行上部振动；然后脱模，砌块顶到托板上，顶出制品，运到蒸养工序。

（4）砌块的养护　煤矸石胶结料属于石灰火山灰质胶凝物质体系。这类胶凝物质在常温下水化反应进行很慢，难以形成水化产物，是一种凝胶硬化缓慢而强度不高的凝胶物质。砌块成型后必须经过蒸汽养护来加快水化反应速度，促进凝胶硬化，使制品在较短时间达到预期的强度和物理力学性能指标。

砌块一般采用常压蒸汽养护，分为干热养护和蒸汽养护 2 个阶段。干热养护是为了提高制品的初始强度，蒸汽养护是为了保证制品水热合成反应的进行。

1）干热养护。所谓干热养护是指制品在较高的温度和较低的湿度条件下，使生石灰水化凝结，制品内部水分蒸发，从而获得初始强度。

因为煤矸石胶结料在常温下水化速度很慢，成型后制品塑性强度很低，如果立即用饱和蒸汽养护，就无法抵御蒸汽的冲击，也无法抵御由于温差应力和生石灰消解产生体积膨胀造成的表面和内部结构的破坏，所以必须先经过一段时间的干热养护，获得制品的初始强度。焦作硅酸盐制品厂大量试验表明，把干热温度提高到 60～70℃，湿度控制在 50%～60%，干热养护时间可缩短到 6～8h。

2）蒸汽养护。煤矸石空心砌块有了初始强度后，即进入蒸汽养护阶段，蒸汽养护可分为升温、恒温、降温 3 个过程。

升温过程从干热养护 60～70℃升到饱和蒸养的 95～100℃。恒温过程加速制品水化反应和水化产物的大量形成，这是获得强度和其他物理力学性能的主要过程，实践经验证明，在 90～100℃温度下，恒温 8～10h 为宜。降温过程是恒温结束停止供气后，制品温度逐渐下降到自然温度，降温时制品内部水分向外蒸发，降温过快，水分急剧向外蒸发，易使制品缺棱少角，表面出现发丝裂纹等现象，所以降温速度要适当控制，一般降温 2～3h，制品即可从养护设备中卸出。

养护设备有养护池和养护室 2 种。养护池属于间歇操作，适宜和振动平模成型配套；养护室一般采用隧道养护室（图7-8），沿长度方向可分为升温段、恒温段及降温段。干热养护段（断面Ⅰ-Ⅰ）长 68.9m，可容纳底板小车 51 辆，窑两壁各布五排圆翼型散热器。靠近"水幕"一侧的排潮烟囱排出水分；蒸养段（Ⅱ-Ⅱ）长 71.04m，可容纳小车 52 辆，蒸汽喷管沿两壁下部敷设；降温段未特殊处理，长 21.6m，可容纳小车 15 辆，该窑全长 161.54m，

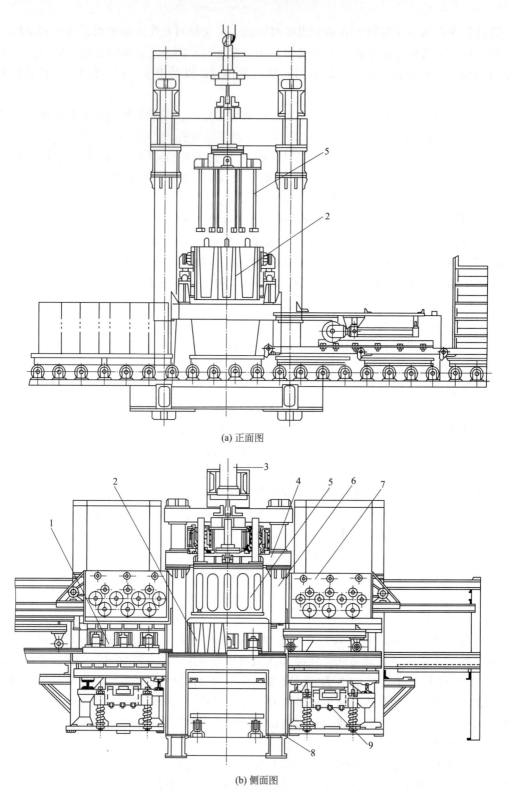

(a) 正面图

(b) 侧面图

图 7-7　三工位液压传动砌块成型机

1—模框；2—模芯；3—油缸；4—上振动部分；5—上模头；6—主机架；

7—给料筋；8—送托板部分；9—下振动部分

可容小车118辆，养护周期18h。在干养段和蒸养段、蒸养段与降温段之间，分别设两道"水幕"，每道水幕分别由"上水幕"和"下水幕"组成，循环水量为90t/h。煤矸石无熟料混凝土砌块养护制度见表7-2。

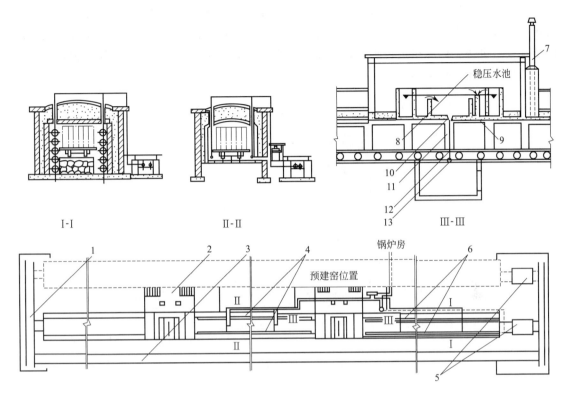

图 7-8　连续式干湿热养护窑

1—摆渡道；2—水幕间；3—回车道；4—喷蒸管；5—成型机；6—散热器；7—排潮管；
8—泄水管；9—溢水管；10—条形水嘴；11—上水幕；12—下水幕；13—下喷管

表 7-2　煤矸石无熟料混凝土砌块养护制度

生产单位	静　停		升温时间/h	恒　温			降温时间/h	养护周期/h
	时间/h	温度/℃		温度/℃	湿度/%	时间/h		
焦作市硅酸盐制品厂	12~14	40~45	3~4	100/100		10	2	27~30
株洲市石料厂	6	50	5~7	100/100		9	2	21
枣庄市煤矸石砖厂	16	50	4	100/100		10	2	32

2. 煤矸石水泥砌块生产工艺

煤矸石水泥砌块是以煤矸石轻集料（或与砂）为骨料，水泥为胶结料，加水搅拌均匀后经振动成型，自然养护而制成的空心混凝土块。

以下用一实例简单介绍利用煤矸石生产砌块和免烧彩色地砖的生产工艺。

（1）原料配比　利用煤矸石生产建材制品所需的原料为：煤矸石、河砂、425#普通水泥、颜料。根据生产不同产品的要求，原料配比如下。

砌块：水泥10%，8~13mm的煤矸石60%，细渣沫10%，河砂20%。

彩色地砖：水泥 10%，3~8mm 的煤矸石 60%，渣沫 10%，河砂 20%。每平方米彩色地砖用细砂 8.2kg，颜料 0.12kg。

配好的原料由皮带及螺旋输送机运送至搅拌机搅拌均匀后待用。

（2）生产系统　经搅拌机搅拌混合均匀的原料送至成型主机振动成型，产品经链式输送机送至升板机，再由叉车送至指定地点进行室内养护；养护后的产品由叉车运至降板机，再由链式输送机送至码垛机进行码垛，码垛后由叉车送至室外进行自然养护，经检验合格后出厂。其生产工艺流程见图 7-9。

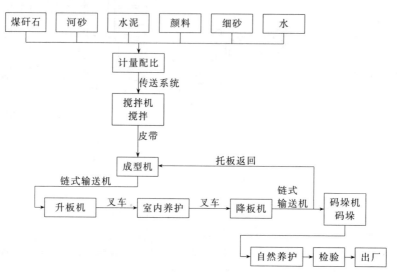

图 7-9　煤矸石水泥砌块生产工艺流程

三、空心砌块的性能

1. 空心砌块的质量标准

煤矸石小型空心砌块的生产可按照国家标准《轻集料混凝土小型空心砌块》（GB/T 15229—2011）规定的技术要求进行，除砌块的放射性核素限量其各项性能指标的试验按 GB 6566—2010 规定进行，其他各项性能指标的试验应按 GB/T 4111—2013 规定进行。

（1）产品规格　主规格尺寸为 390mm×190mm×190mm。其他规格尺寸可由供需双方商定。尺寸误差和产品外观质量要符合标准要求。

（2）密度等级　砌块密度等级应符合表 7-3 要求。

表 7-3　砌块密度等级要求　　　　　　　　　　　　单位：kg/m³

密度等级	砌块干燥表观密度的范围	密度等级	砌块干燥表观密度的范围
700	≥610,≤700	1100	≥1010,≤1100
800	≥710,≤800	1200	≥1110,≤1200
900	≥810,≤900	1300	≥1210,≤1300
1000	≥910,≤1000	1400	≥1310,≤1400

（3）强度等级　砌块强度等级应符合表 7-4 要求。符合要求者为合格品，强度达标、密度超标时，砌块将被判定为不合格。

表 7-4　砌块强度等级要求

强度等级	砌块抗压强度/MPa		密度等级范围/(kg/m³)
	平均值	最小值	
MU2.5	≥2.5	≥2.0	≤800
MU 3.5	≥3.5	≥2.8	≤1000
MU 5.0	≥5.0	≥4.0	≤1200
MU 7.5	≥7.5	≥6.0	≤1300
MU 10	≥10.0	≥8.0	≤1400

（4）吸水率、干燥收缩率和相对含水率　砌块的吸水率应不大于 18%、干燥收缩率应不大于 0.065%。砌块相对含水率应符合表 7-5 的要求。

表 7-5　砌块相对含水率要求

干燥收缩率/%	相对含水率/%		
	潮湿地区	中等湿度地区	干燥地区
<0.03	≤45	≤40	≤35
≥0.03,≤0.045	≤40	≤35	≤30
>0.045,≤0.065	≤35	≤30	≤25

注："潮湿"是指年平均相对湿度大于 75% 的地区；"中等湿度"是指年平均相对湿度为 50%～75% 的地区；"干燥"是指年平均相对湿度小于 50% 的地区。

（5）抗冻性　砌块抗冻性应符合表 7-6 的要求。

表 7-6　砌块抗冻性要求

环境条件	抗冻标号	质量损失率/%	强度损失率/%
温和与夏热冬暖地区	D15		
夏热冬暖地区	D25	≤5	≤25
寒冷地区	D35		
严寒地区	D50		

注：环境条件应符合 GB 50176—2016 的规定。

（6）碳化系数和软化系数　加入粉煤灰等火山灰质掺和料的小砌块，其碳化系数不小于 0.8，软化系数不小于 0.75。

（7）放射性　放射性应符合 GB 6566—2010 的规定。

此外，该标准还对抽样、试验方法、产品的分类、等级、标记、合格证，以及堆放和运输等作了详细规定。生产时，需严格执行该标准。

2. 煤矸石混凝土空心砌块产品性能

煤矸石混凝土空心砌块的生产实践表明，利用煤矸石可以制备出物理力学性能良好、耐久性可靠、能作为墙体材料使用的空心砌块，其物理力学性能和耐久性见表 7-7。

表 7-7　煤矸石空心砌块物理力学性能和耐久性

项　目		单　位	指　标		
			焦作产品	株洲产品	博山产品
物理性质	干容量	kg/m³	2150	2255	1890
	吸水率	%	6.5	5.81	13.6
	软化系数	%	0.9	0.96	0.74
	收缩率	mm/m	0.4	0.46	0.36
	导热系数	kcal/(m·h·℃)	0.63	—	6.53

项　　目		单　位	指　　标		
			焦作产品	株洲产品	博山产品
力学性能	抗压强度	kg/cm²	150～200	200	＞200
	抗拉强度		14.4	15.9	16
	抗折强度		35.7	33.7	43.9
	弹性模量		1.98×10⁶	1.94×10⁶	1.70×10⁶
耐久性	硫化系数		0.84	0.72	0.93
	15 次冻融循环强度损失	%	4.5	—	2
	25 次冻融循环强度损失	%	—	7.83	0.4

不同水泥和煤矸石沸渣配合比下制备的不同空心率的煤矸石砌块的抗压强度见表 7-8。煤矸石空心砌块的生产和使用要根据砌块的用途来选择。

表 7-8　不同水泥掺量和空心率煤矸石砌块的抗压强度

配合比/%		砌块规格	块重	空心率	抗压强度
水泥	沸渣	长×宽×高/mm×mm×mm	/kg	/%	/(kg/cm²)
11.5	84.5	390×190×190	＜12.5	44	＞35
15.5	84.5	390×190×190	13.74	44	48.3
16.0	84.0	390×190×190	13.72	44	49.68
17.0	83.0	390×190×190	13.80	44	51.58
17.0	83.0	390×190×190	＜17	30	＞70
15.0	85.0	390×190×190	＜8	27	＞50
10.0	90.0	390×190×190	＜11	0	＞100

第三节　煤矸石沸腾炉渣生产加气混凝土

加气混凝土是在料浆中掺入发气剂，利用化学反应产生气体使料浆膨胀，硬化后形成具有较发达孔结构的混凝土。加气混凝土是用含硅质材料（如砂、粉煤灰、尾砂粉、煤矸石沸腾炉炉渣等）和钙质材料（如水泥、石灰等）加水制成料浆，加入适量发气剂和其他附加剂，经过搅拌混合、浇注发泡成型、坯体静停与切割，再经蒸汽养护（蒸压或蒸养）制成。

加气混凝土是一种新兴的轻质墙体和屋面建筑材料，具有质量轻、强度高、保温、隔热、吸声等优点，而且对各种建筑体系的施工方法具有广泛的适应性，在国内外得到了广泛的发展和应用。

煤矸石沸渣加气混凝土就是利用煤矸石沸腾炉渣作硅质材料制成的加气混凝土。

一、发气反应和气孔结构的形成

1. 发气和膨胀

煤矸石的主要成分为高岭土（$Al_2O_3 \cdot 2SiO_2 \cdot 2H_2O$），经自燃或人工煅烧后，脱水成偏高岭石（$Al_2O_3 \cdot 2SiO_2$），部分可分解为无定形 Al_2O_3 和 SiO_2。把煤矸石沸渣、生石灰、铝粉和水等以及其他添加剂按一定比例均匀混合，便形成具有塑性、黏性的料浆，搅拌浇注过程中，在一定温度下（热水），水泥和石灰发生水化作用，生成 $Ca(OH)_2$，放出热量，使液相呈碱性（pH 值达 12 左右，否则需外加少量 NaOH）。新鲜表面的铝粉极易与碱溶液作用生成氢气，反应式如下。

$$2Al + 2Ca(OH)_2 + 8H_2O \longrightarrow CaO \cdot Al_2O_3 \cdot 6H_2O + 3H_2 \uparrow$$

若加入了 NaOH，它也与铝粉作用生成氢气：

$$2Al + 6NaOH + 8H_2O \longrightarrow Na_2O \cdot Al_2O_3 \cdot 6H_2O + 3H_2 \uparrow$$

在石膏存在时，反应如下式：

$$2Al + Ca(OH)_2 + 3(CaSO_4 \cdot 2H_2O) + 2H_2O \longrightarrow CaO \cdot Al_2O_3 \cdot 3CaSO_4 \cdot 3H_2O + 6H_2 \uparrow$$

当温度为 40℃ 时，1g 铝粉完全反应能放出 1.44L 氢气。产生的氢气在水中溶解度不大，使混合料浆膨胀。

在铝粉颗粒与碱性溶液接触的一瞬间，开始放出氢气，形成微小的气泡。当料浆温度为 400℃ 左右时，便产生大量气体，使铝粉颗粒周围形成一定的压力。当此压力引起的切应力大于料浆极限切应力时，气泡尺寸开始增大（图 7-10），料浆发生膨胀。

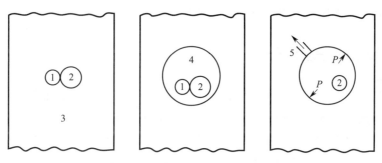

图 7-10　料浆膨胀时气孔形成原理

1—铝粉颗粒；2—氢氧化钙颗粒；3—原料；4—氢气泡；5—排气口

2. 料浆的水化、稠化和凝结

在发气的同时，水泥、石灰与热水之间发生水化、稠化和凝结反应。水泥、石灰和水发生水化反应的结果是生成氢氧化钙、含水硅酸二钙、含水硅酸三钙、含水铝酸钙和含水铁酸钙等产物，使自由水减少、水化产物增加、料浆开始稠化。在大量发气阶段，因水化产物减少，稠化速度比较缓慢，这样可以确保发气顺畅；发气膨胀临近结束时，水化反应仍继续进行，水化产物越来越多，液相越来越少，料浆逐渐失去流动性并产生能支承自重的结构强度。

因此，随着稠度增加，形成过饱和胶体，析出晶体并凝结成连生体，使初凝到终凝后具有一定的结构强度。在发气膨胀的同时，料浆中因水化反应生成一定量的水化产物（$CaO \cdot Al_2O_3 \cdot 6H_2O$，$CaO \cdot SiO_2 \cdot H_2O$），发气膨胀一旦结束，料浆便迅速固化而形成稳定的多孔结构。终凝后，水化作用在常压下就不能大量进行，经过一段时间的静停，坯体继续增加强度后，便可进行切割。

3. 气孔结构的形成与条件

料浆浇注入模之后，一方面进行放气反应；另一方面水泥和石灰进行水化、稠化、凝结反应。显然，只有在发气速度和稠化速度相适的条件下加气混凝土多孔结构才能形成，也就是在时间上来讲，在大量发气阶段，料浆稠化要缓慢，使料浆具有良好的流动性，发气顺畅、顺利膨胀，同时料浆要有良好的保气性能，使气泡不升逸出去而悬浮在中间，而且发气过程应在料浆丧失流动性前结束；一旦发气结束，料浆应迅速稠化丧失流动性，稳住形成的气泡结构。为了在大量气化阶段减缓料浆稠化速度，常加入少量石膏来抑制石灰的水解速度。

料浆稳定膨胀所必需的力学条件包括下面两个方面。一方面，料浆极限切应力小于气体压力产生的切应力。在发气初期，料浆极限切应力越小，发气越顺畅。反之，若料浆极限切应力过大，则料浆流动性差，气泡不能膨胀，此时如果发气还在继续进行，会使气孔内压力不断增大，使料浆产生弹塑性变形。当气体压力引起的切应力大于料浆的强度极限时，气泡就炸裂（图 7-10）。稠化快于发气时便出现这种现象。另一方面，气泡浮力小于介质阻力。如果料浆的塑性强度过低，就不能保住气体，气泡便会上浮，并可能与相临气泡合并成大气泡逸出，造成"沸腾"冒泡。欲使气泡不升浮逸出而是悬浮于料浆内，则气泡受到的浮力应小于或等于阻力。可见，料浆要有足够的塑性强度才能保住气体不外溢。加入表面活性剂，可以防止气泡长大，对阻止气泡升浮有一定的作用。

二、加气混凝土的蒸压硬化

料浆凝结后，整个体系基本上稳定，成为坯体。静停后具有一定强度，可进行切割。但由于时间短、温度低、水化产物少、结晶度差，尚属于半成品。

为了改变硅质材料的惰性，使灰质和硅质材料进行水热反应，增加水化产物，改善结晶度，从而使混凝土在较短时间内全面达到要求性能，就要进行蒸压养护。硅质材料用量大的加气混凝土，其硬化和相形成主要在蒸压养护阶段完成。在约 10 个大气压、180℃蒸汽养护条件下，硅质和钙质材料的反应和生成的产物如图 7-11 所示。

三、原料和配比

1. 生产煤矸石加气混凝土的原料

（1）沸渣　值得指出的是，应用玫瑰色沸渣生产加气混凝土生产建筑材料，首先要测定煤矸石沸渣的放射性比活度，只有满足建筑材料用工业废渣放射性限制标准（GB 6566—2010）才能使用。

沸渣是煤矸石在沸腾锅炉中经 900～1050℃的温度充分燃烧后排出的残渣。一般以 SiO_2 含量大于 40%、Al_2O_3 含量 15%～35%，其他成分较少为宜。一般要求磨细到 4900 孔/cm^2 筛筛余量在 5%～8%。

（2）生石灰　用于煤矸石加气混凝土生产的生石灰要求有效氧化钙含量大于 96%，氧化镁含量小于 5%，细度达到 4900 孔/cm^2 筛筛余小于 15%，粉磨时如果发现有糊磨现象时，可加入万分之几的三乙醇胺分散剂。

在一定范围内，随着生石灰用量的增加，浆料中 $Ca(OH)_2$ 的含量相应增加。这样一方面可以使铝粉充分反应，形成多孔结构，降低制品容重；另一方面可以使煤矸石中的活性成分充分地与 $Ca(OH)_2$ 反应，生成较多的水化产物，从而提高制品强度。然而，当生石灰用

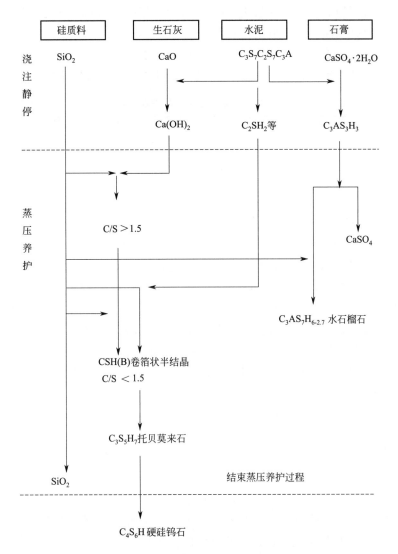

图 7-11　蒸压养护硅质、钙质的反应产物

量过多时，料浆中将存在游离的氧化钙，加之过量生石灰水化反应时，体积膨胀对结构的破坏作用，使制品强度反而下降。可见，对加混凝土的生产来说，生石灰应有一个最佳掺量。表 7-9 显示出这个最佳掺量为 $16\%\sim17\%$（以有效氧化钙计）。

表 7-9　石灰掺量对加气混凝土制品性能的影响

样品	原料含量/%			A-CaO /%	密度 /(kg/m³)	强度 /MPa
	煤矸石	石灰	石膏			
1	40	8.5	1.5	14.5	350	2.86
2	40	9.0	1.5	15.2	361	3.08
3	40	9.5	1.5	15.9	376	3.21
4	40	10.0	1.5	16.6	532	3.85
5	40	10.5	1.5	17.3	563	3.69
6	40	11.0	1.5	17.9	587	3.52

（3）石膏　一般使用二水石膏或半水石膏，磨细到 4900 孔/cm² 筛筛余小于 15%。

加入石膏不仅可抑制生石灰的水化反应，延缓料浆稠化，而且在蒸压养护过程中可直接参与水化反应，提高制品强度。但是当石膏用量过多时，会使料浆在发气膨胀完毕后还远未稠化凝结，不能支承自重而塌模，使已形成的多孔结构遭到破坏，导致制品强度降低，所以石膏也应有一个最佳掺量。表 7-10 显示出了这个最佳掺量为石灰用量的 20%～22%。

表 7-10　石膏用量对制品性能的影响

| 样品 | 原料/% | | | 石膏占石灰用量的比例/% | 密度/(kg/m³) | 强度/MPa |
	煤矸石	石灰	石膏			
1	40	9.5	0	0	438	2.91
2	40	9.5	1.0	10.5	546	3.26
3	40	9.5	1.5	15.8	525	3.54
4	40	9.5	2.0	21.1	537	4.01
5	40	9.5	2.5	26.3	522	3.48
6	40	9.5	3.0	31.6	516	3.17

（4）水泥　水泥中 CaO 的含量（结合态）约占 60%，水化后析出的游离 CaO 只有 20% 左右，为了有较多的 CaO 和硅质料结合，水泥用量要大，所以从提供 CaO 使加气混凝土获得强度角度考虑，应该用石灰代替水泥，况且石灰价廉。但是，不能全部用石灰代替水泥。其原因是，水泥的成分和质量稳定，浇注成型容易控制；水泥浆稠化较石灰慢，而硬化较石灰快，有利于发气和坯体硬化。所以常用石灰、水泥混合钙质材料。

（5）发气剂　常采用铝粉作发气剂，金属铝含量大于 98%，粒度小于 30μm 的占 50%，在 30～60μm 之间的 50%。

铝粉作为一种发气剂，其颗粒细度、粒度分布直接影响开始发气的时间和发气速度。铝粉颗粒越细，发气开始时间越早、发气速度越快、发气结束也越早。若铝粉粒度不均匀，则开始发气时间早，发气结束时间晚。实验所用铝粉粒度均匀，平均粒径为 30μm，比表面积约为 5500cm²/g。

在其他原料组成一定的条件下，铝粉用量的多少主要取决于制品密度的大小。图 7-12 表示出制品密度和铝粉用量的关系。由图 7-12 可知，铝粉用量越大，制品密度越小。生产密度为 500kg/cm³ 的加气混凝土，铝粉的最佳掺量在 0.1% 左右。

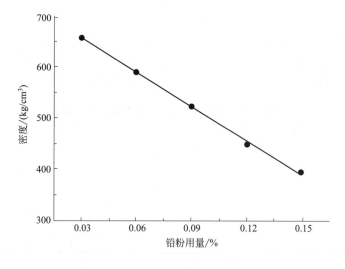

图 7-12　制品密度和铝粉用量的关系

（6）脱脂剂　在制备铝粉过程中，为防止氧化和爆炸，粉磨时加入一定量的硬脂酸。使颗粒表面形成一层保护膜；当铝粉和碱溶液反应时，铝粉要求呈新鲜表面，这时要进行脱脂，一般采用洗衣粉、平平加等化学脱脂剂。

（7）气泡稳定剂　目前较普遍使用的是可溶油，它是一种皂类表面活性物，由油酸：三乙醇胺：水＝1：3：36混合而成。

（8）减水剂　用沸渣作原料时，常加入减水剂，减少一部分用水量，改善料浆的流动性。减水剂一般利用亚甲基二萘磺酸钠（NNO）。

2. 煤矸石加气混凝土生产的原料配合比

确定沸渣加气混凝土原料配比的原则：①应使制品具有良好的物理力学性能和耐久性，技术指标必须符合建筑要求；②具有良好的料浆浇注稳定性，工艺必须有利于生产操作和控制；③原料来源充足，质量要稳定。在满足上述要求前提下，多用沸渣，尽可能减少调节剂的品种和用量，以降低生产成本并大量处理利用固体废物。

原料的配合比要经过试验确定。沸渣加气混凝土较适宜的配合比一般为：沸渣占67％～74％，生石灰占18％～20％，水泥占5％～10％，石膏占石灰用量的10％～15％，铝粉占总干料量的0.05％，可溶油为每升料浆用1mL。水料比为0.6～0.7。生产密度为700g/cm^{3}的加气混凝土时，如采用NNO减水剂，用量为原料总重的0.15％，水料比可从0.65以上降低到0.61～0.62。

原料配比是生产加气混凝土的关键环节之一。表7-11给出了煤矸石沸渣加气混凝土的原料配比范围及配方实例。

表 7-11　煤矸石沸渣加气混凝土的原料配比范围及配方实例

配方	煤矸石	水泥	石灰	石膏	铝粉	产品视密度
	60～75	7～15	10～20	2～5	<1	/（kg/m^3）
实例1	65～69	7～9	11～15	3	0.06～0.6	500
实例2	70	9～12	15	3	0.6	700

四、生产工艺

1. 工艺流程

煤矸石经粉碎、煅烧得煤矸石沸渣，再经球磨使细度达到180目筛余不超过5％，然后加入40℃的热水及减水剂搅拌5～7min，再加入生石灰、石膏（细度均为180目筛余不超过15％），搅拌3min，最后加入铝粉搅拌30～35min，便可浇注成型。3～4h后再经切割，蒸压养护即可得到成品。

煤矸石加气混凝土生产的工艺流程如图7-13所示，主要工艺环节包括料浆制备、浇注成型、坯体切割和蒸压养护等过程。

（1）料浆制备　料浆制备可分为原料加工和配料搅拌2个环节，前者包括原料的磨细、铝粉脱脂、可溶油制备等工序；后者包括定量配料和搅拌。

加气混凝土混合制备的主要设备是浇注车，其作用是把计量后的各组成分按规定的顺序和时间投入浇注车的搅拌罐内，搅拌均匀后再浇注入模具中，使之发气膨胀。例如移动式浇注车主要由料浆搅拌罐、铝粉悬浮液搅拌罐、碱液罐、浇注管、行走机构和电器自动控制等部分组成（图 7-14）。

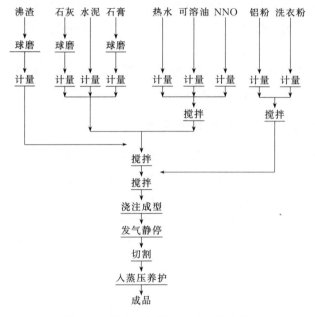

图 7-13　沸渣气混凝土生产工艺流程

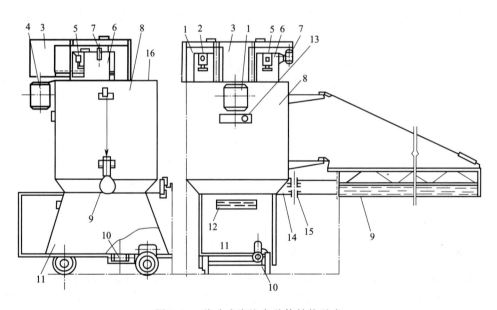

图 7-14　移动式浇注车总体结构示意

1—碱液罐罐体；2—锥形阀门电磁铁；3—防护罩；4—料浆搅拌电动机；5—铝粉悬浮液罐锥形阀门电磁铁；
6—铝粉悬浮液罐体；7—铝粉悬浮液搅拌电动机；8—料浆搅拌罐；9—浇注筛；10—行走电动机；11—浇注车底座；
12—电器按钮开关；13—压力式湿度计；14—浇注放料口；15—放料阀门；16—加料口

（2）浇注成型　浇注工艺分定点浇注（模型移动）和流动浇注（模型固定）2 种。模型是统一规格的钢模，尺寸为 6m×1.5m×0.6m，尺寸要求准确，具有足够的刚度。浇注前模型应预热和喷涂隔离剂。

（3）坯体切割　为了便于用同一尺寸的模型生产不同规格的产品，广泛采用切割工艺。通常在浇注静停 2～4h 后，坯体强度达到 0.3～0.7kg/cm^2 时才能切割。

切割方法有直切法（钢丝不往复牵拉）和锯切法（钢丝往复牵拉）2 种。

（4）蒸压养护　一般在蒸压釜中进行。煤矸石沸渣加气混凝土一般采用高压高温养护，称为高压湿热养护，简称蒸压养护。温度在 100～200℃ 之间，饱和水蒸气的温度和压力有如下关系：

$$P = 0.984 \left(\frac{t}{100} \right)^4$$

式中，P 为压力；t 为温度。

生产中只要控制饱和蒸汽压力，就可以保证所需的温度。在蒸压养护过程中，抽真空时要防止坯体沸腾；降压速度要放慢，以免制品爆裂；恒压时间可延长一些。

2. 主要工艺参数

水温为 40～55℃；料浆浇注温度为 50～60℃；料浆搅拌时间为 6～7min；加入石灰后搅拌时间 3min；铝粉投入后搅拌时间 30～35min；静停切割时间 2～4h；蒸压养护制度为：抽真空（0～0.6kg/cm^2）30min；升压（-0.6～10kg/cm^2）2.5h；恒压（10kg/cm^2）8h；降压（10～0kg/cm^2）2.5h。

五、物理力学性能及耐久性

加气混凝土制品主要有砌块和板材两大类，它们的规格、质量和技术要求在国标 GB 11968—2006 和 GB 15762—2008 中均作了详细规定。

江西南昌生产的 600kg/m^3 的煤矸石沸渣加气混凝土，其主要物理力学性能及耐久性指标可见表 7-12。

表 7-12　煤矸石沸渣加气混凝土性能

项　目	单　位	指　标	备　注
绝干容重 $r_干$	kg/m^2	681	
基准含湿容重 $r_基$	kg/m^2	868	$W_Z = 35\% \pm 1\%$
绝干强度 $R_干$	kg/cm^2	54.1	$W_Z = 0$
基准含湿强度 $R_基$	kg/cm^2	43.0	$W_Z = 35\% \pm 10\%$
棱柱强度 $R_棱$	kg/cm^2	43.0	
劈拉强度 $R_劈$	kg/cm^2	3.17	
静力弹性模量 E	10^{4}kg/cm^2	1.79	
干燥收缩值	mm/m	0.672	
导热系数 λ_0	kcal/(m·h·℃)	0.1137	
抗冻性（重损）		4.4	
碳化系数		0.83	碳化前后强度比值

注：1kcal/(m·h·℃)≈1.163W/(m·K)

第八章
煤系高岭岩（土）资源化技术

高岭土，又称瓷土，是高岭石亚族黏土矿达到可利用含量的黏土或黏土岩，主要是以高岭石为主，多种黏土矿物组成的含水硅铝酸盐混合体，在各工业部门已得到了广泛的应用。我国是最早发现和使用高岭土的国家之一，资源丰富，矿床成因齐全，探明储量已达 $30 \times 10^8 t$。

根据矿床的成因类型，高岭土大致可以分为风化型、热液蚀变型、沉积型。按照其工业类型，可以分为含氧化铁高岭土、含黄铁矿高岭土、含明矾高岭土、含黄铁矿明矾石高岭土、砂质高岭土、含云母砂质高岭土、耐火黏土型高岭土和煤建硬质高岭土。

在我国，煤系高岭土资源丰富，已探明储量 $16.73 \times 10^8 t$（远景储量达 180 多亿吨），主要分布在我国华北、东北、西北的石炭——二叠纪煤系中，以煤层中夹矸、顶底板或单独形成矿层等形式存在，且原矿质量好，产出率高，矿层厚度可以达到 20cm 以上，有很大的开采价值。据统计煤炭开采加工排弃的煤矸石中约 30% 为煤系高岭土。

质纯的高岭土具有白度和亮度高，质软（硬度 1~2.5 级），强吸水性，易于分散悬浮于水中，良好的可塑性和高的黏结性，优良的电绝缘性，良好的化学稳定性和抗酸碱性，强的离子吸附性和弱的阳离子交换性质以及良好的烧结性和较高的耐火度（约 1800℃）等性能，因此广泛应用于各个工业部门。

第一节　煤系高岭土组成、性质及结构

我国煤系高岭土矿体呈层状或巨大透镜状，厚度不大，范围很广，层位稳定。有不同资料表明，其化学组成为 SiO_2/Al_2O_3，理论分子比为 2，一般分子比为 2.18~3.03，硬度 2.0~3.5 级，密度 2.58~2.63g/cm^3，含 Fe、Ti、Mn 量均较低。

煤系高岭土主要成分为高岭石和多水高岭石，高岭土主要由小于 $2\mu m$ 的微小片状或管

状高岭石族矿物晶体组成。高岭石族矿物共有高岭石、迪开石、珍珠石、7Å 埃洛石、10Å 埃洛石 5 种。属 1:1 型层状硅酸盐、单斜晶系。其物理化学性质见表 8-1。

表 8-1　高岭土的物化性质

项目		指　标
物理性质	颜色	白色和近于白色,最高白度>95%
	硬度	1～2 级,有时达 3～4 级
	可塑性	良好的成型、干燥和烧结性能
	分散性	易分散、悬浮
	电绝缘性能	200℃时电阻率>$10^{10}\Omega \cdot cm$,频率 50Hz 时击穿电压>25kV/mm
化学性质	化学稳定性	抗酸溶性好
	阳离子交换量	一般 3～5mg/100g
	耐火度	1770～1790℃

高岭石的晶体化学式为 $2Al_2Si_2O_5(OH)_8$ 或 $2SiO_2 \cdot Al_2O_3 \cdot 2H_2O$,显然,高岭石是一种含水铝硅酸盐。高岭石中的水以-OH 形式存在。其晶体结构特点是由-Si-O 四面体层和 -Al-(O,OH) 的八面体层连接而成（见图 8-1）。在连接面上,Al(O,OH) 八面体层中的 3 个 (OH),有 2 个 (OH) 位置被 O 代替,使每个 Al 周围被 4 个 (OH) 和 2 个 O 所包围。八面体空隙中只有 2/3 位置为 Al 所占据。

高岭石每个结构单元层的 O 与相邻单元层的八面体层的—OH 通过氢键相结合,使高岭石结构单元呈层状堆积。这种层间力由于是弱的氢键或范德华力,故高岭石的形态主要呈片状,易于沿与层面平行的方向劈开,而被加工（剥离）成超细粉。在自然界中,高岭土多以鳞片状存在。通常鳞片长宽为 0.2～5μm,厚度为 0.05～2μm。

由于硅四面体和铝八面体的中心阳离子常被其他低价阳离子取代,导致高岭土晶面上带有部分负电荷,此负电荷通常由层间吸附的阳离子来平衡。同时它还能与许多有机极性分子,如 HC-ONH_2、CH_3CONH_2、(NH_2)_2CO 等相互作用,产生高岭石-极性有机分子嵌合复合体,有机分子进入层间域,并与结构层两表面以氢键相连接,其结果:一是使高岭土的结构单元层厚度增大;二是

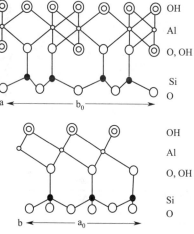

图 8-1　高岭石晶体结构
a、b—晶层沿 a、b 轴上的投影

改变了高岭土的表面性质（如亲水性等）。由于高岭土的化学成分和特殊的结构性质,高岭土的应用领域不断被拓宽,其开发应用前景也越来越广阔。

利用 X 衍射以及扫描电镜对煤系高岭土矿样、煅烧后煤系高岭土及纯高岭土试样进行系统分析,X 衍射图、扫描电镜照片分别见图 8-2 和图 8-3。由图 8-2 可以看出试样的主要物质有高岭石、伊利石、石英、磁铁矿、赤铁矿、钛铁矿、金红石等;图 8-3 可见纯高岭土与煤系高岭土和煅烧后煤系高岭土呈现的片状晶体结构以及它们之间存在的差异:由于煤系高岭土中含有大量杂质,导致煤系高岭土的片状结构的边缘和棱角不是特别的分明。

经 X 衍射分析以及能谱分析可得试样的主要化学成分见表 8-2,其 $SiO_2/Al_2O_3=2.51$（摩尔质量比）,符合高岭土的一般分子比。

用白度仪对样品进行测量,测量其自然白度为 11.4%。

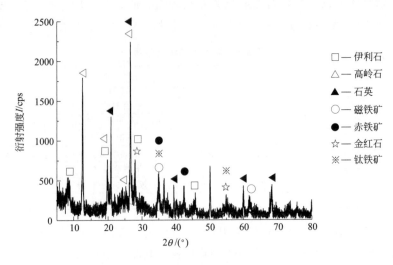

图 8-2　煤系高岭土原矿 X 衍射分析图

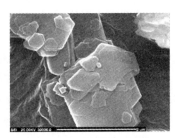

| (a) 煤系高岭土 | (b) 煅烧后煤系高岭土 | (c) 纯高岭土 |

图 8-3　煤系高岭土电镜扫描照片

表 8-2　试样主要化学成分

物质名	SiO$_2$	Al$_2$O$_3$	Fe$_3$O$_4$ + Fe$_2$O$_3$	TiO$_2$	FeTiO$_3$	MgO	Na$_2$O	K$_2$O	烧失量
含量/%	42.96	29.13	3.62	1.08	1.93	1.78	2.15	4.10	13.25

第二节　煤系高岭土的工艺特征

一、白度

　　白度是高岭土工艺性能的主要参数之一，纯度高的高岭土为白色。在国标 GB/T 5463.1—2012 中，白度的定义是：以氧化镁标准白板对特定波长的单色光的绝对反射比为基准，以试样板对相应波长测得的绝对反射比（以百分数表示）称为白度。

　　高岭土白度可分为自然白度和煅烧后的白度。对陶瓷原料而言，煅烧后的白度更为重要，煅烧白度越高则质量越好。天然高岭土的颜色主要与其所含的金属氧化物或有机质有关，一般含 Fe$_2$O$_3$ 呈玫瑰红、褐黄色，含 Fe^{2+} 呈淡蓝淡绿色，含 MnO$_2$ 呈淡褐色，含有机质则呈淡黄、灰青、黑色。这些杂质的存在，降低了高岭土的自然白度，其中铁、钛矿物还会影响煅烧白度，使瓷器出现色斑和熔疤。

二、粒度分布

粒度分布是指天然高岭土中的颗粒，在给定的连续的不同粒级（以毫米或微米筛孔的网目表示）范围内所占的比例（以百分含量表示）。高岭土的粒度分布对矿石的可选性及工艺应用具有重要意义，其颗粒大小对其可塑性、泥浆黏度、离子交换量、成形性能、干燥性能、烧成性能均有很大影响，已成为矿石评价的标准之一。各个工业部门对高岭土的粒度要求均不相同。

三、可塑性

高岭土与水结合形成的泥料，在外力作用下能够变形，外力除去后仍能保持这种形变的性质即为可塑性。可塑性是高岭土在陶瓷胚体中成型的基础，也是主要的工艺技术指标。通常用可塑性指数和可塑性指标来表示可塑性的大小。按可塑性指数，高岭土及其泥料的可塑性可分为 4 个等级：强塑性（＞15），中塑性（7～15），弱塑性（1～7），非塑性（＜1），其对应的可塑性指标分别为强塑性（3.6）、中塑性（2.5～3.6）、弱塑性（＜2.5）。可塑性指标代表高岭土泥料的成型性能，可塑性指标越高，其成形性能越好。

四、结合性

结合性指高岭土与非塑性原料相结合形成可塑性泥团并具有一定干燥强度的性能。结合能力的测定，是在高岭土中加入标准石英砂（其质量组成 0.25～0.15mm 粒级占 70%，0.15～0.09mm 粒级占 30%）。以高岭土仍能保持可塑泥团时的最高含砂量及干燥后的抗折强度来判断可塑性高低，掺入的砂越多，则说明这种高岭土结合能力就越强。通常凡可塑性强的高岭土结合能力也强。

五、烧结性

烧结性是指将成型的固体粉状高岭土坯体加热至接近其熔点（一般超过 1000℃）时，物质自发地充填颗粒间隙而致密化的性能。试料以烧结温度低、烧结范围广（100～150℃）为宜，工艺上可以用掺配助熔原料及将不同类型的高岭土按比例掺配的方法控制烧结温度及烧结范围。

六、耐火性

耐火性是指高岭土抵抗高温不致熔化的能力。在高温作业下发生软化并开始熔融时的温度称耐火度。耐火度与高岭土的化学组成有关，纯的高岭土的耐火度一般在 1700℃左右，当水云母、长石含量多，钾、钠、铁含量高时，耐火度降低，高岭土的耐火度最低不小于

1500℃。工业部门规定耐火材料的 R_2O 含量小于 $1.5\%\sim2\%$，Fe_2O_3 小于 3%。

七、悬浮性和分散性

悬浮性和分散性指高岭土分散于水中难以沉淀的性能，又称反絮凝性。一般粒度越细小，悬浮性就越好。用于搪瓷工业的高岭土要求有良好的悬浮性。一般据分散于水中的样品经一定时间的沉降速度来确定其悬浮性能的好坏。

八、可选性

可选性是指高岭土矿石经手工挑选，机械加工和化学处理，以除去有害杂质，使质量达到工业要求的性能。高岭土的可选性取决于有害杂质的矿物成分、赋存状态、颗粒大小等。石英、长石、云母、铁、钛矿物等均属有害杂质。高岭土选矿主要包括除砂、除铁、除硫等项目。

此外，高岭土的工艺性能参数还包括高岭土的黏性和触变性、干燥性、烧成收缩性、离子吸附及交换性、化学稳定性、电绝缘性等。

第三节　煤系高岭土加工方法

目前对高岭土的加工方法主要包括：煅烧、增白、超细、改性。

一、煅烧

煅烧是改善高岭土性能的特殊加工方法。造纸涂料工业使用煅烧高岭土可以增加散射力和遮盖率，提高油墨吸附速度。用于电缆填料可增加电阻率，在合成 4×10^{-10} m 沸石、生产氯化铝、冰晶石工业中，煅烧可以增加高岭土的化学活性。高温煅烧能增加白度，可部分代替价昂的钛白粉。

煅烧是煤系高岭土开发利用中的一个必需的环节，其目的是除掉炭质、增加白度并脱除羟基。工业生产中煤系高岭土煅烧温度一般控制在 $650\sim1050$℃。从理论上来说，一般在 925℃高岭石开始向硅尖晶石转化，在 1300℃以上则转化为莫来石。影响高岭土煅烧的因素有很多，如原料品质、原料粒度、煅烧温度、升温速度、恒温时间、煅烧气氛等。

二、增白

在我国丰富的煤系高岭土资源中，只有极少数可不经提纯直接加工成白度达 90% 以上煅烧高岭土产品。据资料表明：在我国 49 个矿区煤系伴生高岭土的统计结果，Fe_2O_3 含量超过 0.5% 的有 42 个，超过 1% 的有 35 个，超过 2% 的有 26 个；TiO_2 超过 0.5% 的有 26个，超过 1% 的有 13 个。白度达不到要求直接影响高岭土的应用。

影响高岭土白度的主要是铁、钛、固定碳和一些有机杂质，因此煤系高岭土白度的关键就是如何脱除高岭土中的杂质。目前采用的方法主要有磁选法、浮选法、化学漂白法以及生物除铁法。

1. 磁选法

由于杂质铁、钛都具有弱磁性，可用磁选法除去，磁选是利用矿物的磁性差别而在磁场中分离矿物颗粒的一种方法。现在应用到高岭土除铁中有以下几类。

（1）高梯度强磁场磁选法　这种方法早在20世纪70年代美国就有不少厂家用此项技术全部或部分取代浮选、化学漂白等传统的提纯高岭土的方法。美国佐治亚州中部地区的一些高岭土公司已将高梯度磁选作为标准的处理工艺。这种方法的优点是工序简单、产量高、成本低、无污染，能借助于调整分离操作参数来生产不同档次的产品，并可按需要控制生产成本，是一种效果好、适应性强的技术，具有较好的社会效益和经济效益。缺点是设备投资高、耗电大。

（2）超导磁选　随着高岭土矿不断开采，高岭土原矿的质量逐渐降低，赋存于高岭土中的铁、钛矿物的粒度也越来越小，高梯度磁选机也无法将几个微米下的弱顺磁性矿物分离出来，而超导磁选就可以改善这种情况。另外，其还具有快速激磁和退磁能力，可使设备减少分选、退磁和冲洗杂物所需的时间，从而大大提高了矿物的处理量。

（3）磁种磁选法　事先分散调节好的磁种可以选择性地与铁、钛矿物颗粒凝聚，提高这些弱磁性目的矿物的磁性。煤系硬质高岭土中铁、钛矿物多为弱磁性或无磁性矿物，且嵌布粒度微细，只有将硬质高岭土磨细至微米级才可能将高岭石与铁、钛矿物分离开，所以磁选方法难以有效去除硬质高岭土中的铁、钛矿。

2. 浮选法

浮选法提纯高岭土应用十分广泛，目前工艺和设备也在不断改进、更新，使得高岭土精矿获得更高的白度而满足工业需要。因高岭土原矿所含的杂质不同，所采用的浮选方法、药剂和设备也不一样。常用的有泡沫浮选、双液浮选和选择性絮凝浮选等。双液浮选基本原理即液-液界面分选，或称两液分离，类似于液-液萃取。相似并源于泡沫浮选之前出现的全油浮选。选择性絮凝是使用一种阴离子絮凝剂使高岭土沉淀，其他矿物留在悬浮液中，静置数分钟后倒出悬浮液，将絮凝物在清水中搅拌成悬浮液后再进一步分离。也可使分散于高岭土矿浆中的杂质絮凝，高岭土呈分散状态，用虹吸或倾析法，使高岭土矿浆与絮凝杂质分离。美国、俄罗斯、英国、德国、捷克等国均采用了这种工艺，使得高岭土的分选能力和选矿回收率均有所提高。此法的缺点是残留的絮凝剂对最终产品的质量不利，并且在操作过程中pH值范围太窄，生产中较难控制。

3. 化学漂白法

化学漂白包括还原法和酸浸法。

（1）还原法　该法最常用的是连二亚硫酸钠，工业上又称为保险粉，其分子式为$Na_2S_2O_4$。工业上可以通过用锌粉还原亚硫酸来制得。保险粉是一种还原剂，高岭土中的三价铁的氧化物不溶于水，也难溶于稀酸，但在连二亚硫酸钠存在的条件下可将氧化铁中的Fe^{3+}还原为Fe^{2+}。由于Fe^{2+}可溶于水，经过滤、洗涤即可除去。一般反应时间应在40min～

2h，反应完毕，应立即洗涤，过滤。化学漂白法工艺操作简单，重复性好，但酸度高，耗酸量大，漂白剂用量也大，并且在工业中漂白后常常需要停留一段时间，这就可能出现返黄现象，即二价铁重新氧化，使高岭土白度降低。

（2）酸浸法　该法的实质是使用适当的酸溶剂（如盐酸、硫酸、草酸等）处理高岭土，溶解杂质铁，以达到除铁漂白的目的。增大酸的浓度，提高浸出的温度，就可以相对提高铁的去除率，但提高浸出温度，提高脱铁率是以晶格受损为代价的。在酸浸溶铁的同时，高岭土中的有用成分铝也同时被溶出，从而破坏了晶格，降低了高岭土的品位。因此提出酸溶氢气法，在酸浸的基础上加入少量锌粉，从而大大降低对高岭土晶格和铝含量的破坏。

4. 生物除铁法

生物除铁是由于不同种类的微生物（细菌、真菌等）具有从氧化铁（褐铁矿、针铁矿等）中溶解铁的能力，微生物的这种溶解作用与起复合剂作用的有机酸和其他新陈代谢物的形成有关，也与酶解和非酶解对铁的还原作用有关。利用微生物这种溶铁能力，可将高岭土中所含的铁杂质除去。

三、超细

为了满足造纸、塑料和橡胶制品等工业对高岭土有较高细度的要求，必须增加高岭土的细度，从而提高产品的质量。当高岭土的层状单元结构受到外力侵入时，由于层间的氢键或范德华力远远小于离子键和共价键的键能，它必然首先沿与层间平行的方向断裂，形成一片片薄薄的晶体。所以，高岭石的超细粉碎也称为剥片。剥片技术一般可分为物理方法和化学方法两种。

1. 物理方法

物理方法主要是通过机械研磨而获得，分为机械式超细粉碎和气流式超细粉碎。机械式超细粉碎对于硬度较低的脆性材料能起到超微粉碎的作用，对于以聚集体或凝聚体形态存在的物料，也能起到某种程度的超微解磨作用，但用这种类型的设备生产的产品细度、粒度分布、纯度等往往难以达到工业应用部门的要求。而相比之下，气流粉碎产品具有粒度分布较窄、颗粒表面光滑、形态完整、纯度高、活性大、分散性好等特点。

在粉碎的过程中物料受外界机械力的作用，宏观上表现为物料颗粒细化和比表面积的增大，而微观上由于部分能量储聚在颗粒体系内部，从而导致颗粒晶格畸变、晶格缺陷加深、无定型化、生成游离基、表面自由能增大、外激电子放射或出现等离子态等现象。因此物料的活性提高，反应能力增强，这种在粉碎过程中因机械力的作用而引起的颗粒物理结构和物化性质变化的现象，称为"超细效应"或"机械力化学效应"。

2. 化学方法

化学剥片的方法就是一种比较有应用前景的工艺技术。它主要是把有机小分子插入高岭土层间，形成夹层复合物，再将夹层客体除去，高岭土即被剥片。夹层剂主要选用几种有机小分子，如乙酸钾、水合碘、二甲基酰胺（DMF）、二甲基亚砜（DMSO）、氧化吡啶（PNO）等。一般认为，高岭土的插层反应是通过高岭土层间氢键的断裂和插层分子间形成新的氢键而实现的。由于氢键相对来说比较弱，因此小分子插层高岭土不稳定，水洗或在空气中加热或降低插层剂的浓度等，都有可能导致插层剂的脱嵌，插层高岭土恢复到原来的结构。高岭土层间以弱的范德华力相连，插层剂的脱嵌过程使高岭土层被剥离，高岭土粒径减小。

四、改性

煤系高岭土的表面改性是根据应用的需要，将其表面原有的物理化学性质改变。即利用表面化学的方法，将有机物分子的官能团在高岭土颗粒表面产生吸附作用或化学反应，对颗粒表面进行包覆，使高岭土的表面有机化，便于与有机高分子材料结合。高岭土改性的方法有很多种，如机械化学改性法、表面包覆改性法、表面化学改性法、接枝改性法等；目前应用最广泛的是表面化学改性法。常用的有机表面改性剂种类很多，主要包括偶联剂和表面活性剂等。化学键理论认为，偶联剂含有两种化学官能团，一种可与填料表面质子形成化学键；另一种可与聚合物分子键合。偶联剂起到在无机相和有机相间"架桥"的作用，导致很强的界面结合，从而提高填充复合材料的力学性能，如硅烷偶联剂、钛酸酯偶联剂、铝酸酯偶联剂等。表面活性剂主要包括高级脂肪酸及其盐以及不饱和有机酸等，其极性端与无机矿物表面发生作用，非极性端与高分子聚合物彼此相溶性好，因此表面活性剂也可发挥类似偶联剂的作用。

五、加工工艺流程

我国煤系高岭土加工流程主要有全干法和干湿结合法两种。

1. 全干法

全干法流程包括破碎、粉磨、煅烧、干法超细。该流程中，粉磨用雷蒙磨，煅烧用普通窑炉。而超细则采用气流磨等设备。该流程过去研究较多，但进展不大，主要是难以获得高档产品。

2. 干湿结合法

干湿结合流程主要有先湿法磨细后煅烧和先煅烧后湿法超细两种。

（1）先湿法磨细后煅烧流程　包括破碎、粉磨、加水打浆、湿法剥片、干燥、干法超细、煅烧。该流程比较复杂，优点是处理能力大，尤其适合于大型万吨级高岭土厂，但对煅烧窑炉要求严格，必须是动态煅烧。煅烧前后粒度基本保持不变。

（2）先煅烧后湿法超细流程　包括破碎、粉磨、煅烧、加水打浆、湿式超细磨、压滤、干燥。本流程的最大优点是煅烧窑炉不受限制。整个流程设备投资低，最终产品指标容易控制，产品质量稳定可靠，并且无粉尘污染，也无污水排放。

美国水洗土的生产工艺流程包括除砂、离心分级、溢流磁选、漂白、真空过滤脱水、蒸发浓缩、喷雾干燥，离心机底流经剥片生产剥片土。

英国的高岭土矿床属原生矿，生产工艺包括水采、除粗矿、旋流器除细砂、离心分离、磁选、漂白、压滤、干燥。

巴西的高岭土矿床属次生矿，生产工艺主要包括离心分离、磁选、漂白、过滤、干燥。

六、关键工艺技术

1. 综合除杂提纯技术

根据煤系高岭土与杂质矿物磁性、活性和密度的不同，结合煤系高岭土加工的特点，分别采用磁选、重选、化学等方法除去煤系高岭土原矿中的含铁、含钛杂质矿物，研究开发出煤系高岭土除杂提纯新加工技术。利用煤系高岭土无磁性，部分含铁、含钛杂质矿物如磁铁矿、钛铁矿、菱铁矿等有磁性的特点，采用磁选法可以除掉部分含铁、含钛杂质矿物；煤系高岭土的密度为 $2.6g/cm^3$，含铁、含钛杂质矿物的密度为 $3.4\sim3.8g/cm^3$，利用两者间的密度差，在一定浓度和充分分散的条件下实现重选分离，除去部分含铁、含钛杂质矿物；化学除杂法则是采用氧化-还原漂白法除去部分铁杂质。经过综合除杂提纯，可使产品的铁、钛含量分别降低至 0.5％和 0.8％以下。

2. 高浓度湿法超细粉碎技术

该技术通过高强度机械剪切和添加无机、有机混合分散剂，进行高浓度制浆、高浓度超细粉碎，浓度可达50％，比普通技术（制浆浓度35％左右）提高 15％，大大提高了磨剥设备的工作效率，降低了吨产品生产成本（约 5％）。

3. 强力粉碎干燥技术

干燥作业是将压滤作业产品进行烘干，是保证煅烧过程顺利进行的手段之一。该技术突破传统干燥方式（单一的加热干燥方式），集粉碎与干燥两大功能为一体，在产品干燥过程中不断将干块料粉碎，一次作业即可获得水分含量低于 0.5％的粉体，热效率可达 65％，比其他干燥技术的热效率提高 10％左右。

4. 强化气氛动态煅烧技术

煅烧是获取高白度、高质量煅烧煤系高岭土产品的关键作业之一，原料质量、煅烧温度、煅烧时间、煅烧气氛是影响煅烧产品白度的主要因素，其中尤以煅烧气氛控制最为重要。传统工艺技术一般采用氧化或还原气氛静态煅烧，对原料的铁、钛含量要求严格（$Fe_2O_3 \leq 0.5\%$，$TiO_2 \leq 0.8\%$），难以加工处理铁、钛含量较高的原料，且产品在堆放一段时间后会返黄。强化气氛动态煅烧技术即采用回转煅烧窑，通过添加一种或几种煅烧助剂来控制煅烧气氛，在一定的温度和压力条件下，使物料中的活性铁与气氛中的一氧化碳生成稳定的羰基络合物——五羰基铁。在五羰基铁中，铁的氧化态为零，所以不显色。这种特殊络合物很稳定，在 $200\sim800℃$、氧化气氛条件下对用强化气氛动态煅烧法获得的高白度煅烧高岭土产品煅烧 $4\sim5h$，产品仍为白色，并不变红。所以，采用该技术生产出的煅烧高岭土产品，在常温下使用或即使在腐蚀性较强的涂料中使用仍能保持稳定而不显色，从而保证获得高白度的煅烧高岭土产品。

七、加工设备

煤系高岭土加工新型设备包括系列磨剥机、高压压滤机、强力粉碎干燥机、打散机、直接加热、间接加热回转煅烧窑等。

1）新型磨剥机采用单槽与双槽两种串联加工不仅在容积上扩大，还对搅拌叶轮和筒体进行了改进，叶轮改为偏心轮，可以产生不等速紊流，增强剪切作用，提高磨剥效率，降低能耗10%左右。

2）高压压滤机的进浆压力可达3～4MPa，滤饼水分低达28%～32%，大大提高了压滤工作效率，也减轻了干燥作业的负荷。

3）新型多功能强力粉碎干燥机集干燥和粉碎于一体，是一种高效节能干燥设备，热效率可达65%，比其他干燥设备的热效率提高10%左右。

煤系高岭土经高温煅烧后会产生烧结团聚现象，解聚的作用是将煅烧过程中形成的部分大颗粒打散，使煅烧产品恢复超细粉状。在对国外软质高岭土煅烧产品加工用打散机进行了消化吸收的基础上，结合我国煤系高岭土煅烧产品的特点，对打散机的转子、传动装置等进行了改进，开发出煤系高岭土煅烧产品解聚设备，目前，该设备除了应用于煤系高岭土加工，还应用于软质高岭土、碳酸钙、农药化肥等产品的打散和解聚。

为实施煤系高岭土动态煅烧及强化煅烧气氛的调节，引进了国外回转窑炉，并对其消化吸收，根据煤系高岭土的煅烧特性进行改进（如传动装置，煅烧喷嘴等），使其成为煤系高岭土煅烧最佳专用设备。该设备具有以下特点：①动态煅烧，可保证产品质量；②可以控制煅烧气氛，满足工艺要求；③连续生产，处理量大；④热效率高、能耗低；⑤操作简单，易于控制等。

第四节　煤系高岭土应用

随着工业、农业和科学技术的发展，高岭土的应用范围也日益扩大，市场覆盖面已经达到了几十个行业。随着我国对高档高岭土需求的日益增长，煤系高岭土将以其资源丰富、投入少、产出快、成本低、经济效益好等有利因素而受到重视。并且煤系优质高岭岩是制取煅烧高岭土的理想原料，随着煅烧工艺技术和设备的进一步改进，这类产品具有广阔的市场需求和开发利用前景。

在深加工产品方面存在不足：①高岭石脱羟基作用的研究；②高岭石有序-无序及缺陷结构、微结构的研究；③高岭石插入层间结构的研究；④高岭石成因方面的研究；⑤高岭石微细结构的研究；⑥高岭石中铁的存在状态及除铁研究等。

目前，国外关于高岭土的应用基础方面的研究十分活跃，主要包括超细粉碎、磁选分离除铁、化学表面改性、絮凝悬浮分离、酸浸除铁等方面，国内虽有人进行过这方面的研究工作，但总体来看，工作不够深入细致，有待今后进一步加强。

从提高材料物性和质量、降低成本和减少能源消耗等多方面综合考虑，煤系高岭土改性今后的发展趋势可能为：①深入研究高岭土各种改性方法的机理，为制备高性能材料提供理论基础；②进一步提高改性高岭土作为功能填料的档次和工艺稳定性，尽可能超细化、高档化，缩小与外国的差距；③把其他新兴技术（如微波、超声波和等离子体系）用于高岭土的改性处理当中，从而突破传统处理方法的限制，提高材料的结构、物性等；④改善改性高岭土的制备工艺，降低生产成本，为工业化应用准备条件。

高岭土的应用领域及用途非常广泛，详见表 8-3。

表 8-3　高岭土的主要用途

应用领域	主要用途
陶瓷工业	陶瓷工业的主要原料,用于制作日用陶瓷、建筑及卫生陶瓷、电瓷、化工耐腐蚀陶瓷、工艺美术陶瓷及特种陶瓷等
造纸工业	用于纸张的填料和涂料,提高纸张的密度、白度和平滑度,改善印刷性能,降低造纸成本
耐火材料及水泥工业	耐火度高于或等于 1770℃的纯净高岭土可制熔炼光学玻璃和玻璃纤维用的坩埚及实验室用坩埚,低品位高岭土可制耐火砖、匣钵、耐火泥、出铁泥塞及烧制白水泥等
橡胶工业	制作补强和填充剂,可提高橡胶的机械强度及耐酸性能,改善制品性能,降低成本
石油、化工工业	制高效能吸附剂,代替人工合成化工用分子筛,用作石油裂解催化剂
医药、轻纺工业	作为医药的涂层、吸附剂、添加剂、漂白剂、制作去垢剂、化妆品、铅笔、颜料、涂料的填料
农业	用作化肥、农药、杀虫剂的载体
国防尖端技术	原子反应堆、喷气式飞机、火箭燃料室及喷嘴等都需要优质高岭土

造纸工业是煅烧高岭土的重要用户。煅烧高岭土油墨吸收性好，遮盖率高，可部分代替昂贵的钛白粉，尤其适合高速刮刀涂布机使用。随着我国造纸业的发展，产量的扩大以及高速刮刀涂布机的引进，煅烧高岭土的用量也在逐步扩大。

随着国民经济水平的提高，对涂料的需求量在不断增大。世界著名的立邦、ICI 涂料公司对煅烧高岭土的需求正在逐步扩大，由于大公司的样板和市场竞争的作用，国内的各涂料厂家已越来越多地使用煅烧高岭土了。煅烧高岭土用于涂料行业可减少 TiO_2 的用量，使涂膜具有更好的特性，可改善涂料的加工、储存和应用性能。煅烧高岭土在涂料中的用量为 $10\%\sim30\%$，使用的煅烧高岭土以小于 $2\mu m$ 含量为 $70\%\sim90\%$ 为主，目前该行业的年用量达 $4.5\times10^4 t/a$，据估计，2010 年我国乳胶漆年产量达 $(0.8\sim1.0)\times10^6 t$，这是煅烧高岭土的一个潜在的更大的市场。

在工程塑料、通用塑料中，煅烧高岭土的充填量在 20% 左右，用作填料和补强剂。煅烧高岭土用于聚氯乙烯电缆，能改善塑料的电性能。我国的橡胶行业用高岭土量较大，在橡胶中充填的高岭土比例在 $15\%\sim20\%$ 范围内，煅烧后的高岭土（包括表面改性）可替代炭黑、白炭黑，生产浅色橡胶制品、轮胎、塑料等，具有很好的市场前景，有 $2.0\times10^5 t$ 的市场潜力。

总的来说，未来的煅烧高岭土市场，虽然有碳酸钙、滑石等其他矿物材料的竞争，但煤系煅烧高岭土因其独特的性能在国际和国内市场上仍具有相当大的竞争力和广阔的应用空间。

第二篇

粉煤灰资源化技术

第九章
粉煤灰的形成、分类与综合利用概况

根据《粉煤灰混凝土应用技术规范》（GB/T 50146—2014）中的定义，粉煤灰为从煤粉炉烟道气体中收集的粉末。粉煤灰按煤种和氧化钙含量分为 F 类和 C 类。

作为煤炭大国，我国的粉煤灰产量一直居高不下，从 2002 年起我国火力装电机组呈现爆炸式增长，粉煤灰产生量也急剧增加。从 2001 年的 $1.54×10^8$ t 增加至 2015 年的 $6.2×10^8$ t，其综合利用率在低位徘徊，仅有 67%～69%。

大量堆放的粉煤灰不仅浪费土地，而且会对土壤、大气等造成严重污染，给人类身体健康带来危害。粉煤灰范围广泛的物理、化学性质更增加了社会各界对其的关注度，但开发利用这一"城市矿产"面临着市场、技术等难题，亟须政府、企业加以重视，广泛开发利用领域，加大开发力度，发展循环利用。

2013 年，国家发展改革委等部门联合颁布的《粉煤灰综合利用管理办法》正式实施，也是自 1996 年颁布该办法以来的首次修订。该办法进一步明确了粉煤灰综合利用管理体制，与现有法律法规体系进行了对接，清晰界定了粉煤灰的范围，增加了全过程管理的要求，对在新的形势下推动粉煤灰综合利用的有序健康发展产生积极作用。

第一节　粉煤灰的形成过程

根据热力学第一定律和第二定律，粉煤灰的形成是煤粉能量守恒，灰渣总熵不断增加，从热能到粉煤灰潜能的能量转化过程，粉煤灰的产生包括煤粉的燃烧、灰渣的烧结、碎裂、颗粒熔融、骤冷成珠等。电厂燃烧煤粉的锅炉实质上是粉煤灰产生的反应炉。

煤粉由高速气流喷入锅炉炉膛，有机物成分立即燃烧形成细颗粒火团，充分释放热量。粉煤灰形成的过程，既是煤粉颗粒中矿物杂质的物质转变的过程，也是化学反应过程。

当温度超过1000℃时，石英如果没有与黏土矿物结合，将溶解于熔融的铝硅酸盐中，再随温度升高大约达到1650℃时开始挥发。

在400℃时，高岭土开始失水形成偏高岭土。当温度超过900℃偏高岭土将形成莫来石和其他无定形石英。伊利石是典型的富铁、镁、钾、钠的黏土矿物，当温度超过400℃时开始分解形成铝硅酸盐。

大约在800℃时，碳酸盐开始分解放出CO_2生成石灰（CaO），其他碳酸盐也会分解放出CO_2然后生成相应的氧化物，但分解的温度不同，如天蓝石为500℃，白云石为750℃。

铁是影响煤灰中矿物相比较重要的元素。在实验室条件下，黄铁矿（FeS_2）300℃开始分解，失去硫后生成$Fe_{1-x}S$，然后在500℃时氧化生成赤铁矿（Fe_2O_3）和磁铁矿（Fe_3O_4），硫氧化后生成SO_2。煤中绝大部分铁都是以FeS_2形式存在的，特别是在烟煤中更是如此。因为硫氧化速度很慢，FeS_2在火焰中也只是部分氧化，形成熔点较低、密度较大的FeS/FeO共晶体，甚至温度高达1100℃时仍有$Fe_{1-x}S$存在。

在锅炉燃烧过程中，煤中大部分含铁矿物质与碳及一氧化碳的作用下，形成氧化铁、四氧化三铁，新生成的铁氧化物再与新生的硅、铝、钙质玻璃体连生在一起，形成球状或似球形的铁质微珠。

黄铁矿在氧化气氛中短时间燃烧时形成磁黄铁矿，其化学反应为：

$$7FeS_2 + 6O_2 \Longleftrightarrow Fe_7S_8 + 6SO_2$$

燃烧时间长时，磁黄铁矿则按下列反应变成磁铁矿：

$$3Fe_7S_8 + 38O_2 \Longleftrightarrow 7Fe_3O_4 + 24SO_2$$

赤铁矿（Fe_2O_3）在与粉煤燃烧时的化学反应如下：

$$3Fe_2O_3 + C \underset{\leqslant 570℃}{\Longleftrightarrow} 2Fe_3O_4 + CO$$

$$3Fe_2O_3 + CO \underset{\leqslant 570℃}{\Longleftrightarrow} 2Fe_3O_4 + CO_2$$

$$3Fe_2O_3 + H_2 \underset{\leqslant 570℃}{\Longleftrightarrow} 2Fe_3O_4 + H_2O$$

褐铁矿（$2Fe_2O_4 \cdot 3H_2O$）在燃烧时，先排出化合水，变成不含水的赤铁矿，然后按上述反应也被还原成磁铁矿。

经燃烧后粉煤灰中的铁主要以磁铁矿和赤铁矿的形态存在，有少量的$Fe_2O_3 \cdot SiO_3$，还有在高温下还原而成的少量金属铁，这是过还原现象。煤粉在燃烧过程中，铁、铝和硅的氧化物首先造渣形成熔化物，出炉后磁铁矿先结晶，故基体为硅铝酸盐玻璃物，磁铁矿晶粒在其间分布。凡有硅存在的地方均含有铝和少量铁。粉煤灰中的磁铁矿均在1100℃以下结晶，晶体不完整，最大晶粒为0.02mm左右。同样由于各电厂燃烧的煤种、煤质和锅炉的炉型，燃烧制度以及除尘方式等各异，粉煤灰中磁珠性质、粒度组成、含量等也不同。

对粉煤灰形成过程的研究一般是以黏土质矿物到硅酸盐玻璃体的转变为主要对象。黏土质矿物在受热到300℃时开始脱去表面的吸附水，到650℃时开始脱去结晶水，1100℃时矿物晶格开始破坏。当受热温度继续升高时，灰粒就从软化表面开始熔融。在矿物杂质中还有另一些含水矿物，如石膏等，达到相当的脱水温度时，也产生脱水的变化，碳酸盐矿物等在高温下排出CO_2，硫化物和硫酸盐排出SO_3和SO_2；碱性物质在高温下则部分挥发。煤在燃烧过程中的加热速度非常快，即使很小的颗粒也会存在温度梯度和时间间歇，因此，反应和转变并不总是必然的结果。

灰粒在高温和空气的湍流中，可燃物烧失，灰分聚集，分裂，熔融，在表面张力和外部压力等作用下形成水滴状物质飘出锅炉后骤冷，就固结成玻璃微珠。有些微珠是壁薄中空的微珠，密度比水小而浮于水面上，成为漂珠，而壁厚及无空的微珠密度比水大而形成沉珠。漂珠壳内封闭气体主要是 CO 和 CO_2。CO 的来源可能是碳酸盐的分解和含碳物质的燃烧所致。在生成漂珠及气体时，需要含碳物质和硅物质接触，并且氧化铁的含量必不可少，一般氧化铁的含量不能小于 5%，当小于 5% 时生成的漂珠很少，氧化铁含量超过 8% 时微珠的含量显著增加。但大部分粉煤灰中漂珠的含量相对粉煤灰的量都很少，一般不足 1%，沉珠相对粉煤灰的含量较大，一般占粉煤灰的 20%～60%。

煤粉燃烧及粉煤灰形成过程如图 9-1 所示。

当煤在锅炉内燃烧时，由于炉内温度很高（漂珠形成的最佳温度约 1400℃），使硅铝等氧化物处在高温熔融状态，炉内的湍流作用使这些物质悬浮在气流中，而过高的温度和过大的湍流速度使熔融的物质迅速膨胀，当温度下降时，外界的气压从四面八方均匀压向这种物质，使其表面以最大张力来

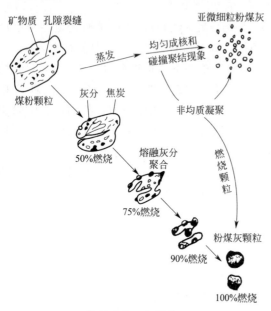

图 9-1　煤粉燃烧及粉煤灰形成过程

承受。湍流作用使这些物质在冷凝过程中处于悬浮旋转状态，因而形成球状体。由于内部气体珠扩散，往往形成中空微珠，而当冷却速度过快时，壁薄的空心微珠会破裂，成为不规则的碎片，所以要获得含珠率较高的优质漂珠，除了要有优良的煤质外，还要严格控制燃烧温度（1400℃以上），并且调节好冷却速度。

这个过程使粉煤灰微珠获得转化过程的化学能、形态能、表面能等潜在能量，玻璃微珠越多，潜能越高，同时表明粉煤灰中炭粒、海绵状多孔玻璃体发展为玻璃微珠的程度也越完全。

第二节　粉煤灰的矿物来源

一、煤的矿物来源

纯净的煤应该是不含任何无机物的，但实际上任一种类的煤或多或少都含有无机物成分，通常将这些无机物称为煤中的矿物。煤中大部分矿物的形态为晶体，既可能为简单化合物，也可能是混合物；有些矿物可以无定形形式存在，煤中矿物的尺寸与结合形式都是变化的。Na、K 和 Ca 等元素可以与煤中的有机物结合存在于煤中，这种情况通常出现在低级别

的煤种中，另外还有少量的无机盐溶解于煤的孔隙以及表面水中。一般认为除煤中的水以及直接与有机物结合的元素外，其他所有无机物都是煤中的矿物。

煤中无机物的主要来源如下：①形成煤的植物中的无机物，木质组织中无机物含量为1.2%，树叶、树皮中无机物含量为10%～20%；②地下水中结晶析出的物质，主要是铁、钙、镁和氯等化合物的矿物。

在煤形成的初期通过风和水带入的岩屑矿物主要是硅酸盐，包括黏土矿物和石英，这些矿物是煤中最为丰富的；在煤形成的下一阶段所累积的矿物主要为碳酸盐、亚硫酸盐、氧化物和磷酸盐；在煤形成的最后阶段所产生的矿物主要是碳酸盐、亚硫酸盐、氧化物，这些矿物可能在煤块中的缝隙、夹层和空洞中生长，这类矿物的形成方式可以使得这些矿物能在煤的有机物中以比较细的颗粒分布。

二、煤中矿物的主要种类

煤中的主要矿物包括碳酸盐、氧化物、亚硫酸盐、硫酸盐、磷酸盐等。在煤炭的矿物杂质中，最多的黏土质矿物（铝硅酸盐）和氧化硅（石英），两者共占矿物杂质总重量的60%～90%。其余是碳酸盐、硫化物、硫酸盐、氯化物等矿物。但是，煤种不同，所含矿物杂质也不同。根据一般分类，煤炭按生成的年代远近，可分为无烟煤、烟煤、次烟煤和褐煤四大类，其中次烟煤和褐煤因为生成年代较短些，矿物杂质含量就较多，其中碳酸盐的含量往往较高。表 9-1 列出煤中可能存在的矿物。表中的数据是根据 Couch 各种煤低温燃烧后得到的灰状物质 X 射线衍射图谱结果得到的。

表 9-1　煤中的主要矿物

矿物类别		名称	组成	矿物类别	名称	组成
主要矿物	黏土矿物（硅酸盐）	高岭石	$Al_2Si_2O_5(OH)_4$	其他可能存在的矿物	碳酸钡矿	$BaCO_3$
		伊利石	$KAl_2(Si_3Al)O_{10}(OH)_2$		钾石盐	KCl
		绿泥石	$(MgFeAl)_5(SiAl)_4O_{10}(OH)_8$		岩盐	$NaCl$
		石英	SiO_2		石榴石	$3CaO \cdot Al_2O_3 \cdot SiO_2$
	碳酸盐	方解石	$CaCO_3$		角闪石	$CaO \cdot 3FeO \cdot 4SiO_2$
		白云石	$Ca,Mg(CO_3)_2$		磷灰石	$9CaO \cdot 3P_2O_5 \cdot CaF_2$
		铁白云石	$Ca(FeMg)CO_3$		锆石	$ZrSiO_4$
		天蓝石	$FeCO_3$		绿帘石	$4CaO \cdot 3Al_2O_3 \cdot 6SiO_2 \cdot H_2O$
	二硫化物	黄铁矿	FeS_2（立方）		黑云母	$K_2O \cdot MgO \cdot Al_2O_3 \cdot 3SiO_2 \cdot H_2O$
		白铁矿	FeS_2（斜方）		斜辉石	$CaO \cdot MgO \cdot 2SiO_2$
次要矿物	硫酸盐	针绿石	$Fe_2(SO_4)_3 \cdot 9H_2O$		铁斜绿泥石	$2FeO \cdot 2MgO \cdot Al_2O_3 \cdot 3SiO_2 \cdot 2H_2O$
		水铁矾	$FeSO_4 \cdot H_2O$		硬羟铝石	$Al_2O_3 \cdot H_2O$
		石膏	$CaSO_4 \cdot 2H_2O$		纤铁矿	$Fe_2O_3 \cdot H_2O$
		烧石膏	$CaSO_4 \cdot 1/2H_2O$		磁铁矿	Fe_3O_4
		硬石膏	$CaSO_4$		蓝晶石	$Al_2O_3 \cdot SiO_2$
		黄钾铁矾	$KFe_3(SO_4)_2(OH)_6$		十字石	$2FeO \cdot 5Al_2O_3 \cdot 4SiO_2 \cdot H_2O$
	长石	斜长石	$(NaCa)Al(AlSi)Si_2O_8$		黄玉	$(AlF)_2SiO_4$
		正长石	$KAlSi_3O_8$		电气石	$H_9Al_3(BOH)_2Si_4O_{19}$
	硫化物	闪锌矿	ZnS		赤铁矿	Fe_2O_3
		方铅矿	PbS		叶绿泥石	$5MgO \cdot Al_2O_3 \cdot 3SiO_2 \cdot 2H_2O$
		磁黄铁矿	FeS_2			
	氧化物	金红石	TiO_2			

三、煤的加工对煤中矿物的影响

煤经过粉磨后的矿物分布在很大程度上取决于与煤中有机物结合的无机物的含量、矿物的尺寸和分布，如果矿物单体足够大，那么粉磨之后这些矿物游离出来，当然有些仍黏附一些可燃性物质，如果矿物以比较细的颗粒嵌布，则粉磨不会影响矿物的分布。

在年代比较久远的煤中，与有机物结合的无机物可能有一些被氧化，并在煤的缝隙中沉淀，这些矿物可能在粉磨之后分离。煤炭燃烧前需要碾磨成为煤粉，其中矿物分布特征会发生相应的变化。根据矿物分布特征，可分为两种类型。

（1）独立矿物　指与煤基质分离的矿物颗粒，粒径一般为 $20 \sim 50 \mu m$。可识别出石英、黏土矿物、方解石和黄铁矿等矿物。石英与黏土矿物粒径较大，石英呈棱角状，内部均匀致密；黏土呈片状或碎屑状；方解石和黄铁矿呈致密细颗粒状。

（2）细分散状矿物　矿物颗粒呈星点状嵌布在煤基质中，与有机质密切共生，大小不一，一般小于 $5 \mu m$。

较高等级煤的外来矿物颗粒表现是很不同的，因为矿物与煤的密度相差很大，游离的矿物颗粒和矿物含量比较高的颗粒将会比其他颗粒更易磨细，这是由于比较重的颗粒在磨机中循环次数较高的缘故。

煤的分选将减少煤中高密度物成分的比例，主要是矿物质的比例，同时可能除去煤中一些钙、镁和钠盐等可溶性物质。

第三节　粉煤灰的矿物组成

一、煤灰中的矿物相图

研究各种无机物相对的转化过程，相图是经常采用的。燃煤副产品的矿物相图通常采用 $FeO\text{-}SiO_2\text{-}Al_2O_3$、$CaO\text{-}SiO_2\text{-}Al_2O_3$ 和 $K_2O\text{-}SiO_2\text{-}Al_2O_3$ 等三元相图来表示。

Kuffman 等对美国 18 种煤灰的高温特性进行了研究，虽然是在还原条件下得出的，但结果足以使我们定性认识煤灰的矿物组成。图 9-2 是他们给出的 $FeO\text{-}SiO_2\text{-}Al_2O_3$ 的平衡相图。整体上煤灰的矿物组成落在莫来石区域，在富铁区域首先发生熔融，液相也可能是在富铁共熔区域内首先形成。

图 9-3 显示煤灰的主要矿物中的百分比随温度的变化曲线，实际上矿物的百分比是随含铁矿物相的变化而变化的，这些结果是在相对比较低的加热速度的平衡条件下得到的，如果要将这些结果应用于锅炉内加热速度非常快的情况则必须慎重。研究中采用的样品是美国东部 15 种烟煤，分析时样品经过急冷处理，大约在 900℃ 以下，样品中所观察到的矿物基本上都能与煤中的矿物对应。方铁矿和富铁的铁酸盐相主要来自富铁矿物，如黄铁矿、菱铁矿和硫酸铁等。900℃ 以下玻璃体中的铁含量正比于含钾黏土矿物和煤中伊利石中铁的含量，通常认为这是由于在 $K_2O\text{-}SiO_2\text{-}Al_2O_3$ 相图中有很多低熔点的共熔区域。在 $900 \sim 1000℃$ 之间，方铁矿和其他富铁氧化物将会与石英、高岭土发生反应而熔融。在 $1000 \sim 1300℃$ 之间，

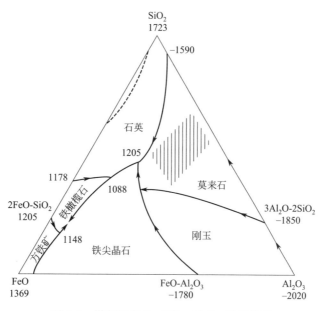

图 9-2 煤灰的 $FeO\text{-}SiO_2\text{-}Al_2O_3$ 平衡相图

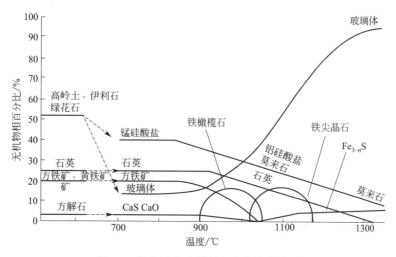

图 9-3 煤灰矿物含量随温度的变化曲线

由于铁尖晶石和铝酸铁等的形成使得铁的熔融反应停止,超过1200℃所有的铁将会与液态的硅酸盐结合。

在氧化气氛中观察到的玻璃相是非常少的,不论是氧化还是还原气氛,温度未达到理论熔点时就可能发生部分熔融,但一般来说温度低于400℃的情况下煤灰中的玻璃体不太可能超过50%。

二、粉煤灰的晶体矿物

1. 粉煤灰中晶体矿物类型

通常粉煤灰中的玻璃体是主要的,但晶体物质的含量有时也比较高,范围在11%~48%。

主要晶体相物质为莫来石、石英、赤铁矿、磁铁矿、铝酸三钙、黄长石、默硅镁钙石、方镁石、石灰等，在所有晶体相物质中莫来石占最大比例，可达到总量的 6%～15%。此外粉煤灰中还含有未燃烧的炭粒。表 9-2、表 9-3 是 Rohatgi 等列出的粉煤灰中可能的晶体矿物相。

表 9-2　低钙粉煤灰中的晶体矿物

矿　　物	组　　成	矿　　物	组　　成
莫来石	$3Al_2O_3 \cdot 2SiO_2$	磁铁矿	Fe_3O_4
石英	SiO_2	无水石膏	$CaSO_4$
磁铁矿-铁酸盐	$Fe_3O_4\text{-}(Mg,Fe)(Fe,Mg)_2O_4$		

表 9-3　高钙粉煤灰中的晶体矿物

矿　　物	组　　成	矿　　物	组　　成
钙铝、镁黄长石	$Ca,Mg,Al(Si_2O_7)$	辉石	(Mg,Fe,Ca,Al) 硅酸盐
铁酸盐-尖晶石	$(Mg,Fe)(Fe,Mg)_2O_4$	方石英/石英	SiO_2
默硅镁钙石	$Ca_3Mg(SiO_4)_2$	硅酸三钙 C_3S	Ca_3SiO_5
白、斜硅钙石	Ca_2SiO_4	铝酸三钙 C_3A	$Ca_3Al_2O_6$
石灰	CaO	无水石膏	$CaSO_4$
方镁石	MgO	铝蓝方石	C_4A_3S
霞石、三斜霞石	$NaAlSiO_4$	$C_{12}A_7$	$12CaO \cdot 7Al_2O_3$
长石	(Na,Ca,Al) 硅酸盐		

2. 粉煤灰中晶体矿物的形成与来源

（1）莫来石（$Al_6Si_2O_{13}$）　当煤灰开始冷却时莫来石将直接结晶形成，莫来石主要来自煤中的高岭土、伊利石以及其他黏土矿物的分解。莫来石含有很高比例的 Al_2O_3，这种 Al_2O_3 不会参与胶凝反应。低钙粉煤灰中的 Al_2O_3 主要是莫来石的晶体相，低钙高铝粉煤灰中含有 2%～20% 的莫来石，而高钙粉煤灰中的莫来石通常不超过 60%。高钙粉煤灰中莫来石含量比较低的原因主要是：①Al_2O_3 更可能以铝酸三钙和黄长石的形式结晶；②低等级煤中 Al_2O_3 的含量相对比较低。

（2）石英（SiO_2）　粉煤灰中的石英主要来源于煤燃烧过程中未来得及与其他无机物化合的石英颗粒，不同种类煤的粉煤灰中石英含量没有很大差异。一些粉煤灰中 SiO_2 分析值有一半以上都属于非活性石英，因此，通过粉煤灰中 SiO_2 含量来估算粉煤灰的火山灰活性是不准确的。

（3）磁铁矿（Fe_3O_4）/尖晶石铁酸盐（$(Mg,Fe)(Fe,Al)_2O_4$）/赤铁矿（Fe_2O_3）　粉煤灰中的磁铁矿以纯的 Fe_3O_4 形式存在，如果是尖晶石铁酸盐，则 Al、Mg 和 Ti 可能会取代 Fe。所有粉煤灰中磁铁矿含量都比较接近，尖晶石铁酸盐、赤铁矿在所有粉煤灰中都能测出，赤铁矿通常在低钙粉煤灰中较多，而高钙粉煤灰中则比较低。

粉煤灰中这些含铁矿物可能来自煤中的黄铁矿，黄铁矿通常以各种尺寸分布于煤中，在煤燃烧过程中黄铁矿的行为将在很大程度上影响晶体颗粒的形成，褐煤粉煤灰中晶体的势能比其他煤的粉煤灰更高。

FeO_3 的分析值在活性的玻璃相与惰性的晶体相氧化物中的比例将显著地影响粉煤灰的活性，因此仅根据 $SiO_2+Al_2O_3+Fe_2O_3$ 的总量来评定粉煤灰的火山灰活性也是不确切的。

（4）硬石膏（$CaSO_4$）　硬石膏是高钙粉煤灰的特征相，但在其他种类的粉煤灰中也可以发现。CaO 和炉内或烟通气中的 SO_2、O_2 反应生成 $CaSO_4$，粉煤灰中有 1/2 左右的 SO_2

可以生成 $CaSO_4$，其他硫酸盐主要为（Na，K）$_2SO_4$。硬石膏可以与可溶性的铝酸盐反应生成钙矾石，因此粉煤灰中的硬石膏是比较重要的矿物相，将影响粉煤灰的自硬性特征。

（5）铝酸三钙（$3CaO \cdot Al_2O_3$） 铝酸三钙是粉煤灰中重要的矿物相，根据粉煤灰中铝酸三钙的量可以区分或定量判断钙矾石的形成是否为有利的自硬性反应，还是有害的铝酸盐膨胀反应。所有高钙粉煤灰中都能发现铝酸三钙矿物相，有 1/2 左右的中钙粉煤灰中也能发现铝酸三钙，但因为铝酸三钙的 XRD 峰通常与默硅镁钙石、莫来石和赤铁矿的 XRD 峰交叠，所以很难定量确定粉煤灰中铝酸三钙的含量。

（6）黄长石 [Ca_2（Mg，Al）（Al，Si）$_2O_7$]/默硅镁钙石 [$Ca_3Mg(SiO_4)_2$]/方镁石（MgO） 这些矿物的出现通常都与粉煤灰中 MgO 的含量有关，在以前的研究中，大家忽略黄长石和默硅镁钙石的存在，这也是因为这两种矿物的 XRD 峰与硬石膏、铝酸三钙的 XRD 峰交叠。方镁石是高钙粉煤灰中的基本矿物相，在中钙粉煤灰中也是普遍存在的矿物相，但方镁石也可能存在于低钙粉煤灰中。

粉煤灰中有 1/2 以上的 MgO 是以方镁石的形式存在的。方镁石主要来源于煤中的有机物，黄长石和默硅镁钙石在冶金渣中是比较普遍的，通常当渣从熔融状态开始冷却时可通过结晶形成，粉煤灰中这两种矿物的形成可能类似于冶金渣中的形成机理。澳大利亚有一种褐煤含有非常高的 MgO 同时含有比较高的硫，虽然这种煤的粉煤灰用作水泥和混凝土的掺合料不太令人满意，但用于配制一种快硬水泥性能则非常优异。

（7）石灰（CaO） 所有高钙粉煤灰中都能测出石灰的存在，大部分中钙粉煤灰和一部分低钙粉煤灰也发现有石灰存在。粉煤灰中 CaO 的分析值实际上只有很小一部分为石灰形式，即所谓的游离氧化钙。高钙粉煤灰中的 CaO 分析值绝大部分来源于与煤中有机物结合的矿物。

3. 粉煤灰中晶体矿物含量范围

表 9-4 是 McCarthy 等对北美地区一些粉煤灰中晶体矿物相的分析结果。表 9-5 是刘巽伯等对我国一些地区粉煤灰中矿物相分析的结果。不同地区不同种类粉煤灰中的矿物相差异较大，这种差异使得不同的粉煤灰使用效果、资源化程度差异比较大，应该说根据粉煤灰中的矿物相在确定粉煤灰的品质方面更为确切，而粉煤灰的化学成分只能作为一种参考。

表 9-4 北美地区一些粉煤灰中晶体矿物相的分析结果

矿 物 名 称	低钙粉煤灰		中钙粉煤灰		高钙粉煤灰	
	平均值/%	离差/%	平均值/%	离差/%	平均值/%	离差/%
硬石膏	0.8	0.4	1.0	0.5	1.5	0.5
莫来石	11.8	5.0	7.6	3.1	5.6	2.5
石英	8.0	5.1	8.6	4.7	6.5	2.8
黄长石					1.7	0.8
赤铁矿	1.9	1.4				
铝酸三钙			0.8	0.5	3.2	1.4
默硅镁钙石			3.7	1.8	6.9	2.8
尖晶石	2.0	1.7	2.7	1.4	1.9	1.0
石灰			0.7	0.6	1.2	0.7
方镁石			1.3	0.7	2.7	1.1
合计	23.9	8.3	25.5	8.9	32.4	7.2

表 9-5　我国粉煤灰的矿物组成范围

矿物名称	平均值/%	含量范围/%	矿物名称	平均值/%	含量范围/%
低温型石英	6.4	1.1～15.9	含碳量	8.2	1.0～23.5
莫来石	20.4	11.3～29.2	玻璃态 SiO_2	38.5	26.3～45.7
高铁玻璃体	5.2	0～21.1	玻璃态 Al_2O_3	12.4	4.8～21.5
低铁玻璃体	59.8	42.2～70.1			

4. 粉煤灰中晶体矿物相特征

Biggs 等采用透射电子显微镜和反射光学显微镜对粉煤灰中几种主要晶体矿物，如尖晶石铁酸盐、赤铁矿、莫来石、石英、石灰等的特征进行观察。因为尖晶石铁酸盐与石灰等晶体不容易区分，他们将粉煤灰颗粒经过磁选，分成富磁性颗粒和非磁性颗粒，富磁性颗粒主要有三种矿物相：尖晶石铁酸盐、赤铁矿物和各种组成的玻璃体，非磁性颗粒主要由石英、莫来石、赤铁矿、石灰等晶体矿物以及玻璃体组成。

在富磁性颗粒中，尖晶石铁酸盐和赤铁矿可以根据其光学性质和晶体特征进行区分。尖晶石铁酸盐为各向同性，反射率低到中等，垂直入射光下为灰色至蓝灰色，赤铁矿中等反射率，垂直入射光下呈浅蓝色至灰色。粉煤灰中尖晶石铁酸盐晶体通常呈树枝状和八面体状，树枝状是容易见到的形式，树枝状尖晶石铁酸盐晶体与黑色硅酸盐玻璃体的连续相共生，其大小、长度以及分枝的复杂程度是多变的，更为复杂的网状、细密分枝晶体也比较容易见到。这种树枝状晶体特征通常认为是由于迅速结晶所致。薄片状的赤铁矿通常从空气-晶体界面沿着尖晶石铁酸盐的（111）面向内生长，因此赤铁矿被认为是由尖晶石铁酸盐氧化或由磁铁矿转变而来。

所有非磁性粉煤灰中都有石英，但粗颗粒中石英较多，对于很薄的试样，石英颗粒清晰，形状为不规则碎块，因为用于浸渍试样的介质折射率为 1.515，石英颗粒在平面偏振光下几乎是不可见的，大部分粗石英晶体在正交偏振光下可产生比较明显的干涉现象。有些石英颗粒是单晶而有些是多晶，不过所有石英晶体都有相同形貌。

粉煤灰中莫来石晶相有序度较差，介于硅线石和红柱石之间。在很薄试样中，莫来石与石英比较相像，但莫来石可以根据其比较高的反射率和多色性来加以区分。根据 Biggs 等的观察，莫来石是以圆形和不规则形状的多晶形式出现的比较小的晶体颗粒，偶尔一些 $15\mu m$ 左右的颗粒全部由莫来石组成，莫来石的形成被认为是由于黏土矿物高温分解的结果。

因为石灰为各向同性，所以比较难以通过显微镜与硅酸盐玻璃体加以区分，Biggs 在区分石灰时利用 X 射线技术，发现未进行磁选的粉煤灰出现很高的 X 射线衍射峰，该峰被认为是石灰的特性，磁选后该峰强度更为明显，将这些试样浸于水中一段时间，然后烘干再进行 X 射线分析，发现该强衍射峰消失。他们对这些试样中石灰特征的观察发现，石灰多为分散球状颗粒或像糖状的白色薄片，显微镜观察结果显示石灰相很少与其他晶相或矿物相共生，即粉煤灰中的石灰相是单独存在的，这根据重力分选、溶解性以及 X 射线分析可加以确定，粉煤灰中单独的石灰相也表明在母岩方解石开始分解的温度范围内没有其他离子参与反应。

在非磁性粉煤灰部分还可以发现未燃烧或部分燃烧的煤。完全未燃烧的煤颗粒为有角的不规则形状，低放大倍数下可以观察到煤的层状结构，在垂直入射光和反射光下可以辨别出煤的显微结构，部分燃烧的煤多以球状的炭或其他碎块形式出现，有些部分燃烧的煤呈暗色、多边或类似花边的形状。

Scheetz 等采用微聚焦 Raman 光谱对粉煤灰中晶体相分析结果显示，粉煤灰中石英有结晶良好的，也有结晶度较差的，通常结晶度一般，最好情况下可以观察到 10 条光谱线，但除在 $461cm^{-1}$ 的特征线比较明显外，其他都比较弱。他们还观察硬石膏的 Raman 光谱，发现扫描次数对结果影响比较大，每次扫描时间为 70min，在开始两次扫描时发现硬石膏的结晶程度很差，但经过 10 次扫描后，$487cm^{-1}$、$626cm^{-1}$ 和 $1016cm^{-1}$ 的特征峰比较明显。

第四节　粉煤灰的分类

粉煤灰的形成受很多因素的影响，不同粉煤灰性质差异很大，无论是从粉煤灰的利用还是从环境保护角度考虑，都非常有必要对粉煤灰进行比较细的分类。

目前对粉煤灰分类的方法虽然比较多，但不外乎从以下几个角度进行分类：①根据粉煤灰的物理性质；②根据粉煤灰的化学性质；③根据粉煤灰应用的需要。

一、根据粉煤灰的物理性质分类

1. 根据粉煤灰的细度和烧失量

澳大利亚的标准 AS3582.1（用于波特兰水泥的粉煤灰）将粉煤灰分为 3 个等级：①细灰，75％的粉煤灰通过 $45\mu m$ 筛且烧失量不超过 4％；②中灰，60％的粉煤灰通过 $45\mu m$ 筛且烧失量不超过 6％；③粗灰，40％的粉煤灰通过 $45\mu m$ 筛且烧失量不超过 12％。

我国的国家标准 GB 1596 也主要根据粉煤灰的细度和烧失量对用于作为混凝土和砂浆掺合料的粉煤灰分为 3 个等级：①Ⅰ级粉煤灰，0.045mm 方孔筛筛余量小于 12％，烧失量小于 5％；②Ⅱ级粉煤灰，0.045mm 方孔筛筛余量小于 25％，烧失量小于 8％；③Ⅲ级粉煤灰，0.045mm 方孔筛筛余量小于 45％，烧失量小于 15％。

2. 根据粉煤灰的状态

英国从粉煤灰回填的角度，根据粉煤灰的状态，将粉煤灰分为改性粉煤灰（也称调湿灰）和陈灰。

所谓改性粉煤灰，是指将新排放的粉煤灰在运送至目的地之前加一定量的水，这种粉煤灰密实后的强度随时间延长有一定增长，因此这种粉煤灰通常被用于回填或土壤加固。由于这种目的，改性粉煤灰应满足一定的强度要求。

陈灰通常在使用前存放比较长时间，含有的水分为平衡含水率；一般认为陈灰性质比较差，因此没有强度要求，一般只用于回填。

这种分类是基于粉煤灰的自硬性，一些研究者并不同意这种分类，认为陈灰也有自硬性，而并不是新排放的粉煤灰才有自硬性。

实际上根据粉煤灰中含水率的变化将粉煤灰分为干灰、湿灰和陈灰更为恰当。

（1）干灰　含水率不大于 3％的新排放和存放不超过半年的粉煤灰。对于低钙粉煤灰，存放时间不会显著影响粉煤灰的性质。

（2）湿灰　指在排放过程中加入一定量水的粉煤灰，包括经处理后含水率低于3%的粉煤灰仍归为此类。

（3）陈灰　指露天存放的粉煤灰，这类粉煤灰即使排放时采用干排，但在存放过程中由于雨水或吸收空气中的水分通常都有非常高的含水率。

虽然低钙粉煤灰只有很低的水硬性，已有的试验结果均已表明，相对于干灰，湿灰和陈灰作为土木工程材料其使用价值将大为降低。

3. 收集方式

粉煤灰的收集方式主要决定于采用的设备。一般来说粉煤灰收集设备有静电收尘器、机械收尘器和布袋收尘器等，相对来说静电收尘器比机械收尘器更能收集到细的粉煤灰颗粒，这些细的粉煤灰从使用角度有更好的性质。

对于静电收尘器，还可以根据电场的不同，将收集到的粉煤灰分为一、二、三级电场的粉煤灰。三级电场收集到的粉煤灰颗粒最细，是非常好的水泥混凝土矿物掺合料。

二、根据粉煤灰的化学性质分类

这是比较常用的分类方法，很多粉煤灰分类都是根据粉煤灰的化学性质进行的。

1. 根据 CaO 的含量分类

ASTM 标准根据粉煤灰中的 CaO 含量将粉煤灰分为高钙 C 类粉煤灰和低钙的 F 类粉煤灰。C 类粉煤灰包括褐煤或亚烟煤的粉煤灰，$[SiO_2]+[Al_2O_3]+[Fe_2O_3]>50\%$；F 类粉煤灰包括无烟煤或烟煤的粉煤灰，$[SiO_2]+[Al_2O_3]+[Fe_2O_3]>70\%$。

Roy 等认为根据 CaO 的含量将粉煤灰仅分为高钙和低钙还有些模糊，从应用角度有必要增加一个 CaO 含量为 8%～20% 的中间段，因为这类粉煤灰具有不同的性质，因此有必要将粉煤灰分为三类。

俄罗斯有些研究者甚至设想将粉煤灰分为低钙、中钙、高钙和超高钙四类，可见粉煤灰中 CaO 的含量对粉煤灰性质的影响是非常大的。美国 McCarthy 在采集并分析了 178 个粉煤灰样的化学组成后指出，既然粉煤灰的主要性能与其氧化钙含量有关，可将粉煤灰分成低钙灰、中钙灰和高钙灰三类，具体分类见表 9-6。

表 9-6　McCarthy 分类法

粉煤灰分类	低钙灰	中钙灰	高钙灰
氧化钙量/%	<10	10～19.9	>20

2. 根据粉煤灰的环境影响分类

美国环境保护署从环境保护角度，将粉煤灰分为有毒和无毒两类。分类的标准是根据粉煤灰中特殊元素和有机物析出的浓度来划分的。

3. 根据粉煤灰中的氧化物分类

Roy 等将粉煤灰中的氧化物分为 3 类：①硅铝质氧化物（$SiO_2+Al_2O_3+TiO_2$）；②钙

质氧化物（CaO＋MgO＋Na$_2$O＋K$_2$O）；③铁质氧化物（Fe$_2$O$_3$＋SO$_3$）。

　　然后根据粉煤灰中这三类氧化物的比例将粉煤灰分为 7 大类，具体分类见图 9-4 的三角形分类。不过在目前情况下这样来划分粉煤灰的类别似乎过于细化。但根据这种分类方法也可以看出粉煤灰中不同氧化物的相对比例变化是非常大的。

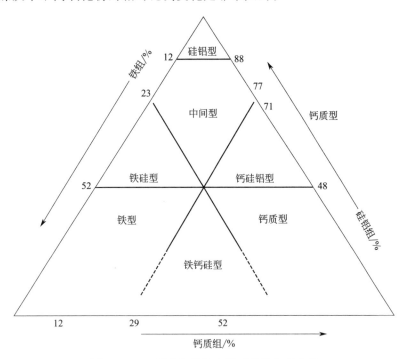

图 9-4　Roy 根据氧化物含量对粉煤灰的分类

4. 根据粉煤灰的 pH 值

　　根据粉煤灰的 pH 值可将粉煤灰分为酸性、中性和碱性 3 种。还有根据粉煤灰的酸性模量将粉煤灰分为强碱性、碱性、中性、弱酸、酸性和强酸 6 种。

$$粉煤灰的酸性模量 = \frac{[SiO_2]+[Al_2O_3]+[Fe_2O_3]}{[CaO]+[MgO]-0.75[SiO_2]}$$

　　当酸性模量＜1 为强碱，1～2 为碱性，2～3 为中性，3～10 为弱酸性，10～20 为酸性，＞20 为强酸性。

5. 其他

　　根据粉煤灰的化学性质进行分类的方法还有很多，如根据粉煤灰的硅模量（即粉煤灰中氧化硅与氧化铝、氧化铁的比值）、铝模量（粉煤灰中氧化铝与氧化铁的比值）、粉煤灰中石膏物质的量（SO$_3$）等。

三、根据粉煤灰的应用要求分类

　　粉煤灰的利用方式有很多种，但目前除粉煤灰用于水泥混凝土外，其他利用方式并未对粉煤灰提出严格的要求，因此这种分类方法主要是针对粉煤灰用于水泥混凝土而言的。

1. 根据活性氧化钙的含量

当粉煤灰中活性氧化钙含量小于5%时称为硅质粉煤灰，含量大于5%就可称为钙质粉煤灰，具体划分见表9-7。

表 9-7 根据粉煤灰中活性氧化钙的分类

参 数	硅质粉煤灰	钙质粉煤灰	参 数	硅质粉煤灰	钙质粉煤灰
烧失量/%	≤5	≤5	28d 强度/MPa	—	≥10[②]
活性氧化钙/%	<5	>5	雷氏膨胀/mm	—	≤10
活性氧化硅/%	25	25[①]			

① 当粉煤灰活性氧化钙为5%～15%。

② 当粉煤灰的活性氧化钙>15%。

2. 根据粉煤灰的烧失量

Joshi等认为现有的粉煤灰分类不适用于混凝土的粉煤灰，而粉煤灰的烧失量是非常重要的指标。他们认为烧失量小于1%的粉煤灰，不仅有很好的火山灰活性而且还具有自硬性，因此粉煤灰的分类应根据烧失量来划分，而不是将粉煤灰分为F类和C类。具体划分为：①Ⅰ类，具有火山灰活性但无自硬性，如烟煤的粉煤灰，通常烧失量大于1%；②Ⅱ类，同时具有火山灰活性和自硬性，如亚烟煤和褐煤的粉煤灰，通常烧失量小于1%。

3. 我国现行标准

我国国家标准《用于水泥和混凝土中的粉煤灰》（GB/T 1596），根据粉煤灰的细度、需水量比、烧失量、含水量和三氧化硫含量等指标，将用于混凝土中的粉煤灰分成F类、C类两大类，Ⅰ、Ⅱ、Ⅲ个等级。

2015年1月1日开始实施的《粉煤灰混凝土应用技术规范》（GB/T 50146—2014）严格规范了粉煤灰在水泥混凝土中的应用，达到改善混凝土性能、提高工程质量、延长混凝土结构物使用寿命，以及节约资源、保护环境等目的。

第五节 粉煤灰应用领域

当前，国内外粉煤灰综合利用领域很广，项目很多。美国电力研究所根据粉煤灰容纳量（即吃灰量）和技术水平，将粉煤灰综合利用项目分为三大类，见表9-8。

第一类：高容量/低技术。即不需要深度加工就可以利用的项目。这类项目投资少，上马快，技术易掌握，吃灰量最大。其缺点是使用地点和数量经常变动，难以预测，如作为筑路、回填材料等。

第二类：中容量/中技术。主要用作建筑材料。一般这类项目投资大，吃灰量大，用灰量稳定，有一定技术要求。

第三类：低容量/高技术。主要为分选利用，产品层次高，吃灰量甚微，技术水平要求高，但经济效益好。

表 9-8　粉煤灰综合利用容纳量和技术水平分类

类别	用 途	实 例	类别	用 途	实 例
高容量/低技术	灌浆材料	废矿井填充 废坑道填充	中容量/中技术	墙体材料	彩色地面砖 层面保温材料 粉煤灰防水粉
	筑路工程	基层材料		混凝土掺合料	代替部分水泥
	回填材料	大桥桥台回填土 挡土墙的回填土	低容量/高技术	分选微珠	新型保温材料
中容量/中技术	水泥生产	混合物原料		制造岩棉制品	土壤磁性改良剂
	墙体材料	粉煤灰烧结砖 粉煤灰砖 粉煤灰陶粒 粉煤灰切块		磁化粉煤灰	电解铝原料
				粉煤灰提铝	炭黑、活性炭等
				粉煤灰艺术制品	代替石膏
				吸收材料	分子筛原料之一

　　经过几十年国内外的大量试验研究，粉煤灰综合利用已具有较为成熟的技术，并具有多种途径。粉类灰利用的途径总的划分起来可分为两种类型。一种是"产品型"，即将粉煤灰用于各种产品生产中；另一种是"工程应用型"，即直接用于工程建设上。粉煤灰利用主要是在建材、建工、道路、填筑、农牧林业以及化工、环保等其他方面。在建材方面，主要用作水泥原料、水泥混合料、建筑砌块、加气混凝土制品、烧结粉煤灰砖、烧制陶粒、蒸养法陶粒等；在建工方面，主要用于混凝土和砂浆，其中包括大体积混凝土、泵送混凝土、高标号混凝土、低标号混凝土、砌筑砂浆、抹灰砂浆等；在道路建设方面，主要用于路面基层、路堤、路面等；在填筑方面，主要用作回填、水坝填筑、矿井回填等；在农牧林业方面，主要用于改良土壤、制作农肥、农药载体等，在其他方面，主要用于提取有用物质，如提取漂（微）珠、碳、铁、铝、锗等，以及利用粉煤灰表面积大、孔隙多、吸附性能好的特点，处理各种工业污染。

第六节　粉煤灰综合利用研究的进展及发展应注意的问题

一、粉煤灰综合利用研究的进展

1. 粉煤灰特性研究的进展

　　粉煤灰的质量特性，受煤种、煤粉磨的型号、锅炉形式（包括容积和高度）、燃烧条件、司炉工的操作（或电脑程控）水平、电厂负荷的波动以及收尘系统运行状态等因素的影响。通过粉煤灰特性的研究，已经确立其资源化的观念，特别是新的检测方法和手段在其成分分析中广泛应用，进一步揭示各种效应及矿物资源特性，为粉煤灰的综合利用奠定了基础，提供了理论上的支持，特别是粉煤灰纳米空心球的发现及其性能的研究进一步拓宽了粉煤灰微珠的研究领域。

2. 粉煤灰微珠分选实践与综合利用的研究

　　编者于 1985 年在国内首次进行了粉煤灰微珠湿法分选工艺的研究，开辟了将选矿理论和工艺应用于粉煤灰分选研究的先河。在进行粉煤灰中漂珠、磁珠、沉珠和炭粒的分选原理及工艺研究的基础上，提出了根据粉煤灰中各颗粒的物理、化学性质的差异，实现分离的思想和方法。其主要内容包括：①粉煤灰及其空心微珠的理化性质研究；②分选原理和分选试验研究；③湿法分选工艺流程的研究；④粉煤灰空心微珠湿法分选工艺试验研究；⑤粉煤灰及空心微珠的综合利用的研究。

粉煤灰分选获得的微珠由于质轻，呈球形，具有无毒、自润滑、分散性好、流动性好、热导率小、保温、电绝缘、隔声、稳定性高等特点，在很多领域中显示出很好的应用潜力，具有广泛的开发前景。因此，这方面的研究进展很快，主要在保温材料、耐火材料、涂料和橡塑行业的填充材料、浮力材料和反光材料等方面取得丰硕的成果。

目前，在国内外正在进行作为基核制作功能材料的研究，其代表是微珠表面金属化的研究以及附载二氧化钛光催化剂的试验研究。这些应用研究都是在粉煤灰空心微珠固有特点的基础上，赋予粉煤灰空心微珠新的功能，增加了它的附加值，是一种高级的利用方式，其发展前景具有很大的吸引力，值得进一步研究和推广应用。

3. 新型建材的出现

我国粉煤灰用于生产建筑材料，利用率一直保持在 25% 左右。粉煤灰烧结砖、生产水泥熟料及用作混合材、生产陶粒、砌块、加气混凝土、墙体材料等，都是国家推广的成熟技术。其中陶粒、泡沫玻璃和微晶玻璃等新材料的研制成功，促进了粉煤灰在建材方面的更广泛利用。

利用粉煤灰为主要原料，加入一定量的胶结料和水，经成球、烧结而成的轻骨料为烧结粉煤灰陶粒。它是一种性能良好的人造轻骨料，其粉煤灰用量可达 80% 左右。可以配制 300 号混凝土。

泡沫玻璃是一种新型建筑材料，它可由粉煤灰（可占 70%）为主要原料烧制而成，其密度在 $0.5 \sim 0.8 t/m^3$ 之间。具有抗压、隔热、隔声、防水、能浮出水面等性能，是现代高层建筑的优质材料。泡沫玻璃作大型雕塑材料，可制成大块，可任意切割装配。

微晶玻璃是近年国际上发展起来的一种新材料。作为建筑装饰材料新产品的微晶玻璃，不仅具有强度高、抗磨损、耐腐蚀、耐风化、不吸水、无放射性污染等特性，而且色调均匀、色差小，光泽柔和晶莹，表面致密无暇，其机械性能、化学稳定性、耐久性和清洁维护方面均比天然石材优越，已被广泛用于建筑物内外墙、地面及廊柱等高档装修饰面，如星级宾馆、商务中心、金融大厦和展览馆等建筑物。采用粉煤灰制备微晶玻璃，将成为粉煤灰高附加值利用的一个方面。

4. 粉煤灰在建设工程中的大量应用

粉煤灰用作建设工程的基本材料能节约水泥，降低生产成本和工程造价；提高混凝土后期强度及抗渗性和抗化学侵蚀能力；改善混凝土的和易性，便于泵送、浇筑和振捣；抑制碱骨料反应的不良影响；降低水泥水化热，抑制温度裂缝的发生与发展；与水泥中的游离氧化钙相化合提高水泥的安定性。

粉煤灰在建筑工程中主要用于大体积混凝土、泵送混凝土、高低标号混凝土及灌浆材料等。粉煤灰用于大体积混凝土方面的研究较多，三峡建设工程中粉煤灰优选和应用研究就是成功的例证。粉煤灰基础、回填、屋面和构建等房屋建设中也广泛使用粉煤灰。

矿山充填方面的应用由原来把粉煤灰单独作为充填料用于充填煤矿采空区，发展为用粉煤灰和石子混合来浇注采空区，这种充填体不仅具有一定的强度，而且防火、隔水、隔声效果都很好。

在道路工程中，粉煤灰主要用于稳定路面基层，制成粉煤灰沥青混凝土，可以提高混凝土的强度和耐磨性。对软弱地基和膨胀土，可将粉煤灰和石灰等加入路基土中，可有效地改善路基的工程性质。另外，还用于护坡、护堤工程等。

5. 化工方面的应用

粉煤灰是一种主要含有硅、铝化学成分的特殊资源，以其特有的物理性质，而被用于化学工业中，从粉煤灰中提取铝、锗等金属，改性粉煤灰用作塑料、橡胶等工业的填料，更可以粉煤灰为主要原料制备微晶玻璃和分子筛等，展示了粉煤灰在化学工业中广阔的应用前景。

6. 环境方面的应用，以废治废，前景广阔

粉煤灰多为多空体，比表面积较大，其表面上的原子力均为不饱和，存在着一定的表面能。当粉煤灰与工业废水接触后，就吸附废水中的 BOD、COD、色度等污染物，直接达到吸附平衡为止。另外，粉煤灰中含有的沸石、炭粒等无机离子，有交换特性和很强的吸附脱色作用。它可制成絮凝剂，高分子筛和过滤介质等，对造纸、电镀、印染、中草药等行业产生的废水（含氟、酚、铁、油、铬、铜）具有一定的净化作用，还可利用不同 pH 值的粉煤灰处理酸性和碱性废水。国外的研究证实，粉煤灰还可有效去除富营养型湖泊表层水和间隙水中的磷酸酶。

粉煤灰（褐煤）因含有较多的碱性物质，是一种优良的低浓度 SO_2 烟气脱硫吸附剂，本身还可吸附大气颗粒物；用 $Ca(OH)_2$ 来改性粉煤灰制得的吸附剂比表面积增大许多倍，可用来处理 SO_2。粉煤灰能更有效地遏制城市固体废物燃烧过程中 $HgCl_2$ 的排放。

二、粉煤灰综合利用技术发展应注意的问题

1）在巩固与发展现有技术的基础上，继续寻求大用量粉煤灰利用途径，重点开发高掺量粉煤灰制品及长距离输灰技术。

2）大力开发能产生巨大经济效益的高技术、精细利用途径，针对粉煤灰中某些利用价值较大的颗粒组分，进行分选与深加工利用。

3）由于灰渣的种类日趋复杂化和多样化，其资源化利用向多元化方向发展。随着洁净煤燃烧技术的发展，循环流化床燃烧灰渣（FBCA）与烟气脱硫副产品（FGD-BPs）的排放量剧增，同时，低 NO_x 燃烧器的采用，将会导致粉煤灰中的未燃碳含量的增高。洁净煤燃烧产物的特性与常规粉煤灰有较大差异，针对不同的灰渣类型，采取各自不同的处置与利用途径。

4）将粉煤灰的利用与大型工程建设紧密结合起来。粉煤灰用于高等级公路、桥梁、河流大坝、石油钻井平台等大型工程建设，具有吃灰量大、技术含量高、经济效益显著等特点，可对粉煤灰的利用起巨大推动作用。

5）加强粉煤灰利用与环境治理的结合。一方面，在粉煤灰利用时，将注重其对周围环境的影响，如利用粉煤灰改良土壤或生产农肥，要对其中有害元素的含量及其溶出性进行详细研究；另一方面，可将粉煤灰处理或加工后，用于环保领域。

6）加强对粉煤灰的基础研究，从微观与微量的层次上，详细研究其各项特性及其与形成条件的关系。将煤炭资源特性-煤的燃烧-燃烧产物的利用有机结合起来，研究不同煤种、不同炉型条件下的粉煤灰特性，建立粉煤灰的科学分类体系，从无序中找出有序的规律，为粉煤灰的深度开发利用与污染防治提供科学依据。

第十章

粉煤灰试验分析方法

第一节　粉煤灰的采样和制样方法

一、概述

粉煤灰是个大宗产物，要对其进行全面了解就必须测定其物理和化学性质，为了测定它们的性质，首先要从全部被测物料中取出一定数量的样品，再对样品进行制样，最后进行分析得出结论。

采样是指从大量的、连续的物料流中采集少量的样品，且要求采得的样品对总体物料的各个方面都具有真正的代表性，目的是通过这一小部分试样来了解总体。被采取的样品称为试样，也称灰样。

在采样、制样和分析这三个阶段中，通常的观点是注重样品的分析过程，而对样品的采集和制样过程缺乏应有的重视。这样，即使在分析阶段使用高精密的仪器，在采样与制样阶段产生的误差，也不可能消除。与分析阶段产生的误差相比，采样与制样阶段产生的误差占整体误差的绝大部分。因此，如何保证试样的代表性就成了采样的首要问题。为使试样的代表性好，根据粉煤灰组成的物理化学性质分布不均的特点，必须随机地采取多份子样组成总样。子样的最小质量和份数必须符合规定，采样方法必须正确，由这些子样组成的总样才有充分的代表性。

这里首先要明确几个概念，子样是采样器具操作一次所采取的一份样品，总样是从一个采样单元取出的全部子样合并成的灰样。而采样单元是从在相同的条件下，在一段时间内生产的采取一个总样的粉煤灰量。商品粉煤灰以连续供应的200t相同等级的粉煤灰为一批，不足200t者按一批论，粉煤灰的数量按干灰（含水量<1%）的质量计算。

二、采样与制样的基本原则

样品的采样与制样是分析测定物料的物理、化学性质的第一步。大量的粉煤灰物料是非常不规则的，它们的特征也是有差别的，干排灰与湿排灰的差别更大。因此，采集样品的数量应精确地调整到适当的程度。样品数量的多少将主要影响物料的总体特性、颗粒尺寸及物料的均匀性。

一个总样包含多个子样，采集样品的数量主要取决于采样单元和物料被检测特性的分布范围，如果不止一个特性被检测，则被检测的特性分布越广，决定了需采集的样品数量越多。同时，也要明确总样质量和子样份数的关系。

总样质量和子样份数的关系是：

$$G = nq$$

式中，G 为总样质量，kg；n 为子样份数；q 为子样质量，kg。

子样份数、子样质量和采样方法对煤样的代表性均有影响，但影响的程度不同，采样方法不当影响最大，子样份数和子样质量次之。

1. 子样份数

子样份数的确定与所要检查物料的物理性质、化学组成、分布特性以及要求的误差范围有关。物料性质分布均匀，子样份数较少，反之要多。物料组成分布情况不同，子样份数也不同。子样的采集必须是随机的，即不加人为因素，按一定的时间间隔或距离采取一定质量的子样，不能有选择性。

子样份数与误差的关系是：当子样份数增加时，误差减小，当增加到一定限度时，误差的变化就不大了。显然此时再增加子样份数意义就不大了。另外，子样份数还和允许的误差有关。允许的误差越小，要求子样份数越多。允许误差是根据需要确定的。这表明，增加取样数，不仅可以提高不均匀样品的精密度，也可以提高样品的准确度。因此，子样份数随着粉煤灰的均匀程度的提高而减少，随精确度要求的提高而增加。

根据数理统计原理，对同一采样单元采集的许多子样，其检测指标的误差服从正态分布，因而当置信系数为 95% 时，其观测值的误差应在 $1.96S_n$ 范围之内。即

$$A = 1.96S_n = 1.96 \frac{S_s}{\sqrt{n}}$$

知道了取样误差范围（即允许误差），就可确定取样数：$n = \left(1.96 \frac{S_s}{A} \right)^2$，这里的 n 是取样数的最低界限，也称最小子样份数。

2. 子样质量

最低子样质量的确定应保证以下两点要求：误差小于允许误差；满足试验项目所需质量及分析的要求。

影响子样质量的主要因素是粒度。粒度越细，子样量越少；粒度越粗，子样量越大。

试验研究结果表明，从颗粒度大小分布很均匀的粉煤灰不同取样量的各种成分分析结果来看，取样量对测定结果影响不大；从粒径分布很宽的底灰取样量和变异系数的关系来看，

颗粒不同，组成就不均匀，取样量增加，误差较少。

一般来说，取样量多一些，代表性就强。因此，取样量不能少于某一限度。但取样量达一定限度后，再增加也不能显著提高取样的精确度。取样量取决于废物的粒度上限，粒度越大，均匀性越差，取样量越多。经验表明，子样量与废物最大粒度直径的某次方成正比，即著名的切乔特公式：

$$q = k d_{\max}^{\alpha}$$

式中，q 为子样最小质量，kg；$d_{\max}$ 为物料中最大颗粒的直径，mm；k、α 为系数。

根据国内外经验，通常取 $k = 0.06$，$\alpha = 1$。实际工作中，根据条件和要求，k 可用统计误差法由试验测定，或由主管部门指定，或参考产生废物的原材料值（如煤炭的 k 值）。

3. 采样点

采样点对试样的代表性影响很大，能产生系统误差。采样误差与排灰的状态有关。干法排灰是固体松散物料，灰本身即是多种颗粒的机械混合体，密度、粒度等各异，所以在排出、运输、贮存等过程中，上、下、内、外会产生分层或偏析现象，从而在组成上的差异会增大。湿法排灰一般较均匀，但也存在不同部位组成的差异。如果在采样时，取样点位置只设在容器池子的上层或底层，或散状堆积物的堆顶或堆脚，都可能造成取样误差加大和最终的分析结果偏差。因而，要获得有代表性的样品，除了确定采样数、采样量外，还要正确地确定取样点。

在确定采样点时，应该尽量避免在料堆、贮灰场采样，应该在物料流中采样。采集子样必须在生产正常时进行，以均匀的速度截取整个物流或水流的横断面。矿浆试样应尽量选择在垂直管道采集。如果物料量太大，不能采到全部物料，要分左、中、右几个点采样。当必须在料堆或贮灰场采样时，采样点的分布一定要均匀。

采样点应根据取样目的、要求，采用对角线形、梅花形、棋盘形、蛇形等各种分布形式，合理确定，保证试样的代表性。

4. 子样的采集方法

在所确立的采样点上采用不同采样方式获得试样，对试样的代表性影响最大，所产生的系统误差也最大。采样方式有随机采样法、系统采样法、多份采样法。系统采样法又可分为分层采样法、机械采样法（等距采样法）、整群采样法等。

（1）随机采样　在采取子样时，对采样的部位或时间均不施加任何人为的意志，能使任何部位的灰都有机会采出。随机取样有以下做法。

1）抽签法。对总体所有单位编号，写下号码，从中抽取规定数量的纸片，抽中的号码，就是其所代表的总体单位。

2）随机数字表法。对总体所有单位编号，最大编号是几位，就是使用数字表的几栏（或几行）。然后从表中的任意一栏（或一行）开始数，碰到最大编号的数码就记下来，直到抽够规定的取样数为止，碰上已抽过的数舍弃。

（2）等距采样　将总体各单位按某一标志排队，然后按固定顺序、间隔抽样，间隔根据总体单位数和必要采样数计算，即采样间隔是取样比例的倒数。当物料连续排出时，可先确定取样间隔，然后截取某点作起点，用随机法在第一间隔内采第一个样本，然后每隔一个间隔取一个样本，直至取足必要样品数为止。

把总体按有关标志划分为若干类型组（层），然后在各级（层）中，采用随机或等距方式采样。理论证明，总体方差等于层间方差加平均层内方差，分层取样时，层间方差不影响取样误差。总体分层后，样本在各层分配比例与层在总体的分配比例相同。

（3）整群取样　把总体分成若干群，然后随机整群地抽取样本单位。理论证明，总体方差等于群间方差加平均群内方差，与分层取样相反，群内方差不影响采样误差。

（4）二步采样　总体由若干个容器组成，取样时，先选取部分容器为采样单元，再从每个采样单元中各取若干份样品作为试样，这就是二步采样法。

采集后的灰样在运输、存放时要避免破碎、损失、混入杂物。要存放在不受日光照射和不受风雨影响的地点。商品粉煤灰的采样方法应根据其不同用户、行业的要求，执行不同的国家或行业标准，例如用于水泥和混凝土的粉煤灰应根据国家国标 GB 1596 规定的取样要求进行。

5. 试样制备原则

灰样制备是使煤样达到实验所要求的状态的过程，在此过程中，取决于样品粒度和化验室分析样品的需要，包括灰样的破碎、过筛、混合、缩分和空气干燥等程序。

（1）破碎　灰样破碎是在制样过程中用机械或人工减小煤样粒度的过程，在每一步破碎中，使用的方法不允许改变样品的特性。破碎大致分粗碎、中碎、细碎等阶段。破粉碎过程中往往会引起样品组成的改变，应充分注意。例如，破碎的后阶段常会引起样品中水分含量的改变；破碎机械表面的磨损，会使样品中引入某些杂质，破碎、研磨过程中常会发热而使样品升温，引起挥发性组分的逸去，样品中坚硬的组分难以破碎而飞溅逸出，较软的组分易成粉末而损失等。

（2）过筛　先过较粗的筛子，随着颗粒逐渐减少，筛孔目数相应增加。任何一次过筛时，都要将未通过的粗粒进一步破碎，直至全部过筛为止，因粗粒与细粒往往成分不同，故不可将粗粒随意丢掉。

（3）混合　灰样混合是把灰样混合均匀的过程。粉碎、过筛后的样品应加以混合，使组成均匀。混合可用机械方式或人工方式。

（4）缩分　灰样缩分则是按规定把一部分灰样留下来，其余部分弃掉以减少灰样数量的过程，对于样品的缩分必须遵守正确的原则，即最后收集的样品至少是分析样品需要量的 6 倍。缩分最常用的方法是堆锥四分法，即把灰样堆成一个圆锥体，再压成厚度均匀的圆饼，并分成四个相等的扇形，取其中两个相对的扇形部分作为灰样的方法。每次缩分丢 1/2、留 1/2。缩分的次数不是随意的，每次缩分时，样品粒度与保留样品之间应符合切乔特公式。

对于灰浆，应充分摇动、搅拌，使之均匀混合，然后进行取样，干燥去水后再进行制备。

缩分过程也可以在总样中进行二次采样，达到减少试样量、获取分析样品的目的。

第二节　粉煤灰物理特性分析

粉煤灰的综合利用，特别是在建工、建材方面的利用，主要是利用粉煤灰的物理特性。

不同的利用途径和方式，对粉煤灰的物理特性的要求也不同。

一、外观和颜色

粉煤灰的颜色和外观可以借助光学、电子显微镜和色度仪进行检测，国家没有这方面的规定和标准。

二、粉煤灰的烧失量、含水量的测定

依据《粉煤灰混凝土应用技术规范》（GB/T 50146—2014）以及类似的应用粉煤灰的部门标准和行业标准等，粉煤灰烧失量按《水泥化学分析方法》（GB/T 176）有关规定执行；含水量按《用于水泥和混凝土中的粉煤灰》（GB/T 1596—2017）附录 C 有关规定执行。

三、密度和堆密度（容重）

低钙粉煤灰松散容重的变化范围为 $600\sim1000kg/m^3$，压实容重为 $1000\sim1400kg/m^3$，高钙粉煤灰松散容重达 $800\sim1200kg/m^3$，压实容重为 $1300\sim1600kg/m^3$。湿粉煤灰随含水量的增加，压实容重有所增加，最佳含水量时，达到最大的压实容重，含水量超过此值，压实容重又趋下降。低钙粉煤灰的最佳含水量范围为 $15\%\sim5\%$，最大压实容重可达 $1700kg/m^3$。

具体的检测方法参见 GB/T 176，用抽真空比重瓶法测量真密度，用堆积密度测定装置和分析天平称重测定样品的堆积密度。

四、细度和粒度组成

现在国内外大量试验都证实，以 $45\mu m$ 的标准筛测定粉煤灰的细度比较合理，国际现行的粉煤灰标准规范，多数国家规定以 $45\mu m$ 筛余百分数为细度指标。细度的具体检测方法按《用于水泥和混凝土中的粉煤灰》（GB/T 1596—2017）附录 A 有关规定执行。粒度组成的检测可以采用现代化的粒度分析仪器进行测定，例如激光粒度分析仪，离心沉降粒度分析仪等。

粉煤灰颗粒粒径极限为 $0.5\sim300\mu m$，其中玻璃微珠粒径 $30.5\sim100\mu m$，大部分在 $45\mu m$ 以下，平均粒径为 $10\sim30\mu m$，但漂珠往往大于 $45\mu m$。海绵状颗粒粒径（含炭粒）范围为 $10\sim300\mu m$，大部分在 $45\mu m$ 以上。

五、比表面积

粉煤灰及其微珠的比表面积（单位质量物质的总表面积）是重要的物理特性。在工业上，固体高度分散后的固体比表面积的测定和分析（微观结构性能），对于吸附、催化、色谱、冶金、陶瓷、建筑材料的生产和研究工作都有重要意义。

测定比表面积的方法繁多，如邓锡克隆发射法（densichron examination）；溴化十六烷基三甲基铵吸附法（CTAB）、电子显微镜测定法（electronic microscopic examination）、着色强度法（tint strength）；氮吸附测定法（nitrogen surface area）等。F. Hinson 通过各种方法比较认为氮吸附法是比较可靠、有效的方法。目前美国 ASTM 已将该法列在 D3037内，国际标准 ISO 4652 已把它列为测试标准，我国已把该方法在 1989 年列为国家标准，现在也可参照 GB/T 10722—89 执行。

国内电厂粉煤灰比表面积的变化范围为 $890\sim5500cm^2/g$，一般为 $1600\sim3500cm^2/g$。

六、需水量比

与其他品种的火山灰材料相比，粉煤灰明显的优越性就是在混凝土中掺加粉煤灰，不但不会增加混凝土用水量，反而可能降低用水量。但也发现了，凡是含碳量较高的粉煤灰也会明显地增加用水量。因此，在粉煤灰标准规范中采用粉煤灰水泥砂浆与基准水泥砂浆对比的需水量比作为粉煤灰物理性质的一项重要品质指标。具体的检测方法按《用于水泥和混凝土中的粉煤灰》（GB/T 1596—2017）附录 B 有关规定执行。

七、火山灰活性指数

火山灰活性指数是指在常温下火山灰与钙离子或氢氧化钙及水之间或火山灰、水及氢氧化钙之间反应程度的指标。

评定粉煤灰活性的方法，过去多借用通用的测定一般火山灰材料的方法，这些方法有数十种之多，如石灰吸收法、酸碱溶出法，溶解热法、石灰量和总碱量测定法、电导率法、砂浆强度试验法等，大体上可归纳为 3 大类：①化学试验法；②物理试验法；③力学试验法。

目前我国按《用于水泥和混凝土中的粉煤灰》（GB/T 1596—2017）附录 D 有关规定执行。

八、安定性

粉煤灰品质指标中安定性指标也是一个与化学性质有关物理指标。测定粉煤灰安定性的目的主要是避免粉煤灰有害的化学成分影响混凝土的耐久性，主要是指 MgO。粉煤灰安定性试验按 GB/T 1346 进行。

九、均匀性

粉煤灰均匀性是十分重要的指标，但是有些国家的标准规范对这项指标并没有明确的规定，只对粉煤灰产品进行质量控制。目前，美国 ASTM 规定，粉煤灰 10 个试样的细度和相对密度测定结果的平均值之间的最大差值，即单个试样 $45\mu m$ 筛余（％）最大变化范围不超过细度平均值的 5％，单个试样相对密度也不超过平均值的 5％。ASTM 标准还规定了非强制性的粉煤灰对引气作用影响的均匀性，即对于引气混凝土产生砂浆体积 18％含气量时，所需的引气剂用量的变化范围不大于 10 个试样平均值的 20％。日本 JS A 6201—77 粉煤灰标准中对均匀性的要求则规定比表面积变异值不大于 $450cm^2/g$，需水量比变异值不大于 5％。我国按《用于水泥和混凝土中的粉煤灰》（GB/T 1596—2017）附录 A 有关规定执行。

十、漂珠含量的测定

测定步骤如下。

1）称取 1kg 左右的粉煤灰样品（W_1），置于塑料桶中，加入自来水，用力搅拌，静置 2～5min，捞出水面浮物，重复此操作 5～8 次，直至水面上不再有浮物出现为止。

2）将各次捞出的浮物脱水、烘干、称重（W_2）。

3）称取（1.0 ± 0.1）g 烘干的浮物样品（W_3），研磨后均匀置于瓷盘内，于（815 ± 10）℃的高温电炉内燃烧 30min，取出冷却 2～3min，移入干燥器内冷至室温后称重（W_4）。按下式计算漂珠含量 P（％）：

$$P = \frac{W_2 W_4}{W_1 W_3} \times 100$$

第三节　粉煤灰化学成分分析

一、粉煤灰成分分析项目的选取

粉煤灰的化学成分因粉煤灰的品种、产地、成煤年代、燃烧条件及集灰方式等不同，变化范围很大。因此，对其进行成分分析是决定粉煤灰级别和进行怎样合理综合利用的第一步关键性工作。

粉煤灰成分分析项目一般包括 SiO_2、Fe_2O_3、Al_2O_3、CaO、MgO、SO_3、K_2O、Na_2O 和烧失量，有时也分析 P_2O_5、Hg、Cr、Cd 及放射性元素等。这主要依据其用途来进行分析，例如对粉煤灰进行分级时，只需测 SiO_2、Al_2O_3 和 Fe_2O_3 的总量；用粉煤灰提取氧化铝时，只要求测 SiO_2 和 Al_2O_3 的量；用粉煤灰分选富铁玻璃微珠炼铁时，仅需分析 Fe_2O_3 含量；而考察粉煤灰对环境的放射性、毒性影响时，则要测定放射性元素含量和有毒元素含量等。

二、粉煤灰化学成分分析方法

粉煤灰的化学成分分析方法应执行国家标准《建材用粉煤灰及煤矸石化学分析方法》（GB/T 27974—2011）。其中，粉煤灰的放射性核素限量及检验方法应按现行国家标准《建筑材料放射性核素限量》（GB 6566）的有关规定执行；粉煤灰中的碱含量应按 Na_2O 当量计，以 $Na_2O+0.658K_2O$ 计算值表示。当粉煤灰用于具有碱活性骨料的混凝土中，宜限制粉煤灰的碱含量。粉煤灰碱含量的检验方法应按现行国家标准《水泥化学分析方法》（GB/T 176—2017）的有关规定执行。

1. 主要仪器设备

1）马弗炉。

2）分析天平：感量 0.1mg。

3）分光光度计：国产 72 型或其他型号。

4）火焰分光光度计等。

2. 试剂

1）氢氧化钠（GB 629—77）：分析纯。

2）盐酸（GB 622—77）：分析纯，配成 1∶1、1∶9、2mol/L 和 2％水溶液。

3）动物胶 1％水溶液：称取动物胶 1g 溶于 100mL 70～80℃的水中，现用现配。

4）硝酸银（GB 670—77）：分析纯，1％水溶液，贮于棕色瓶中，加几滴硝酸（GB 626）。

5）95％乙醇（GB 679—65）：分析纯。

6）氨水（GB 631）：分析纯，1∶1 水溶液。

7）磺基水杨酸：分析纯，10％水溶液。

8）铁的标准溶液：准确称取 0.1g 预先在 900℃灼烧 0.5h 的优级纯 Fe_2O_3，放在 250mL 烧杯中，加优级纯盐酸（GB 622）20mL，盖上表面皿，加热溶解，冷到室温，移入 1000mL 容量瓶中，用去离子水稀释到刻度后摇匀，浓度为 1mg/mL。

9）0.005mol/L 的 EDTA 标准溶液：称取分析纯 EDTA（GB 1041）1.86g，放在 100mL 烧杯中，用水溶解，加几粒固体氢氧化钠碱化，用水稀释至 1000mL，摇匀，再用铁标准溶液标定 EDTA 溶液对氧化铁的滴定度 $T_{Fe_2O_3}$。

10）1.1％的 EDTA 水溶液（GB 1041）：分析纯。

11）1％的酚酞溶液（HGB 3039）：1g 酚酞溶于 100mL 分析纯的 95％乙醇中。

12）pH 值 5.9 的缓冲溶液：取分析纯的乙酸钠（GB 693）200g 溶于去离子水中，加分析纯冰乙酸（GB 676）6.0mL，用去离子水稀释到 1000mL。

13）0.1％的二甲酚橙溶液：0.1g 二甲酚橙溶于 100mL pH 值为 5.9 的缓冲溶液中，贮存期不超过 15d。

14）2％乙酸锌水溶液（HGB 3100）：分析纯。

15）10％氰化钾水溶液（GB 1271）：分析纯，贮于聚乙烯瓶中。

16）铝的标准溶液：取光谱纯铝片置于酸溶液，以水洗涤数次后，用 1∶9 盐酸浸溶几分钟，使表面氧化层溶解。用倾泻法倒去盐酸溶液，再用无水乙醇洗涤数次，放入干燥器中干燥。准确称取铝片 0.5293g 放于 150mL 烧杯中，加优级纯氢氧化钾（HGB 3006）2g 和水 10mL，等溶解后，用优级纯 1∶1 盐酸（GB 622）酸化，使氢氧化铝沉淀溶解，再过量 10mL。冷到室温后移入 100mL 容量瓶中。用水稀释到刻度，摇匀，浓度为 1mg/mL。

17）乙酸锌标准溶液：准确称取分析纯乙酸锌（HGB 3100）3.2g 放于 250ml 烧杯中，加分析纯冰乙酸（GB 676）1mL，以水溶解，再用水稀释到 1000mL，摇匀，用标准铝溶液测定乙酸锌标准溶液对氧化铝的滴定度 $T_{Al_2O_3}$。

18）氢氧化钾（HGB 3006）：分析纯，25％水溶液，贮于聚乙烯瓶中。

19）三乙醇胺：分析纯，1∶4水溶液。

20）钙黄绿素-百里酚酞混合指示剂：称取钙黄绿素 0.20g 和百里酚酞 0.16g，与预先经 110℃ 烘干的分析纯氯化钾（GB 646）10g 研磨均匀，装入磨口瓶，存放于干燥器内。

21）钙的标准溶液：准确称取预先经 120℃ 烘过 2h 的优级纯碳酸钙 0.8924g，放于 250mL 烧杯中，用水润湿，盖上表面皿，沿杯口慢慢滴加优级纯 1∶1 盐酸（GB 622）5mL，等溶解完全，煮沸驱尽二氧化碳，用水冲洗表面皿及杯壁，取下冷却，移入 1000mL 容量瓶中，用水稀释到刻度，摇匀，浓度为 0.5mg/mL。

22）0.008mol/L 的 EDTA 标准溶液：称取分析纯 BDTA 3.0g 放于 200mL 烧杯中，用水溶解并稀释到 1000mL，摇匀。然后用钙标准溶液来测定 EDTA 标液对氧化钙的滴定度 T_{CaO}。

23）5％铜试剂水溶液（HG 3—962—76）：分析纯，称取铜试剂 2.5g 溶于水中，加 1∶1 氨水 5 滴，用水稀释到 50mL，经快速滤纸过滤后，贮于棕色瓶中。

24）酸性铬蓝 K-萘酚绿 B 混合指示剂：称取酸性铬蓝 K 0.50g 和萘酚绿 B1.25g，与预先在 110℃ 烘干的分析纯氯化钾（GB 646）10g 研磨均匀，装入磨口瓶，存放于干燥器内。

25）0.2％甲基橙水溶液（HGB 3089）：贮存于棕色瓶中。

26）10％氯化钡水溶液（GB 652）：分析纯。

27）混合酸：将 1∶1 分析纯 H_2SO_4 100mL 与 1∶1 分析纯 H_3PO_4 400mL 混合均匀。

28）过氧化氢（HG 3—1082—77）：分析纯，取含量 29％以上的过氧化氢 10mL 以水稀释成 100mL，配成约 3％的水溶液，贮于聚乙烯瓶中。

29）钛的标准溶液：准确称取已在 1000℃ 灼烧 30min 的光谱纯二氧化钛 0.1000g，放在 30g 瓷坩埚中。加入分析纯焦硫酸钾 4g，在箱形电炉中逐渐升温到 750℃，每隔约 10min 摇动 1 次，直至熔融完全。取出冷却，放入 300mL 烧杯中，加入 5％硫酸约 150mL，加热浸取至溶液清澈透明。用 5％硫酸洗坩埚，冷至室温，移入 1000mL 容量瓶内，并用 5％硫酸稀释到刻度，摇匀，浓度为 0.1mg/mL。

30）氢氟酸（GB 620）：分析纯。

31）0.1mol/L 硫酸（GB 625）：分析纯。

32）钾、钠的标准混合溶液：准确称取预先在 600℃ 灼烧 0.5h 的优级纯氯化钾（GB 646）0.6332g 和预先在 600℃ 灼烧 0.5h 的优级纯氯化钠 0.7544g，溶于水中，然后移入 1000mL 容量瓶中，用水稀释到刻度，摇匀，贮于聚乙烯瓶中，氯化钾和氯化钠的浓度均为 0.4mg/mL。

33）合成灰溶液：称取相当于 0.5g 氧化铁、1.0g 氧化铝、0.5g 氧化钙、0.2g 氧化镁、0.2g 三氧化硫、0.01g 五氧化二磷、0.05g 四氧化三锰和 0.05g 二氧化钛等相应的试剂，分别溶解后，移入 1000mL 容量瓶中，用水稀释到刻度，摇匀，贮于聚乙烯瓶中。

34）满度调节液：准确吸取钾和钠的标准混合液、合成灰溶液和 0.1mol/L 硫酸溶液各 100mL，放在 1000mL 容量瓶中，以水稀释到刻度，摇匀，倒入 5000mL 聚乙烯瓶中，重复上述过程 3 次（每次都应清洗容量瓶），所得 4000mL 满度调节液充分摇匀，备用。

35）零点调节液：准确吸取合成灰溶液和 0.1mol/L 硫酸溶液各 100mL，放于 1000mL 容量瓶中，用水稀释到刻度，摇匀后倒入 3000mL 聚乙烯瓶中。重复上述过程 1 次（每次都应清洗容量瓶），所得 2000mL 零点调节液充分摇匀，备用。

3. 制样

准确称取 0.50g 试样于洁净的 30mL 银坩埚中，用几滴 95% 乙醇将试样润湿，加入 4g 分析纯氢氧化钠，盖上盖，把坩埚放入马弗炉中，由室温缓慢升温到 650～700℃后，熔融 15～20min 取出坩埚，放入装有冷蒸馏水的盘中急冷，待坩埚凉后，取出坩埚，擦净坩埚外壁，平放于 25mL 烧杯中，加 1mL95% 乙醇及适量的沸水，盖上表面皿，等剧烈反应停止后，倒浸出物于 250mL 烧杯中，以少量 1：1 的盐酸和刚煮沸的热蒸馏水交替冲洗表面皿、坩埚及坩埚盖 3～4 次，使熔融物完全浸出。

向聚集浸出液的 250mL 烧杯中加入不低于 8mol/L 的浓盐酸 20mL，摇匀，将烧杯置于电热板上，慢慢蒸成带黄色盐粒。取下后稍冷，加入 8mol/L 的浓盐酸 20mL，盖上表面皿，热到约 80℃，加 1% 动物胶热溶液（70～80℃）10mL，剧烈搅拌 1min，保温 10min，以便让硅酸充分凝聚。取下待稍冷，加热水约 50mL，搅拌，使盐类完全溶解。立即用中速定量滤纸向 250mL 容量瓶中过滤，将沉淀先用 1：3 的盐酸洗除 7～8 次，再用带橡皮头的玻璃棒以 2% 热盐酸擦净杯壁及玻璃棒，洗涤沉淀 3～5 次，再用热水洗到无氯离子（用 1% 硝酸银溶液检验）为止。将该滤液冷至室温，用水稀释到刻度，此溶液连同滤纸及过滤物用来分析粉煤灰的各组分。

4. 测试方法

（1）重量法分析二氧化硅含量　将制样 3 中处理好的样品（包括滤纸及滤物）小心移入已恒重的干净瓷坩埚内，先放在电炉上低温烘干，再缓慢升温使滤纸充分灰化，最后在 1000℃±20℃ 的硅碳棒高温电炉内灼烧 1h，得到疏松状呈纯白色的二氧化硅沉淀，取出稍冷，放入干燥器内，冷到室温后称重。灰中 SiO_2 含量（%）计算式为：

$$SiO_2\ 含量(\%)=\frac{SiO_2\ 沉淀质量(g)}{试样质量(g)}\times100$$

（2）EDTA 容量法测三氧化二铁含量　从制样 3 中处理得到的 250mL 溶液中准确吸取 20mL 于 250mL 锥形瓶中，加水稀释到约 100mL。加入磺基水杨酸指示剂 0.5mL，滴加 1：1 氨水至溶液由紫色恰好变为黄色；再加入 2mol/L 盐酸，调节溶液 pH 值到 1.8～2.0（用精密 pH 试纸检验）。将该溶液加热到约 70℃ 时取下，立即用 0.005mol/L EDTA 标准溶液滴定到亮黄色时，表示已到终点，此时的溶液温度应在 60℃ 左右。灰中 Fe_2O_3 含量（%）计算式为：

$$Fe_2O_3\ 含量(\%)=\frac{T_{Fe_2O_3}V_1}{G\times1000}\times\frac{250}{20}\times100=\frac{1.25T_{Fe_2O_3}V_1}{G\times1000}\times100$$

式中，$T_{Fe_2O_3}$ 为 0.005mol/L EDTA 标液对 Fe_2O_3 的滴定度，mg/mL；V_1 为试液所耗 0.005mol/L EDTA 标液的体积，mL；G 为分析灰样质量，g。

（3）氟盐取代 EDTA 容量法测三氧化二铝含量　从制样 3 中处理得到的 250mL 溶液中准确吸取 20mL 于 250mL 锥形瓶中，加水稀释到约 100mL，再加 1.1% EDTA 溶液 20mL，加酚酞指示剂一滴，用 1：1 氨水中和至刚出现红色，再加 1：1 盐酸到红色消失，最后加 pH 值为 5.9 的缓冲溶液 10mL，放于电炉上煮沸几分钟，使铁、铝、钛、铜、铅、锌等离子与 EDTA 络合完全，然后冷至室温，加入几滴二甲酚橙指示剂，立即用 2% 乙酸锌标准溶液回滴余下的 EDTA，直到颜色变为橙红（或紫红）色。此时，加入 10% 氟化钾溶液

10mL，将溶液煮沸几分钟，使铝生成更稳定的 AlF_6^{3-} 铬离子，完全置换出与 Al^{3+} 铬合的 EDTA。待溶液冷到室温，补加 2 滴二甲酚橙指示剂，仍用 2%乙酸锌标准溶液滴定转换出的 EDTA 到终点。灰中 Al_2O_3 含量（%）按下式计算：

$$Al_2O_3\ 含量（\%）=\frac{T_{Al_2O_3}V_2}{G\times1000}\times\frac{250}{20}\times100=\frac{1.25T_{Al_2O_3}V_2}{G\times100}\times100$$

式中，$T_{Al_2O_3}$ 为乙酸锌标准溶液对 Al_2O_3 的滴定度，mg/mL；V_2 为试液耗用的乙酸锌标准溶液的体积，mL；G 为分析灰样质量，g。

虽然钛、锆、锡、钍等的 EDTA 络合物也能与 F^- 起反应而影响测定，但一般粉煤灰中的这些元素含量甚微，故其影响可略而不计，至于钛的影响，可以通过测钛的含量后进行校正。

（4）EDTA 容量法测氧化钙含量　从制样 3 中处理得到的 250mL 溶液中准确吸取 10mL 于 250mL 锥形瓶中，加水稀释到约 100mL，加 1∶4 三乙醇胺水溶液 2mL（如二氧化钛大于 2%，再加苦杏仁酸 0.3g，以掩蔽 Fe^{3+}、Ti^{4+} 以及少量锰），然后加入 25%氢氧化钾溶液 10mL，使溶液的 pH 值大于 12，让 Mg^{2+} 生成 $Mg(OH)_2$ 沉淀，消除它对 Ca^{2+} 的干扰，随即加入钙黄绿素-百里酚酞混合指示剂少许。每加一种试剂均应搅匀，在黑色底板上，用 0.008mol/L EDTA 标准溶液滴定到绿色荧光完全消失，变成紫红色即为滴定终点。灰中 CaO 含量（%）计算式为：

$$CaO\ 含量（\%）=\frac{T_{CaO}V}{G\times1000}\times\frac{250}{20}\times100=\frac{1.25T_{CaO}V}{G\times100}\times100$$

式中，T_{CaO} 为 0.008mol/L EDTA 标准溶液对 CaO 的滴定度，mg/mL；V 为试液所耗 EDTA 标准溶液的体积，mL；G 为分析灰样质量，g。

（5）EDTA 容量法测氧化镁含量　从制样 3 中处理得到的 250mL 溶液中准确吸取 10mL 放入 250mL 锥形瓶中，用水稀释到约 100mL，加入 1∶4 三乙醇胺水溶液 10mL（如二氧化钛大于 4%，可先加 10%酒石酸钾钠 5mL，以掩蔽 Fe^{3+}、Al^{3+}、Ti^{4+} 以及少量铅、锰等），然后加入 1∶1 氨水 10mL 及 5%铜试剂 1 滴，以掩蔽可能存在的其他过渡金属离子。每加入一种试剂均应搅匀。此时滴加少于滴钙时需用的 EDTA 标准溶液的量，然后加酸性铬蓝 K-萘酚绿 B 混合指示剂少许，继续用 0.008mol/L EDTA 标准溶液滴定，直到溶液颜色由玫瑰色滴定到纯蓝色（或蓝绿色）即为终点。由此可算出氧化钙、氧化镁的总含量。灰中 MgO 含量（%）按下式计算：

$$MgO\ 含量（\%）=\frac{T_{MgO}(V_2-V_1)}{G\times1000}\times\frac{250}{20}\times100=\frac{1.25T_{MgO}(V_2-V_1)}{G\times100}\times100$$

式中，T_{MgO} 为 0.008mol/L EDTA 标准溶液对 MgO 的滴定度，mg/mL；$T_{MgO}=0.7187T_{CaO}$，0.7187 为由氧化钙换算成氧化镁的系数；V_2 为试液耗用 EDTA 标准溶液的体积，mL；V_1 为滴定钙时所耗的 EDTA 标准溶液的体积，mL；G 为分析灰样质量，g。

（6）硫酸钡重量法测三氧化硫含量　从制样 3 中处理得到的 250mL 溶液中准确吸取 100mL 放入 250mL 烧杯中。加甲基橙指示剂 2～3 滴，用 1∶1 氨水中和到刚变黄色，滴加 1∶1 盐酸使沉淀溶解后再过量 2mL，加水稀释到约 200mL。将此溶液在电炉上加热至沸腾，在不断搅拌下缓慢地加入 10%氯化钡溶液 10mL，在电热板或砂浴上微沸 5min，保温 2h，进行陈化，溶液最后体积保持在 150mL 左右。等溶液冷却，用慢速定量滤纸过滤，并用热去离子水洗到无氯离子（用 1%硝酸银溶液检验），将滤纸连同滤物一同转入一洁净带盖并在 800~850℃灼烧恒重的坩埚中，用酒精灯在倾斜的坩埚顶端加热，先将滤纸和沉淀烘干，再将酒精灯移至倾斜放置的坩埚底部加热，使滤纸炭化，最后放入 800~850℃的高温马弗炉中灼烧 1h，取出置于干燥器内冷却、称量；第二次灼烧 10~15min，同样冷却，准确称量至恒重。灰中 SO_3 含量（%）计算式为：

$$SO_3 \text{含量}(\%) = \frac{0.343G_2}{G} \times \frac{250}{100} \times 100 = \frac{0.8575G_2}{G} \times 100$$

式中，G_2 为试液硫酸钡沉淀质量，g；G 为分析灰样质量，g；0.343 为由硫酸钡换算成三氧化硫的系数。

三、现代检测仪器在粉煤灰成分分析中的应用

物质成分的分析方法和手段不断涌现，并不断更新，其应用领域也逐渐扩展。随着对粉煤灰利用重视程度的加深，对粉煤灰的基础研究也逐步深化，新的方法和检测手段在该领域也大量应用，取得了丰富的成果。

粉煤灰的化学元素含量范围变化很大，从微量元素的 10^{-6} 级到常量元素的百分之几到几十，达 5~6 个数量级。对粉煤灰进行全组分分析时，一般采用容量法和分光光度法，实验过程长而复杂。快速测定有原子吸收法、等离子发射光谱（ICP-AES）法、原子荧光光谱法等。

四、应用安全性检测

粉煤灰无论是作为建筑材料还是农业方面的应用，都存在其对环境的放射性、毒性影响的检测，即测定放射性元素含量和有毒元素含量等。放射性按《建筑材料放射性核素限量》（GB 6566—2010）执行。

第十一章

粉煤灰及其微珠的理化性质

第一节　粉煤灰的理化性质

一、粉煤灰的物理性质

粉煤灰的外观和水泥差不多，然而在光学显微镜下，却可以观察到多彩多姿的粉煤灰颗粒，与水泥并无相似之处（见图 11-1）。粉煤灰实质上是多种颗粒的机械混合物，即所谓的粒群。因此粉煤灰性质的波动很大程度上取决于各种颗粒组成及其组合的变化。据相关研究表明，粉煤灰的结晶相大都是在燃烧区形成的，又被玻璃相包裹，颗粒表面又黏附有细小的晶体（图 11-2）。因此，在粉煤灰中，单独存在的结晶体极为少见，而单独从粉煤灰中提纯晶体矿物也十分困难。

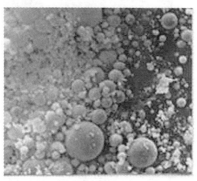
(a) 粉煤灰

(b) 硅酸盐水泥

图 11-1　粉煤灰颗粒及硅酸盐水泥形貌

1. 外观和颜色

粉煤灰外观类似水泥，由于燃烧条件不同以及粉煤灰的组成、细度、含水量等使粉煤灰的颜色从乳白色变到灰黑色。粉煤灰的颜色是一项重要的质量指标，颜色不仅可以反映含碳量的多少和差异，而且在一定程度上也可以反映粉煤灰的细度，因为炭粒往往存在于较粗有粉煤灰颗粒的组分之中，所以颜色较黑的粉煤灰中粗粒所占比例较多。

根据色彩学中蒙塞尔系统的规定标准，用色泽测定，我国粉煤灰颜色等级为 5～9 级，属于中灰到深灰之间。而且粉煤灰颜色指数每增加一级，则对应的烧失量增加 0.5%～1.0%。

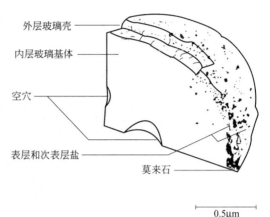

图 11-2 粉煤灰颗粒的物理模型

粉煤灰中晶相成分中的莫来石呈细柱状，无色透明，粒径 $(0.05 \times 0.005) \sim (0.01 \times 0.001)$mm；硅灰石呈不规则板状，显淡茶色，正中偏高突起，个别颗粒可见聚片双晶，粒径 $0.0025 \sim 0.01$nm。β-硅酸二钙呈粒状，无色，正高突起，呈棕白色，粒径为 $0.002 \sim 0.02$mm；磁铁矿为黑色细粒，反射光下呈灰微带棕色调，可用磁铁吸起，粒径极小，一般为 $0.0002 \sim 0.02$mm。赤铁矿呈粒状、片状、橘红色或褐红色，反射光下呈浅灰色，粒径为 $0.01 \sim 0.06$mm。

在扫描电镜下观察到玻璃微珠有两种外貌：一种呈光滑圆状，如图 11-3(a) 所示；另一种呈罐状，如图 11-3(b) 所示。不透明微珠呈圆状，在单偏光下呈黑色，在反射光下可分为铁质微珠、碳质微珠和含钛磁铁矿微珠 3 种。

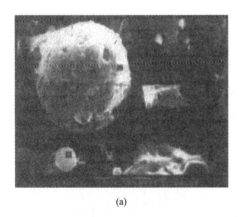

(a)

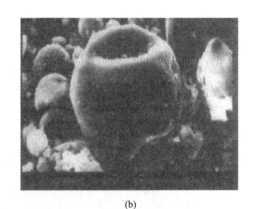

(b)

图 11-3 玻璃微珠表面形貌

（1）铁质微珠（成分为赤铁矿） 呈亮黄色、红黄色，表面光滑。粒径多数在 $0.002 \sim 0.005$mm 之间，仅有少数可达 0.010mm，铁珠有四种形貌，荔枝状 [见图 11-4(a)]、杨梅状 [见图 11-4(b)]、糯米团状 [见图 11-4(c)]，此外还有毛绒球状。

（2）碳质微珠 呈亮黑色，表面较多气孔，有刺，粒径多在 $0.01 \sim 0.05$mm 之间。炭粒有两种表面形貌，除极少数呈圆形外，大多数呈浑圆形或不规则多孔体。

(a) 荔枝状

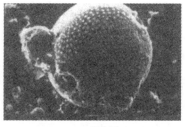
(b) 杨梅状

(c) 糯米团状

图 11-4 赤铁矿微珠表面形貌

（3）含钛磁铁矿微珠 呈光滑圆形，黑色，粒径为 0.002～0.01mm。

2. 密度

密度一般是粉煤灰颗粒质量密度的平均值，因此其大小并非固定不变的。密度的大小主要取决于粉煤灰中各种颗粒的内部结构，各种微珠密度、含量、化学成分（特别是氧化铁、氧化钙的含量）、粒度组成（特别是细度，即 45mm 筛余量）等因素。低钙粉煤灰（氧化钙含量在 5% 以下）的密度一般为 1.8～2.6g/cm³。我国电厂粉煤灰实测值统计资料显示，密度在 2.00g/cm³ 以下的粉煤灰占 40%，最低值为 1.44g/cm³，高钙粉煤灰密度较高，可达 2.5～2.8g/cm³，低钙粉煤灰堆密度变化范围为 0.60～1.2g/cm³。

此外，粉煤灰的密度还与电厂燃烧的煤种、煤质、炉型、燃烧制度以及排灰方式等因素有关。即使是同一种煤，而不同锅炉烧成的粉煤灰，密度也可相差很大，如经测定烧同一种煤的西安灞桥电厂粉煤灰的密度为 2.0g/cm³，而金鸡电厂液态炉粉煤灰的密度则为 2.4g/cm³。表 11-1 为国内某些电厂粉煤灰的密度和堆密度。

表 11-1 国内某些电厂粉煤灰的密度和堆密度 单位：g/cm³

项目	清河电厂	沈阳电厂	辽宁电厂	朝阳电厂	锦州电厂	辽阳电厂	株洲电厂	吴淞电厂	唐山电厂
密度	2.23	2.29	2.23	2.29	2.40	2.39	2.41	2.10	2.22
堆密度	0.71	0.72	0.70	0.71	0.72		0.73	0.64	0.70

3. 粒度和粒度组成

粉煤灰颗粒粒径极限为 2.5～300μm，平均几何粒径小于 40μm。表 11-2 列出了荆门电厂粉煤灰的粒度组成，它表明粉煤灰粒度组成中其主要粒级为−200 目（占 56.86%）。

表 11-2 荆门电厂粉煤灰的粒度组成

粒度/目	产率/%	累计产率/%	粒度/目	产率/%	累计产率/%
+80	5.34	5.34	220～250	0.66	54.36
80～100	9.36	14.70	250～280	3.71	58.07
100～120	3.62	18.32	280～300	5.70	63.77
120～140	9.41	27.73	300～320	7.64	71.41
140～160	1.23	28.96	320～360	1.77	73.18
160～180	5.79	34.75	360～400	3.76	76.94
180～200	8.39	43.14	−400	23.06	100.00
200～220	10.56	53.70	合计	100.00	

二、粉煤灰的化学性质

1. 粉煤灰化学成分的变化范围

从化学成分看，粉煤灰属于 $CaO-Al_2O_3-SiO_2$ 系统，由于受前述各种因素影响，使粉煤灰的化学成分波动很大。根据水泥化学国际会议报告综述，若干国家的粉煤灰化学分析统计，一般低钙粉煤灰的主要化学成分的变化范围是：SiO_2 40%～58%，Al_2O_3 21%～27%，Fe_2O_3 4%～17%，CaO 4%～6%，烧失量 0.7%～10%。

我国粉煤灰化学成分一般也在这范围内，但 Al_2O_3 含量较高，烧失量过高。表 11-3 中收集了我国粉煤灰化学成分的一般变化范围和美国对全国粉煤灰抽样实测化学成分的最大值、最小值以及美国粉煤灰公司在《技术公报》中发表的典型粉煤灰化学成分。表 11-4 为国内部分电厂粉煤灰的化学成分。表 11-5 是部分国家电厂粉煤灰的化学成分。表 11-6、表 11-7 是某电厂粉煤灰微珠和其他成分的能谱分析结果。

表 11-3　粉煤灰化学成分的一般变化范围以及典型粉煤灰的化学成分

化学成分	我国低钙粉煤灰化学成分的一般变化范围/%	美国粉煤灰化学成分变化范围/%	典型粉煤灰化学成分/%	
			低钙粉煤灰（F 级灰）	高钙粉煤灰（C 级灰）
SiO_2	40～60	10～70	54.9	39.9
Al_2O_3	17～35	8～38	25.8	16.7
Fe_2O_3	2～15	2～50	6.9	5.8
CaO	1～10	0.5～30	8.7	24.3
MgO	0.5～2	0.3～8	1.8	4.6
SO_2	0.1～2	0.1～30	0.6	3.3
Na_2O 及 K_2O	0.5～4	0.4～16	0.6	1.3
烧失量	1～26	0.3～30	—	—

表 11-4　国内部分电厂粉煤灰的化学成分　　　　　　单位：%

厂别	SiO_2	Al_2O_3	Fe_2O_3	CaO	MgO	SO_3	Na_2O	K_2O	烧失量
上海粉煤灰	46～52	30～38	3.8～8.0	2.6～4.5	1.0～1.5	0.2～3.5			3.0～10.0
北京石景山粉煤灰	52.32	25～94	10.87	5.28	0.99	0.40	0.25	1.45	3.29
西山坝桥粉煤灰	45.10	28～78	7.67	4.12	0.65	0.95			9.15
重庆粉煤灰	35.51	9.32	1.90	46.94	3.57		2.18		
青岛粉煤灰	34.07	14.00	Fe 13.26	>1	>1	S 0.28			11.80
烟台粉煤灰	46.80	21.90	Fe 13.60	1.92		S 0.18			
株洲粉煤灰	48～60	23～30	3～5	1.5～2.5	0.8～1.2	微	0.5～1	1～2	20.00
邵武粉煤灰	53.04	28.87	5.41	0.97	1.42		0.68		5.89
浙江梅汐粉煤灰	45.83	30.29	4.73	3.27	1.12				12.32
四川江泊粉煤灰	57.71		21.74	4.37	6.72	2.54			3.70
广西合山粉煤灰	45.69	30.12	3.28	2.95	1.14				14.15
户县粉煤灰	49.00	28.70	Fe 6.10	0.75		S 0.32			
北京电厂	43.89	22.80	7.10	3.45	0.86				7.24
吉林热电厂	45～55	25～30	5.00	2.00	1～2				4～7
唐山电厂	49.73	36.15	4.35	2.91	1.49				4.03
抚顺电厂	49.60	16.53	7.28	5.01	1.08				13.02
阜新电厂	51.70	39.00	4.90	0.81	1.36	1.38			1.76
清河电厂	54.78	28.74	5.72	2.12		0.11			
沈阳电厂	40.38	21.30	4.79	12.15	2.39	0.02		1.88	15.59

厂别	SiO₂	Al₂O₃	Fe₂O₃	CaO	MgO	SO₃	Na₂O	K₂O	烧失量
辽宁电厂	51.45	24.15	7.88	2.62	0.93	0.26		1.21	7.48
朝阳电厂	60.61	15.48	10.40	3.64	1.24	0.02		1.20	3.77
锦州电厂	59.68	16.47	0.50	3.70	2.22	0.40		1.15	0.54
辽阳电厂	48.74	35.76	5.30	3.06	1.19	0.26			6.86
道尔登电厂	58.61	18.66	12.29	444	1.77	0.61		2.77	1.31

表 11-5　部分国家电厂粉煤灰的化学成分　　　　单位：%

国家	烧失量	SiO₂	Al₂O₃	Fe₂O₃	CaO	MgO	SO₂	K₂O	Na₂O
澳大利亚	0.1~1.2	53~63	25~28	2~6	1~7	1~2	0.1~0.8	1.8~3.2	0.8~2.4
比利时	0.5~19.7	40~60	12~32	5~16	4~12	0~5	0.9~9.6		
前联邦德国	1.5~2.01	34~50	21~29	8~21	3~12	1~5	0.1~2.1		
前民主德国	0~12	28~52	11~33	10~15	2~32	1~3	0.4~2.7		
法国	0.3~15.2	29~54	10~33	5~15	1~39	1~5	0.1~7.0	0.7~6	0.1~0.9
英国	0.6~11.7	41~51	23~24	6~14	1~8	1.4~3	0.6~6.8	1.8~4.2	0.2~1.9
印度	2.2~6.5	51~60	19~29	2~19	2~4	0~2	0~0.5		
日本	0.1~1.2	53~63	25~28	2~6	1~7	1~2	0.1~0.8	1.8~3.2	0.8~2.4
波兰	1~10	35~50	6~36	5~12	2~35	1~4	0.1~8	0.1~2.7	0.1~2.0
罗马尼亚	0.2~4.5	39~53	18~29	7~16	3~13	1~4	0.5~5.9	0.3~2.2	0.1~1.8
前苏联	0.5~22.5	36~63	11~40	4~17	1~32	0~5	0.1~2.5	1.1~3.6	0.5~1.2
匈牙利	1~5	41~63	16~34	5~17	1~11	1~7	0.5~7.0	0~2.2	0.2~2.5
美国	1~18	32~52	14~28	8~31	11~12	0~2	0~3		

表 11-6　不同微珠的能谱分析结果　　　　单位：%

元素成分	磁铁矿微珠				炭粒	赤铁矿微珠			玻璃微珠				
	1	2	3	平均		1	2	平均	1	2	3	4	平均
Al	8.53	24.5	17.37	16.80	19.33	17.99	4.18	11.09	16.48	14.75	18.93	19.55	19.92
Si	9.95	55.55	52.14	35.21	58.81	36.07	7.31	21.69	47.13	45.54	46.78	55.28	2.57
S	0.76	—	—	0.76	—	20.91	—	20.91	13.69	16.62	3.34	—	
K	3.69	6.11	10.97	6.92	6.96	5.26	0.39	5.85	2.21	2.40	6.93	1.78	3.04
Ca	3.35	1.16	0.83	1.78	3.31	3.67	0.31	1.99	3.88	3.22	2.03	1.51	3.83
Ti	27.18	2.98	1.20	10.45	5.41	2.07		2.07	5.91	4.68	2.76	0.94	3.00
Fe	46.54	9.68	14.02	23.41	6.17	14.03	87.68	50.86	10.69	12.79	19.23	13.91	16.04
Mg	—	—	3.46	3.46	—	—	—	—	—	—	—	—	
Na	—	—	—	—	—	—	—	—	—	—	—	7.03	

表 11-7　其他成分的能谱分析结果　　　　单位：%

元素成分	未烧透物			无定形碳			莫来石	煤矸石	硅灰石	硅酸二钙	原灰
	1	2	平均	1	2	平均					
Al	18.44	19.62	19.03	15.49	24.36	19.93	21.16	29.17	14.81	20.8	18.46
Si	41.38	34.78	38.08	33.61	67.27	50.44	53.25	—	60.40	62.22	43.86
S	—	19.53	19.33	27.35	—	27.35	4.14	48.15	—	2.05	4.54
K	10.89	1.10	6.00	2.91	4.26	3.59	5.11	—	2.84	1.44	3.96
Ca	1.88	3.10	2.49	7.10	1.74	4.43	4.83	13.35	2.87	2.44	4.70
Ti	4.16	2.43	3.30	9.78	2.37	6.08	3.34	0.58	3.42	0.87	2.61
Fe	21.82	20.03	20.93	3.76		3.76	8.27	7.66	15.86	10.34	22.14
Mg	1.43	—	1.43	—	—	—	—	1.08	—	—	—

2. 粉煤灰中的主要矿物组分

粉煤灰的矿物组分相当复杂。低钙粉煤灰主要有 6 种矿物组分，即空心微珠、海绵状玻璃体、石英、氧化铁、炭粒、硫酸盐。这六种矿物的含量较多，对粉煤灰的影响也较大。表11-8 为粉煤灰中主要矿物组分的数量和特征。

表 11-8　粉煤灰中主要矿物组分的数量和特征

矿物组分	矿物质量/%	特　征
铝硅酸盐玻璃微珠	50～85	微珠粒经一般为 $0.5\sim300\mu m$，在玻璃体基质中及颗粒表面上可能有石英和莫来石微晶，表面上还可能有微粒状的硫酸盐
海绵状玻璃体（多孔玻璃体）	10～30	海绵状玻璃体是未能熔融成珠而形状不规则的多孔玻璃颗粒，常粗于微珠，也有部分较细的碎屑
石英	1～10	石英物质，大部分存在于玻璃基质中，也有一些是单独的小型石英颗粒
氧化铁	3～25	氧化铁物质大部分熔融于玻璃体中，玻璃微珠的氧化铁含量越多，颜色越深，部分以磁铁矿、赤铁矿的形式单独存在
炭粒	1～20	未燃尽的炭粒，原始形状有时呈珠状，即"炭珠"，易碎，一般情况下为不规则的多孔颗粒
硫酸盐	1～4	主要是钙和碱金属的硫酸盐化合物，粒径为 $0.1\sim0.3\mu m$，部分以粉状分散于粉煤灰中，部分黏附于玻璃微珠的表面

在我国现在排放的低钙粉煤灰中，玻璃微珠的含量较低，往往只有 50% 左右。其中漂珠为 1%～3%、沉珠为 30%～40%、磁珠为 4%～15%。海绵状玻璃体含量较多，炭粒含量有时高达 20% 以上，氧化铁含量不高，而莫来石往往偏多。矿物组成的波动也较大。

第二节　形成条件对粉煤灰性能的影响

粉煤灰的基本性能取决于它的形成条件，现以煤中矿物组成、赋存特征、燃烧条件及集灰方式对粉煤灰的影响，来探讨能动地控制和改善粉煤灰性能的可能性。

一、煤中一些元素对煤灰中矿物形成的影响

铁对煤灰的矿物形态影响非常重要，还原态的铁比氧化态的铁有更低的熔点，铁的化合物可能会与煤灰中的硅酸盐反应生成低熔点的铁醋酸盐飞灰颗粒。

钠既可能同其他矿物反应，也可能在火焰中蒸发，当钠蒸气移动到锅炉内较冷的区域后会凝结，大部分钾可能会与铝硅酸盐结合。

有机硫在煤的燃烧过程中可能释放 SO_2 气体，在快速加热和还原气氛中，黄铁矿将会熔化然后部分分解成 FeS，在氧化气氛中 FeS 可能形成氧化铁，硫生成 SO_2 气体。

当熔化的碱-硅酸盐化合物冷却时，碱金属会在表面冷凝，因此使得煤灰颗粒很黏，在 1100℃ 以下时，碱金属的氧化物以及氯化物将迅速与 SO_2、O_2，或者与 SO_3 反应生成硫酸盐。Na_2SO_4 和 K_2SO_4 是最容易生成的硫酸盐，生成温度分别为 800℃ 和 1075℃，硫酸盐混合物的最低熔化温度为 830℃，如果局部的 SO_3 含量足够高也会形成焦硫酸盐 $K_2S_2O_7$ 和 $Na_2S_2O_7$，这两种硫酸盐分别在 400℃ 和 300℃ 时开始熔化。

二、矿物赋存特征对粉煤灰特性的影响

1. 对粉煤灰成分的影响

煤中独立矿物在锅炉高温热动力条件下经分解、熔融和相变，转入不同成分的飞灰颗粒中。其中石英和黏土矿物转化为硅铝质飞灰，黄铁矿和方解石分别转化为铁质和钙质颗粒。细分散状矿物在煤粉颗粒燃烧过程中将熔融转化为细小灰球，伴随有机组分的燃尽，这些细小灰球发生强烈的聚结，聚结后的灰粒如果继续处于高温区，则进一步演化形成不同的飞灰颗粒。显然，煤粉颗粒中不同的矿物组合，将形成不同成分的飞灰类型。主要由黏土矿物组成的煤粉颗粒，黏土质灰球聚结后形成硅铝质玻璃微珠；而由黄铁矿或黏土矿物与黄铁矿共生的煤粉颗粒将形成铁质微珠。

2. 对粉煤灰显微结构的影响

对于独立矿物而言，尽管煤粉火焰中温度高达 $1300 \sim 1500℃$，但不同粒度或赋存状态的矿物在煤粉火焰中实际经受的温度差异较大。研究表明，煤粉火焰中，灰粒的温度与其粒径有关，颗粒越小，其温度越高。另外，燃烧的煤粉颗粒的温度可高出周围烟气 $200 \sim 400K$。可见，独立矿物经受的温度远低于细分散状矿物。试验表明，煤粉火焰中，除绿泥石外，其他硅酸盐矿物不会碎裂。也就是说，以独立矿物形式存在的石英与黏土矿物仍保持其较粗的粒度。石英的熔点一般高于 $1700℃$，黏土矿物的熔点一般在 $1300℃$ 以上，由于这些矿物实际经受的温度低于锅炉中心温度且受热时间很短，不会熔融成球，因此主要形成飞灰中的不规则颗粒。黄铁矿因熔点较低，在煤粉火焰中很快熔融。研究表明，在高温火焰中，黄铁矿首先转化为磁黄铁矿（FeS），在 1300 K 变成液滴，根据高温显微镜下的观察结果，黄铁矿受热后因 SO_2 的逸出可形成裂纹和气泡，因此，表面 FeS 氧化为 FeO 后，不会阻止内部 FeS 的氧化。由于黄铁矿分解形成的 Fe-S-O 熔体润湿性很强，很快相互聚结在一起，形成铁质微珠。

碳酸盐矿物受热分解成固体氧化物和 CO_2。方解石的分解温度为 1175K，分解后形成大量 CaO 微晶，具有很高的比表面积，可与 SO_2 反应形成硫酸盐。高温显微镜观察发现，直径为 $50\mu m$ 的方解石颗粒受热后被宽 $1 \sim 2\mu m$ 的裂纹分裂为 $10 \sim 20\mu m$ 的碎片，而每个碎片由 $0.2 \sim 0.5\mu m$ 的颗粒组成，因此在煤粉火焰中碳酸盐分解会产生 CaO 烟雾，又迅速被硫酸盐化，剩余部分被硅酸盐吸收。

对于细分散状矿物而言，在煤粉火焰中，细分散状矿物的转化可分 3 个阶段：①细分散状矿物熔融成球；②细小灰球的聚结；③聚结后的演化（液相烧结）。由于无机组分与有机组分共存于同一个煤粉颗粒中，有机组分的燃烧特性将影响炭粒的形态，而细分散状矿物熔融形成的细小灰球存在于碳基质中，炭粒的形态与内部结构无疑将对聚结后形成灰粒的初始形态与内部结构产生重要影响。而在聚结后的演化过程中，飞灰形态与显微结构的演化与熔融灰粒的黏度（受细分散状矿物成分影响）有关。因此，煤中细分散状矿物的成分及其与有机组分的结合关系都会对飞灰特性产生重要影响。

炭粒根据显微结构可分为空心炭、多孔炭和密实炭。在空心炭中，细小灰球伴随壳壁的膨胀集中在外壁，随着炭粒的燃尽，灰球间聚结形成灰壳，内部仍为大的气腔，于是形成空

心微珠。伴随多孔炭的燃尽，灰球的聚结也会形成球形灰壳，但灰球并非都集中在外壁，尽管一般认为该类炭粒仍服从等直径燃烧，燃烧在内部与外部同时进行，但煤粉快速燃烧过程中需要大量氧的供给，在燃烧的煤粉颗粒周围常形成局部的还原气氛。可以推断，炭粒内部的供氧量可能相对不足，其燃烧速度与温度会略低于外表，当外部灰壳形成后，内部炭粒刚刚燃尽，灰球间尚未来得及聚结，就已脱离高温区，这种情况下，即形成子母珠。

密实炭服从等密度的燃烧方式，燃烧由外向内推进。从电镜下观察发现，尽管密实炭气孔不发育，但燃烧过程中会形成许多裂隙，裂隙中有灰球的堆积，表明燃烧主要沿裂隙向内部渗透。因此，外部灰球不会聚结形成包壳而阻止内部炭粒的燃烧，但内部与外部燃烧速度与温度的差异可能比多孔炭更为明显。当外部灰球聚结形成包壳时，内部细小灰球可能刚刚形成，或者尚未成球，此时如果脱离高温区，内部这些尚未聚结的细小颗粒就会保留下来。由此可见，子母珠的形成正是燃烧过程中内外存在的微小时间差或温度差而导致的结果。

研究表明：煤粉燃烧过程中，挥发分的脱除状况及颗粒的熔融程度是影响煤焦形态的主要因素，而煤的挥发分和熔融状况与煤化程度、煤岩成分及后期氧化程度有关。一般认为，高挥发分具有黏结性的有机组分，燃烧易形成空心炭，而低挥发分不具黏结性的组分，容易形成多孔炭和密实炭。因此，分布于不同有机组分中的细分散矿物将形成不同类型的飞灰颗粒。

上述空心珠和子母珠如果继续处于高温区，其结构将进一步演化。随着温度升高，空心微珠壳壁进一步熔融膨胀。此时，如果熔体的黏度不能承受内部压力，则球壳破裂，破裂后的碎片若仍处于高温区，则又很快在表面张力下成球，不过此时不会形成空心球，而主要以粒度较小的高温下稳定的实心球形式存在。

子母珠如果继续处于高温区，则随着内部灰球与残留有机质的反应，壳壁也会进一步熔融和膨胀，而内部灰球间相互接触也会发生强烈的聚结。多孔微珠如果继续处于高温区，温度进一步升高，熔体黏度降低，气体逐渐从液相中排出，最终将演变为实心微珠，不过微珠粒径将会减小。

在聚结后的演化过程中，熔体的黏度对结构的演化行为起重要控制作用。硅酸盐熔体的黏度是由熔体中硅氧四面体网络连接程度决定的，金属离子作为网络变性离子，可大大削弱Si-O作用力并降低其聚合程度，硅酸盐熔体的黏度随金属氧化物含量的增加而剧烈降低。因此，燃煤飞灰的结构演化趋向是：随着温度的升高与金属氧化物含量的增加，向实心微珠的方向转化，同时粒度趋于减小。

三、燃烧条件对粉煤灰性能的影响

1. 锅炉容量对粉煤灰性能的影响

锅炉容量和粉煤灰的各种性能之间的相关分析结果表明，锅炉容量与灰的化学组成之间除烧失量外，均无明显相关性，而与灰的玻璃体含量及成分、部分物理性质、强度性能之间普遍地存在着一定的相关性。

由于灰分的化学组成主要取决于煤种，锅炉容量只影响燃烧过程，因此锅炉容量和灰的化学组成（除烧失量外）之间缺乏相关性是完全可以理解的。而随着锅炉容量的增大，烧失量随之减小，玻璃体及玻璃态氧化硅含量增多，细度提高，这些现象看来是因为煤粉在锅炉中停留的时间延长，燃烧条件改善，煤粉可以燃烧得更充分。此外，氮吸附比表面积、粉煤灰的标准稠度需水量与胶砂需水量比均随着锅炉容量的增大而减小，说明燃烧条件的改善也会使粉煤灰变得致密。这显然是因为灰粒在高温区停留时间延长，产生了更多的玻璃液相，使灰粒凭借液相的表面张力收缩成球的演化过程进行得更完善，灰粒表面变得更光洁，孔隙率减小。可见，锅炉容量的增大对粉煤灰的性能产生了一系列有利影响，从而也有利于其强度性能的提高。

2. 锅炉类型对粉煤灰的影响

炉锅类型甚多，目前国内用得最多的是煤粉锅炉，还有一部分液态炉，少数小型电厂还有使用链条炉的。液态炉灰的表观密度、容重、密实度均明显大于煤粉炉灰，而需水量相比表面积均小得多，细度也较高，28d 和 3 个月抗压强度增长率较低。液态炉灰绝大部分由玻璃微珠所组成，而煤粉炉灰粒度分布范围较广，大多由多孔颗粒组成。

这些现象显然主要是由于液态炉的炉膛温度一股较煤粉炉高 $100 \sim 200 \text{℃}$，煤粉燃烧更充分，使灰粒中产生更多的玻璃珠，灰的性能发生了一系列有利的变化，也导致了 3 个月强度增长率较低。众所周知，在水化 28d 时，掺粉煤灰的水泥浆体强度主要还是靠水泥的水化产生，粉煤灰火山灰反应的贡献较少，因此玻璃微珠较多的液态炉灰因需水量少，形成的水泥石结构较致密，其 28d 抗压强度比高于总平均值。但粉煤灰的火山灰反应会对 3 个月胶砂强度产生一定影响，透气法比表面积大小对 3 个月强度影响很大，液态炉灰的透气法比表面积较小，故强度增长得也少。

此外，液态炉灰虽在化学组成上与总平均值的差异不十分明显，但由于生成温度高，矿物组成上的差异却很大，不仅莫来石少，玻璃体多，而且玻璃体中 Al_2O_3 明显提高，故其玻璃态硅铝比值较低，这可能也在一定程度上影响了 3 个月强度增长率。所以，液态炉灰的性能既有优于普通粉煤灰对早期强度贡献好的一面，也可能有不利于后期强度发展的一面。

权衡液态炉对粉煤灰性能影响的利弊，并综合考虑锅炉炉衬易损等一系列技术问题，加之炉温过高会使烟道气中形成氧化氮，对环境保护不利，故单为提高粉煤灰性能而使用液态炉的做法并不可取。

四、除尘方式对粉煤灰性能的影响

除尘方式种类甚多，目前我国采用电除尘设备的电厂尚不多，而普遍使用的仍是机械除尘设备，其中最常见的又大体可分为干法除尘（旋风干式、多管式或两者组合的较多）和湿法除尘（水膜式、文丘里式或两者组合的较多）两大类；此外尚有泡沫式以及除尘效率很高的布袋式等。

静电除尘设备是利用高压电场使烟气电离灰粒带电，然后在静电引力作用下，带电灰粒向极板、极线移动，并沉积在上面。通过定时的振动打击极板，极线上的灰粒落入下面的灰斗中，然后输送到贮仓之中。电厂的静电除尘器至少设置两个串联的电场，为提高除尘效率，新建电厂往往设置 3～5 个电场。静电除尘设施的投资较高，用钢量较多，占地面积较大，但是有利于粉煤灰的资源化。我国电厂从 1974 年起安装第 1 台静电除尘器，采用 2 个电场串联。2 个电场的除尘器除尘效率可达 95%以上，电场加多，除尘效率更好。据国外电厂经验，5 个电场的除尘率可达 99%以上。表 11-9 中列举了静电除尘器 5 个电场的除尘效率。

表 11-9　静电除尘器 5 个电场的除尘效率

电场排列	一	二	三	四	五
除尘率/%	75	18.8	4.7	1.1	0.3
细度(45μm 筛余)/%	37.0	7.1	1.6	0.6	0.2

从表 11-9 可见，静电除尘不仅除尘效率高，而且可分级收集不同细度的粉煤灰，也就可以分级输送和贮灰。英国、美国等国的商品粉煤灰有的就是利用三、四 2 个电场的分级细粉煤灰经过均匀化处理，而得到的优质粉煤灰。

在各种除尘方式中，虽然与燃烧过程有关的烧失量、玻璃体含量等性能的差别不是很大（但仍然有差别），由于不同除尘方式的除尘效率不同，效率高的电除尘法能使粉煤灰中的细颗粒比例增高，需水量也明显小于机械除尘灰，故其强度活性也较优。从总体上看来，即使是电除尘的统灰，其性能也较机械除尘灰好。

干法除尘灰的性能介于电除尘和湿法除尘灰之间，对此尚难断言其原因，但也可能是从统计的角度看来，干法除尘的效率比湿法稍高些，以致造成性能上这种不太明显的差异。

总之，就除尘方式而言，采用电除尘或其他效率高的除尘技术，不仅对环境保护有利，而且也能获得使粉煤灰性能提高的好处，值得推广。

五、洁净煤技术的实施对粉煤灰性能的影响

洁净煤技术在燃煤电厂的广泛开展，燃烧过程中固硫剂的使用、烟气脱硫的利用、低温燃烧降低 NO_x 技术和设备的应用等都对形成的粉煤灰的性质和利用产生很大的影响，给粉煤灰综合利用带来许多新的研究课题。

1. 常压流化床燃烧灰渣

常压流化床燃烧灰渣（AFBCA）是煤与磨细的石灰石或白云石混合后燃烧的产物，其物理、化学、矿物性质因煤的成分、燃烧条件、烟气控制装置及处理方式而变化。表 11-10 和表 11-11 是美国伊利诺伊州一个常压流化床锅炉与煤粉炉灰渣的化学成分和矿物成分对比，可见 AFBCA 与常规粉煤灰（PFA）的化学与矿物组成差异甚大。AFBCA 的主要化学成分为 CaO，其次为 SiO_2、SO_3、Fe_2O_3 和 Al_2O_3；其矿物成分为石英，来源于煤中；方解石来自于床层材料；硬石膏来自于煤中硫与床层材料中石灰反应产物；游离石灰由床层材料煅烧形成；羟钙石由煅烧过的床层材料吸水而致。

表 11-10　常压流化床锅炉与煤粉炉灰渣的化学成分对比

灰渣类型	SiO_2	Al_2O_3	Fe_2O_3	CaO	MgO	Na_2O	K_2O	TiO_2	SO_3	L.O.I(烧失量)
AFBCA/%	16.9	4.6	6.6	50.1	1.1	0.66	0.69	0.25	15.9	19.0
PFA/%	52.7	17.1	17.8	3.4	0.9	1.5	2.1	0.88	1.8	3.6

表 11-11　常压流化床锅炉与煤粉炉灰渣的矿物成分对比

灰渣类型	硬石膏	方解石	石灰	羟钙石	石英	其他
AFBCA/%	13.1	5.2	11.1	4.9	8.4	57.3
PFA/%	0	0	1.3	0	4.8	93.9

AFBCA还具有以下特点：①以干灰形式排出；②呈碱性，在高碱度环境下，多数微量重金属元素活性减弱，但B、As、Se等少数几种元素在碱性环境中易于迁移，可能会对堆放区水体产生污染；③因炉内燃烧温度低（850～900℃），从烟道排出的微量元素减少，而留于灰渣中的微量元素增多。

2. 增压流化床燃烧灰渣（PFBCA）

在增压流化床系统中，煤与脱硫剂（石灰石或白云石）破碎后与水混合制成膏状物，经雾化后喷入锅炉燃烧室，产生的灰渣分别以底灰和飞灰的形式排出。表11-12为增压流化床锅炉灰渣的化学成分。

表11-12　增压流化床锅炉灰渣的化学成分　　　　　　　　　单位：%

PFBCA	SiO$_2$	Al$_2$O$_3$	Fe$_2$O$_3$	CaO	MgO	K$_2$O	Na$_2$O	TiO	P$_2$O$_5$	SO$_3$	CO$_2$	L.O.I	总计
(1)飞灰[①]	37.84	14.27	4.95	21.61	3.07	0.97	1.55	0.87	0.76	12.17	0.55	0.81	99.20
(1)底灰[①]	47.02	14.57	3.80	16.13	2.23	2.09	2.37	0.40	0.50	9.39	1.77	0.84	100.33
(2)飞灰[②]	25.65	11.23	12.51	16.94	9.39	1.24	0.58	0.49	0.25	10.55	9.20	11.08	100.02
(2)底灰[②]	8.35	3.18	1.58	31.33	18.45	0.14	0.35	0.13	0.34	31.31	0.4	4.76	100.41

① 是燃用汾河盆地低硫亚烟煤，用石灰石作吸附剂。

② 是燃用伊利诺伊盆地8号高硫煤，用白云石作吸附剂。

PFBCA的化学成分与燃用煤种和脱硫剂的选择有关，且飞灰与底灰也有较大差异。PFBCA的矿物成分受脱硫剂影响较大。表11-12中，PFBCA（1）以石膏及方解石为主；PFBCA（2）除此以外，还有白云石和方镁石，反映了白云石作吸附剂的特点。而且，白云石主要存在于飞灰中，而方镁石主要存在于底灰中，这是由细粒白云石吸附剂被吹入飞灰中所致。据美国联邦能源技术中心（FETC）最近的研究，飞灰中还存在 Mg$_2$Ca(SO$_4$)$_3$ 相。PFBCA的物理性能如粒度分布、密度等与AFBCA相似，但AFBCA中含大量游离石灰，而PFBCA中几乎缺失，这是由于在增压流化床系统中，CO$_2$ 分压有利于脱硫剂煅烧和重新碳酸盐化的反应平衡，从而导致PFBCA中较低的游离石灰含量和较高的碳酸盐含量。

3. 烟气脱硫副产物

烟道气脱硫有干法和湿法，表11-13给出了3种不同类型湿法烟气脱硫副产物的理化性能。

表11-13　烟气脱硫副产物（FGD-BPs）的理化性能

理化性能	FGD-BPs（高 CaSO$_4$）	FGD-BPs（高 CaSO$_4$ 和 Mg）	FGD-BPs（高 CaSO$_3$）	理化性能	FGD-BPs（高 CaSO$_4$）	FGD-BPs（高 CaSO$_4$ 和 Mg）	FGD-BPs（高 CaSO$_3$）
pH 值	8.91	9.53	8.68	Ca/(g/kg)	0.80	1.0	25.9
电导率(EC)/(S/m)	1.67	3.35	5.58	Mg/(g/kg)	0.23	22.7	11.8
碳酸钙当量(CCE)	5.0	13.1	69.3	K/(g/kg)	32	165	714
S-SO$_4^{2-}$/(g/kg)	216	176	200	P/(g/kg)	60.7	<0.03	8.8
S-SO$_3^{2-}$/(g/kg)	238	209	178	B/(g/kg)	<0.02	<0.02	88.4

4. 高碳粉煤灰

煤粉燃烧时，在锅炉中滞留的时间很短（1～2s），不可能完全燃烧，有少部分残留在灰中。未燃炭较多，会影响粉煤灰的质量，若分选出来，则可作为吸附剂或活性炭原料及冶炼铁合金碳球的还原剂等。从表 11-14 可以看出，即使煤粉燃烧效率较高，粉煤灰中未燃炭仍很难降到 6% 以下。近年来，低温燃烧器的采用导致了飞灰中未燃炭含量的进一步增高。

表 11-14　粉煤灰未燃炭与煤粉燃烧效率及煤中矿物含量关系

煤中矿物质/%	炭燃烧程度/%	灰中残炭含量/%	煤中矿物质/%	炭燃烧程度/%	灰中残炭含量/%
10	99	8.3	20	99	3.8
10	97	21.2	20	97	10.7

　　洁净煤燃烧灰渣的特性不同于传统粉煤灰，如流化床燃烧灰渣（FBCA）及烟气脱硫副产物（FGD-BPs）都以高钙或镁、硫为特征，其理化性能及利用途径与常规以铝硅酸盐为主要成分的粉煤灰差异甚大。另外，低温燃烧器的采用将会导致粉煤灰中未燃炭含量的增高，从而给粉煤灰的利用带来困难。

第三节　漂珠的理化性质

　　漂珠指密度小于 $1.0g/cm^3$，能浮在水面上的珠体。图 11-5 所示为漂珠的显微照片，漂珠表面光滑且中空较大，不光滑者则充满了细小微珠〔见图 11-5(a)〕，暴碎或磨碎的漂珠空心、壁薄、壳壁发育有气孔，且不穿过内壁〔见图 11-5(b)〕。

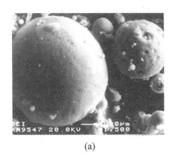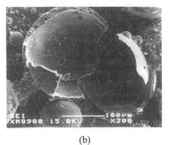

(a)　　　　　　　　　　　　(b)

图 11-5　漂珠显微形貌

一、漂珠的物理性质

　　漂珠颗粒大部分为外表光滑的球形颗粒，薄壁中空，粒径为 $1\sim300\mu m$，而壁厚只有颗粒直径的 5%~8%，一般为 $0.2\sim2\mu m$。色泽为无色、白色或乳白色，珍珠光泽和玻璃光泽，透明、半透明或不透明。其颜色随杂质含量的变化而变化：杂质含量低，白度增加，杂质含量高，灰度增加；Fe_2O_3 及其他杂质成分含量高，灰度增加。漂珠具有质轻、隔热、隔声、耐高温，耐磨等特征，漂珠的物理性质见表 11-15。

表 11-15　漂珠的物理性质

性质	粒径/μm	堆密度/(g/cm^3)	密度/(g/cm^3)	熔点/℃	比电阻/$\Omega \cdot cm$	热导率/$[W/(cm \cdot K)]$
数值	1~300	0.25~0.40	0.40~0.75	1400~1500	1010~1013	0.10~0.20

在高温物理性能中，漂珠的耐火度随 Al_2O_3 含量的变化见表 11-16。热导率随温度的变化见表 11-17。表 11-18 是新海发电厂漂珠的物理性质。表 11-19 为荆门电厂漂珠的粒度组成。从表 10-19 看出，漂珠相对粒度较粗，+200 目含量占 90% 以上。

表 11-16 漂珠的耐火度随 Al_2O_3 含量的变化

Al_2O_3 含量/%	25~30	30~34	34~40
耐火度/℃	1610~1650	1650~1690	1690~1739

表 11-17 热导率随温度的变化

热面温度/℃	500	800	1100
耐火度/℃	246	549	755
热导率/[W/(cm·K)]	0.125	0.152	0.187

表 11-18 新海发电厂漂珠的物理性质

色泽	银白色	吸油率/%	5	耐火度/℃	1700
容重/(g/cm³)	0.34~0.38	吸水率/%	120	软化温度/℃	1430
密度/(g/cm³)	0.57	膨胀系数	$5×10^5$	荷软温度/℃	1200
粒径/mm	0.15~0.20mm	抗压强度/MPa	6.0~8.0	二次莫来石析出 温度/℃	1200
壁厚	5%~8%D	比表面积/(cm²/g)	3000		

注：D 为直径。

表 11-19 荆门电厂漂珠的粒度组成

粒度/目	产率/%	累计产率/%	粒度/目	产率/%	累计产率/%
+80	19.68	19.68	220~250	0.03	94.25
80~100	20.62	40.30	250~280	4.63	98.88
100~120	21.23	61.53	280~300	—	98.88
120~140	19.50	81.03	300~320	0.95	99.83
140~160	1.70	82.76	320~360	—	99.83
160~180	10.87	93.63	360~400	0	99.83
180~200	0.03	93.66	−400	0.17	100.00
200~220	0.56	94.22	合计	100.00	

二、漂珠的化学性质

漂珠耐酸、耐碱，化学性能稳定，化学组成见表 11-20，表 11-21 列出了几种漂珠的化学成分。

表 11-20 漂珠化学成分 （单位：%）

性质	SiO_2	Al_2O_3	Fe_2O_3	CaO	MgO	K_2O	Na_2O	TiO	SO_2	烧失量
含量	51.25~ 65.98	22.62~ 39.86	2.18~ 8.73	0.46~ 3.35	0.81~ 1.96	1.46~ 3.94	0.82~ 1.06	1.31~ 3.02	0.11~ 0.18	0.30~ 2.36

表 11-21 几种漂珠化学成分 （单位：%）

厂名	SiO_2	Al_2O_3	Fe_2O_3	CaO	MgO	TiO	K_2O	Na_2O	烧失量
连云港电厂	58.25	33.3	2.25	1.10	0.70	1.50	0.50	2.00	
济宁电厂	53.80	34.06	2.30	2.11	1.08		2.01		
淮南电厂	58.70	34.49	2.21	0.95	0.50	1.23	0.51	0.38	

漂珠的矿物组成取决于化学组成及漂珠生成的过程。根据 X 射线光衍射分析和偏光显

微镜观察（见图 11-6），漂珠的主要矿物组成为硅铝氧化物的非晶质相占 80%～85%，莫来石和石英含量占 10%～15%，其他矿物约占 5%。

莫来石和石英变体以微晶状态存在于漂珠壁中，在一些蜂窝状结构的漂珠微粒中，显微镜下可见结构比较完整的莫来石柱状结晶及石英变体晶位。

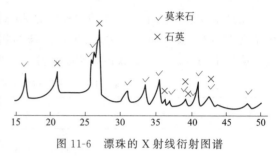

图 11-6　漂珠的 X 射线衍射图谱

第四节　沉珠的理化性质

沉珠系密度大于 $1.0g/cm^3$，置于水中能够下沉的珠体。图 11-7 为沉珠显微照片。沉珠多数为圆形，也有表面凹凸不平，发育有小孔，内含有大量更细小的微珠颗粒 ［见图 11-7（a）、(b)］。磨碎沉珠壳壁较厚，壁上可见气孔，原颗粒中心为空心 ［见图 11-7(c)］。

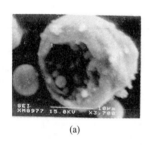
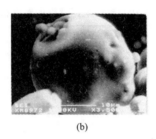

(a)　　　　　　　　(b)　　　　　　　　(c)

图 11-7　沉珠颗粒表面形貌

由于沉珠与漂珠的形成过程基本相同，因此沉珠的性能近似漂珠。

一、沉珠的物理性质

沉珠的外观为灰色、乳白色，玻璃光泽，半透明或不透明的空心珠体。其他物理性能与漂珠对比，密度大，一般为 $1.1～2.8g/cm^3$，壁厚，粒度细，平均粒径小于 $45\mu m$，珠壁密实无孔。厚度约占直径的 30%，耐磨，强度很高，可承受 799MPa 的静水压力，但隔热、保温、隔声的性能不如漂珠。

在粉煤灰中，粒度越细其沉珠含量越高，有些电厂小于 $75\mu m$ 粉煤灰中的沉珠含量约 75%，小于 $45\mu m$ 粉煤灰中沉珠含量达到 90% 左右，且沉珠粒径越小相对珠壁厚度越厚，甚至有些达到实心程度，称为密实沉珠。密实沉珠主要是铝硅酸盐玻璃体的实心微珠，相对密度 2.8 左右，玻璃中含钙和铁，基本上不含氧化铁，往往含钙较多，呈乳白色，又叫做富钙微珠。而含铁越多，颜色越深，密度也越大。密实微珠粒径多数为 $1～30\mu m$。在扫描电镜下可以清晰地看到有的微珠中的莫来石或石英骨架。表 11-22 为荆门电厂沉珠的粒度组成。从表 11-22 中数据可知，沉珠粒度很细，－200 目含量占 90.57%，－400 目含量可达 46.93%。

表 11-22 荆门电厂沉珠的粒度组成

粒度/目	产率/%	累计产率/%	粒度/目	产率/%	累计产率/%
+80	0.23	0.23	220~250	0.57	19.69
80~100	0.39	0.62	250~280	2.19	21.88
100~120	0.68	1.30	280~300	3.88	25.76
120~140	1.00	2.30	300~320	8.71	34.47
140~160	1.03	3.33	320~360	11.74	46.21
160~180	1.96	5.29	360~400	6.86	53.07
180~200	4.14	9.43	−400	46.93	100.00
200~220	9.69	19.12	合计	100.00	

二、沉珠的化学性质

沉珠的化学性能同漂珠，化学成分中 SiO_2 和 Al_2O_3 含量略少于漂珠，Fe_2O_3、CaO、TiO_2 含量略高于漂珠，其余成分基本相同。

第五节 磁珠的理化性质

磁珠系指在磁场下，能被磁极吸附的磁性珠体，表 11-23 是国内部分电厂粉煤灰的含铁量。图 11-8 为磁珠的显微照片。图 11-8(b) 是图 11-8(a) 颗粒 A 放大，图 11-8(c) 是图 11-8(a) 颗粒 B 放大。由于各电厂燃烧的煤种、煤质和锅炉的炉型、燃烧制度以及除尘方式等各异，粉煤灰中磁珠性质、粒度组成、含量等也不同。

表 11-23 国内部分电厂粉煤灰的含铁量

省别	电厂	煤种	粉煤灰种 Fe_2O_3 含量/%
辽宁	辽宁电厂	平庄煤	10~14
	清河电厂	铁法煤	11.85
河北	下花园电厂	下花园煤	22.04
山西	大同电厂	大同煤	9.81~16.5
	太原第一、第二厂	西山煤	9.18~15.29
	神头电厂	阳方口、小峪混煤	27.77
内蒙古	乌拉山电厂	乌达煤	19.04
陕西	渭河电厂	铜川煤	9.57~11.98
江苏	徐州电厂	韩桥煤	10.60
		青山泉煤	27.10
		甘林煤	17.80
福建	永安电厂	加福煤	9.47
四川	重庆电厂	中梁山混煤	18.64
		豆坝白煤	17.26
贵州	青镇电厂	六枝煤	24.06
		大河口煤	12.08
	贵阳电厂	洗中煤	9.68

省别	电厂	煤种	粉煤灰种 Fe₂O₃ 含量/%
湖南	金竹电厂	无烟煤	29.40
云南	阳宗海电厂	益良褐煤	13.13
	开远电厂	小龙坛褐煤	8～12
广东	韶关电厂	曲江混煤	11
山东	济宁	枣庄邹坞煤	20.04
		枣庄朱之埠煤	16.47
		枣庄甘林煤	17.87

 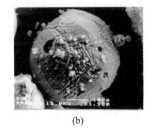 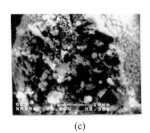

(a)　　　　　　　　(b)　　　　　　　　(c)

图 11-8　磁珠颗粒表面形貌

一、磁珠的物理性质

1. 颜色与形状

随着磁珠中铁含量的不同，其颜色深浅也各异，一般呈黑色或灰色，显微结构为空心球形或似球形，表面光滑，半金属光泽，半透明或不透明。

2. 密度、磁性物含量、强度

磁珠是多种矿物的组合体，其密度并非固定不变，其大小主要取决于所含矿物以及磁珠本身空心程度，堆密度还与堆积状态、空隙率等因素有关。一般磁珠的真密度为 $3.1 \sim 4.2 g/cm^3$，堆密度为 $1.8 \sim 1.9 g/cm^3$。

磁珠的磁性物含量是磁珠的重要质量指标之一，也是判断磁珠分选工艺效果的主要指标，一般经过一次精选工艺流程可获得磁性物含量 95% 以上的磁珠。

尽管磁珠是空心体，但因是球形，因此具有较高耐磨性和强度。参照 GB 7702.10—87 标准，在同样试验条件下对磁珠与某矿山磁铁矿粉的强度进行测试，结果见表 11-24。从表可知，磁珠的强度与磁铁矿粉相近。另外，通过对比试验还证明，磁珠的耐磨性较磁铁矿粉强。

表 11-24　磁珠与磁铁矿粉强度比较

产地	抚顺	邹县	十里泉	磁铁矿粉
强度	91.0	91.7	86.2	97.1

3. 磁特性

在磁选实践中，人们按比磁化率的大小把矿物分成强磁性矿物（比磁化率＞3.8×

$10^{-5}\,\mathrm{m^3/kg}$）、弱磁性矿物（比磁化率 $7.5\times10^{-6}\sim1.26\times10^{-7}\,\mathrm{m^3/kg}$）和非磁性矿物（比磁化率 $<1.26\times10^{-7}\,\mathrm{m^3/kg}$），了解磁珠的磁性对磁珠的分选具有重要意义。在研究中采用古依（Gouy）法对鸡西电厂磁珠的比磁化率进行了测定，其结果见表 11-25。

表 11-25　磁珠比磁化率测定结果

电流强度/A	1	2	3	4	5	平均值
磁场强度/$(10^3\,\mathrm{A/m})$	10.69	21.38	32.07	42.76	53.45	
比磁化率/$(10^{-5}\,\mathrm{m^3/kg})$	4.7	5.1	4.9	4.7	4.1	4.7

由此可见，磁珠的比磁化率$>3.8\times10\,\mathrm{m^3/kg}$，属强磁性矿物，但磁性比磁铁矿粉弱一些。

4. 粒度与粒度组成

磁珠粒度较细，平均粒度小于 $75\mu\mathrm{m}$，表 11-26 为荆门电厂的磁珠粒度组成。它表明磁珠粒度较细，−200 目含量 60.02%，−400 目含量达 24.8%。磁珠的其他物理性能除了导电性高于漂珠、沉珠外，其他性能同漂珠、沉珠相近。

表 11-26　荆门电厂的磁珠粒度组成

粒度/目	产率/%	累计产率/%	粒度/目	产率/%	累计产率/%
+80	1.20	1.20	220～250	9.34	49.40
80～100	3.35	4.55	250～280	0.93	50.33
100～120	8.63	13.18	280～300	6.05	56.38
120～140	2.21	15.39	300～320	0.55	56.93
140～160	2.57	17.96	320～360	0.25	57.18
160～180	3.01	20.97	360～400	18.02	75.20
180～200	19.01	39.98	−400	24.80	100.00
200～220	0.08	40.06	合计	100.00	

二、磁珠的化学性质

磁珠的化学成分主要取决于燃用原料煤的矿物质组成，如图 11-9 所示的抚顺电厂磁珠 X 射线衍射图谱分析表明，磁珠中绝大部分是赤铁矿、磁铁矿，少量为石英砂。

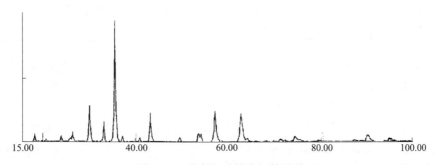

图 11-9　磁珠的 X 射线衍射图谱

化学成分主要是 $\mathrm{Fe_2O_3}$ 和 $\mathrm{Fe_3O_4}$，其次是 $\mathrm{SiO_2}$ 和 $\mathrm{Al_2O_3}$，其他成分与沉珠、漂珠相近。化学性质能不如漂珠、沉珠稳定。

第六节　粉煤灰中炭粒的理化性质

粉煤灰中的炭粒是煤粉未完全燃烧而残留部分,如图 11-10 所示为炭粒的显微照片。炭粒一般是形状不规则的多孔体[见图 11-10(a)],除极少数呈圆形外,也有呈浑圆形[见图 11-10(b)]。

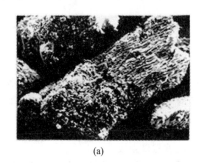
(a)

(b)

图 11-10　炭粒表面形貌

煤粉在温度 1100~1700℃锅炉燃烧室内燃烧,大部分被完全燃烧成为灰渣,但当锅炉在燃用质量较低的煤炭时,由于经济燃烧还存在一些技术上的困难,因而一部分煤粉不能完全燃烧。另外从燃烧学中可知,炭粒在锅炉内燃尽时间 t_r 为:

$$t_r = \frac{d_0^2}{k}$$

式中,d_0 为炭粒直径;k 为与炭种类、结构有关的常数。

从上式可知,t_r 与 d_0^2 成正比,因此,粉煤灰中含炭的另一个原因是煤粉中含有过粗颗粒。表 11-27 为我国部分电厂粉煤灰的含碳量。

表 11-27　我国部分电厂粉煤灰的含碳量　　　　　　　　　单位：%

厂名	上海电厂	北京石景山电厂	西安坝桥电厂	青岛电厂	株洲电厂
含碳量	3.0~10.0	3.29	9.15	11.80	20.00
厂名	鸡西电厂	抚顺电厂	四川江油电厂	广西合山电厂	吉林热电厂
含碳量	6.76	13.02	12.32	3.70	14.15

粉煤灰中未燃尽的炭一部分以单体形式存在于粉煤灰中,另一部分与高温下形成的玻璃融合成为固溶体存在于粉煤灰中。此外,研究证明粉煤灰中炭粒部分已被烧成焦炭或半焦炭。

粉煤灰中炭粒呈海绵状和蜂窝状,内部多孔,结构疏松,容易碾碎,表面疏水亲油,面用 BET 法测得粉煤灰和炭粒的比表面分别为 $1.51 \times 10^4 \, \text{cm}^2/\text{g}$ 和 $1.54 \times 10^5 \, \text{cm}^2/\text{g}$,炭粒的比表面约为粉煤灰的 10 倍,说明炭粒比粉煤灰具有更强的表面活性。粉煤灰中的炭粒部分石墨化,具有润滑性,密度较低,一般为 $1.6 \sim 1.7 \text{g/cm}^3$,堆密度为 $0.66 \sim 0.74 \text{g/cm}^3$,粒径较粗,$75 \mu m$ 以上颗粒比例较高。因此,粗粒级粉煤灰中的含碳量高于细粒级粉煤灰。表 11-28 和表 11-29 分别给出湖北青山热电厂粉煤灰和炭粒的化学成分及主要物理性质。

表 11-28　青山热电厂粉煤灰和炭粒的化学成分　　　　单位：%

名称	SiO$_2$	Al$_2$O$_3$	Fe$_2$O$_3$	CaO	MgO	K$_2$O	Na$_2$O	TiO	烧失量
粉煤灰	52.80	26.91	4.80	2.72	0.59	1.54	0.39	1.45	5.18
炭粒	30.09	16.98	2.73	2.08	0.68	0.73	0.25	0.83	44.98

表 11-29　青山热电厂粉煤灰和炭粒的主要物理特性

名称	容重/(g/cm^3)	密度/(g/cm^3)	孔隙率/%	比表面/(cm^2/g)	比电阻/(Ω·cm)
粉煤灰	0.81	1.83	56	1.51×10^4	10$^{10\sim13}$
炭粒	0.56	1.73	69	1.54×10^5	10$^{4\sim5}$

第七节　粉煤灰中各类颗粒理化性质对比

粉煤灰中各类颗粒的物理性能对比见表 11-30。表 11-31 为某电厂粉煤灰中各类颗粒化学成分。

表 11-30　粉煤灰中各类颗粒的物理性能对比

颗粒名称	显微结构类型	粒度/μm	密度/(g/cm^3)	流动性	磁性	润湿性	光泽	导电性	颜色
漂珠	空心球壳结构	1~300	0.40~0.75	好	无	亲水	玻璃光泽	绝缘好	白色或乳白色
沉珠	显微圆体结构	<45	1.1~2.8	好	无	亲水	玻璃光泽	绝缘好	灰白色或灰色
磁珠	显微圆珠结构	<75	3.1~4.2	好	强	亲水	半金属光泽	导体	黑褐色
不规则颗粒	海绵状结构	30~40	1.6	差	无		玻璃光泽	绝缘好	
炭粒	碎屑状结构	40~300	1.6~1.7	差	无	疏水		导体	黑色

表 11-31　某电厂粉煤灰中各类颗粒化学成分　　　　单位：%

颗粒名称	SiO$_2$	Al$_2$O$_3$	Fe$_2$O$_3$	FeO	CaO	MgO	K$_2$O	Na$_2$O	烧失量
漂珠	53.40	37.73	418	—	0.07	2.63	1.24	0.30	0.87
沉珠	48.88	30.05	9.68	0.30	5.83	1.42	1.64	0.22	1.08
磁珠	8.98	5.60	61.66	20.10	2.78	0.30	0.27	0.22	增重1.60
不规则颗粒	59.70	34.97	—	—	0.28	0.91	1.81	0.32	0.22
炭粒	15.82	9.10	2.43	1.00	0.85	1.03	0.36	0.16	60.2

第十二章

粉煤灰综合利用

第一节　粉煤灰在建筑工程中的应用

在建筑工程中，从基础、主体、楼地面、屋面、构配件等各部位都可以广泛使用粉煤灰。具体使用范围如下：粉煤灰基础，粉煤灰回填，粉煤灰砂浆，粉煤灰混凝土，粉煤灰屋面，粉煤灰水泥，粉煤灰制品，粉煤灰混凝土外加剂，其他。

一、粉煤灰在混凝土中的应用技术

1. 概述

用粉煤灰生产混凝土已有多年历史，荷兰、比利时等国家进行了大量开发工作。作为廉价的添加剂和补充剂，粉煤灰因其火山灰活性、球状颗粒形态及需水量少而具有很大优势。粉煤灰用作混凝土混合材料时，具有胶结活性大、材料的渗透率和水化热低、较高的表面光洁度和可加工性、较大的化学惰性，尤其不易形成硫酸盐和氯化物等特点。粉煤灰可单独加入混凝土中，也可作为波特兰粉煤灰水泥的一种组分随水泥一同加入混凝土中。如果用粉煤灰替代水泥单独掺入，必须对粉煤灰进行必要的检测，以满足混凝土的工艺要求。当使用波特兰粉煤灰水泥生产混凝土时，对粉煤灰本身无具体要求，但波特兰粉煤灰水泥要符合标准。国内外有关生产粉煤灰混凝土的文献很多，不同国家和地区应用粉煤灰生产混凝土的标准也不同，目前，欧洲正在制定统一的粉煤灰混凝土标准。

美国环保局及运输部联邦公路局都制定了粉煤灰混凝土应用技术规程，最大水泥取代量不得超过 15%～25%，最常用的取代量为 15%～20%，但大体积混凝土可高达 30%～50%。结构用粉煤灰混凝土掺量高达 70%，强度可达 24MPa。为使粉煤灰混凝土与普通混凝土等强，在配合比设计时亦采用超量取代法。粉煤灰混凝土的早期强度较低，一般不得用于高强、早强工程。

中国早在 20 世纪 50 年代就开始研究粉煤灰在混凝土中的利用技术，主要在大坝混凝土和干硬性混凝土中应用，进展缓慢。80 年代，科技工作者借助电子扫描显微镜等先进设备，开展了粉煤灰形貌的研究，揭示水泥与粉煤灰胶凝材料的二次反应和水化过程中功能的贡献。粉煤灰的玻璃微珠球体的作用有利于减少混凝土的用水量并改善和易性。粉煤灰与水泥混合加水可得到扩散水泥颗粒和致密水泥浆体，有利于提高混凝土的密实性、强度和耐久性。将实践和理论结合，证明了粉煤灰在混凝土中不仅具有火山灰活性效应，还有形态效应和微集料效应。

在上述理论研究的基础上，我国相继制定了粉煤灰品质指标以及应用技术规范。北京、上海和杭州等市的火力电厂产生的原状粉煤灰经过磨细加工或经过除尘器二、三、四电场收集的细灰，能满足《粉煤灰混凝土应用技术规范》（GB/T 50146—2014）的相关标准。粉煤灰在混凝土中最大掺入量见表 12-1。

表 12-1　粉煤灰在混凝土中最大掺入量　　　　　　　　　单位：%

混凝土种类	硅酸盐水泥		普通硅酸盐水泥	
	水胶比≤0.4	水胶比>0.4	水胶比≤0.4	水胶比>0.4
预应力混凝土	30	25	25	15
钢筋混凝土	40	35	35	30
素混凝土	55		45	
碾压混凝土	70		65	

注：1. 对浇筑量比较大的基础钢筋混凝土，粉煤灰最大掺量可增加 5%～10%。

2. 当粉煤灰掺量超过本表规定时，应进行试验验证。

2. 大体积混凝土

众所周知，粉煤灰能减少新烧混凝土中的水化热，粉煤灰混凝土与普通混凝土水化时的温度升高情况见表 12-2。我国早在 1959 年已将粉煤灰用于大坝混凝土，此外几乎所有电厂的排灰方法是湿排灰法。到了 20 世纪 80 年代，大量的高层建筑在我国兴建，特别是在上海，大量高层建筑的底板厚度很大，甚至超过 2～3m，个别的高层建筑底板厚度甚至大于 4m。因此粉煤灰已经被广泛地用于这种大厚度大体积混凝土中，以降低其水化热的问题。

表 12-2　粉煤灰混凝土与普通混凝土水化时的温度升高情况

混凝土种类	初始温度/℃	到达中间最高温度时间/h	试件中间最高温度/℃	中间最高温度经历时间/h	试件中间温度/℃	增加温度/℃
普通混凝土	15	37	34.2	5	27.9	19.2
粉煤灰混凝土	16.7	48	31.6	3.5	23.7	14.9

粉煤灰混凝土也被用于核电站的安全壳，如上海秦山核电站，壁厚 1m 的混凝土要求绝对不出现裂缝，其解决办法也是掺加粉煤灰。

3. 抗渗混凝土

研究工作证实，掺加粉煤灰可提高混凝土的抗渗性。研究工作也证明粉煤灰混凝土有良好的抗海水进入能力，上海建科院在华东某一大型海港工程中用粉煤灰混凝土作该港工料，其结果证明抗氯离子能力比普通混凝土提高不少,见表 12-3。抗钢锈及混凝土强度的变化见表 12-4。

表 12-3 普通混凝土与粉煤灰混凝土抗渗性比较

性能	水泥用量 /g	粉煤灰掺量 /g	抗压强度/MPa		最大渗水 高度/mm	平均渗水 高度/mm	渗透系数 /(m/s)	渗透压力 /MPa
			28d	90d				
普通混凝土	500	—	51.0	62.8	54.0	39.4	4.8×10^{-13}	2.8
粉煤灰混凝土	462	72	53.5	64.2	40.2	1.0	6.4×10^{-14}	2.8

表 12-4 不同龄期抗钢锈及混凝土强度的变化

龄期	编号	粉煤灰/替代 水泥量/g	抗压强度 /MPa	抗压强度/MPa			钢筋质量损失比/10^{-4}		
				水上	潮汐区	水下	水上	潮汐区	水下
2 年	Ba	0	37.3	59.7	61.8	0.7	8.56	9.18	8.54
	Bb	0	44.3	72.1	69.8	69.7	8.21	8.64	7.67
	Bc	30/16	39.7	60.8	56.7	61.3	7.93	6.91	7.11
	Bd	25/16	43.1	75.2	64.1	67.7	7.77	7.07	7.13
3 年	Ba			60.6	61.8	58.2			
	Bb			73.9	64.8	68.5			
	Bc			60.8	58.0	62.7			
	Bd			76.6	68.4	65.8			

4. 泵送混凝土

由于粉煤灰可提高混凝土的流动性和可泵性,所以在泵送混凝土中掺粉煤灰已经有很大的进展,比较突出的例子如下。

(1) 用于上海杨浦、南浦大桥桥塔的泵送混凝土 杨浦大桥:抗压强度 60MPa;泵送高度 208m。南浦大桥:抗压强度 50MPa;泵送高度 186m。

(2) 广州国际大厦 抗压强度 40MPa;泵送高度 206m(63 层)。

(3) 高 454m 上海东方明珠电视塔 泵送高度 350m;150m 以下混凝土强度 60MPa,150m 以上混凝土强度 30~40MPa。

(4) 上海金茂大厦 泵送高度 384m;混凝土强度 30~60MPa。

5. 碾压混凝土

我国的碾压粉煤灰混凝土应用开始于 20 世纪 80 年代。90 年代起将其用于高等级公路,高等级公路路面材料的耐磨要求比普通公路要求高得多。国家"八五"攻关项目"路用碾压粉煤灰混凝土(FRCC)"专题研究表明,FRCC 不但强度高,路用性能好,而且节约水泥,造价低,施工速度快。粉煤灰掺量 30%,425 水泥、中砂、石灰岩石子外加 AT 缓凝高效减水剂,振压 5MPa,各项指标满足一级公路要求。X 射线衍射分析和扫描电镜分析表明,粉煤灰的形态效应、活性效应、微集料效应改善了 FRCC 的内部结构,加入减水剂并振碾成型可进一步减少水灰比,提高密实度。国家"八五"攻关项目 01 专题对滑模摊铺粉煤灰混凝土的工艺特点进行了研究,在高碑店路面采用 525 水泥掺 15%、20%、30%粉煤灰,经 3年多的观察,粉煤灰滑模混凝土与不掺粉煤灰没有差别。突出优点是工作性能好、便于摊铺,但存在凝结时间长、早期强度低、强度发展缓慢的缺点。1992 年兴建的 329 号国家公路,用粉煤灰代替 33%的水泥,其抗压强度达到 46MPa,2 年后的磨损仅为 0.5g/cm²,而

普通混凝土则达 $0.73g/cm^2$。

6. 加气混凝土（AAC）和发泡混凝土（FC）

粉煤灰可用来生产蒸压加气混凝土，这种轻体材料可用来建造住宅、商业构件和工业构件。在生产蒸压加气混凝土中，粉煤灰用来替代石英粉和黏结料。成分适合的粉煤灰最多可以替代 30% 的石灰/水泥黏结料，混凝土的性能不会有大的改变。赛尔肯（Cel-con）、杜罗克斯（Durox）、赛马莱特（Thermalite）、伊通（Ytong）等欧洲厂家已经生产这种加气混凝土。在英国，这种产品为粉煤灰开拓了重要的市场，赛尔肯和赛马莱特在1990 年就用去 100 万吨粉煤灰。这种生产技术目前正在向美国及其他国家输出。发泡混凝土和加气混凝土成分相似，都是由水泥、填料（多为 α-石英砂粉）、水和空气等组分构成。但发泡混凝土的性能与加气混凝土不同，前者可在常温（大气环境）下硬化，并能露天存放。目前，发泡混凝土已应用于很多领域，如利用其良好的隔声、隔热性、体轻性以及用来充填废弃的管道、沟渠和空洞等。在生产加气混凝土和发泡混凝土时，粉煤灰可部分或全部取代水泥。加入 20%～30% 粉煤灰制造的混凝土和未加粉煤灰制造的混凝土相比，性质相近。

粉煤灰作为硅质材料与水泥-石灰、少量石膏混合，以微量铝粉为加气剂，使其发泡成孔而成为一种轻质墙体材料。该材料的制造工艺主要是经过磨细、成浆、配制、浇灌、发气、切割和蒸压养护而成，其蒸压养护压力一般为 1～1.5MPa。加气混凝土的优点主要是大幅度减轻墙体质量，从而使基础荷载也很大，而且保温性能也相应提高很大，对节能有很大好处，特别是在我国北方，好处更大。粉煤灰加气混凝土又可分为结构用与保温用两种，而且目前主要是兼做结构承重和保温之用的结构用加气混凝土，其表观密度为 400～800kg/m³。等于普通混凝土表观密度的 1/6～1/3 和砖墙表观密度的 1/4～1/2。粉煤灰加气混凝土的性能见表 12-5、表 12-6。

表 12-5　粉煤灰加气混凝土抗压强度

表观密度/(kg/m³)	400	500	600	700	800
抗压强度/MPa	2.0	4.0	5.0	6.0	7.5

表 12-6　粉煤灰加气混凝土长期强度

期龄	1 月	1 年	2 年	3 年	4 年
长期强度/MPa	4.4	4.5	4.5	4.3	4.6

二、粉煤灰建筑砂浆

建筑砂浆标号低，一般为 25 号、50 号、75 号、100 号等，在建筑工程中的应用量大面广。在砂浆中掺用粉煤灰能取代部分水泥、石灰膏和砂，低标号砂浆性能明显改善，后期强度比普通砂浆有较大的提高。

（1）砌筑砂浆　在普通砌筑砂浆中掺加 15%～20% 的粉煤灰，可节约 10%～12% 水泥、30% 的砂，即可节省水泥，35～50kg/m³、砂 100～180kg/m³。此种砂浆和易性好、裂缝少，便于施工操作，进而提高工作效率，而且可大大节省人力和施工现场用地，不需设置淋灰池等。

（2）抹面砂浆　粉煤灰抹面砂浆可分为白灰抹面砂浆和水泥抹面砂浆。白灰抹面砂浆即在石灰砂浆中掺加与白灰量相当的磨细粉煤灰，既可以达到节约白灰 $50\sim100\text{kg/m}^3$、砂 $200\sim450\text{kg/m}^3$ 的经济效果，又可达到避免抹灰面干缩裂缝的技术要求。水泥抹面砂浆即在水泥抹面砂浆中掺加与水泥量相当的磨细粉煤灰，既可以达到节省建筑主材水泥 $35\sim50\text{kg/m}^3$ 的目的，又可以降低抹面工程的造价，而且速度快，工效高。

1. 建筑砂浆的粉煤灰效应

（1）形态效应　所谓形态效应泛指各种应用于混凝土和砂浆中的矿物质粉料，其颗粒的外观形貌、内部结构、表面性质、颗粒级配等物理性状所产生的效应。

（2）活性效应　粉煤灰火山灰活性是指其所含的硅铝质玻璃体在常温和有水条件下与 $Ca(OH)_2$ 发生活性反应并生成具有胶凝性水化物的能力。其活性效应就是指这种粉煤灰活性成分所产生的效应。在粉煤灰玻璃体微粒表层生成的火山灰反应产物与水泥水化物类似，这种水化物交叉连接，对促进砂浆强度增长（尤其是抗拉强度的增长）起了主要的作用。

（3）微集料效应　是指粉煤灰颗粒均匀分布于水泥浆体的基相之中，就像微细的集料一样。对粉煤灰颗粒和水泥净浆间及水泥紧密处的显微研究证明，随着水化反应的进展，粉煤灰水泥浆体和界面接触渐趋紧密。在界面上形成的粉煤灰水化凝胶的显微硬度大于水泥凝胶。粉煤灰微粒在水泥浆体中分散状态良好，有助于新拌砂浆的硬化和均匀性改善，也有助于砂浆中孔隙和毛细孔的充填和细化。

2. 粉煤灰砂浆对原材料性能的要求

（1）粉煤灰　砂浆中掺用的粉煤灰主要有原状粉煤灰和磨细粉煤灰。使用前者配制砂浆可就地取材，花钱较少（只花运费），运输、贮存、使用都很方便，经济效益、社会效益相当显著，是目前国内应用比较广泛的一种。使用后者配制砂浆，则可以代替较多的水泥和白灰膏，但磨细灰成本高，掺量不易太多，运输贮存也不如使用原状粉煤灰方便。具体地讲，粉煤灰品质参数应符合如下要求：烧失量<15%；三氧化硫<3%；含水率不规定；细度，$80\mu\text{m}$ 方孔筛的筛余量≥25%；需水量<115%。

（2）石灰膏　配制粉煤灰砂浆的石灰膏可以由生石灰加水消化制得，也可以是消解电石后排出的电石渣（亦称电石膏、电石灰）。对它的质量要求为：无杂质，无灰渣，用于砌筑砂浆时熟化期不得少于 7d；用于抹灰砂浆时熟化期不得少于 14d，以免石灰膏中存有生石灰颗粒或残渣，影响砂浆强度和体积稳定性。石灰膏的稠度以控制在 12cm 为准。

（3）水泥　由于建筑砂浆标号低，因此配制砂浆的水泥应尽量采用低标号水泥，例如用355 号以下的粉煤灰砌筑水泥。

（4）砂石　配制砂浆的砂的细度模数应在 $2.3\sim3.0$ 之间，石屑粒径小于 3mm，含粉量小于 8%。

此外，根据具体施工要求及原料组成，常在砂浆中掺入适量减水剂、早强剂等化学外加剂，以调节粉煤灰砂浆的和易性，提高其早期强度。

3. 粉煤灰品质对砂浆强度的影响

（1）粉煤灰的细度　粉煤灰的细度与需水量比的关系密切。由于除参加水泥的水化反应及粉煤灰的火山灰反应外，多余的水分在砂浆硬块体中形成孔隙，导致砂浆结构及性能劣化，故该参数是用于砂浆掺合料的粉煤灰品质标准中的一个重要指标。粉煤灰的粗细直接影响粉煤灰的需水量和与碱性激发剂产生化学反应界面的大小，粉煤灰越细，其需水量比就越低，火山灰反应的界面也就增长，粉煤灰的微集料效应明显，有利于砂浆强度的提高。

（2）粉煤灰的含碳量　由于粉煤灰中炭粒是多孔的，具有强烈的吸附作用，它会使砂浆的需水量增加，密实性降低，因此对砂浆强度有明显的损害。炭粉往往又会在泌水过程中逐步与浆体分离上升到砂浆的表面，影响砂浆面层的质量，因此其含量越低越好。粉煤灰中未燃尽炭可按其烧失量指标来估量，国标规定 I 级灰烧失量的最大限值为 5％。

4. 粉煤灰砂浆的配合比设计

由于各地粉煤灰的品质变化很大，使用粉煤灰砂浆的目的、经验很不一致，因此，目前国内尚无一个统一的粉煤灰砂浆配合比设计方法和计算公式，还处在深入的研究发展之中。下面就目前国内粉煤灰砂浆配合比设计的几种方法做一简要介绍。

（1）等量取代石灰膏法　顾名思义，等量取代石灰膏就是要求掺入粉煤灰的量和取代的石灰膏量相等。这种分法一般适用于石灰紧缺、价格较高，而粉煤灰细度又较小的地方，掺入粉煤灰只是为了取代和节约部分石灰膏。因此，一般不进行精确的体积变化计算。具体取代量需通过试验确定，但最大不宜超过 50％。使用磨细双灰粉或粉煤灰砌筑水泥则不受此限。

（2）等量取代水泥法　含义同上（等量取代石灰膏法），只是取代的对象发生了变化。该法要求水泥取代率为 10％～20％（以质量计），以免砂浆强度受到影响。

（3）超量取代法　此法考虑了粉煤灰取代水泥、石灰膏等带来的体积因素对砂浆质量的影响，因此它优于等量取代法，可以节约更多一些水泥及少量砂子。其设计程序如下（以超量取代水泥法为例）。

1）按砂浆的设计标号（R_m）及水泥标号（R_c），计算每立方米砂浆的水泥用量（C_o），计算公式为：

$$C_o = \frac{R_m}{R_c} \times 1000a$$

式中，a 为调整系数，可由 R_m-R_c 表查得。

2）按求出的水泥用量（C_o）计算出每立方米砂浆的灰膏量（C），计算公式为：

$$C = C_o(1 - f_c)$$

式中，f_c 为粉煤灰取代水泥率，由工程要求给定。

3）根据砂浆的设计标号（R_m）和粉煤灰取代水泥率（f_c），从 R_m-f_c-K 的关系表中选择超量系数（K），计算粉煤灰掺量（F），计算公式为：

$$F = K(C_o - C)$$

4）确定每立方米砂浆中砂的用量（S_o），求出粉煤灰超出水泥的体积，并扣除同体积的砂用量（S），计算公式为：

$$S = S_o - \left(\frac{C}{r_c} + \frac{F}{r_f} + \frac{C_o}{r_c} \right) \times r_s$$

式中，r_c、r_f、r_s 分别为水泥、粉煤灰、砂浆的密度。其中 S_o 一般取 1450kg。

5）通过试拌，按稠度要求确定用水量。

6）通过试验，调整配合比。

（4）综合取代法　综合取代法是指用粉煤灰既取代部分水泥，又取代部分石灰膏和砂，以便实现更高的技术经济效益。其配比设计程序和公式同超量取代法，只是依照具体工程要求的水泥取代率和石灰膏取代率分别先计算出水泥、石灰膏的用量，最后计算出砂子的用量。计算公式为：

$$S = S_o - \left(\frac{C}{r_c} + \frac{F}{r_f} + \frac{D}{r_D} - \frac{C_o}{r_c} - \frac{D_o}{r_D} \right) \times r_s$$

式中，D_o、D、r_D 分别为每立方米基准砂浆石灰膏用量、每立方米粉煤灰砂浆石灰膏用量及砂浆密度；其余符号的意义同超量取代法。

（5）粉/砂法　采用粉/砂法设计砂浆配合比，需要在一定的实验数据基础上进行操作。由于各地砂浆的常用原材料品质不尽相同，致使这些建立在试验基础上的参数不能通用，只能因地制宜采用适合当地情况的试验参数。整体构思原则简介如下。

首先，建立基础试验参数，主要包括如下工作：①测试每立方米砂浆各种材料用量；②给出水泥用量与砂浆强度的关系图；③测试石灰膏用量，以便确定每立方米砂浆中石灰膏与水泥用量之和的最佳值；④通过对粉煤灰掺量变化对砂浆性能和经济效益影响的对比分析，优选出粉煤灰的最佳或较佳掺量范围，以粉煤灰/砂（F/S）表示；⑤找出粉煤灰掺量变化与砂浆容重的关系。

获得以上这几方面的基础资料后，就可按下列步骤进行砂浆配合比设计：①根据砂浆设计标号和水泥用量与砂浆强度关系确定水泥用量；②根据水泥、石灰膏总量计算石灰膏量；③选定粉/砂；④根据粉/砂计算每立方米砂浆的干容重；⑤计算粉煤灰与砂用量；⑥根据稠度要求，通过试配确定用水量；⑦根据试块抗压强度试验结果，调整配合比。

（6）试配优选法　粉煤灰抹灰砂浆多采用试配优选法。该法没有一定的设计程序和计算公式，而是通过不同配合比，经过试配或长期施工实践逐渐摸索总结出较佳配料比的一种配合比设计方法。

试配优选的原则是：好用、不裂（或少裂）、不空鼓，有一定的抗压强度与耐蚀能力，与基层及粉刷层有良好的黏结，有尽可能好的经济效益。

粉煤灰抹灰水泥砂浆的配合比（体积）一般为水泥∶粉煤灰∶砂＝1∶1∶（4～6）。在这个范围内，打底用的砂浆砂的比值取高限，罩面用的砂浆砂的比值取低限，砂浆抗压强度一般在 8.0～16.0MPa 范围内。

粉煤灰白灰砂浆的配合比变化范围更大。石灰膏∶粉煤灰∶砂有 1∶1∶6、1∶2∶8、1∶2.5∶2.5、1∶6∶12 等多种不同配合比。试配时以达到最佳和易性为止。

5. 粉煤灰砂浆施工注意事项

主要包括：①掺粉煤灰的砂浆因粉煤灰的泌水性大，在使用过程中尚应随时拌和，砂浆贮存时间不超过 2h；②使用白灰粉煤灰抹灰砂浆抹墙面时，墙面应事先浇水、抹罩面灰（白灰麻刀浆），要注意防止砂浆早期脱水影响强度和罩面白灰失水龟裂；③在砌筑砂浆中掺加粉煤灰应用质量比，如用湿灰需扣除粉煤灰的含水量，在抹灰砂浆中用体积比时，因粉煤灰的松散体积与含水量的大小发生变化，在使用时应调整粉煤灰含水量与松散体积的变化关系；④生石灰在化灰池中应不断加水搅拌并通过 60 目筛后才能流入贮灰坑，石灰浆在贮灰坑中应陈放 10d 以上方可使用，在陈放过程中石灰浆表面应始终保持一层水分，以防干燥开裂、碳化失效；⑤无论砌筑砂浆还是抹灰砂浆，进行人工拌和时，一定要先干拌均匀后再加水湿拌，确保搅拌均匀，稠度合适；⑥掺粉煤灰的建筑砂浆因早期强度低，在低温下强度增长慢，因此冬季施工要有防冻措施；⑦粉煤灰砂浆配合比要因地制宜，因材而异，通过试验确定，以便于操作、满足一定强度等性能要求和经济效益高为原则。

三、粉煤灰用作土木工程结构填筑

自 20 世纪 80 年代初，在上海宝山钢铁厂工程兴建中，用粉煤灰代土、代砂进行分层压实用作填筑材料，通过试验和工程试点都取得了大量可靠技术数据，充分证明经分层压实可得到密实度在 90%～95% 的工程结构填筑地基，其承载力优于一般黏土，允许承载力达到 150kPa（$15t/m^2$）。虽在水饱和后承载力确有下降，但在一年后强度和变形方面稳定回升。经测试，在 7 度地震烈度作用下，密实度为 90% 以上，埋没深度 0～4m 时，压实粉煤灰地基的液化安全数可达 2～3，即不存在地震液化的可能性。

为了防止粉煤灰有害元素对地下水质和土壤的影响进行测试，结果列入表 12-7。由表中数据可见，回填粉煤灰中各种有害元素含量与土地和地面水指标基本接近，表明粉煤灰长期浸泡在地下水中其微量有害元素的析出量很少，不会对土壤和地下水质构成危害。其次，对粉煤灰的放射性元素进行测定，结果列入表 12-8。由表中可见，粉煤灰的放射性元素强度均比国家标准低 1～2 数量级。对粉煤灰回填后 pH 值的测定结果平均为 10～12。在加填后，经过 4～5 年抽样测定，pH 值降低到 8.12～8.16，符合国家工业废水排放标准规定 pH 值不能小于 6 和大于 9，说明符合国家规定要求范围。

表 12-7　粉煤灰土壤渗出液微量元素与国家标准　　　　　单位：mg/L

微量元素	Cu	Zn	Pb	Cd	Cr	Hg	As
上海宝钢电厂湿灰	0.012	0.51	1.16	0.07	0.093	未检出	0.04
上海宝钢电厂干灰	0.025	2.43	1.53	0.25	0.89	未检出	
上海吴淞电厂湿灰	<0.003	0.46	0.50	<0.01	<0.003	未检出	
上海宝钢电厂出灰口水	<0.003	0.42	0.80	<0.04	<0.032	未检出	
上海潘桥农田土	0.007	0.75	3.80	0.01		未检出	
上海宝钢粉煤灰回填工程 3m 以下水	0.004	0.31	未检出	未检出	0.01	未检出	
国家工业废水排放标准	1.0	5.0	1.0	0.10	0.50	0.05	0.05
国家农田灌水标准	1.0	3.0	0.1	0.005	0.1	0.001	0.5
上海地面水标准	1.0	1.0	0.1	0.10	0.05	0.001	0.04

表 12-8　上海宝钢工程粉煤灰回填压实放射性元素测定结果

回填工程项目	α 总放射强度/(Ci/kg)	β 总放射强度/(Ci/kg)
烧结循环水池粉煤灰	2.1×10^{-9}	2.65×10^{-8}
炼钢副原料坑粉煤灰	2.1×10^{-9}	2.7×10^{-8}
国家标准(按放射性废物处理得比放射强度)	1×10^{-7}	

注：1Ci＝37GBq。

1992 年以来，我国水冲粉煤灰填筑地基及其加固技术有新的发展，其技术特点是：用土工布强制袋充填湿粉煤灰建筑堤坝，在灰场分隔成块的灰池中充填粉煤灰形成陆域。

如上海港罗泾码头一期工程的煤堆场 $47 \times 10^4 m^2$ 的地基,原是水域,采取这种方式用水冲粉煤灰 4~5m 高度先形成陆域。由于水冲灰地基承载力极低,按设计要求,因港区煤堆场大面积堆荷荷载为 126kPa,地基的最终变形近 2m。因此,必须进行地基加固,提高承载力,以减少建筑物和构筑物的沉降,确保工程的安全和质量。地基加固的技术方案分别采用堆载、真空预压、排水板动力固结钢渣挤实、粉喷桩及钢渣桩五种试验研究。试验研究结果经专家综合评价认为:面积达 $2.6 \times 10^5 m^2$ 煤堆场,选用塑料排水板动力固结钢渣挤实。

一般构筑物和建筑物地基选用粉喷桩加固。采用排水板动力固结钢渣挤实加固后检测项目有:十字板剪切、静力触探、标贯 N63.5kg 及 3×3M 承载板等试验和钻孔取样进行物理力学指标对比试验,实测允许承载力 361~400kPa,总沉降量 1.5。采用水泥与高钙粉煤灰粉喷桩法加固后的检测项目有:静力触探、1.5×1.5M 承载板试验。此外,还进行了粉煤灰性能及抗液化性能试验和钻孔取样进行物理力学性能的对比试验。检验结构实测允许承载力为 240~252kPa,沉降量均小于设计规范值。目前,这项工程的地基加固任务已经完成,共利用粉煤灰 $2.0 \times 10^6 m^3$,钢渣 $8.7 \times 10^5 t$。施工工期缩短 1/2,节省投资 2000 余万元,工程质量经国家验收评定为优良。

四、粉煤灰地基

1. 粉煤灰双层地基

粉煤灰双层地基以原状粉煤灰为主要原料,加入少量胶凝材料拌制成粉煤灰混合料,再将其浇筑在软弱土层上,作为建筑基础。这种地基由粉煤灰的硬壳层和软土层构成,叫做粉煤灰双层基础。天然形成的双层地基有两种可能的情况:一种是岩石上面覆盖着不厚的可压缩土层;另一种则是上层坚硬,下层软弱的双层地基,前者在荷载作用下将发生应力集中现象,而后者将发生应力扩散现象。

粉煤灰双层地基的主要作用如下。

1)由于应力的扩散作用和自重轻,相应提高了浅基础下地基的承载能力 地基土中的剪切破坏一般来说都是从基础底面两侧开始的,并随应力的增大逐渐向纵深发展。因此,若以强度较大并具有一定厚度的粉煤灰混合料取代可能产生剪切破坏的软土,就可以避免地基的破坏。

2)减少了沉降量 基础下浅层地基的沉降量在总沉降量中所占比例是较大的。同时由侧向变形所引起的沉降,从理论上讲也是浅层部分占的比例较大。而用压缩模量较大的粉煤灰混合料取代地基上部软土层,自然就可以减少这部分土层产生的较大沉降量。

2. CFG 水泥粉煤灰碎石桩复合地基

此种地基由碎石、石屑、粉煤灰、水泥按一定比例加水拌和,用振动沉管打桩机制成具有可变黏结强度的桩基。这种复合地基,通过组成材料的掺量调整,地基承载力具有较大的可调性。由于其适应性强、沉降变形小、工程造价低、施工较简单,建设部已将其作为重点科研成果全面推广应用。

3. 挤密粉煤灰碎石桩复合地基

此种地基是用粉煤灰、碎石掺入适量水泥加水拌和后，灌入桩管内而形成的桩基。由于粉煤灰具有一定的活性和良好的和易性，易于灌注形成符合强度要求的胶凝体。山东德州无线电三厂变压器生产楼地基由于采用了此种地基，取得了提高地基承载力 16～17 倍、节约工程直接费 22.6%的综合效益。

五、粉煤灰回填

1. 粉煤灰替代工程用土回填

粉煤灰代替土壤回填可大幅度提高抗压强度，不仅能作为垫层，还可作为工程基础，并具有良好的封闭隔水作用。素灰回填即利用Ⅲ级粉煤灰，不需加工可直接用于工程，其夯实后能达到一定强度，这是一种变废为宝、大量利用原状粉煤的重要途径。二灰土回填即利用原状粉煤灰：生石灰（8:2），经均匀拌和分层夯实而形成的垫层，其承载能力可达 100kPa 以上。三渣土回填即粉煤灰、石灰、碎石搅拌后压实，其板状结构的抗压强度等各项指标远远高于普通的施工方法。

2. 粉煤灰用于公路和路堤的修筑和回填

粉煤灰用于公路和路堤的修筑和回填利用的是其视密度小和价格低廉的特点。粉煤灰是一种轻质材料，约比黏土轻 45%。在同样允许沉降量的前提下，可提高路堤的填土高度。而在路堤高度相同的情况下，可明显减少沉降量，增加道路使用寿命。

粉煤灰路堤的强度和稳定性主要是粉煤灰的物理性能和机械压实所产生的结果，因此电厂排放的硅铝型低钙粉煤灰都可作为路堤填料使用。用于高速公路、一级公路的粉煤灰要求烧失量小于 12%。粉煤灰的烧失量过大将大大降低粉煤灰的火山灰效应，而且由于炭粒颗粒较粗、多孔，吸水量也增大，对粉煤灰路堤的压实度有影响。为便于压实，粉煤灰粒径应在 0.001～2mm 之间，且小于 0.074mm 的颗粒含量宜大于 45%。粗颗粒粉煤灰比细颗粒粉煤灰达到一定的压实度更困难。

粉煤灰道路基层比一般碎石基层强度高（与石灰土相比，抗压强度高 1.5～2.0 倍），且具有稳定性好、质量轻、压缩性小、渗透性好、分散荷载能力强等突出优点，是铺筑大交通量等级公路的良好材料。在社会效益上可变废为宝，减少占地；在环境效益上消除环境污染，保护生态平衡；在经济效益上可降低工程造价，节省国家开支。

3. 粉煤灰用于矿井回填

平顶山矿务局十一矿为开采倾斜和急倾斜煤层，曾用附近姚孟电厂的粉煤灰作井下注浆防火和充填材料试验获得成功。用粉煤灰注浆充填采空区可达到防火效果，同时还能较大幅度地减少地表移动值。粉煤灰充填采空区后对围岩和煤柱起到了加强的作用，增强了煤柱的强度，有利于巷道维护，亦有利于厚煤层分层开采，提高煤炭回收率。

淮北矿务局利用淮北电厂的粉煤灰充填相城、朱庄、张庄和岱河等煤矿的塌陷区。该矿区每年约增加塌陷区 $2 \times 10^6 m^3$ 多，为缓和淮北电厂排灰场地的紧张状态，于 1979 年提出建设塌陷区试验排灰场，灰场距电厂仅 4km，面积 280km²，能容纳 700km³ 粉煤灰，于 1980 年 2 月建成冲灰，充填到设计标高后，于 1982 年 10 月覆土造田 432 亩❶，取得了较好的社会效益和经济效益。1997 年，安徽省回填用灰 6.5×10^5 t，占当年用灰量的 26%。

六、粉煤灰屋面

粉煤灰是一种颗粒细腻、均匀多孔、性能稳定的空心微珠，具有良好的保温效应。根据济南工人新村等七项工程实践证明：采用水泥：粉煤灰＝1：8（体积比）材料的屋面，其抗压强度 $R_{28}=1.9 \sim 3.7$MPa，比蛭石保温层强度高；其烘干容重为 $1014 \sim 1075$kg/m³，仅为炉渣混凝土保温层的 80%；其热导系数 $\lambda=0.35 \sim 0.55$kJ/(m·h·℃)；其成本比炉渣混凝土低 14%，比蛭石保温层低 33%。

第二节　粉煤灰在建材制品中的利用

从 20 世纪 50 年代开始，我国对用粉煤灰制建筑材料进行了大量研究工作，60 多年来一直没有间断，产品的种类、应用的范围逐步增加和扩大，利用的粉煤灰数量一直占我国粉煤灰利用的首位。利用粉煤灰生产建筑材料产品有 20 余种，其主要产品有粉煤灰水泥、烧结粉煤灰砖、粉煤灰饰面砖、粉煤灰陶粒、粉煤灰硅酸盐砌块、粉煤灰加气砌块和板、蒸压粉煤灰砖、硅钙板等。目前，这些产品大部分都制定了国家或主管部门的标准，产品生产也形成了产业化，应用技术也十分成熟，已形成粉煤灰利用的比较稳定的领域。为了节能、节土和提高粉煤灰在建筑材料产品中利用量，国家主管部委正在采取限制实心黏土烧结砖的生产，鼓励积极发展新型建筑墙体材料的生产，如粉煤灰烧结砖、粉煤灰陶粒及其他粉煤灰作原材料生产建筑材料等。

一、粉煤灰砖

1. 粉煤灰砖的生产

（1）粉煤灰烧结砖　粉煤灰烧结砖与普通黏土砖（红砖）一样是烧结而成的，粉煤灰烧结砖（粉煤灰砖）以粉煤灰和黏土为原材料。我国生产的最高粉煤灰掺量为 50%（质量比），生产规模最大、最早的是吉林砖瓦厂。

高掺量粉煤灰烧结普通砖是指掺灰量在 50% 以上的烧结普通砖，产品按《烧结普通砖标准》（GB/T 5101）执行。粉煤灰是无塑性原料，掺灰量要根据黏土的塑性指数确定，粉煤灰的掺量随黏土塑性指数的提高而增多。有关部门的试验结果表明，每掺入 1% 的粉煤灰，配合料的塑性指数降低了 $0.10 \sim 0.13$。所以，当胶结材料（黏土、页岩等）塑性指数在 7 以下时不能掺加粉煤灰；当胶结材料塑性指数在 $7 \sim 10$ 之间时，掺灰量应控制在 30%

---

❶　1 亩＝666.7m²，全书同。

以下（体积分数）；当胶结材料塑性指数在 $10\sim13$ 之间时，掺灰量应控制在 50% 以下；当胶结材料塑性指数在 $13\sim16$ 之间时，掺灰量应控制在 70% 以下。当然，掺灰量和企业生产工艺、设备和生产技术的先进程度、原料处理的程度密切相关，其中挤出机的挤出压力和挤出机的真空度起重要作用。研究表明，混合料的最低塑性指数应大于 7，塑性偏低时欲靠挤出压力来提高产品质量是办不到的。由于掺灰量的增加，粉煤灰烧结普通砖单位体积质量降低，绝热性能达到和超过了黏土烧结多孔砖，成为既承重又有较好绝热性能的墙体材料。据从多家企业了解，只要混合料塑性符合要求、加强原料处理、采用合理的双级真空挤出和干燥焙烧工艺、加强管理、提高生产技术，高掺量粉煤灰黏土烧结砖产品质量是能够保证的。该产品能达到吃灰量大、节土、节能、利废和环保的目的。

（2）蒸压粉煤灰砖　我国砖瓦企业从 20 世纪 60 年代就开始研制生产蒸压粉煤灰砖，70 年代颁布了产品质量标准。标准规定的各项主要技术指标和烧结普通砖大体相同，可代替黏土实心砖用于建筑工程。当时，因粉煤灰砖是用灰量最多，投资较少，技术上比较成熟，建设比较快的项目，因而电力和排渣部门都很感兴趣。为此，在 70 年代末和 80 年代初，水电部门和排渣单位投资十几亿元，建设了上百条年产 3000 万块蒸压粉煤灰砖生产线，加上 60 年代末和 70 年代初建设的生产厂，全国有 100 多个蒸压粉煤灰砖生产厂，年生产蒸压粉煤灰砖能力达 40 多亿块，年用灰量 800 多万吨，形成了利用粉煤灰制砖的高潮。

近年发展起来的高强蒸压粉煤灰砖生产技术高强蒸压粉煤灰砖是河南恒通源新型材料股份有限公司科技工作者在研究总结了四十多年来蒸养、蒸压粉煤灰砖生产技术的基础上，吸收了国内、国际上同类产品的先进技术开发出来的新型墙体材料之一。它克服了传统的蒸压、蒸养粉煤灰砖所存在的缺陷，不仅粉煤灰掺量大（大于 65%），而且具有强度高、干缩性小、抗老化性能好等特点，其主要工艺参数和主要技术性能见表 12-9。

表 12-9　生产高强蒸压粉煤灰砖的主要工艺参数和主要技术性能

砖号	生产参数			DF 规格试样实验室检测试验结果					
	粉煤灰 /%（质量）	砂 /%（质量）	石灰 /%（质量）	长×宽×高 /mm×mm×mm	砖重 /(kg/块)	容重 /(kg/m³)	断裂力 /kN	最大荷载 /(N/mm²)	干缩值 /(mm/m)
1	60.0	32	8	240.8×115.4×52.0	4.969	1360	443	31.9	
2	60.0	32	8	240.9×115.3×52.0	4.969	1360	436	31.4	
3	60.0	32	8	240.9×115.3×52.0	4.971	1360	444	32.0	
平均				240.9×115.3×52.0	—	1360	—	31.7	
1	70.0	22	8	240.9×115.4×52.0	4.865	1290	418	30.1	
2	70.0	22	8	240.9×115.4×52.0	4.867	1290	408	29.4	
3	70.0	22	8	240.9×115.4×52.0	4.869	1290	416	29.9	
平均				240.9×115.4×52.0	—	1290	—	29.8	0.262
1	60.0	32	8	240.8×115.4×114.3	3.285	1030	634	22.8	
2	60.0	32	8	240.8×115.4×113.0	3.188	1010	668	24.8	
3	60.0	32	8	240.8×115.4×111.0	3.139	1020	661	23.8	
平均				240.8×115.4×111.0	—	1020	—	23.5	
1	70.0	22	8	240.8×115.4×113.2	3.035	960	617	22.2	
2	70.0	22	8	240.8×115.4×112.7	3.125	1000	580	20.9	
3	70.0	22	8	240.8×115.4×113.0	3.035	970	610	22.2	
平均				240.8×115.4×113.0	—	980	—	21.7	0.3

从表 12-9 中可以看出：无论是实心标准砖还是大块空心砖，其各项性能远远超过 JC/T 239 标准中规定的指标。在粉煤灰掺加量达 70% 的情况下，按照这一技术生产的蒸压粉煤灰

标准砖抗压强度达 29.8MPa，孔洞率为 36％的空心砖抗压强度达 21.7MPa，干缩值 0.26～0.3mm/m，抗冻性能良好，15 个冻融循环、强度损失小于 15％。

（3）免烧粉煤灰砖　免烧粉煤灰砖指自然养护、免蒸免烧的砖，是在 1990 年后国家提出墙材革新，限制黏土砖生产和节土、节能的形势下发展起来的。它以粉煤灰或各种煤渣等为主要原料，添加适量水泥、石膏和一些黏结剂，经搅拌压制成型，自然养护而成，产品尚无国家或行业标准。由于产品自然养护需要较大的坯场，所以一般生产规模较小。由于生产该产品工艺、设备比较简单，技术含量较低，投资又较少，所以在广大城乡建厂较多，发展较快。据不完全统计全国有免烧砖企业几千家，年生产免烧砖产品 6 亿～8 亿块，年用灰量 $1.5×10^6$ t。

（4）蒸压粉煤灰多孔砖　生产蒸压粉煤灰多孔砖因粉煤灰原料物理化学性能的特殊性，难度是很大的。但是在黏结剂、助熔剂、焙烧技术上的最新研究表明，高掺量粉煤灰烧结砖生产技术是可行的。影响蒸压粉煤灰多孔砖质量的主要因素包括粉煤灰的特性和工艺、设备、生产技术，其中粉煤灰的影响为主要因素。

2. 粉煤灰砖的性能与优点

（1）节约土地　如果以 50％掺量计，那么每生产 10 万块砖，可节约 42 亩地，而且可以利用（大于）$1.0×10^5$ t 粉煤灰。所以综合考虑稳定利用粉煤灰、节约土地和粉煤灰利用的经济效益，粉煤灰制砖并用作墙体材料应该是粉煤灰利用的最主要途径。

（2）节约能源　因为粉煤灰中含有一定的碳分，即所谓烧失量。它对于粉煤灰混凝土而言是一个不利因素，但对于烧结粉煤灰砖却是一个有利条件，因为它可节约部分烧结时用的燃料。一般说来，50％掺量的粉煤灰烧结砖，每块砖中，粉煤灰的热值为 1464～1841kJ。而烧结一块砖所需的热量大概为 4571kJ。由此可以认为每生产 10000 块砖，大约可节省 0.6t 标准煤，而每 10000 块黏土砖所需的燃料大约为 1.56t，也就是说，利用粉煤灰制砖可节约 35％～40％的燃料。

（3）减轻墙体质量和提高隔热性能　由于粉煤灰的堆积密度小于黏土，因此一般说来每块粉煤灰砖比黏土砖要轻 0.6kg。就导热性而言，黏土砖的热导率为 0.60W/(m・K)，而粉煤灰砖则为 0.4W/(m・K)，说明粉煤灰砖的隔热保温性能比普通黏土砖要好。

3. 影响粉煤灰砖质量的主要因素

（1）粉煤灰特性对产品质量的影响　有关试验证明，在 1050℃下烧结，粉煤灰掺量从 50％增加到 80％，烧结样的密度从 $1.72g/cm^3$ 下降到 $1.43g/cm^3$；显气孔率增幅较大，由 30.37％增至 39.80％；吸水率由 17.62％增至 27.86％；抗压强度的降幅十分明显，由 98.5MPa 降至 25.4MPa。产生这种结果的原因与粉煤灰的特性有关。

1）粉煤灰是高温煅烧产物，烧结时化学反应活性低于黏土。

2）粉煤灰的化学组成相对于黏土而言是低 SiO_2，高 Al_2O_3，因此，随粉煤灰掺入量的增加，SiO_2 含量相对降低，而 Al_2O_3 含量增加，导致 $m(Al_2O_3)/m(SiO_2)$ 比值增大，坯料的耐火度随之提高。

3）黏土中含有少量的碱，能在低温下形成液相，促进烧结，而粉煤灰中不含碱或含量甚少。因此，粉煤灰的掺入降低了坯料的含碱量，导致坯料耐火度提高。

4）粉煤灰的平均粒径比黏土大近 3 倍，比表面积约减小 $200m^2/kg$，这会造成在同等成型压力条件下，随粉煤灰掺量的增加，坯料的致密程度下降，孔隙率增大，坯料内物料间的接触点减少，因而掺入粉煤灰的坯料难以烧结。用磨细粉煤灰代替原灰配料，虽可显著提高高掺量粉煤灰烧结砖的强度与性能，但成本偏高，目前难以实现。

（2）设备和工艺技术对产品质量的影响

1）黏土的塑性指数。这是很重要的指标，它决定掺灰量的多少；没有合理的原料配比和原料处理工艺就不能生产出好产品。特别是高掺量粉煤灰产品加强原料处理就更为重要。如有的高掺量粉煤灰烧结砖生产企业，黏土塑性很低，为了加大粉煤灰的用量，采用硬塑成型挤出工艺，成型水分13%～14%，加大挤出压力强行成型，结果把坯体挤酥了，质量难以保证。投资2000万～3000万元生产不出合格的产品，关门停产，造成了很大的经济损失。

2）设备、技术。调研发现，有的企业在生产高掺量粉煤灰或以黏土、页岩、煤矸石等为原料的烧结多孔砖时，工艺布置、设备选型和原料处理上存在如下问题：①单一原料成型，不进行配比，物化指数不符合制砖要求；②大多数企业破碎系统只有一道小型对辊，一道搅拌，没有细碎、轮碾、搅拌挤出、筛式捏合挤出等先进设备，原料粒度太大，又不进行沉化（粒径太大进行沉化也不起作用），影响原料的成型，不宜生产空心砖；③粉煤灰烧结砖（包括高掺量烧结多孔砖和空心砖）中，粉煤灰掺加量偏多，加之粉煤灰是一种球形颗粒状、超轻、遇风易飘浮的粉料，所以难与黏土、页岩等原料搅拌均匀，而影响质量；④高掺量粉煤灰烧结多孔砖干燥与焙烧敏感系数和收缩值均很高，加之原料处理简单，所以在生产厂很难找到没有裂纹的产品。

4. 发展粉煤灰砖注意的问题

1）高掺量粉煤灰烧结普通砖的经济效益、社会效益和环境效益表明它是绿色建材，给其新型墙材待遇是应该的，国家应把它作为重点新型墙材之一，鼓励具有条件的企业、砖厂新建和转产这种墙材。

2）粉煤灰砖的生产应严格执行《蒸压粉煤灰多孔砖》（GB 26541）国家标准和行业标准《粉煤灰砖》（JC/T 239）。

3）鼓励新技术的研发，推进粉煤灰砖发展。近年新型全粉煤灰自燃烧结砖、活化粉煤灰烧结砖、造纸黑液粉煤灰烧结砖、粉煤灰装饰砖及地面砖等项新技术成果应该及时转化，促进粉煤灰综合利用技术的发展。

二、粉煤灰陶粒

（一）粉煤灰陶粒介绍

所谓粉煤灰陶粒，实际上就是以粉煤灰为主要原料，掺入适量石灰（或电石渣）、石膏、外加剂等，经计量、配料、成型、水化和水热合成反应或自然水硬性反应而制成的一种人造轻骨料。其具有容重轻、强度高、热导率低、耐火度高、保温、防冻、抗腐蚀、抗冲击、抗震、耐磨、无放射物（无有害物）等特点。由于粉煤灰陶粒具备上述优点及特点，是变废为宝、利废还田的一种优质绿色建筑材料。因此，它在建筑工业上的应用是非常广泛的。例如，粉煤灰陶粒可用来配制高强度轻质混凝土、陶粒空心砌块、素陶粒混凝土、钢筋陶粒混凝土、预应力陶粒混凝土，可现浇、泵送、可预制；可制作保温隔墙板条、地面砖、护堤植草砖、民用砖瓦、高层大开间住宅楼承重或充填砌块，桥梁、公路、输送管道、电缆杆等使用均得到良好效果。在国外也用于花卉无土培植中代替黏土。由于粉煤灰陶粒及陶粒制品在建筑工业上的应用非常广泛，因此，粉煤灰陶粒在国内国际市场行情越来越好。国务院已下发文件，到 2003 年 6 月 30 日止，在全国范围内及部分地区取缔烧制与使用黏土砖。粉煤灰陶粒及其制品是取代黏土砖、取代砖石的最佳绿色建筑材料之一。

（二）粉煤灰陶粒的性能

粒径 5～15mm；堆积密度 700～800kg/m³；吸水率（1h）8％～10％；筒压强度 9～12MPa；空隙率 43％～45％。粉煤灰陶粒混凝土的物理、力学性能（见表 12-10、表 12-11）。C-30 粉煤灰陶粒混凝土的热导率为 0.56～0.69W/(m·K)，比 C-30 普通混凝土要低，因为粉煤灰陶粒的主要成分是 SiO_2 和 Al_2O_3，而且系烧结制品，所以又可以作为耐 1000℃以上的混凝土的骨料。

表 12-10　300～500 级粉煤灰陶粒混凝土性能

性能项目	300 级	400 级	500 级
水泥用量/(kg/m³)	280	380	520
配合比(水泥：水：砂：陶粒)	1：0.708：2.148：2.807	1：0.54：1.318：2.07	1：0.48：0.562：1.51
抗压强度/(kg/m²)	320	433	505
轴压强度/(kg/m²)	245	391	
抗折强度/(kg/m²)	40.0	55.4	
劈拉强度/(kg/m²)	21.3	28.0	
弹性模量/(kg/m²)	$2.105×10^5$	$2.479×10^5$	
干表观密度量(实测)/(kg/cm³)	1730	1760	1750

表 12-11　500～700 级粉煤灰陶粒混凝土性能

性能项目	粉煤灰陶粒混凝土		普通混凝土
	500 级	600 级	700 级
表观密度/(kg/cm³)	1830	1820	2370
抗压强度/(kg/m²)	565	641	613
抗折强度/(kg/m²)	67.4	70.5	65.0
抗拉强度/(kg/m²)	29.4	33.3	31.4
弹性模量/(kg/m²)	$2.481×10^5$	$2.577×10^5$	$(3.65～4.0)×10^5$
收缩量(60d)/(mm/m)	0.494	0.497	
抗冻性 15MR 损失/%	3.75	2.18	
25MR 损失/%	8.32	9.05	
碳化深度(28d)/mm	1.2	表皮碳化	

（三）粉煤灰陶粒技术

1. 焙烧型粉煤灰陶粒

烧结粉煤灰陶粒是以粉煤灰为主要原材料，掺加少量黏结剂如黏土、页岩、煤矸石、固化剂等和固体燃料，经混合、成球、高温焙烧（1200～1300℃）而制得的一种性能较好的人造轻骨料。其用灰量大，还可以充分利用粉煤灰中的热值，当使用的黏土塑性指数在 15％～20％之间时，粉煤灰含量为 85％～90％。

生产工艺一般由原料的磨细处理、混合料加水成球、焙烧等工序制成。烧结通常采用烧结机、回转窑或立波尔窑。其中烧结机烧结技术较好，对原料的适用范围大，生产操作方便，产量高，质量较好，工艺技术成熟。用烧结机生产的粉煤灰陶粒容重一般为 650kg/m³，可以配制 300 号混凝土。含铁比较高的矿物及固体废物皆可以作为陶粒生产中的复合助熔剂。焙烧好的陶粒经破碎筛分分级后，将粒径 0.2mm 的尘粒回收到原材料中重新进行成球烧结，对于提高陶粒的烧结质量和处理自身废物是一项必要的措施，也是晶坯技术在陶粒生产工艺中的具体应用。

（1）烧结机法　只用于原本具有空心或微孔结构的细颗粒制成粗颗粒的生产，主要适于粉煤灰陶粒。该法产量高、成本低、吃灰量大、对原材料要求不严格、机械化程度高，但陶粒表层质量不易控制，设备耗钢多，能耗大，产品质量不如回转窑好。这里主要介绍我国烧结机法生产粉煤灰陶粒工艺和英国莱泰克（LYTAG）技术。

1）我国烧结机法焙烧粉煤灰陶粒技术。烧结粉煤灰陶粒的工艺主要包括原材料处理、配料、混合、成球、干燥、焙烧、筛分等工序，其中成球与焙烧是关键。

天津市硅酸盐制品厂的原材料（质量）配合比（%）为粉煤灰：黏土：无烟煤＝80：15：5，用半干灰成球盘制备生料球，烧结机焙烧陶粒，点火温度控制在 1150～1300℃ 之间，平均垂直焙烧为 20mm/min，陶粒卸料温度为 200～500℃。产品主要为结构保温型粉煤灰陶粒，粒径 5～15mm，筒压强度为 4.5～6.5MPa，堆积密度 630～750kg/m³，吸水率小于 22%。

2）英国"莱泰克"技术。生料球经烧结机焙烧，形成高强度粉煤灰陶粒。原材料全部为粉煤灰，当灰中小于 $45\mu m$ 的颗粒大于 55% 时可以全部利用，否则需经选粉器进行预处理，不需添加任何黏结剂。生产中，细度合格的粉煤灰在混合仓中均化 24h 后，送入混合器。如灰中含碳量不足 5%，需按比例加入细度小于 $150\mu m$ 的煤粉，或者为调整粉煤灰的化学成分需加入定量改性剂，将它们同时输入混合器。混合均匀后的粉煤灰与一定比例的水搅拌，形成生料球核，输入成球机，喷洒适量水，形成合格的料球。料球喂入烧结机焙烧，在 900～1200℃ 焙烧烧成的陶粒通过振动筛分级，不合格颗粒通过锤式破碎机破碎后分选出陶砂，粉料返回原料贮仓。产品粒径 8～14mm，堆积密度 650～750kg/m³，吸水率 14%～16%，筒压强度 7～8MPa，可配制高强度混凝土；其干缩变形、热膨胀系数也显著低于我国指标。大庆油田热电厂根据自身情况，引进莱泰克技术，建成了一条年生产能力 $2.0\times10^5 m^3$ 的生产线。

（2）回转窑法　回转窑法焙烧粉煤灰陶粒在俄罗斯应用最广，年生产能力约 $200\times10^4 m^3$。我国应用此法比较成熟。此法对粉煤灰质量无特殊要求，物料在窑内受热均匀，陶粒质量好。不利方面是生料球强度要求高、热效率低、煤耗大。1997 年建成投产的上海申威粉煤灰陶粒厂年产能力 $1.0\times10^5 m^3$，产品主要为超轻陶粒（堆积密度 300～500kg/m³）和高强陶粒（堆积密度 750～880kg/m³）。

（3）机械化立窑　适合于焙烧烧结粉煤灰陶粒，工艺流程与回转窑相同，产品质量好，热效率高，生产成本低，但对粉煤灰质量要求严格，不利于推广，而且产量低，陶粒易在窑内结烧，影响生产。

2. 养护型粉煤灰陶粒

蒸养粉煤灰陶粒是以电厂干排粉煤灰为主要原料，掺入适量的激发剂（石灰、石膏、水泥等），经加工、制球、自然养护或蒸汽养护而成的球形颗粒产品。与烧结陶粒相比，不用烧结、工艺简单、能耗少、成本低，而且可以解决烧结粉煤灰陶粒散粒的问题，因而具有较强的竞争能力和社会效益。

新制成的陶粒外面裹有一层松散的粉煤灰，避免其在运输和养护过程中发生凝聚，其养护比较简单。通过控制养护条件可以控制陶粒内发生的火山灰反应，以使陶粒硬化。养护条件一般控制在温度 $80 \sim 90^{\circ}C$，湿度 100%、正常大气压。

为解决蒸养陶粒密度高（$800 \sim 850 kg/m^3$）的问题，有研究表明，分别掺加泡沫剂、铝粉或轻质掺和骨料到粉煤灰及胶结料中，经搅拌制成多孔芯材再成球而得陶粒坯体，养护后得陶粒，其自然状态下含水的堆积密度在 $780 kg/m^3$ 左右，绝干状态下堆积密度为 $650 \sim 720 kg/m^3$，筒压强度及吸水率都能达标。

（1）粉煤灰包壳免烧轻质陶粒　为克服传统工艺生产的陶粒或多或少存在能耗高、强度低等缺点，选择利用粒径 $1 \sim 2 mm$ 的膨胀珍珠岩粉或硬质泡沫塑料粒作陶粒的核，以干排粉煤灰、水泥和外加剂为壳对核进行包裹，形成一种壳核结构的粉煤灰免烧轻质陶粒。该产品具有能耗低、容重小、强度高、吸水率小、保温性能好、生产工艺简单等特点，可取代烧结或非烧结粉煤灰陶粒，广泛用于生产新型节能保温建材，以便大大降低墙体自重，大幅提高墙体的保温性能，减少建筑物的能耗。

1）膨胀珍珠岩粉作芯材制作的粉煤灰陶粒。选择粒径 $1 \sim 2 mm$ 的膨胀珍珠岩粉作陶粒的核，干排粉煤灰、水泥和外加剂混合的胶结料为壳对核进行包裹，制成陶粒坯料，最后经养护而成。该产品轻质、高强、吸水率小、保温性能好、生产工艺简单，粉磨与养护是重要环节，最好采用蒸汽养护。

2）硬质泡沫塑料粒为芯材制作的粉煤灰陶粒。将硬质泡沫塑料在高速搅拌机中破碎成粒，与粉煤灰胶结料混合成球，成球过程中喷胶，制成的坯料在太阳能养护棚中养护，最后分级获得成品。产品粒径为 $5 \sim 15 mm$，堆积密度 $650 \sim 750 kg/m^3$，$24h$ 吸水率小于 19%，筒压强度 $4 \sim 5 MPa$。

（2）荷兰"安德粒"技术　该技术是使粉煤灰在蒸汽养护下与石灰混合后制成具有一定凝结硬化能力的粉煤灰陶粒。

1）原料。原料中的粉煤灰含碳量应小于 9%，石灰氧化钙含量不小于 80%。粉煤灰的物理性能为：密度 $2.48 t/m^3$，堆积密度 $900 kg/m^3$。

2）生产工艺。将粉煤灰和消石灰按比例输入混合器先行干混，再喷水混合，然后输入成球盘淋水成球，排出的料球埋置在相当于料球 4 倍的干粉煤灰中，一起送入养护仓，蒸汽养护 $16 \sim 18h$，温度 $80^{\circ}C$，最后将物料分离，料球按设定粒径大小分级。

3）产品质量及应用。产品堆积密度约 $1100 kg/m^3$，筒压强度约 $3 MPa$，耐久性差，主要用于陶粒混凝土空心砌块和低标号无筋混凝土。

（3）双免粉煤灰陶粒　以粉煤灰为主，掺入固化剂、成球剂和水，以强制搅拌、振压成型，自然养护而成。相对于前两种而言，明显具有能耗低、工艺简单、成本低等优点。其主要原理是利用激发剂来激发粉煤灰的活性，使粉煤灰受激发后，形成类似水泥水化产物的水化硅酸钙和钙矾石，即依靠水化产物来获得强度。

3. 全粉煤灰陶粒

全粉煤灰陶粒用羧甲基纤维为黏结剂，取代传统粉煤灰陶粒生产所用的黏土，采用高温快速烧结、快速冷却，使陶粒球外表烧结而内部又未充分燃烧致密或增加可燃物质炭，使陶粒气孔率增加且燃烧均匀。生产全粉煤灰陶粒要有良好的粉煤灰原料，最好有成分和细度均适宜的干粉煤灰固定来源，湿粉煤灰和粗灰应进行脱水和烘干处理，进行磨细或在使用中掺加细粉煤灰，应控制粉煤灰中的 Fe_2O_3 和 SO_3，前者含量应控制在 10% 以下，后者含量按标准要求越低越好。

（四）粉煤灰陶粒的应用

1. 粉煤灰陶粒混凝土

以粉煤灰陶粒代替普通石子配制的轻骨料混凝土，已广泛用于高层建筑、桥梁工程、地下建筑工程等，不仅能降低混凝土的表观密度，而且可以改善混凝土的保温、耐火、抗冻、抗渗等性能。

（1）高强轻集料混凝土　粉煤灰陶粒混凝土的强度通常较大，与其他轻集料相比该陶粒更适于配制高强度轻集料混凝土。我国在永定新河大桥首次使用 CL40 陶粒混凝土代替原设计的混凝土，使桥梁跨度加大、改变立梁结构形式、减小下部结构尺寸，增强了结构的整体性和抗震性，节约工程造价 10% 以上。

（2）粉煤灰陶粒混凝土复合屋面　粉煤灰陶粒混凝土复合屋面和粉煤灰陶粒钢筋混凝土复合屋面可有效解决传统保温屋面渗漏问题，且具有良好的隔热保温性能，构造简单，施工方便。

（3）粉煤灰陶粒混凝土与普通混凝土的对比　粉煤灰陶粒混凝土有利于降低混凝土的表观密度，改善混凝土的保温、耐火、抗渗、抗冻等性能。实验表明，粉煤灰陶粒混凝土的抗震性优于普通混凝土。其原因是减轻了建筑物自重，从而使地震力减小。另外，粉煤灰陶粒混凝土的弹性模量低，加长了建筑物自振周期，也使地震力减小。粉煤灰陶粒混凝土的收缩约为普通混凝土的 1.5 倍；与同强度等级的普通混凝土相比，其徐变应变为前者的 1.56 倍。

2. 粉煤灰陶粒混凝土砌块

粉煤灰陶粒泡沫混凝土承重砌块不但轻质高强，保温性能好，而且收缩性和抗冻性满足国家规范要求，具有显著的技术效益、经济效益和社会效益。

3. 保湿隔热、耐火材料

采用陶粒混凝土制品代替其他耐火材料，其性能好，节能效果好，被广泛用于冶金、建筑、炼油等部门的窑、炉等热工装置。

4. 过滤材料

利用破碎型轻质陶砂的开口孔隙发育和高吸附比表面的特点，在滤水工程中使用效果颇佳，陶粒有吸水不吸油的特点，油田使用它可以除去重油中的水分。

5. 吸声材料

利用陶粒制作的微孔吸声砖，用于控制交响回流时间效果甚好。

6. 农业方面

可作无土栽培的介质或作土壤的调节剂。

三、粉煤灰砌块

粉煤灰砌块指以水泥、粉煤灰、各种轻重集料、水为主要成分（也可加入外加剂）拌和制成的砌块，其中粉煤灰用量不应低于原材料质量的 20％，水泥用量不应低于原材料质量的 10％。

（一）粉煤灰砌块介绍

由于粉煤灰具有火山灰效应，其 CaO 水化后可以生成与水泥相似的硅酸盐、铝酸盐等水化产物，从而产生强度，但是在常温下粉煤灰的火山灰效应发生较缓慢，而采用蒸汽养护则是加速其反应，提高早期强度的常用途径。国际上过去一般均采用高压蒸汽养护的所谓蒸压养护，而根据我国在 20 世纪 50～60 年代时的国情，因需要钢板量甚多的高压釜来养护这种制品无法大量应用，所以我国在 50 年代末选择了一种适合我国国情的蒸养石灰-粉煤灰砌块的方法，即采用常压蒸汽养护的工艺路线，来生产这一类墙体材料。粉煤灰小型空心砌块是以粉煤灰、水泥、各种轻重集料和外加剂为原料制成的小型空心砌块。《粉煤灰混凝土小型空心砌块》（JC/T 862—2000）已于 2000 年 10 月 1 日正式实施，使粉煤灰小型空心砌块正式成为我国混凝土小型空心砌块中除普通混凝土小型空心砌块、轻集料混凝土小型空心砌块、装饰混凝土砌块之外的一个新品种。2008 年又对该标准进行了修订，这将对粉煤灰小型空心砌块的试验研究、生产、应用和发展起到极大的推动作用。由于我国粉煤灰中适合作水泥混合材与混凝土活性掺合料的优质灰较少（Ⅰ级、Ⅱ级灰只占 5％左右），大部分为Ⅲ级灰及等外灰，其活性较低，目前这部分灰利用率最低。因此，充分利用大量堆积的低等级粉煤灰发展粉煤灰小型空心砌块，对于推进墙体材料革新与建筑节能以及治理环境污染具有十分重要的意义。

（二）粉煤灰小型空心砌块的生产

1. 原材料

（1）粉煤灰　粉煤灰在砌块中既是胶凝材料的组分，也起细集料和微集料的作用，干排灰与湿排灰均可使用。为了节约优质灰及降低成本，一般采用低等级粉煤灰，如Ⅲ级灰以及灰渣混排灰。粉煤灰的技术要求应符合《用于水泥和混凝土中的粉煤灰》（GB/T 1596）和《建筑材料放射性核素限量》（GB 6566）的规定，当生产高强度等级粉煤灰小型空心砌块时，为提高强度，可对湿排灰进行预激活处理，即将湿排灰与适量石灰、石膏及外加剂混合陈化一定时间，制成预激活处理粉煤灰，其活性将比原灰提高数倍。

（2）水泥　可采用普通水泥或矿渣水泥，为了在砌块中多掺粉煤灰，一般不宜采用火山灰水泥及粉煤灰水泥。当生产强度等级较低的砌块时，也可采用粉煤灰水泥及复合水泥。

（3）集料　根据粉煤灰小型空心砌块的用途，可采用不同品种的集料，如普通集料的建筑用砂、石，轻集料的建筑用炉渣、钢渣以及膨胀珍珠岩、高炉重矿渣等。由于空心砌块的最小允许肋厚为 20mm，为保证成型，各种集料的最大粒径不应大于 10mm。另外，集料还应符合各自的质量标准。

（4）外加剂　粉煤灰小型空心砌块一般采用活性较低的低等级粉煤灰，通常需加入化学激发剂激发其活性，这是制作粉煤灰小型空心砌块的一个关键技术。化学激发剂能促使粉煤灰玻璃体网络解聚、瓦解，释放出活性的 SiO_2、Al_2O_3，进而与水泥水化析出的 $Ca(OH)_2$ 发生火山灰反应，生成具有一定强度的胶凝物质。粉煤灰常用的化学激发剂有 Na_2SO_4、$CaSO_4$、$Ca(OH)_2$、$NaCl$、Na_2CO_3、$NaOH$、Na_2SiO_3 等，采用何种激发剂应经过试验确定。另外，一般用于普通混凝土的外加剂也均可采用。执行《混凝土外加剂》（GB 8076）国家标准和外加剂应符合《混凝土外加剂》（GB 8076）的要求。

2. 配合比

粉煤灰小型空心砌块各原料的配合比应根据砌块的性能，特别是强度等级，经过专门的设计计算和试配来确定。影响粉煤灰小型空心砌块强度的因素很多，包括粉煤灰的品质与用量、集料的种类与用量、孔洞率、外加剂以及生产工艺等。用于承重墙体的砌块强度等级应不小于 MU7.5。确定原料配合比时，首先应根据砌块用途确定砌块的强度等级，再根据砌块强度（R_{bk}）与混凝土立方体强度（R_h）的关系式：$R_{bk} = (0.9577 - 1.129K)R_h$（式中，$K$ 为砌块空心率）确定粉煤灰混凝土的设计强度，而粉煤灰混凝土的配制强度应比设计强度提高 10%～15%。然后设计计算一系列配比在实验室进行试配，经检验达到配制强度后，提出供现场生产试验用的原料配合比。经现场生产试验与调整，确定最终配合比。产品性能检测应执行国家标准《混凝土小型砌块试验方法》（GB/T 4111）。

（1）非承重粉煤灰小型空心砌块　强度等级 MU2.5～5.0，表观密度在 $800kg/m^3$ 以下，原材料质量参考配比为：粉煤灰 50%～60%，炉渣 25%～35%，水泥 8%～10%，外加剂适量。

（2）承重粉煤灰小型空心砌块　强度等级 MU7.5～10.0，表观密度 $1200kg/m^3$ 以下，原材料质量参考配比为：粉煤灰 50%～60%，石渣 20%～30%，水泥 10%～15%，外加剂适量。

3. 生产工艺

粉煤灰小型空心砌块的生产流程为：分别计量的外加剂与水混均匀后和经计量的粉煤灰、集料、水泥一起搅拌、成型，经养护、检验、成品堆放、出厂。由于粉煤灰的表观密度小，单位质量体积大，颗粒较细，试验表明，采用普通混凝土小型空心砌块的生产工艺制作粉煤灰小型空心砌块是不可取的，易造成物料搅拌时成球、料仓卸料困难、物料成型的压缩比大，以及排气不好，产生裂纹、掉角等。为此，针对上述问题研究了适合粉煤灰小型空心砌块特性的生产工艺，并对生产设备做了适当改进。

（1）搅拌　生产实践中发现，采用强制式搅拌机搅拌，粉煤灰小型空心砌块的拌合物易成球，不易搅拌均匀，直接影响砌块的成型质量与强度；而采用轮碾式搅拌机拌和，可解决搅拌中物料成球的问题。轮碾机兼具疏解、碾压粉碎与搅拌混合三大功能，可大大提高原料混合的均匀性及成型质量，减少砌块强度的离散性。并且经过碾压后，粉煤灰表面致密的玻璃微珠结构有一定程度的破坏，有利于其活性的激发。

（2）成型　由于粉煤灰小型空心砌块拌合物黏滞性较大、流动性差，成型过程中卸料、布料困难，脱模时易形成真空，砌块的壁肋有被拉裂、破损的可能，因此要注意解决下料、排气问题。另外，由于物料的压缩比大，模箱高度要适当增加。目前，我国的砌块设备制造厂家已研究出解决这些问题的措施，对砌块成型机进行了改进，效果较好。为避免粉煤灰掺量大于60%时物料在料仓易结饼，不易下料的现象，可通过调整颗粒级配，加入炉渣、粗砂、碎石（瓜子片）等骨料来解决，加骨料后还可改善砌块的成型质量。由于采用加压振动成型，对掺合料加水量的控制要求较高：加水量不足，振捣不易密实，制品容易产生裂缝，粉煤灰也得不到充分水化；加水量过多，则会导致制品粘模、变形、泡浆、缝漏等，更严重的是制品强度降低，几何尺寸不合格。合适的物料含水率是确保制品外观质量良好和成品率高的必要条件。影响掺合料含水率的因素较多，应及时测定其中各组分的含水率，调整加水量。

（3）养护　可采用自然养护与蒸汽养护两种方式。粉煤灰小型空心砌块的强度发展对温度比较敏感，气温高时强度发展较快，气温低时发展缓慢。南方炎热地区宜采用自然养护以节省能源，寒冷地区宜采用蒸汽养护。当采用自然养护时，成型后的砌块连同托板一起平稳放入场地，表面覆盖塑料膜，保温保湿养护，以提高早期强度。静养 1d 后，进行码垛覆盖喷水养护；也可利用太阳能养护（如放入塑料大棚养护）。每日浇水次数应视气候、季节而定，以保持潮湿状态为度，为水泥的水化反应及粉煤灰的火山灰反应的正常进行创造外部条件。养护 2 周左右后可去掉表面覆盖物，自然养护至 28d。冬季生产要采取保温措施或促进砌块硬化的技术手段（如掺早强剂等）。由于粉煤灰小型空心砌块的早期强度较低，搬运的环节多了，容易使砌块损伤、缺棱掉角，因此有条件的地方最好采用蒸汽养护。

（4）成品堆放与检验　砌块应按强度等级、质量等级分别堆放，并加以标明。堆放场地应平整，堆放高度不宜超过 1.6m，堆垛之间保持适当通道，应有防雨措施，防止砌块上墙时因含水率过大而导致墙体开裂。砌块经检验合格后方可出厂。

4. 产品性能

表 12-12 列出了部分单位研制与生产的粉煤灰小型空心砌块的原材料配合比及有关性能。由表 12-12 可见，粉煤灰小型空心砌块的表观密度较小，抗压强度较高，吸水率小于 22%，软化系数不小于 0.75，抗冻性合格，符合《轻集料混凝土小型空心砌块》（GB 15229）的要求。干燥收缩率未超过 0.06%，与蒸汽加压混凝土砌块、粉煤灰砖、粉煤灰砌块等建材产品相比是较小的。另外，其热导率比普通黏土砖的热导率 [0.78W/(m·K)] 小，说明其保温隔热性较好。

表 12-12　部分粉煤灰小型空心砌块的原材料配合比及有关性能

砌块类别	原料配比					空心率/%	表观密度/(kg/m³)	抗压强度/MPa	吸水率/%	软化系数	碳化系数	热导率/[W/(m·K)]	干缩率/%	抗冻性(D₁₅)
	序号	粉煤灰	集料	水泥	外加剂									
非承重砌块	1	68	15	12	5	27.8	969	3.6	21.6	>0.75		0.50		达 D_{25}
	2	70	20	10	0.2	50.0	800	>3.5	18.5	0.83	0.90		0.050	合格
	3	60	28	12		46.6	867	6.0	7.9	0.95	0.95			合格
	4	85		15		44.0	663	3.3	13.2	0.98			0.043	
承重砌块	1	35	45	15	5	30.3	1112	8.3	19.0	>0.75	0.80	0.545	0.035	达 D_{30}
	2	56	20	适量			840	12.8		0.95	0.90	0.177	0.065	合格
	3	65	20	15	0.2	>38.0	1200	11.2	18.0	0.88	0.87	0.470	0.050	合格

（1）强度　挤压强度有不同要求，其表观密度在 1500～1700kg/m³ 范围内时，为 10～20MPa，棱柱体强度为挤压强度的 80%～95%，弹性模量为 (1.0～2.2)×10⁴。

（2）隔热保温性能　见表 12-13。

表 12-13　粉煤灰砌块的隔热保温性能

性　　能		粉煤灰砌块	砖墙
热阻/(m² · K/W)	R	0.543	0.347
	R_0	0.700	0.504
总热导率/[W/(m · K)]		1.429	1.984

(3) 碳化性能　根据大量的研究证明，粉煤灰砌块的碳化性能主要取决于有效 CaO 的含量。如果有效 CaO 含量大于 15%，则其长期强度不会有明显的下降。相反如果低于此值，那么其长期强度会有所下降，甚至有疏松裂缝等现象发生。

(4) 抗冻性　抗冻性与砌块的用水量和养护时的温度有密切关系。如人们所知，抗冻性即抵抗水胀能力，因此用水太大，硬化后孔隙增大或者本身强度不够，或生成物未完成，对于抗冻性自然有很大的影响。表 12-14 列出了用水量的影响。而表 12-15 列出了养护温度的影响。

表 12-14　粉煤灰砌块的用水量对抗冻性影响

砌块中总的用水量/%	30	42	15 次冻融循环后的强度/MPa	14.1	4.9
砌块成型时工作温度/℃	24	0	强度折减率/%	11.3	65.0
标准试件抗压强度/MPa	15.9	13.9			

表 12-15　粉煤灰砌块养护温度对抗冻性影响

养护温度/℃	70	80	90	100
试件强度/MPa	12.8	14.3	16.4	20.1
15 次冻融循环后的强度/MPa	6.0	11.0	12.3	17.6
强度折减率/%	53.0	23.0	26.0	12.0

（三）建筑应用效果

目前，粉煤灰小型空心砌块已在全国许多城市的一些试点建筑中得到应用，使用效果较好。据有关部门测算，与实心黏土砖相比，采用粉煤灰小型空心砌块作墙体材料可降低墙体自重约 1/3，提高建筑物的抗震性，建筑物基础工程造价可降低约 10%；施工工效提高 3～4 倍，砌筑砂浆的用量可节约 60% 以上；增加建筑使用面积，提高建筑物使用系数 4%～6%，建筑总造价可降低 3%～10%；墙体热绝缘系数可达到 0.346m² · K/W，建筑物保温效果提高 30%～50%，可节约建筑能耗。另外，它还具有隔声、抗渗、节能、方便装修、利废、环保等优点，经济效益、环境效益和社会效益均十分明显。

四、粉煤灰水泥

1. 粉煤灰水泥概述

国家标准 GB 1344—1999 中把粉煤灰水泥定义为："凡由硅酸盐水泥熟料和粉煤灰、适量石膏磨细制成的水硬性胶凝材料称为粉煤灰硅酸盐水泥（简称粉煤灰水泥），代号 P·F"；2007 年该标准已经被 GB 175—2007 所代替。粉煤灰水泥分为 32.5、32.5R、42.5、42.5R、52.5、52.5R 六个等级。国标中规定了"水泥中粉煤灰掺加量按质量百分比计为 20%～40%"，同时规定了粉煤灰水泥的以下技术性能指标。

(1) 氧化镁　水泥中氧化镁的含量（质量分数）不得超过 6.0%。

（2）三氧化硫　粉煤灰水泥中三氧化硫含量（质量分数）不得超过 3.5%。

（3）细度　80pm 方孔筛筛余量不得大于 10.0% 或 45μm 方孔筛筛余不大于 30.0%。

（4）凝结时间　初凝不小于 45min，终凝不大于 600min。

（5）安定性　用沸煮法检验必须合格。

（6）强度　各龄期强度不得低于表 12-16 中的数值。

表 12-16　粉煤灰水泥各龄期强度要求

水泥标号	抗压强度/MPa		抗折强度/MPa	
	3d	28d	3d	28d
32.5	≥10.0	≥32.5	≥2.5	≥5.5
32.5R	≥15.0		≥3.5	
42.5	≥15.0	≥42.5	≥3.5	≥6.5
42.5R	≥19.0		≥4.0	
52.5	≥21.0	≥52.5	≥4.0	≥7.0
52.5R	≥23.0		≥4.5	

目前国内除用粉煤灰作混合材料生产水泥外，还利用粉煤灰代替黏土配料烧制熟料，用粉煤灰作混合材料生产"双掺"水泥，或用粉煤灰生产彩色水泥、少熟料水泥、无熟料水泥等。

利用粉煤灰生产水泥以上海、江苏等厂家的生产历史最长，产量也较高。粉煤灰水泥同其他品种的水泥一样有自己的优点和缺点。其适用范围也因施工工程的要求不同而有所限制。粉煤灰水泥的优缺点及适用范围见表 12-17、表 12-18。

表 12-17　粉煤灰水泥的优点及适用范围

优　点	适　用　范　围
对硫酸盐类浸蚀的抵抗能力及抗水性较好	一般民用和工业建筑工程
水化热低	水工大体积混凝土
干缩性较好	用蒸汽养护的构件
耐热性好	混凝土
后期强度增进率较大	钢筋混凝土的地下及水中结构

表 12-18　粉煤灰水泥的缺点及不适用的工程

缺　点	不适用的工程
抗冻性较差	受冻工程和有水位升降的混凝土工程
抗碳化性能较差	气候干燥和气温较高地区的混凝土，要求抗碳化的工程

粉煤灰水泥的强度（特别是早期强度）随粉煤灰的掺入量增加而下降。当粉煤灰加入量小于 25% 时，强度下降幅度较小；当加入量超过 30% 时，强度下降幅度增大。粉煤灰掺入量对水泥强度的影响见表 12-19。

表 12-19　粉煤灰的掺入量对水泥强度的影响

粉煤灰掺入量/%	45μm 方孔筛筛余/%	抗折强度/MPa			抗压强度/MPa		
		3d	7d	28d	3d	7d	28d
0	6.0	6.3	7.0	7.2	32.0	41.5	55.5
25	5.6	4.7	6.5	6.5	23.1	29.1	44.0
35	5.6	4.2	6.4	6.5	18.5	24.9	42.2

粉煤灰水泥虽早期强度较低，但后期强度较高，而且可以超过硅酸盐水泥。粉煤灰水泥

和硅酸盐水泥强度比较见表12-20。

表 12-20　粉煤灰水泥和硅酸盐水泥强度比较

水泥品种	抗压强度/MPa					
	3d	7d	28d	3个月	6个月	1年
硅酸盐水泥	29.8	38.1	46.5	53.8	57.0	55.2
粉煤灰水泥	16.4	23.5	37.3	52.3	65.7	66.5

为了弥补粉煤灰水泥早期强度低的缺点，上海、江苏等厂家生产以粉煤灰、矿渣为混合材的"双掺"水泥。这种水泥既具有粉煤灰水泥的优点，又具有矿渣水泥的优点，而且水泥早期强度的下降幅度减小（见表12-21）。此外，还有很多厂家利用粉煤灰代替黏土配料，同时引进石膏、萤石复合矿化剂，使水泥熟料中形成含硫铝酸钙（C_4A_3S）和氟铝酸钙（$C_{11}A_7 \cdot CaF_2$）的早强矿物，克服了粉煤灰水泥早期强度低等缺点。

表 12-21　粉煤灰水泥中掺入部分矿渣后的强度

粉煤灰掺入量 /%	矿渣加入量 /%	45μm 方孔筛筛余量 /%	抗压强度/MPa		
			3d	7d	28d
0	0	2.9	36.1	48.6	56.4
40	0	5.1	11.6	18.1	31.2
35	10	3.8	12.8	20.2	37.8
30	15	5.2	12.4	22.6	40.4

2. 原材料及技术要求

粉煤灰水泥生产所用原材料有主要原料和辅助材料两大类：主要原料是石灰质原料和粉煤灰，这两种原料占水泥总料的 92%～95%；辅助材料有铁粉、石膏、萤石等，占总料的 5%～8%。辅助材料虽数量少，但起的作用不小。现以机立窑生产工艺为主，对生产粉煤灰水泥所用原材料做一介绍。

（1）主要原料

1）石灰质原料。粉煤灰水泥生产中，常用的石灰质原料是石灰石，它的主要成分是碳酸钙。对石灰质原料的技术要求见表12-22。石灰石的二级品和泥灰岩在一般情况下均需与石灰石一级品搭配使用。搭配后的氧化钙含量要达到 48%；SiO_2、Al_2O_3、Fe_2O_3 的含量应满足熟料的配料要求。

表 12-22　石灰质原料的技术指标　　　　　　　　单位：%

品位	CaO	MgO	R_2O	SO_3	燧石或石英
一级品石灰石	>48	<2.0	<1.0	<1.0	<4.0
二级品石灰石	45～48	<2.5	<1.0	<1.0	<4.0
泥灰石	35～45	<3.0	<1.0	<1.0	<4.0

2）粉煤灰。由于各电厂所用煤的品种不同，各地粉煤灰的化学成分有较大差别，特别是矸石电厂、化工厂等排放的粉煤灰。一般对代黏土配料粉煤灰的技术要求是：烧失量 <15%，SiO_2>45%，Al_2O_3<35%，MgO<2%，SO_3<3%，R_2O<2.5%。

用作混合材的粉煤灰要求含碳量低、活性高，国标标准 GB 1596—91 对用作水泥混合材的粉煤灰的品质标准的技术规定是：烧失量不得超过 8%；含水量不得超过 1%；三氧化硫含量不得超过 3%，水泥胶砂 28d 抗压强度比不得低于 62%。

（2）辅助材料

1）石膏在水泥生产中作用：一是作矿化剂；二是作缓凝剂。用作矿化剂的石膏可使用工业废渣氟石膏和磷石膏，要求 SO_3 含量大于 35%。用作缓凝剂的石膏要求使用天然石膏 $CaSO_4 \cdot 2H_2O$，除调节水泥的凝结时间外，还能提高水泥的强度。石膏加入量一般为 3%～5%，以水泥中总的 SO_3 含量不超过 3.5% 来控制最大掺入量。

2）萤石。采用粉煤灰配料时，生料中 Al_2O_3 含量高，萤石能与铅酸盐矿物形成氟铝酸钙 $C_{11}A_7 \cdot CaF_2$，降低烧成温度，改善烧成条件，有利于提高水泥的早期强度。用作矿化剂的萤石，除用 CaF_2 含量较高的矿石外，还可采用 CaF_2 含量略低，SiO_2 含量高的萤石尾矿。这样萤石既作矿化剂，又作硅质校正材料，有利于高铝粉煤灰的配料。

3）铁质校正材料。铁质校正材料用于补充生料中的 Fe_2O_3 含量的不足。一般含 Fe_2O_3 较高的矿石或废渣，都可作铁质原料，最常用的是硫铁矿渣（硫酸厂的废渣），铁矿石或炼铁厂的尾矿都可作为铁质原料。其他含 Fe_2O_3 的工业废渣，只要 Fe_2O_3 含量大于 40% 也可用作铁质原料。

3. 原料中有各成分的限制

（1）对氧化镁含量的要求　水泥中的氧化镁含量过高将影响水泥的安定性。原料中的氧化镁经高温煅烧后，除部分存在于固体中外，大部分仍处于游离状态，以方镁石晶体存在。这种晶体水化速度缓慢，生成的氢氧化镁能在硬化后（甚至 1～2 年后）的混凝土中发生体积膨胀，从而造成建筑物崩溃。因此，要求原料中氧化镁含量在 3% 以下。

（2）对碱含量的要求　碱含量主要指氧化钾和氧化钠的含量。当原料中含碱量高时，对水泥窑的正常生产和熟料质量会带来不利的影响，如易使料发黏、煅烧操作困难，熟料中游离氧化钙增加、水泥凝结时间不正常等。因此，要求原料中的碱含量少于 4%。

（3）对燧石或石英的要求　燧石主要来源于石灰石，燧石以隐晶的 α-石英为主要矿物，石灰石中燧石含量一般应控制在 4% 以下，如超过此限，磨机和窑的产量会相应降低。

（4）对五氧化二磷含量的要求　水泥生料中如果有少量的五氧化二磷对水泥有益，可以提高水泥的强度；但如超过 1%，熟料的强度便显著下降。所以对原料，特别是使用工业废渣配料时，要对五氧化二磷的含量予以限制。

（5）对氧化钛含量的要求　水泥熟料中含有适量的氧化钛（0.5%～1.0%）时，对水泥硬化过程有利，但如超过 3%，水泥强度就会降低，如果含量继续增加水泥就会溃裂。所以，原料中的氧化钛含量应控制在 2% 以下。

4. 熟料的矿物组成与率值选择

（1）矿物组成　以粉煤灰代黏土配料并使用石膏、萤石复合矿化剂烧成的水泥熟料，矿物组成是很复杂的，是一种多矿物及玻璃体组成的集合体。在水化过程中，各种矿物彼此会互相影响，而某些含量少的矿物，有些影响却很大。粉煤灰硅酸盐水泥熟料有以下几种矿物。

1）硅酸三钙与 A 矿（阿利特）。纯的硅酸三钙分子式为 $3CaO \cdot SiO_2$（缩写为 C_3S），晶体无色，相对密度为 1.15，熔融温度为 2150℃。它是硅酸盐熟料中的主要矿物，含量通常在 50%～60% 之间。水泥熟料中的硅酸三钙并不以纯的硅酸三钙存在，而是在硅酸三钙中含有少量其他氧化物，如 Al_2O_3、MgO、Fe_2O_3、K_2O、Na_2O 等。含有少量氧化物的硅酸三钙通常称为 A 矿。

2）硅酸二钙与 B 矿（贝利特）。纯的硅酸二钙分子式为 $2CaO \cdot SiO_2$（缩写为 C_2S），它是熟料中的另一种重要矿物。当采用粉煤灰代黏土配料并引进石膏、萤石复合矿化剂后，通常熟料中的 C_2S 含量在 10％左右。硅酸二钙也不以纯的形式存在，而是与 MgO、Al_2O_3、Fe_2O_3 等氧化物形成固溶矿物，通常称为 B 矿。纯的硅酸二钙有 α、α′、β、γ 四种晶形，但在实际生产的熟料中，C_2S 一般以 β-C_2S 存在。

3）铁铝酸钙与 C 矿（才利特）。硅酸盐水泥熟料中，含铁矿物是铁铝酸四钙分子式为 $4CaO \cdot Al_2O_3 \cdot Fe_2O_3$（缩写为 C_4AF），亦称 C 矿或才利特，含量 8％～10％。C 矿硬化较慢，后期强度较高，水化热较低，具有弹性。抗冲击力强，抗硫酸盐腐蚀性能较好，但含 C_4AF 的慢冷熟料非常难磨。

4）铝酸钙。在普通硅酸盐水泥熟料中，铝酸钙分子式为 $3CaO \cdot Al_2O_3$（缩写为 C_3A），含量为 7％～15％，但采用粉煤灰代黏土配料并引进石膏、萤石复合矿化剂后，熟料中的 C_3A 含量大大减少，有时甚至不存在。

C_3A 水化硬化非常迅速，它的强度在 3d 之内就能充分发挥出来，所以早期强度较高，但强度绝对值较小，且后期强度不再增长，甚至反而降低，水化时能放出大量水化热，干缩变形较大，抗硫酸盐腐蚀能力较差。

5）硫铝酸钙与氟铝酸钙。在粉煤灰代黏土配料中，引进石膏、萤石复合矿化剂可形成硫铝酸钙（C_4A_3S）与氟铝酸钙（$C_{11}A_7 \cdot CaF_2$）两种矿物。这两种矿物的生成使熟料中的 C_3A 大量降低。C_4A_3S 和 $C_{11}A_7 \cdot CaF_2$ 是早期强度高的矿物，它们在熟料中的总量约占 10％～15％。同时石膏和萤石的主要作用是促进 C_3S 大量生成，并使游离氧化钙（f-CaO）迅速降低，大大地提高了熟料质量。

6）熟料中的有害元素。水泥熟料中的有害元素主要为方镁石和游离氧化钙。方镁石（MgO）由于与 SiO_2、Al_2O_3、Fe_2O_3 的化学亲和力很小，在熟料煅烧过程中一般不参加化学反应，它可能以三种形式存在于熟料中：①溶解于 C_4AF、C_3S 中形成固溶体；②溶于玻璃体中；③以游离状态的方镁石（即结晶状态 MgO）存在于熟料中。

经研究证明，MgO 以前两种状态存在于熟料中时，对水泥石没有破坏作用。以游离状态存在于水泥熟料中时，由于方镁石水化速度非常慢，要等到水泥硬化后它才开始水化，水化后体积增大从而引起水泥破坏。

游离氧化钙通常是指未化合完全而成死烧状态的氧化钙。由于熟料慢冷，在还原气氛下使 C_3S 分解出氧化钙；熟料中的碱取代 C_2S、C_3S 和 C_3A 中的氧化钙，而形成二次游离氧化钙等。由于游离氧化钙水化速度很慢，在水泥硬化后，游离氧化钙才开始水化而产生破坏作用，致使水泥制品强度下降、开裂，甚至整个水泥制件崩溃。

7）其他物质。粉煤灰水泥熟料中，除以上矿物外，还有很多中间物质及玻璃体，还可能存在少量的游离二氧化硅；在碱含量较高的熟料中，还可能含有 K_2SO_4、Na_2SO_4 等；在慢冷熟料中还可能出现 γ-C_2S；在贮存较久的熟料中，由于空气的水汽和 CO_2 作用，还可能生成氢氧化钙、碳酸钙及水化铝酸钙。

（2）粉煤灰水泥熟料的率值选择　硅酸盐水泥熟料中各种氧化物并不是以单独的状态存在，而是以 2 种或 2 种以上的氧化物结合成化合物（通常称为矿物）存在。因此在粉煤灰水泥生产过程中控制各氧化物之间的比例比控制各氧化物的含量更为重要，更能表示出水泥的性质及对煅烧的影响。率值就是用来表示水泥熟料中各氧化物之间相对含量的系数。通常生产中控制熟料化学成分所采用的率值有石灰饱和系数、硅率及铁率。

1) 石灰饱和系数（KH）。其表示氧化硅被氧化钙饱和成硅酸三钙的程度，KH高，则 A 矿含量多，熟料质量（主要表现为强度）好，故提高 KH 值有助于提高水泥质量。当熟料中的 SiO_2 全部被 CaO 饱和时，KH=1。但 KH 值高，熟料煅烧过程困难，保温时间长，同时窑的产量低、热耗高，密封工作条件恶化。因此在生产中确定 KH 值时，应从全面考虑，如生料质量、燃料质量、煅烧温度、保温时间等，选择适当的数值，以实现熟料质量好，游离氧化钙低，煅烧容易。

石灰饱和系数与熟料矿物组成之间的计算公式如下：

$$KH = \frac{C_3S + 0.8838C_2S}{C_3S + 1.3256C_2S}$$

粉煤灰代黏土配料并引进石膏、萤石复合矿化剂后，通常采用较高的石灰饱和系数，一般控制在 0.92～0.96，因为在煅烧含复合矿化剂的硅酸盐水泥熟料时，化合物的形成过程中放出一定量的氧化钙，这种新生的氧化钙具有很高的化学活性，易于参加化学反应，所以当 KH 接近 1 时，熟料中的氧化钙仍不太高，烧出的熟料质量良好；相反，当 KH＜0.92 时，由于使用了复合矿化剂，熟料易烧性好，液相量增多，熟料易结大块，窑内流体阻力加大，影响通风，游离氧化钙反应偏高，熟料强度也偏低。

2) 硅率（或称硅酸率，n）。其表示熟料中氧化硅含量与氧化铝、氧化铁之和的质量比，也表示熟料中硅酸盐矿物（$C_3S + C_2S$）与溶剂矿物（$C_3A + C_4AF$）的相对含量。当 n 大时，硅酸盐矿物含量多，熔剂矿物含量少，熟料质量高，但煅烧困难。反之，则熔剂矿物含量相对增多，生成较多液相，使煅烧易进行。但液相太多，使熟料中硅酸盐矿物减少而影响水泥强度。硅率与熟料矿物组成之间的计算公式如下：

$$n = \frac{C_3S + 1.325C_2S}{1.434C_3A + 2.046C_4AF}$$

使用粉煤灰代黏土配料，硅率一般采用 1.4～1.6。

3) 铁率（或称铝氧率，p）。其表示熟料中氧化铝和氧化铁含量的质量比，也表示熟料熔剂矿物中铝酸三钙与铁铝酸四钙的比例。p 值大小，一方面关系到熟料水化速度的快慢；另一方面又关系到熟料液相的黏度。p 值增大，液相黏度增大，不利于 C_3S 的形成，而适量降低 p 值会使熟料易烧些，但 Fe_2O_3 超过一定数量（如 $Fe_2O_3＞5.5\%$）使 p 值过低时也会造成煅烧困难。铁率与熟料矿物组成之间的计算公式如下：

$$p = \frac{1.15C_3A}{C_4AF} + 0.64$$

通常，粉煤灰硅酸盐水泥熟料铁率采用 1.2～1.8。

5. 粉煤灰水泥的配合比

根据各种原料的化学成分，按一定的比例配合，以达到烧制熟料所必需的生料成分称配料。生料配料是为了确定原料各组分——石灰质、硅质和辅助原料的数量比例，以保证得到成分和质量合乎要求的水泥熟料。因此生料配料是水泥生产必不可少的重要环节，在进行配料设计时，应考虑以下问题。

（1）原料的可能性 选择生产原料必须根据原料的资源情况、物理性质、化学成分及有害成分的含量，决定是否可以使用或将不同品种进行搭配。

粉煤灰中一般硅低铝高，所以在选择石灰石、铁粉、矿化剂等原料时，应尽量选用硅高铝低的原料。一般粉煤灰代黏土配料，并使用石膏、萤石复合矿化剂时应配制较高的石灰饱和系数。但当原料中含碱量较高时，石灰饱和系数亦不能配得太高。

（2）燃料质量　当燃料较差、灰多、发热量低时，一般烧成温度都较低，则熟料的石灰饱和系数不宜选择过高；反之，则可配制高饱和比。

（3）生产设备的操作条件　在配料时，要考虑到磨机的能力、磨料的细度和窑的热工性能，以及人员的技术及经济操作水平等。

（4）配料要求　在考虑上述条件的基础上，配料方案应满足的要求是：①保证获得特定要求的高质量熟料；②要求熟料在烧制过程中化学反应完全，且易于控制，易于操作，如不炼窑、不结大块、不塌窑、燃料消耗低等。

配料的目的是为烧制水泥熟料提供高强、易烧、易磨的生料，以达到优质、高产、低消耗和设备长期安全运转的目的。配料计算的依据是物料平衡。任何化学反应的物料平衡是：反应物的量应等于生成物的量。生料配料计算方法繁多，有代数法、图解法、尝试误差法、矿物组成法、最小二乘法等，受篇幅限制，本书不再赘述，可参考《水泥工艺学》等书。

6. 粉煤灰特种水泥介绍

粉煤灰除作为水泥工业的原料代替黏土和作混合材生产粉煤灰硅酸盐水泥外，根据其物理化学特性和加入不同的外加剂，采用不同的工艺方法，还可生产出具有特殊性能的水泥（简称粉煤灰特种水泥）。用粉煤灰生产特种水泥，生产工艺简单，产品成本低，性能可靠，综合效益较好。下面就目前我国试制和生产的粉煤灰特种水泥进行简单介绍。

（1）粉煤灰早强型水泥　生产粉煤灰早强型水泥可使用石膏、萤石复合矿化剂，用粉煤灰代黏土烧制成熟料或用脱碳后的粉煤灰作混合材生产早强型粉煤灰硅酸盐水泥，产品的各项性能均达到或超过国家 425R 型水泥标准。这种水泥的主要矿物是 C_3S 和 C_4A_3S 及 $C_{11}A_7$·CaF_2，并有部分 C_2S，而 C_3A 则大量消失甚至一点没有。由于 C_3S 的含量高达 60%，并且晶体发育良好，所以产品的早期强度较高，后期强度稳定，是一种性能优良的水泥。

生产粉煤灰早强型水泥的工艺过程同生产普通水泥一样，只需改变配料和部分工艺参数。粉煤灰代黏土配料加入量在 20% 左右，作混合材生产 425R 水泥加入量在 20% 左右。由于使用粉煤灰作混合材和代黏土原料，粉煤灰起了助磨剂的作用，使生料磨和水泥磨的产量提高，电耗降低，综合能耗降低，生产成本比普通水泥低。粉煤灰水泥在正常烧制中底火稳定，易于操作和控制，有较好的适应性。

粉煤灰早强型水泥用于工程中可加快施工进度，提高工程质量，降低工程造价；用于构件制作中可加快模具周转；用蒸汽养护时可降低蒸汽消耗。

（2）硅硫酸盐粉煤灰水泥　硅硫酸盐粉煤灰水泥的生产工艺特点是：将粉煤灰、石灰石、石膏及萤石等原料按一定比例配料，压制成砖，用烧制普通黏土砖的轮窑生产线进行烧制，出窑冷却后粉磨成水泥。这种水泥的粉煤灰掺入量可达到 40%，主要矿物是 C_3S、C_2S、C_4A_3S 等，因而具有早强特点。生产硅硫酸盐粉煤灰水泥要掌握好烧成温度，避免还原气氛，并尽可能加快熟料的冷却速度，防止 $\gamma\text{-}C_2S$ 的生成，避免物料粉化。

（3）粉煤灰砌筑水泥　目前我国水泥标准中虽规定了 275 号低标号水泥，但很少有厂家生产，一般水泥厂大都生产 325 号以上水泥。实际工程中的砌筑砂浆多为 25 号和 50 号，有时用 75 号和 100 号，因而建筑工程中普遍存在用高标号水泥配制低标号砂浆的现象。为了达到砂浆标号，就要加大砂率而少用水泥，因而经常出现砂浆和易性不良等问题，所以发展粉煤灰砌筑水泥非常必要。粉煤灰砌筑水泥又分粉煤灰无熟料水泥、粉煤灰少熟料水泥和纯粉煤灰水泥。近年来出现的磨细双灰粉，实际上也属于粉煤灰砌筑水泥的一种。

1）粉煤灰无熟料水泥。其是以粉煤灰为主要原料（65%～70%），配以适量的石灰（25%～30%）、石膏（3%～5%），有时加入部分化学外加剂或矿渣等，共同磨细制成的水硬性胶凝材料（粉磨细度一般要求控制在 $80\mu m$ 方孔筛筛余量在 5%～7% 之间）。生产这种水泥不需要煅烧用的窑炉，生产方法简单，投资少，成本低，生产规模可大可小。生产的水泥标号可达 225～275 号，可用来配制 25～50 号砂浆，也可用于生产蒸汽养护的非承重构件。

2）粉煤灰少熟料水泥。与粉煤灰无熟料水泥生产工艺大致相同，粉煤灰少熟料水泥也是以粉煤灰为主要原料（65%～70%），加少部分熟料（25%～30%）、石膏（3%～5%），有时也加入部分石灰或部分矿渣，磨制而成的水硬性凝胶材料（粉磨细度一般控制在 $80\mu m$ 方孔筛筛余不大于 7%）。由于用熟料代替了无熟料水泥中的石灰，水化产物与无熟料水泥不同，凝结硬化规律也不一样。粉煤灰少熟料水泥标号一般可达 275～325 号，可用来配制 25 号、50 号、70 号、100 号砂浆及低标号（200 号以下）混凝土构件。

粉煤灰无熟料水泥和粉煤灰少熟料水泥都要求使用干排灰，含碳量低于 8% 的活性高的粉煤灰。石灰最好采用新烧制的，新烧制的石灰有效 CaO 含量高。石膏可用二水石膏，也可用半水石膏或煅烧石膏，不可使用含 SO_3 较高的工业下脚料代替。少熟料水泥所用熟料应尽量采用质量较好的熟料，且希望 C_3S、C_3A 含量高一些，以确保水泥性能，并获得较高的早期强度。

3）纯粉煤灰水泥。其是指火力发电厂燃料煤中 CaO 含量较高，或采用炉内增钙的方法在磨煤粉的同时加入一定量的石灰石或石灰，混合磨细后进入锅炉内燃烧，在高温条件下，部分石灰与煤粉中的硅、铝、铁等氧化物发生化学反应，生成硅酸盐、铝酸盐等矿物。收集下来的粉煤灰具有较好的水硬性，再加入少量石膏作激发剂共同磨细后可制成的水硬性凝胶材料，称为纯粉煤灰水泥。

由于炉内增钙会影响锅炉的正常煅烧，所以除燃料煤中含 CaO 较高时可利用其粉煤灰生产纯粉煤灰水泥外，一般不提倡用炉内增钙的方法生产纯粉煤灰水泥。

4）磨细双灰粉。其是将粉煤灰和石灰按一定比例磨细后制成的水硬性胶凝材料，一般用于砌筑砂浆和装修用灰等。根据不同的要求，采用不同的配比。

（4）低温合成粉煤灰水泥　低温合成粉煤灰水泥所用的原料是粉煤灰和生石灰（要求生石灰有效氧化钙含量在 70% 以上）。这种水泥粉煤灰利用率可达 70%，而且干灰、湿灰都能利用。石灰用量为 25%～30%，并加入部分外加剂。如石膏、晶种等（晶种可采用蒸养粉煤灰硅酸盐碎砖或低温合成水泥生产中的蒸养料）。将石灰与少量外加剂混合粉磨后与一定比例的粉煤灰混合均匀压制成型，先经蒸汽养护再低温煅烧（烧成温度 700～850℃），冷却后磨制成水泥。低温合成粉煤灰水泥标号可达 325 号，具有早期强度较好、水化热低等特点。水泥中的 C_2S 与高温合成的 β-C_2S 相比，其晶体细小，并且无一定形状，化学活性高，易于水化，机械强度高，因低温煅烧无死烧游离 CaO，故安定性好。低温合成粉煤灰水泥强度发挥较快，常压蒸养或高压蒸养强度均增大，但 6 个月后很少增长。冬季在 5℃ 以上也能正常施工，并且具有很好的抗硫酸盐性能。

（5）粉煤灰彩色水泥 粉煤灰彩色水泥是以低温合成粉煤灰水泥为基料（由于采用了一定的制作工艺，低温合成粉煤灰水泥具有一定的白度），掺入颜料而制成的。这种方法生产的水泥颜色美观，是一种物美价廉的中、低档墙面装饰材料。

（6）粉煤灰喷射水泥 喷射水泥主要用于各种坑道、隧道、地下防空工程、水利水电地下工程等锚喷支护方面。粉煤灰喷射水泥是利用低温合成粉煤灰水泥为主要成分，外掺约30%的硅酸盐水泥熟料，或掺入40%的普通硅酸盐水泥和适量的煅烧石膏共同粉磨制成的。粉煤灰喷射水泥的净浆强度为：4h 10MPa，3d 25.3MPa，7d 29.9MPa，28d 52.7MPa，3个月 58.9MPa，6个月 66.2MPa。

第三节 粉煤灰在化学工业中的应用

粉煤灰是一种主要含有硅、铝化学成分的特殊资源，因其特有的物理性质，而被用于化学工业中；从粉煤灰中可提取铝、锗、金等金属；改性粉煤灰可用作塑料、橡胶等工业的填料，更可以粉煤灰为主要原料制备微晶玻璃和分子筛等，展示了粉煤灰在化学工业中广阔的应用前景。

一、从粉煤灰中提取铝

粉煤灰中氧化铝的含量仅次于二氧化硅，列第二位。因此，粉煤灰是一种铝资源矿藏，从粉煤灰中提取氧化铝的主要生产工艺有两种，即石灰石烧结法和碱石灰烧结法。下面以石灰石苏打烧结法为例论述的回收铝工艺过程。

1. 工艺流程

石灰石苏打烧结法工艺流程如下：

粉煤灰＋$CaCO_3$＋Na_2CO_3→烧结→冷却磨碎→Na_2CO_3 浸出→过滤→滤液→加钙脱硅→碳化→过滤→$Al(OH)_3$→煅烧→Al_2O_3 成品

此工艺流程主要包括 4 段工艺：烧结工艺、浸出工艺、脱硅工艺、碳化工艺。

2. 烧结工艺

装料烧结是碱石灰烧结法最重要的工序。研究粉煤灰-苏打-石灰石烧结时发生的反应对选择烧结过程最佳条件有指导意义。烧结过程反应极为复杂，不但粉煤灰与碱料之间，而且反应生成物之间都有反应发生。反应物主要成分为 Al_2O_3、SiO_2、Na_2CO_3、$CaCO_3$、Fe_2O_3。

（1）Al_2O_3 与 Na_2CO_3 之间的反应 Al_2O_3 与 Na_2CO_3 之间的反应是烧结过程中最重要的反应之一。这两种物质在高温下可能生成几种铝酸盐，但生成 $NaAlO_2$ 的反应是烧结过程中的主要反应。

$$Al_2O_3 + Na_2CO_3 \longrightarrow 2NaAlO_2 + CO_2 \uparrow$$

此反应在约 700℃ 开始，800℃ 有可能反应完全，但时间很长，1100℃ 可在 1h 内反应完全。

（2）Al_2O_3 与 CaO 之间的反应　Al_2O_3 与 CaO 之间的反应在 1000℃ 开始，提高温度反应速率增大，可能生成好几种化合物，如 CA、C_6A、CA_2、$C_{12}A_7$、C_3A 等（矿物学上此处 C 代表 CaO，A 代表 Al_2O_3）。但只有 CA 与 $C_{12}A_7$ 才能与 Na_2CO_3 水溶液生成 $NaAlO_2$。生成 CA、$C_{12}A_7$ 的反应为：

$$Al_2O_3 + CaCO_3 \longrightarrow CaO \cdot Al_2O_3 + CO_2 \uparrow$$

$$7Al_2O_3 + 12CaCO_3 \longrightarrow 12CaO \cdot 7Al_2O_3 + 12CO_2 \uparrow$$

（3）SiO_2 与 Na_2CO_3 之间的反应　高温下存在几种钠的硅酸盐，如 Na_2SiO_3、$Na_2O \cdot 2SiO_2$ 和 $2Na_2O \cdot SiO_2$ 等。在 800℃ 的反应产物是 Na_2SiO_3：

$$SiO_2 + Na_2CO_3 \longrightarrow Na_2SiO_3 + CO_2 \uparrow$$

继续升高温度，则反应生成的化合物之间可能发生二次反应，如：

$$2NaAlO_2 + 2Na_2SiO_3 \longrightarrow Na_2O \cdot Al_2O_3 \cdot 2SiO_2 + 2Na_2O$$

（4）SiO_2 与 $CaCO_3$ 之间的反应　SiO_2 和 $CaCO_3$ 之间的反应过程也是较为复杂的。在 $CaO-SiO_2$ 系统中，已知有许多化合物：$Ca \cdot SiO_2$、$2CaO \cdot SiO_2$、$3CaO \cdot 2SiO_2$ 等。反应在 1100～1250℃ 的产物是原硅酸钙：

$$SiO_2 + 2CaCO_3 \longrightarrow 2CaO \cdot SiO_2 + 2CO_2 \uparrow$$

（5）Fe_2O_3 与 Na_2CO_3 之间的反应　Fe_2O_3 与 Na_2CO_3 之间的反应，在 700℃ 时就已经充分迅速地进行，反应的最后产物是 $Na_2O \cdot Fe_2O_3$：

$$Fe_2O_3 + Na_2CO_3 \longrightarrow Na_2O \cdot Fe_2O_3 + CO_2 \uparrow$$

由上述关于粉煤灰-苏打-石灰石装料的主要成分在高温下相互作用的反应情况可以看出，要定量研究此反应体系是非常困难的。但是，作为应用研究则只需要找出最有利于主反应而最不利于副反应的各种烧结条件即可。

3. 浸出工艺

烧结块的主要成分是 $Na_2O \cdot Al_2O_3$、$Na_2O \cdot Fe_2O_3$、$2CaO \cdot SiO_2$ 及少量 $Ca(AlO_2)_2$、Na_2SiO_3 和 $Na_2O \cdot Al_2O_3 \cdot 2SiO_2$ 等，有用成分浸出时的化学原理如下。

（1）$NaAlO_2$　$NaAlO_2$ 极易溶解于热水，在冷水中溶解相对缓慢。$NaAlO_2$ 在水中会发生一定程度的水解而生成 $Al(OH)_3$：

$$NaAlO_2 + 2H_2O \longrightarrow Al(OH)_3 + NaOH$$

水解程度与溶液温度、贮存时间、苛性比（即溶液中所含的苛性碱与所含的 Al_2O_3 的物质的量比，$\alpha = Na_2O/Al_2O_3$）溶液浓度等有很大关系。

（2）$Na_2O \cdot Fe_2O_3$　$Na_2O \cdot Fe_2O_3$ 与水接触时，会立即发生水解：

$$Na_2O \cdot Fe_2O_3 + 4H_2O \longrightarrow 2Fe(OH)_3 + 2NaOH$$

此水解作用随温度升高而明显加剧，它可以使 $Na_2O \cdot Fe_2O_3$ 消耗的苏打转变为苛性碱返回溶液中，从而提高溶液的苛性比 α。

（3）$2CaO \cdot SiO_2$　$2CaO \cdot SiO_2$ 在水中是不溶解的，但可能存在下述反应平衡：

$$2CaO \cdot SiO_2 + 2Na_2CO_3 + H_2O \longrightarrow 2CaCO_3 + Na_2SiO_3 + 2NaOH$$

$$3(2CaO \cdot SiO_2) + 6NaAlO_2 + 15H_2O \longrightarrow 2(3CaO \cdot Al_2O_3 \cdot 6H_2O) + 3Na_2SiO_3 + 2Al(OH)_3$$

可见，上述平衡可使一部分硅重新进入溶液，这对浸出是不利的。

（4）Na_2SiO_3 Na_2SiO_3的存在对铝的回收是非常有害的，因为它会和$NaAlO_2$反应生成铝硅酸钠沉淀：

$$2(Na_2O \cdot SiO_2) + 2NaAlO_2 + 4H_2O \longrightarrow Na_2O \cdot Al_2O_3 \cdot 2SiO_2 \cdot 2H_2O \downarrow + 4NaOH$$

铝硅酸钠被铝工业称作钠铝硅渣，溶解度（以SiO_2计）为 0.2g/L。它是铝工业的一大公害。由上述反应可看出，溶液中存在的SiO_2将损失大量的Al_2O_3及Na_2O，从而造成经济效益下降。由上述可知，浸出反应是一个存在多反应、多平衡的多元体系。浸出条件实验就是找出对有益反应起促进作用，同时对有害反应起阻碍作用的各种条件。

4. 脱硅工艺

由于对最终产品Al_2O_3有很高的品质要求，这就要求对浸出后的$NaAlO_2$溶液进行脱硅处理。目前有 2 种方法来完成此过程。

1）可以用长时间加热$NaAlO_2$溶液的办法来促进Na_2SiO_3与$NaAlO_2$相互作用而生成$Na_2O \cdot Al_2O_3 \cdot 2SiO_2 \cdot 2H_2O$晶体。久而久之，钠铝硅渣即呈沉淀析出。

2）采用向$NaAlO_2$溶液中加入 CaO 的方法来使Na_2SiO_3生成溶解度很小的铝硅酸钙（$3CaO \cdot Al_2O_3 \cdot xSiO_2 \cdot yH_2O$），其溶解度为 0.05～1g$SiO_2$/L。脱硅反应如下：

$$3Ca(OH)_2 + 2NaAlO_2 + xNa_2SiO_3 + 4H_2O \longrightarrow$$
$$3CaO \cdot Al_2O_3 \cdot xSiO_2 \cdot (6-2x)H_2O + 2(1+x)NaOH$$

5. 碳化工艺

碳化工艺是Al_2O_3工业广泛采用的分解$NaAlO_2$析出$Al(OH)_3$结晶的方法。从化学角度看，碳化实际上分 2 个阶段来进行。

1）CO_2中和游离 N 的 NaOH 并产生Na_2CO_3。

$$2NaOH + CO_2 \longrightarrow Na_2CO_3 + H_2O$$

2）由于$NaAlO_2$溶液的苛性比大大降低而发生水解作用析出$Al(OH)_3$。

$$NaAlO_2 + 2H_2O \longrightarrow Al(OH)_3 \downarrow + NaOH$$

6. 存在的问题

1）用石灰石苏打烧结法从粉煤灰中提取铝在技术上是可行的，但存在一些问题。如高耗能、高投资等。

2）此法铝浸出率较低，对原料粉煤灰要求Al_2O_3含量应不小于 30%，且石灰要求高钙质。

3）综合国内外实践，认为粉煤灰提取铝目前尚不能和传统的从铝土矿生产Al_2O_3的方法相竞争，还需要进一步完善和提高，使其在技术上和经济上达到一个新水平。

二、其他稀有金属提取的试验研究

粉煤灰中除含较高的 Si 外，金属元素主要有 Al、Fe、Ti，还有许多微量元素 Mg、Ba、

Sr、V、Cr、Ni、Mn、Ge、Ga 和 Mo 等，是一种储量丰富的稀有金属资源。从粉煤灰中回收有用元素的方法有物理方法和化学方法。

目前，国内从矿渣中提取稀有金属主要方法有沉淀法、还原法和萃取法，其中萃取法效果较好，但所用萃取剂大多需要进口。黄少文等摒弃了美、日等国常用的碱法热处理工艺，采用粉煤灰稀酸浸取-萃取法提锗新技术，实现了粉煤灰提锗工艺过程。先将粉煤灰过筛、水浸、磁选除铁、浮选漂珠后，用稀酸逆流浸取，浸出液用二酰异羟肟酸-磺化煤油进行逆流多级萃取，再用氟化铵溶液反萃，反萃液经氯化蒸馏和水解、热解而制得二氧化锗。粉煤灰低酸浸取-萃取法提锗的最佳实验条件为：浸取剂加有少量助剂的 0.5mol/L H_2SO_4 溶液，以邻苯二甲酰异羟肟酸（OPHA）为萃取剂、异辛醇为溶剂、磺化煤油为稀释剂，采用相比 $V_O/V_A = 1：3 \sim 1：4$，水相酸度控制为 pH＝1.0～1.25，在室温下进行 3 次逆流萃取，再用 NH_4F（含有少量 TBP）溶液进行反萃。反萃液经浓缩、氯化蒸馏（控制温度为 80～85℃）、水解和热分解而制得高纯度二氧化锗（含量为 99.9％以上）。用氢还原二氧化锗还可制得高纯金属锗，后者是用途广泛的半导体材料。

三、粉煤灰微晶玻璃

微晶玻璃是近年国际上发展起来的一种新材料。作为建筑装饰材料新产品的微晶玻璃，不仅具有强度高、抗磨损、耐腐蚀、耐风化、不吸水、无放射性污染等特性，而且色调均匀，色差小，光泽柔和晶莹，表面致密无暇，其力学性能、化学稳定性、耐久性和清洁维护方面均比天然石材优越，已被广泛用于建筑物内外墙、地面及廊柱等高档装修饰面，如星级宾馆、商务中心、金融大厦和展览馆等建筑物。采用粉煤灰制备微晶玻璃，将成为粉煤灰高附加值利用的一个方面。

1. 工艺流程

试验工艺流程为：原料调配→熔化水淬→装模→烧结晶化流平→研磨抛光切边→成品。

2. 配方确定

水淬法微晶玻璃的主晶相是 β-硅灰石，结晶形态为针状、纤维状。当 MgO、Fe_2O_3 等含量较高时也会伴有少量辉石、橄榄石及长石类矿物晶体。硅灰石结晶的形态决定了微晶玻璃具有较高的机械强度。为了得到硅灰石相并使玻璃在晶化过程中具有适当的流变特性，确定玻璃的基本组成为 Na_2O-CaO-Al_2O_3-SiO_2。其最终配方必须由试验确定。

微晶玻璃的氧化物组成范围（％）为：SiO_2 55～65；Al_2O_3 7～10；CaO 13～17；MgO 0～8；Na_2O＋K_2O 3～5；Fe_2O_3 0～8；B_2O_3 0～3；ZnO 4～7；BaO 4～7。

表 12-23 是各种原料的化学组成。从表 12-23 中可知，粉煤灰含 Al_2O_3 较高，含 CaO 较低，为了能制备出性能良好的微晶玻璃，必须引入其他原料来调整 SiO_2、CaO、Al_2O_3 的含量。为了最大限度地引入工业废渣粉煤灰，根据 CaO-Al_2O_3-SiO_2 系统相图选择主晶相为钙（镁）黄长石的区域。表 12-24 是经过多次试验得到的理想基础玻璃配方。表 12-25 是其相应的化学组成。采用复合晶核剂（TiO_2＋CuO 或 TiO_2＋CaO）有利于玻璃的析晶，并能明显降低晶化温度，使得晶化处理在较低温度下进行。表 12-26 是三种玻璃的晶化情况及

晶核剂引入量。粉煤灰含有一定量还原性物质，它们的存在会使玻璃颜色加重，影响微晶玻璃的色彩，并会在晶化过程中产生气体，使产品内部气孔增多，影响质量。在熔化玻璃料时加入乳浊剂，能有效去除原料中的还原物质，并降低玻璃的杂质着色程度，且晶化时产生的气泡大大减少，改善了原料的可利用性。

表 12-23　原料的化学成分　　　　　　　　　　　　单位：％（质量）

原料	SiO$_2$	Al$_2$O$_3$	CaO	MgO	Fe$_2$O$_3$	K$_2$O+Na$_2$O	CaF$_2$	C	S
粉煤灰	57.68	23.31	2.52	1.08	7.27	2.41	—	2.45	—
长石	74.14	14.82	0.60	0.10	0.61	9.80	—	—	—
白方石	1.00	0.17	31.66	20.52	0.08	—	—	—	—
石灰石	0.80	0.48	54.28	0.64	0.13	—	—	—	—
萤石	27.36	1.34	—	—	0.16	—	72.35	—	—
高炉渣	40.67	7.69	42.66	6.04	0.24	—	—	—	1.00

表 12-24　基础玻璃配方　　　　　　　　　　　　单位：％（质量）

粉煤灰	长石	高炉渣	石灰石	白云石	萤石	氧化钛	氧化铜	氧化钴	氧化锌
147.26	5.90	4.22	22.78	14.35	1.69	1.26	0.84	—	1.69
242.81	3.06	24.46	15.30	3.06	4.89	—	—	0.30	3.06
354.36	4.53	3.23	17.47	11.00	2.59	5.17	0.32	—	1.30

表 12-25　玻璃的化学组成　　　　　　　　　　　　单位：％（质量）

SiO$_2$	Al$_2$O$_3$	CaO	MgO	Na$_2$O+K$_2$O	CaF$_2$	TiO$_2$	CuO	CaO	ZnO	Fe$_2$O$_3$
141.79	15.15	22.95	4.72	2.10	1.50	2.15	1.0	—	2.0	4.21
238.54	13.99	25.18	4.92	1.75	2.90	2.83	—	0.4	4.0	4.13
344.63	16.41	17.3	13.57	2.11	2.25	6.94	0.38	—	1.57	4.80

表 12-26　玻璃的晶化情况试样序号晶核剂引入量　　　　单位：％（质量）

试样序号	晶核剂引入量/%（质量）			晶化情况
	TiO$_2$	CuO	CaO	
1	2.15	1.00	—	整体析晶,致密,灰褐色
2	2.83	—	0.40	良好,整体析晶,青灰色
3	6.94	0.38	—	整体析晶,红黑条纹相间

3. 玻璃熔化和晶化

微晶玻璃的熔化温度（1500℃）高于陶瓷熔块和普通钠-钙-硅玻璃。熔化后将玻璃液倒入水中即淬化成颗粒状。微晶玻璃晶化是一个结晶和成型同时进行的过程，在窑炉中的适当温度下经过烧结、结晶、流平三个基本步骤完成。

水淬-烧结法微晶玻璃的结晶机理是"成核-生长"，结晶从表面向内部延伸。玻璃的最大成核速率温度为 750～800℃，最大结晶速率温度为 900～1000℃。在 800～960℃之间是玻璃成核与结晶同时进行的温度，应采用较慢的速度；在 960℃之上直至流平温度可用快速升温。

4. 微晶玻璃性能

以粉煤灰熔制出均匀透明的黄绿色或黑色玻璃，经热处理以后可以制得以 β-硅灰石为主晶相的微晶玻璃，且玻璃相和晶相相互咬合共存。微晶玻璃性能见表 12-27。

表 12-27　微晶玻璃性能

项目	1	2	3	项目	1	2	3
密度/(g/cm³)	3.0325	2.8878	2.9385	耐酸性/(mg/100cm²)	6.51	6.90	2.57
抗折强度/MPa	71.21	13.41	12.4	耐磨性/(g/cm²)	0.03	0.01	0.02
耐碱性/(mg/100cm²)	0.42	0.51	0.93	抗冲击强度/(kJ/m²)	3.04	3.36	3.19

注：密度用比重瓶法测定；抗折强度用三点法测定；耐碱、耐酸性用表面法测定，室温（20℃）下采用 20% 的 NaOH 溶液和 20% 的 H_2SO_4 溶液；耐磨、抗冲击性按建材制品有关标准测试。

四、粉煤灰分子筛的制备

分子筛是用纯碱、氢氧化铝、硅酸钠等原料人工合成的一种泡沸石晶体，其中含有大量的水。当把它加热到一定的温度时，水分子被脱去而形成一定大小的孔洞。它具有很强的吸附能力，能把小于孔洞的分子吸进孔内，而把大于孔洞的分子挡在孔外，这样就对大小不同的分子进行了筛分。分子筛广泛用于各种气体和液体的脱水、干燥，气体的分离、净化，液体的分离、纯化及其他石化工业中。

为了节约制造成本，早在 20 世纪 70 年代初，人们就用粉煤灰、纯碱为主要原料，再配适量氢氧化铝研制并生产了 4A 分子筛。现将制备过程及工艺情况介绍如下。

1. 原料的要求和配比

4A 分子筛的硅铝比近似等于 2，而一般电厂排出的灰达不到此要求，因此，要求通过计算，给粉煤灰补加铝矾土或氢氧化铝。粉煤灰细度要求通过 100～200 目筛，氢氧化铝和纯碱需要在 120℃ 下烘 2～3h。原料的配比为粉煤灰∶纯碱∶氢氧化铝＝1∶1.5∶0.13。

2. 制备过程及工艺

（1）粉煤灰制分子筛的工艺过程

1）将调好的粉煤灰等混合物料在 800～900℃ 之间进行高温燃烧 0.5～2h，使其中的 SiO_2、Al_2O_3、$Al(OH)_3$、Na_2CO_3 进行充分反应。最终烧结产物为浅绿色，原因是粉煤灰中的 Fe_2O_3 在燃烧过程中生成亚铁盐。

2）将烧结物粉碎至通过 100～200 目筛，并按料∶水＝1∶10 或 1.5∶10 进行水热合成。第一阶段在 50～60℃ 搅拌反应 0.5h 后，取液分析碱度，确保碱浓度为 1mol/L；第二阶段提高到 75～80℃ 晶化 5～7h；第三阶段在 96～100℃ 继续晶化反应 1～2h。

3）将水热合成产物用水洗涤，然后加黏土成型。

4）将成型的分子筛在 90～100℃ 干燥后，进入活化炉在 450～550℃ 活化。即为成品。

需要注意的是，粉煤灰作为代用料生产 A 型分子筛易生成杂晶，这种杂晶一般为羟基方钠石，特别在高浓度的碱液中、高温下最容易生成。因此，必须严格控制碱的浓度和晶化温度、反应速度。

（2）用粉煤灰制分子筛的优点

1）节约原料。此工艺生产 1t 粉煤灰分子筛可节约 0.4～0.5t 氢氧化铝，1.2t 水玻璃，0.6t 烧碱。

2）工艺简单。此工艺省去了稀释、沉降、浓缩、过滤等烦琐流程，并省去了化铝釜、化硅釜、真空泵等设备。

3）质量好。此工艺在主要指标方面达到甚至超过由化工原料合成的分子筛，该分子筛特别适用于制富氧空气。

五、粉煤灰拒水粉

拒水粉是一种建筑用防水、防泄漏材料。近年来，以粉煤灰为主要原料，向其中加入一定量的添加剂及化学助剂，在一定温度、压力下经化学物理变化制成一种粉状杂化型新材料。它耐水、耐酸、耐碱、耐盐、又耐高低温和老化。它的拒水能力来源于在制备过程中粉煤灰颗粒上生成的一层与表面结合的有机硅高聚物多维超薄膜，这层薄膜使颗粒本身有很强的憎水性。由于粉煤灰拒水粉使用时以颗粒形式存在，因此不会发生其他防水材料随附着体变形引起自身开裂或破坏，而丧失抗渗防漏能力的现象。该产品可用在屋面及平顶楼房的防水、地面防潮、地下铁道工程、水库、隧道，酸、碱、盐水池，沿海堤防工程以及铁路路基翻浆冒泥治理等方面。

CN1094431A公开了一种使用效果良好的粉煤灰拒水粉生产工艺专利，其生产过程和工艺简单，成本低廉。

1. 原材料要求及配比

（1）粉煤灰　$SiO_2 > 40\%$，Fe_2O_3 7％～15％，Al_2O_3 20％～40％，细度大于80目。

（2）有机硅聚合物乳液配方　有机硅聚合物（如甲基硅油、经甲基硅油等）25％～30％，溴化苄胺0.1％～3％，平平加-O（或明胶）0.5％～3％，软水65％～80％。

（3）固化催化剂　聚乙烯醇类聚合物的一种，掺量为有机硅聚合物乳化液质量的1％～10％。

（4）拒水粉配比　（有机硅聚合物乳化液＋固化催化剂）：水：粉煤灰＝1：（20～40）：（40～80）。

2. 生产流程及工艺

1）将粉煤灰干燥、过筛后得到80～100目的粉体，称量后备用。

2）将固化催化剂溶解于水中，然后与有机硅乳化液混合，加软水稀释，配成有机硅聚合物乳化液与固化催化剂的组合物。

3）按配比将备用的粉煤灰先投入搅拌机中，边搅拌边加入组合物，混合均匀。

4）将搅拌机中的混料移到烘盘中（料层厚度以约5cm为宜），送入烘房中，在130～140℃烘3～6h，盘中料含水率即可达5％以下，然后出料、包装。

六、粉煤灰高分子材料填充剂

在塑料、橡胶等高分子材料制品中，为了降低成本，提高某一方面性能，常常加入一定量的填充剂。对这些填充剂一般要求其价格低廉，相对密度小，易加工，与底材的混合性能好，填充量尽可能的大，能开发出制品的特殊功效等。

粉煤灰基本具备填充剂的所有功能，同时，由于粉煤灰含有大量玻璃结构的球体，无毛刺和棱角，在材料中可以起滚动轴承的作用，对成型设备、模具等磨损小，可提高制品的生产效率，延长机器的使用寿命。目前，世界上许多国家做了大量的研究工作，并已应用到实际生产中。

1. 粉煤灰在塑料制品中的应用

粉煤灰应用于塑料有如下优点：①来源丰富，成本低；②含有玻璃微珠，可提高熔体破坏的临界剪切应力，流动性好，因而可在更高剪切速率下加工成型，且由于滚珠轴承作用，可改进物料的细部成型性，适于薄壁制品成型；③填充体系黏度上升小，加工磨耗较玻璃纤维小，制品表面状态好，且内部应力均匀化，即制品中残留变形分布均匀；④硬度高，（与石英类似），利用这一点可提高耐磨性。因此，国内外已在应用方面做了大量研究工作。

（1）粉煤灰填充聚氯乙烯（PVC）塑料制品　聚氯乙烯（PVC）由于它的特殊性能和廉价而被广泛应用于国民经济的许多部门。为进一步改善其性能，降低成本，拓宽应用范围，目前多采用共混改性办法。作为PVC常用的无机填料有碳酸钙、红泥、陶土、氧化物、硅铝炭黑等；有机填料多采用植物纤维、木粉以及某些与PVC具有一定相容性的聚合物。粉煤灰作为PVC的填充料，不仅可以降低制品成本，同时也是一种改性剂，可提高材料某些性能指标。

1）粉煤灰粒度对PVC性能的影响。粉煤灰粒度是保证填充剂在PVC制品中分散均匀的重要因素。对填充粒度不同、配比相同的PVC制品进行扫描电镜（SEM）和力学实验的研究表明，随着填充粉煤灰粒度的变小，它在PVC中分散较均匀，被PVC包埋较好，与PVC间的粘接力增强，从而使制品的拉伸强度、伸长率、弯曲模量、弯曲程度、冲击强度呈增加趋势。

2）粉煤灰添加量对PVC性能的影响。一般情况下，随着粉煤灰添加量的增加，PVC制品的拉伸强度、弯曲模量、弯曲强度、冲击强度、伸长率均下降，原因是PVC试样中PVC分子间作用力比PVC与填充剂粉煤灰分子间作用力要大。但是，热稳定性和耐磨性有所增加。

在不影响制品使用性能的情况下，粉煤灰的填充与其是否经过表面活化处理有关系。一般情况下，没有进行表面活化处理的粉煤灰，填充量大于40％时，加工相当困难。且粉煤灰与树脂表面结合力变弱，导致制品力学性能差，易受大气中水汽的浸蚀，使材料抗老化性能变差。

作为填充剂用的粉煤灰常用的表面活化方法是用硅烷偶联剂或钛酸酯偶联剂进行处理，即将在120℃下干燥好的无杂质、粒度合适的粉煤灰与偶联剂混合活化，然后再加入树脂中去。表面活化处理粉煤灰，不仅能使其在树脂中填量增加，而且改善了粉煤灰与树脂的粘接性和物料的流动性，提高制品的冲击强度、压缩强度等。

研究结果表明，在试验的添加量范围内，偶联剂处理粉煤灰填充硬质PVC的拉伸强度、缺口冲击强度稍低于碳酸钙填充硬质PVC，但弯曲强度和热变形温度则正好相反。可见，同样份数的粉煤灰与碳酸钙经偶联剂处理后填充硬质PVC，其性能各有千秋，大体相差不大，均可达到使用要求。因此，用粉煤灰填充制硬PVC板是可行的。

（2）粉煤灰填充聚烯烃塑料制品

1）粉煤灰经过表面处理及微细化，有助于提高与聚丙烯（PP）的复合效果。

2）粉煤灰与其他填料在 PP 中并用。利用粉煤灰填充 FP 具有较好加工流动性的优点，将玻璃纤维、碳酸钙与玻璃微珠并用填充 PP，结果发现，最大负荷时的力矩分别减少 36％、16％，利于加工成型，同时还有利于玻璃纤维分散以减轻内应力，并补偿了单一填充玻璃微珠时材料性能较差的缺陷。

3）粉煤灰用 PP 母料化。近年来，福州塑料研究所研制了 WZ 改性粉煤灰填充母料，具有工艺简单、卫生、分散性好、填充量大、易于加工、密度低等优点，可广泛用于聚烯烃塑料，提高冲击和弯曲强度，加工性能优于碳酸钙的母料。

汪济奎等将在 120℃ 干燥好的粉煤灰母料化，其配方如下：粉煤灰 100、载体树脂 20～30、硅烷偶联剂 1.5、分散剂 3～7、其他助剂少量。

与此同时，将粉煤灰母料和 $CaCO_3$ 母料分别以相同的添加量填充 PP、PE。测试结果表明，尽管添加母料种类不同，但对聚烯烃塑料的力学性能影响相近。

（3）粉煤灰作酚醛塑料的填料　研究表明，添加 10％～15％ 粉煤灰的酚醛树脂制成的纺织梭子线轴尺寸稳定性好，吸水率低，弯曲强度、冲击强度、压缩强度均有提高，耐电压性能、绝缘电阻指标也能达到国家标准。添加 40％ 粉煤灰的酚醛树脂制成的汽车隔热板，其机械特性不低于玻璃填充剂制品，耐高温性能有新提高。

不过，为了改善粉煤灰作为酚醛树脂成型材料的填料性能，首先，需要对粉煤灰进行偶联剂改性活化处理，以提高其与有机组分分子的相容性和相连作用；其次，要进行粒度筛选，粒径减小有利于其在酚醛树脂中分散，提高制品力学性能，增加填充量；第三，由于粉煤灰中含有未燃尽的炭，随粉煤灰添加量的增加，制品电性能降低。因此，添加量应根据酚醛塑料制品用途适当选择。

除上所述，粉煤灰用作环氧树脂、不饱和聚酯、聚氨酯防水涂料、改性尼龙 6 等方面的填料也有研究。

2. 粉煤灰填充橡胶制品

填料是橡胶的重要配合剂之一，其作用是增大容积、降低成本、改进混炼胶和硫化胶性能。橡胶中常用的填料有软质炭黑、白炭黑、轻质碳酸钙、重质碳酸钙等，而这些组分在粉煤灰中都存在，只不过含量有多有少。因此，粉煤灰可以用作橡胶填料。例如粉煤灰中的 SiO_2 在橡胶中可起增强、补强作用，代替黏土、白炭黑；Al_2O_3 在橡胶中可起增量作用，代替特种碳酸钙；CaO 可起增量补强作用，代替轻质碳酸钙、重质碳酸钙、特种碳酸钙；SO_3 可起硫化剂作用，代替加硫；未燃尽的可燃物可起炭黑作用。

填料对橡胶性能的影响主要取决于填料粒子的大小、粒子形状和粒子的表面性质，而粉煤灰作为一种高分散度的固体颗粒集合体，其中各种形态的颗粒混杂在一起。因此，使用之前首先要对粉煤灰进行预处理，即采用分离技术将不同形态和组分的颗粒分离出来，特别是球形颗粒的富集，改善粉煤灰的性质。

其次，由于粉煤灰与有机物的相容性差，影响了它在橡胶中的用量和性能，为此需将预处理的粉煤灰进行表面改性及研磨处理，以便让粉煤灰得到活化，适应橡胶加工工艺，满足产品性能要求。

已有的研究结果表明，不经任何处理的粉煤灰直接用来作橡胶填料，其拉伸强度与制品质量要求相差很远。在原粉煤灰粒度的基础上对其进行表面改性，其力学性能有很大提高，但仍不能满足质量要求。如果对粉煤灰进行筛分，收集 300 目以下的组分，或是直接用分选出的微珠进行表面改性处理，或用活化剂与原粉煤灰一起研磨活化 4h，用这些活化灰作填料，所得样品的性能却能达到质量指标的要求。同时也可看出，使用不同类型的活化剂对橡胶各种性能影响程度不一样。因此可根据具体要求选用不同的活化剂。

总之，研究和应用发现，粉煤灰补强性能同半补强炭黑的性能相当，还具有永久变形小、密度小、弹性好等优点，并且混炼、压出工艺性能良好。在相同质量下，相对密度小的填料可以挤出较长的胶条，所需胶量也少，节约材料。用化学添加剂处理的粉煤灰可以提高橡胶性能，同时也可以加入可燃性的烟灰或富含腐殖酸的煤粉达到补强效果。

粉煤灰制橡胶填料不但具有含硅铝炭黑的性质，还具有煤制填料的性质。可燃物的固体凝胶物在橡胶充填时，细小粒子进入橡胶分子链中与煤粒毛细孔结网，从而起补强作用。粉煤灰制橡胶填料生产工艺与煤制橡胶填料完全相同，并且粉煤灰比煤更易研磨。

需要指出的是，由于粉煤灰呈灰色，因此不适用于浅色或鲜艳色的制品中。

第四节　粉煤灰在环境保护中的应用

粉煤灰在环境保护中主要用于水处理方面，同时利用粉煤灰制成的特殊材料用于消声、隔声、燃煤脱硫等方面。本节重点介绍粉煤灰在水处理方面的应用。

一、粉煤灰处理废水的机理

从粉煤灰的化学物理性质来看，粉煤灰去除废水中的有害物质主要是通过吸附，但在一定条件下，也有一定的絮凝沉淀和过滤作用。由于粉煤灰的比表面积较大、表面能高，且存在着许多铝、硅等活性点，因此，具有较强的吸附能力，吸附包括物理吸附和化学吸附。物理吸附效果取决于粉煤灰的多孔性及比表面积，比表面积越大，吸附效果越好。化学吸附主要是由于其表面具有大量 Si—O—Si 键、Al—O—Al 键与具有一定极性的有害分子产生偶极-偶极键的吸附，或是阴离子与粉煤灰中次生的带正电荷的硅酸铝、硅酸钙和硅酸铁之间形成离子交换或离子对的吸附。粉煤灰除了能够吸附去除有害物质外，粉煤灰中富含的 Fe^{3+}、Al^{3+} 及 Ca^{2+} 还能与废水中的有害物质作用使其絮凝沉淀，与粉煤灰构成吸附-絮凝沉淀协同作用。例如，CaO 溶于水之后产生 Ca^{2+}，Ca^{2+} 能够与染料中的磺酸基作用生成磺酸盐沉淀，也能与 F^- 生成 CaF_2 沉淀。因此，当用 CaO 含量较低的粉煤灰处理含氟废水或染料废水时，常采用粉煤灰、石灰体系，其目的之一就是增加溶液中 Ca^{2+} 的质量浓度。另外，由于粉煤灰是多种颗粒的机械混合物，空隙率在 $60\%\sim70\%$ 之间，因此，废水通过粉煤灰时，粉煤灰也能过滤截留一部分悬浮物。应该说明的是粉煤灰的沉淀和过滤只能对吸附起补充作用，不能替代吸附的主导地位。关于粉煤灰处理废水的机理及规律，还有许多问题有待于进一步研究解决。

国内外许多研究结果表明，粉煤灰的吸附等温规律一般符合 Freundlich 吸附等温式，

即 $q = kc^{1/n}$。谷庆宝等推求出粉煤灰对直接耐晒蓝染料的吸附等温式形式为 $q = 0.975c^{0.26}$。于鑫等推出粉煤灰吸附 Zn^{2+} 的吸附等温式为 $\lg q = -2.33 + 0.48\lg c$。从上面的两个公式可以看出，$1/n$ 值均在 $0.2 \sim 0.5$ 范围内，这也说明粉煤灰具有较好的吸附能力。粉煤灰对溶液中吸附质的吸附包括三个连续的过程：第一为颗粒外部扩散过程，吸附质由溶液扩散到吸附剂表面；第二为孔隙扩散过程，吸附质在粉煤灰孔隙中继续向吸附点扩散；第三为吸附反应过程，吸附质被吸附在粉煤灰孔隙的内表面上。根据印度人 G. S. Gupta 对吸附染料废水的实验结果，吸附速率由第二过程即孔隙扩散阶段所控制。从用粉煤灰处理生活污水中磷的试验来看，吸附平衡时间与粉煤灰投加量无关，各种投加量下平衡时间均为 4h 左右；但与粉煤灰的粒度有关，颗粒越细，达到吸附平衡的时间越短，吸附速率越快。其原因是吸附速率由孔隙扩散速率所决定，而细颗粒的孔隙扩散速率较快，所以总的吸附速率也较快。

影响处理废水效果的主要因素如下。

（1）粉煤灰的粒径和比表面积　粉煤灰粒径越细、比表面积越大，处理效果越好。例如，当粉煤灰颗粒从 $125\mu m$ 下降到 $53\mu m$ 时，对含铬染料的去除率由 64% 增加至 91%。

（2）粉煤灰的化学组分　粉煤灰中 SiO_2 和 Al_2O_3 等活性物质含量高，有利于化学吸附。CaO 含量对处理效果也有影响。当粉煤灰中 CaO 含量较低时，应投加石灰对粉煤灰进行改性。高温脱除粉煤灰中的结合水，能够使粉煤灰活化，提高处理效果。

（3）溶液的 pH 值　pH 值直接影响处理效果，但 pH 值的影响结果与吸附质的性质有关。例如粉煤灰处理含氟废水，在酸性条件下效果好，而处理含磷废水是在中性条件下磷的去除率最高。

（4）温度　国内外研究表明，温度越低，粉煤灰对废水中有害物质去除率越高。例如，用粉煤灰处理含铬染料废水时，温度从 30℃ 升至 50℃，去除率从 91% 下降到 69%。

（5）吸附质的性质　废水污染物质的溶解度、分子极性、分子量、浓度等对处理效果有影响。分子量越大、溶解度越小，处理效果越好。

二、粉煤灰处理焦化废水

目前，国内大多数焦化厂通常采用普通生化法处理焦化废水，焦化废水经生化法处理后，水质呈褐色、有异味，COD_{Cr}、BOD_5、氨氮等往往达不到国家规定的标准，难以回用。试验研究用的焦化废水经生物处理前后及加入不同量添加剂处理后的各项指标见表 12-28~表 12-31。

表 12-28　添加粉煤灰（用量 $15kg/m^3$）的生化吸附脱酚效果

污染物种类	生物处理前/(mg/L)	生物处理后/(mg/L)	联合处理后/(mg/L)	污染物去除率/%
COD	1761.44	218.82	173.72	16.16
TOC	639.00	90.56	76.30	24.26
总酚	525.00	24.70	21.39	22.12
挥发酚	21.60	0.76	0.66	21.73
硫氰化物	136.50	8.96	8.02	15.25
氰化物	20.80	0.50	0.29	48.00
氨	179.00	93.50	91.13	12.30

表 12-29　不同的焦粉用量与生物联合生理焦化厂废水的试验结果

污染物种类	生物处理前/(mg/L)	生物处理后/(mg/L)	焦粉用量 10kg/m³		焦粉用量 15kg/m³		焦粉用量 20kg/m³	
			联合处理后/(mg/L)	污染物去除率/%	联合处理后/(mg/L)	污染物去除率/%	联合处理后/(mg/L)	污染物去除率/%
COD	1761.44	218.82	165.92	24.20	96.45	55.90	135.18	38.20
TOC	639.00	90.56	71.73	20.80	39.91	55.00	63.00	30.40
总酚	525.00	24.70	17.60	28.70	11.45	53.60	17.26	30.10
挥发酚	21.60	0.76	0.37	51.30	0.39	48.20	0.49	35.50
硫氰化物	136.50	8.96	6.70	25.20	4.16	53.50	5.67	36.70
氰化物	20.80	0.50	0.31	38.00	0.31	38.00	0.34	32.00
氨	179.00	93.50	70.60	24.50	48.44	48.20	59.00	36.80

表 12-30　活性炭（用量 15kg/m³）与生物联合处理焦化厂废水的试验结果

污染物种类	生物处理前/(mg/L)	生物处理后/(mg/L)	联合处理后/(mg/L)	污染物去除率/%
COD	1652.00	303.00	71.98	76.00
TOC	601.00	125.40	31.16	75.00
总酚	493.50	34.60	8.77	60.20
挥发酚	20.40	1.08	0.27	75.20
硫氰化物	128.80	12.60	3.34	73.00
氰化物	19.80	0.85	0.29	65.00
氨	168.90	130.70	33.24	75.00

表 12-31　不同粉煤灰用量与生物联合处理焦化厂废水的试验结果

污染物种类	生物处理前/(mg/L)	生物处理后/(mg/L)	粉煤灰用量 10kg/m³		粉煤灰用量 15kg/m³		粉煤灰用量 20kg/m³	
			联合处理/(mg/L)	去除率/%	联合处理/(mg/L)	去除率/%	联合处理/(mg/L)	去除率/%
COD	1583.00	239.00	136.28	43.00	66.83	72.10	44.14	81.50
TOC	553.00	103.30	65.40	36.70	26.90	74.00	16.80	83.70
总酚	596.00	56.70	29.50	48.00	14.96	73.60	9.49	83.30
挥发酚	199.00	0.46	0.35	24.00	0.12	73.90	0.06	87.00
硫氰化物	116.00	7.90	3.80	51.90	1.90	76.00	1.20	85.00
氰化物	26.80	0.48	0.24	50.00	0.11	77.00	0.05	89.60
氨	147.70	101.20	62.40	38.10	25.60	75.00	19.70	80.50

由表 12-28～表 12-31 可以看出，在生物处理同时，添加吸附性物质可以明显地改善生物处理的总效率，污染物的脱除率随吸附性物质吸附能力的大小在 20%～80% 之间变化，并且污染物的脱除率与吸附性物质的投加量有关，一般随投加量增加，脱除率上升。从试验研究的结果看出，四种吸附性物质中活性炭效果最好，但活性炭的价格昂贵，工业生产中会使操作费用大幅度上升；其次为粉煤灰，使用粉煤灰可以显著降低废水的 COD 值，污染物的去除率可以提高 80%，同时有较好的脱色除臭效果。

试验研究结果表明：对焦化废水的脱色，粉煤灰最佳；对挥发酚、油、COD_{Cr} 的净化率，粉煤灰为焦粉的 3～6 倍；对硫化物的脱除，活性炭最佳，但若粉煤灰用量为 10g/100mL，硫化物脱除率也能达到近 100%；对挥发酚及 COD_{Cr} 的净化效果，粉煤灰略低于褐煤粉和活性炭，但差别不大。比较可见，粉煤灰乃是值得重视的有效吸附剂。

工业生产的粉煤灰的净化结果和实验室结果比较相近，见表 12-32。污染物的平均净化率以粉煤灰最高 64.34%（COD_{Cr}、挥发酚、氰化物、氨氮、色度），其次是半活性炭 58.28%（COD_{Cr}、挥发酚、氰化物）。可见，某些廉价的粉煤灰和焦尘完全可以代替活性炭，它们对废水的净化效果与价格较昂贵的活性炭不相上下。

表 12-32 不同吸附剂净化焦化厂废水效率的比较

	项目	COD_{Cr}	挥发酚	氰化物	硫化物	油	氨氮	BOD_5	色度
粉煤灰处理实验结果	生化出口水/(mg/L)	286.89	0.423	0.496	0.198	12.41	275.29	84.12	100
	净化后浓度/(mg/L)	93.92	0.083	0.348	0.047	9.86	146.67	49.84	2.5
	净水率/%	67.26	80.38	29.84	76.26	20.54	46.72	40.75	97.50
	粉煤灰/水量/(g/100mL)	1.747	1.747	1.747	1.747	1.747	1.747	1.747	1.747
	吸附容量/(mg/g)	11.05	0.020	0.0085	0.0086	0.146	7.362	1.962	—
	吸附容量/初浓度	0.0385	0.0460	0.0170	0.0434	0.017	0.0267	0.233	—
活性炭工业试验结果	初始浓度/(mg/L)	213.00	0.59	2.66	—	—	204.00	—	—
	净化后浓度/(mg/L)	126.74	0.009	0.53	—	—	198.29	—	—
	净水率/%	40.5	98.5	80.0	—	—	2.80	—	—
	活性炭/水量/(g/100mL)	2	2	2	—	—	2	—	—
	吸附容量/(mg/g)	4.31	0.029	0.107	—	—	0.286	—	—
	吸附容量/初浓度	0.0202	0.0490	0.0400	—	—	0.0014	—	—
焦尘粉工业试验结果	初始浓度/(mg/L)	678.0	1.51	3.01	—	—	164.2	—	—
	净化后浓度/(mg/L)	236.0	0.26	0.83	—	—	161.0	—	—
	净水率/%	65.2	83.9	72.4	—	—	2.0	—	—
	活性炭/水量/(g/100mL)	1.5	1.5	1.5	—	—	1.5	—	—
	吸附容量/(mg/g)	29.47	0.09	0.145	—	—	0.213	—	—
	吸附容量/初浓度	0.0435	0.0559	0.0482	—	—	0.001	—	—

三、用粉煤灰和高铁酸钾处理造纸废水的研究

高铁酸钾（K_2FeO_4）为新型净水剂，集混凝、去污、杀菌、脱臭功能于一身，在水处理过程不产生二次污染和其他副作用，是一种高效多功能的水处理剂。国内外研究表明，高铁酸钾用于饮用水及工业用水消毒杀菌，30min 杀菌率在 95% 以上；在碱性条件下，10min 内可使 CN^- 去除率达 99% 以上。此外，它还可去除水中的藻类及治理放射性废水。粉煤灰也可有效地净化焦化废水、印染废水、炼油废水和制药废水等。将粉煤灰和高铁酸钾联合起来处理造纸废水，会取得很好的效果。试验结果见表12-33、表 12-34。

表 12-33 粉煤灰对造纸废水的处理结果

粉煤灰投加量/(g/L)	COD 去除率/%	浊度去除率/%	色度去除率/%
5	20.0	50	47.9
10	25.0	51.8	51.2
15	30.0	53.6	57.1
20	35.7	56.0	61.7
25	42.1	59.4	66.2
30	47.8	64.0	70.8
35	52.1	68.4	75.4
40	57.8	73.2	80.0
45	62.1	78.4	83.8
50	66.4	82.0	88.8
55	67.2	83.0	89.6
60	68.2	83.8	90.0

表 12-34　K_2FeO_4 对造纸废水的处理结果

粉煤灰投加量/(g/L)	COD 去除率/%	浊度去除率/%	色度去除率/%
2	25.5	66.7	62.9
4	36.2	83.3	81.5
6	43.6	85.6	85.2
8	61.7	86.7	88.5
10	80.9	90	90.7
12	85.1	74.4	92.6

　　试验研究表明，随粉煤灰投加量增大，COD、浊度及色度去除率均有增加。但粉煤灰用量达 50g/L 时，曲线已趋平缓，COD、浊度及色度去除率增幅不大。考虑到粉煤灰用量增大会导致沉淀物增多，后处理困难，所以粉煤灰用量以 50g/L 为宜。而随 K_2FeO_4 投加量增加，COD、浊度、色度去除率均有增加，以 COD 去除率增加较显著。当 K_2FeO_4 投量达 10mg/L 时，浊度去除率达最大值，再增投 K_2FeO_4，去除率反而降低，所以 K_2FeO_4 投加量以 10mg/L 为宜。

四、粉煤灰处理重金属废水

　　当今水污染问题已遍及世界各地，尤其是电镀、农药以及铬、锌、铅工业废水中含有铬、铅、铜、镉等重金属离子，严重污染环境，危害人体健康。近年来，有人利用无机非金属材料如海泡石、膨润土、凹凸棒土、硅藻土等处理重金属废水，并已取得可喜成绩。粉煤灰是具有一定活性的球状细小颗粒，对于水中杂质具有较好的吸附性能。利用粉煤灰对含重金属离子的工业废水进行处理可谓以废治废，且费用低廉，处理效果好。

　　废水中的铬是一种致癌物质，国家工业废水排放标准规定，Cr^{6+} 含量不能大于 $0.5\mu g/mL$，而一般电镀废水的 Cr^{6+} 含量是国家排放标准的数十至数百倍。用两种粉煤灰处理废水中 Cr^{6+}，试验结果（表 12-35）表明，随着水中 Cr^{6+} 浓度增加，去除率相对降低，酸活化粉煤灰处理 Cr^{6+} 的效果比粉煤灰好得多，特别在低浓度时，这种差别特别明显。酸活化粉煤灰，实质是金属元素氧化物 Al_2O_3 和 Fe_2O_3 与硫酸反应，生成硫酸铝、硫酸铁盐从而使粉煤灰在酸活化后具有吸附、混凝的性能，比粉煤灰的单一吸附性能强，因此处理效果好。

表 12-35　两种粉煤灰处理 Cr^{6+} 结果

Cr^{6+} 浓度/(μg/mL)		5	10	15	20	25	30	35	40	45	50
去除率/%	粉煤灰	64.7	66.3	65.2	45.6	44.6	44.5	39.8	38.7	37.4	36.1
	酸活化粉煤灰	98.2	95.2	87.1	78.5	64.7	59.3	56.7	54.9	53.8	51.5

五、粉煤灰处理含氟废水

　　氟是人体必需的微量元素之一，饮用适宜的氟含量浓度为 $0.5\sim1.0mg/L$，但长期饮用氟含量高于 1mg/L 的水，会引起氟斑牙，甚至氟骨病。在工业上，含氟矿石开采、金属冶炼、铝加工、玻璃、电子、电镀、化肥、农药等行业排放的废水中常常含有高浓度的氟化物，若不降低氟的含量就排放出来，会造成环境污染，使本地区地下水的含氟量增大，影响饮水质量。我国规定工业废水中含氟量在 10mg/L 以下才能达到排放标准。以前报道过的除氟剂有粉煤灰，活性 Al_2O_3、活性 MgO、CaO 等，它们都有一定的除氟能力，粉煤灰处理含氟水，可直接往废水里投加，以废治废，成本低廉；缺点是氟的去除率低、粉煤灰投加量大，通常每升废水需投加 40～100mg 才能使废水含氟量达到排放标准。用以粉煤灰为原料、添加 $MgCl_2$ 和 $Al_2(SO_4)_3$ 制成粉煤灰复合吸附剂来处理含氟工业废水，其除氟效果比直接用粉煤灰除氟效果好，用量可减少到只用粉煤灰时用量的 1/10 左右，即可达到除氟排放标准。

第五节　粉煤灰在农林牧业中的利用

粉煤灰在农林牧业中的应用，实际上就是通过改良土壤、覆土造田等手段，促进种植业的发展，以便达到提高农作物产量、绿化生态环境、培植优良饲草等目的。实践证明，与工业综合利用相比，农林牧业利用粉煤灰有投资少、容量大、需求平稳、波动少，且大多对灰的质量要求不高等特点，是适合我国国情的一条综合利用途径，潜力很大。加强这方面的研究应用，必将能开拓我国粉煤灰综合利用的新局面，产生明显的环境效益和经济效益。

一、粉煤灰用于改良土壤

粉煤灰对土壤物理性质的影响主要是改善土壤结构，降低容重，增加孔隙率，提高地温，缩小膨胀率，特别是对改善黏质土壤的物理性质具有很好的效果。此外，它还有利于保湿保墒、增强土壤中微生物活性与促进养分转化，使水、肥、气、热趋向协调，为作物生长创造良好的土壤环境。

1. 粉煤灰中有农作物所需的营养元素

粉煤灰本身含有多种植物可利用的营养成分。美国纽约州立大学 Malanchuk 研究表明，在温室条件下，每公顷地施用 224t 粉煤灰，莲藕产量显著增加，元素分析表明：植株中钙、镁、钠的浓度没有明显增加，钾的浓度在第一季有所下降，而在第二季增加 1％～3％，硼、锌浓度随粉煤灰施用量增加而增加，锰浓度则随粉煤灰用量增加而减少。蔬菜试验表明：粉煤灰用量在 0～12％范围内，随施用量增加，植物组织中铁、锌浓度下降，钼、锰浓度增加，而铜、镍浓度保持不变，没有产生植株毒害症状。这些元素浓度的变化与土壤 pH 值显著相关。山西省在潮土上亩施灰 5～60t，94 个施灰土壤测定的平均有效磷含量为 26.2mg/kg，比无灰对照土壤（平均 19.4mg/kg）增加 35.1％。用粉煤灰改良砂质土壤后，对土壤磷的吸附与解吸试验表明：对磷的最大吸附量发生在高用量粉煤灰改良的土壤上，这对保持土壤磷的有效性有重要意义。然而高 pH 值的干灰，可使改良后土壤 pH 值明显上升，造成磷、锌缺乏。

由于粉煤灰富含硼，是油料作物的良好肥源，生长在粉煤灰改良土壤上的花生、大豆的产量及品质均有明显提高。加拿大安大略省 Simcoe 地区自 1996 年开始了为期 5 年的研究项目-粉煤灰作为果树钙和硼的资源评价。粉煤灰同腐殖酸结合施用，可以提高土壤中有效硅的含量。吉林市农科所在三种土壤上种植水稻，亩施粉煤灰 $1.5 \sim 3t$，土壤有效硅含量由 $1.07mg/kg$、$0.52mg/kg$、$1.4mg/kg$ 分别提高到 $1.9mg/kg$、$2.0mg/kg$、$7.4mg/kg$。施用粉煤灰可以改善土壤微生物活性，白浆土试验表明：大豆自开花期土壤根系层的微生物活性明显增强，一直延续到籽实成熟期，细菌、放线菌和真菌都表现有一致的增长趋势，有利于促进草碳有机成分在土壤中的腐殖化过程，为农作物生长发育创造良好的土壤环境条件。

根据中国农业科学院土壤肥料研究所和新乡地区农业科学研究所分析（见表 12-36），粉煤灰中确实含有少量的氮、磷、钾元素，而这些都是农作物生长的必要元素。

表 12-36　河南新乡地区农业科学研究所分析结果

土样	含氮/%	水解氮/(mg/100g)	速效磷/(mg/L)	速效钾/(mg/L)	有机质/%	层次/cm	视密度/(g/cm³)	孔隙率/%
未施灰	0.0029	4.312	9.04	252	1.216	0～10	1.296	49.56
						10～20	1.473	43.35
施灰	0.096	0.098	12.10	270	1.207	0～10	1.203	53.19
						10～20	1.455	44.04
碱地	0.064	1.784	11.10	249	0.916	—	—	—

2. 可改善黏土的物理性质

河南农业大学和河南省农科院土肥所在砂姜黑土上所做田间试验表明，施用粉煤灰后土壤容重降低，孔隙度增大，且随着用灰量增加，土壤容重逐渐下降，土壤孔隙度逐渐增大，其相关系数分别为 -0.97 和 0.98。对土壤温度的连续观测表明，粉煤灰对砂姜黑土有明显的增温作用，特别是对 5cm 和 10cm 深度的增温效应随粉煤灰用量的增加而增加；对播种后 15d 土壤 10cm 深度含水量的测定表明，施用粉煤灰的比对照田含水量增加 $23.7\% \sim 36.4\%$。印度坎普尔地区试验表明：每公顷施灰 20t，土壤导水率由 $0.076mm/h$ 增加至 $0.55mm/h$，土壤稳定性指标从 12.51 增至 14.08。南昌发电厂粉煤灰改土试验表明：灰土比为 6.5% 的质量比可使土壤容重由 $1.36g/cm^3$ 降至 $1.26g/cm^3$。另外，粉煤灰可通过增加土壤中大于 1mm 水稳性团聚体的数量，改善土壤结构。水稻盆栽试验表明：亩施 5000kg 粉煤灰，可使黏质土壤中小于 0.01mm 的物理性颗粒由 44.65% 降至 41.97%，土壤颗粒含量随施灰量增加而递减，呈显著的直线负相关。在每亩施灰量 4000kg 以内，土壤孔隙度随施灰量增加而递减，有显著的正相关性。西北农学院测定表明：亩施粉煤灰 1.5t，土壤膨胀率由 7.1% 降为 4.99%，从而有利于防止土壤流失。美国宾夕法尼亚州及特拉华州研究表明：粉煤灰可改善砂质土壤的持水性，提高其抗旱能力。粉煤灰在改良钠质土壤方面亦有成功经验：由于粉煤灰的酸性特征，它所含的三氧化二物水解时会形成不溶的氢氧化物和可离解的酸，这些酸有利于改善土壤的物理和化学性质。另外，高硫煤产生的酸性灰可用于改良盐碱土，以降低土壤 pH 值，高 pH 值的碱性灰同样是酸性土壤的改良剂。

黏质土壤的物理性颗粒小于 0.01mm 的占 88%，物理性砂粒大于 0.01mm 的占 12%，持水量为 $30\% \sim 40\%$，导热性好，亲水性强，土质黏重，透气性不良，影响农作物苗期生长。粉煤灰的颗粒占 8%，砂粉粒占 92%，持水量为 57%，导热性差，亲水性弱，视密度为 $0.6289/cm^3$，孔隙率为 70%。黏土施灰量达 $3 \times 10^4 kg/$亩时，土壤黏粒占 20%，砂粉粒占 80%，土壤密度为 $1.08g/cm^3$，孔隙率为 62.97%，持水量为 $43.8\% \sim 45.8\%$，导热性好，亲水性适中。随着施灰量增加相应的土壤孔隙率也随之增大，土壤的通气性变好。由于增强了土壤的通气性，有利于好气性微生物的活动，土壤的养分被农作物吸收利用。

3. 改善了土壤的含水量

粉煤灰是一种质量轻、体积大、孔隙率大的固体，它的含水率平均在 57.7% 左右。通过试验发现，黏质土壤每亩施灰量每增加 5000kg，土壤视密度下降 0.11%，孔隙率增加 3.53%，含水量增加 1.14%。所以经过改良后的黏质土壤提高了保水供水性能。

4. 粉煤灰具有协调地温的作用

黏质土壤的特性之一是导热性好，昼夜温差大，冬季地温低，小麦越冬易受冻，夏季地温偏高，不利于作物生长。

粉煤灰的特性是导热性差，冬季可以提高地温，夏季由于它质地疏松，热容量大，可以降低地温，使土壤适宜农作物生长。表 12-37 和表 12-38 是对施用粉煤灰的黏土地所做的地温记录，从表中看出，在冬季地温随施灰量的增加而逐渐提高，亩施 3.5×10^4 kg 时，平均增温 2.4t，在气温较高的夏季，亩施 3.5×10^4 kg 时，地温下降 1.1℃。

表 12-37 粉煤灰不同施用量与 5cm 地温记录（冬季）

项目 ＼ 时间	5 个月	6 个月	7 个月	8 个月	9 个月	15 个月	16 个月	小计	平均	与对照田相比	与气温相比
气温/℃	0	1.3	0.2	0.4	0.8	2.8	2.1	6.4	0.91	—	0
对照田地温/℃	1.0	2.0	0.8	0.7	1.8	3.3	2.0	11.6	1.7	0	0.79
亩施 1.0×10^4 kg，地温/℃	1.3	2.3	1.2	1.4	2.5	4.1	3.3	16.1	2.3	0.6	1.39
亩施 1.5×10^4 kg，地温/℃	1.7	2.6	1.8	1.6	2.8	4.3	3.8	18.6	2.7	1.0	1.79
亩施 2.0×10^4 kg，地温/℃	2.2	3.0	2.3	1.0	3.0	4.7	4.0	20.3	2.9	1.2	2.09
亩施 2.5×10^4 kg，地温/℃	2.7	3.3	3.7	2.3	3.5	5.0	4.4	24.9	3.9	1.9	2.69
亩施 3.0×10^4 kg，地温/℃	3.1	3.7	2.7	2.6	3.8	5.4	4.8	26.1	3.7	2.0	2.79
亩施 3.5×10^4 kg，地温/℃	3.5	4.0	3.1	3.1	4.2	5.7	5.1	28.7	4.1	2.4	3.19

表 12-38 粉煤灰不同施用量与 5cm 地温记录（夏季）

项目 ＼ 时间	11 日	12 日	13 日	14 日	15 日	16 日	17 日	18 日	19 日	20 日	平均	与对照田相比	与气温相比
气温/℃	20.8	20.3	21.2	21.3	21.0	20.3	21.2	21.2	22.2	22.5	21.2	—	0
对照田地温/℃	20.0	19.3	20.0	20.5	20.6	20.6	18.3	18.3	18.0	18.0	19.4	0	−1.8
亩施 1.0×10^4 kg，地温/℃	20.0	20.0	20.2	20.3	20.8	20.2	18.5	18.8	18.8	19.2	19.7	−0.3	−1.5
亩施 1.5×10^4 kg，地温/℃	19.6	19.8	20.0	19.8	20.0	20.2	18.5	19.0	19.3	19.2	19.6	−0.2	−1.6
亩施 2.0×10^4 kg，地温/℃	20.0	20.5	20.3	20.0	20.0	18.2	18.4	19.0	19.1	19.4	19.6	−0.2	−1.6
亩施 2.5×10^4 kg，地温/℃	19.6	20.8	20.6	20.4	20.0	20.3	18.8	18.8	19.6	19.6	19.8	−0.4	−1.4
亩施 3.0×10^4 kg，地温/℃	20.8	20.6	21.3	21.2	21.2	21.2	18.9	19.0	20.0	19.3	20.4	−1.0	−0.8
亩施 3.5×10^4 kg，地温/℃	21.2	21.2	21.8	21.8	21.5	21.2	18.3	18.8	19.5	19.5	20.5	−1.1	−0.7

二、覆土种植及纯灰种植

到 20 世纪末，我国粉煤灰贮灰场将占地 50 万亩，尤其是已堆满粉煤灰的贮灰场，不仅无法耕种，而且风起灰扬，给周围环境造成严重的"二次污染"。为此，经过多年的积极探索和实践，对堆满粉煤灰的贮灰场进行覆土造田，种植蔬菜、粮食，或采用纯灰种植植物技术，作为"八五"期间的重点推广项目，在贮灰场兴起了生机勃勃的"绿色工程"。

1. 覆土造田

粉煤灰用来填充涝洼地、塌陷地、山谷、烧砖毁田造成的坑洼地，或对堆满粉煤灰的贮灰场覆土 40~50cm 造田，开展农牧业。

唐山市区的大城山占地 $6.0×10^6\text{m}^2$，多年来由于各厂矿、企业和个人在山上采石，使大城山的植被、地面遭到严重破坏。唐山电厂从 1966 年开始用粉煤灰充填这些大大小小的石头坑，累计覆土造地 400 余亩。这些再造地经大城山园林处播种育苗，已绿化成林，树木成活率达 90%。如今大城山有近 250 余种树木生存，覆盖面积达 $3×10^6\text{m}^2$，使昔日百孔千疮的大城山，重新披上了绿装，并建成大城山公园供游人观赏。

淮北煤矿塌陷区系淮北矿务局相城煤矿第三采区和朱庄煤矿第十采区，采煤后导致地表塌陷，并趋于稳定，平均塌陷厚度约 4m。淮北发电厂于 1980 年将此塌陷区设计为粉煤灰贮灰场，首先利用挖泥船和水利绞塘机组将煤矿塌陷坑整理成池塘状，周围用土筑高呈堤坝形，尔后将电厂粉煤灰用大型输灰管道按水：灰=15：1 的比例，将粉煤灰充填到煤矿塌陷区，待粉煤灰充满后，粉煤灰充填厚度约 4m，再将其周围土堤坝及附近的土壤覆盖在粉煤灰层之上，一般覆土厚度 30~50cm，构成煤矿塌陷区粉煤灰复田。在此粉煤灰复田上，引种刺槐、柳树、榆树、杨树、灌木柳等 8 个树种，130 多个天性系品种，分别营造上层乔木速生丰产林、中层灌木条类低矮林、观赏花卉及下层草坪等绿色植被，形成上、中、下结合的复层生态结构，建立复层营林环境生态体系。测定表明，该体系的林风较空旷地风速降低 17.4%~41.6%，滞尘量降低 28.05%，地温降低 2.5%~9.3%。此外，该体系还可提供木材原料和林副产品，获得直接经济效益。

上海宝山钢铁公司 1982 年将烧结清循环水池填筑粉煤灰后，覆土 30~50cm，栽种黄杨、女贞、夹竹桃等树木，多年来长势良好。

由于粉煤灰中含有钴、铝、铜等微量元素的化合物及氮、磷、钾、镁等元素的化合物，足以供给树木生长对无机营养物的需要。其次粉煤灰多孔粒子之间的相互联结，形成无数条"羊肠小道"和星罗棋布的"交通网"，为树木根部呼吸及输送各种营养物质，创造了良好条件，而粉煤灰内部的孔隙则可作为树木根部呼吸的气体（O_2 和 CO_2）以及树木所需的营养液或水的"仓库"。这样既可使微量化合物的作用得到应有的发挥，也有利于表层土壤中微生物的繁殖，加速有机质的分解，同时还能提高地温，有防冻保墒的作用，使根系发达，枝繁叶茂；再次，粉煤灰还含有具有杀虫作用的钛、锗等元素的化合物。

使用粉煤灰也存在一些不利因素，如粉煤灰的物理性质（导热性、导电性、膨胀性、渗透性、热辐性等）与土壤有显著差别，因此利用粉煤灰淤地造田、植树造林需注意几个问题。

（1）严格掌握覆土厚度 在灰场植树前要覆盖 30~60cm 厚的黏土，最低不得少于 30cm，以免土壤脱水、漏风和移栽树苗时根部形成土台降低成活率。

（2）选择适宜树种 由于粉煤灰中含有大量的氧化钙，使土壤呈现碱性。因而要挑选适合在中性或弱碱性土壤中生长的杨槐、榆树、侧柏、紫穗槐等荆条树种栽种。

（3）补充有机肥 粉煤灰中含有大量的无机肥，但不含有机质，因而在植树前最好用较好的有机肥作底肥。树木成活后，地面的落叶之类的有机物不要清除，待其腐烂后渗入土层，增加土壤的有机物质，补充树木生长所需的营养成分。

（4）浇水保墒 由于粉煤灰粒子之间孔隙较大，渗透性好，因而植树前后要浇足水，待树木成活后的 2～3 年内还要坚持浇好封冻水和浇清水，以保证树木成活。

2. 纯灰种植

我国燃煤电厂粉煤灰纯灰种植技术，已占电厂贮灰场可种植面积的 1/3，达 1.3 万亩。据《中国环境报》报道，对 9 个电厂在 2500 亩纯灰上种植的粮食、水果、蔬菜、油料、牧草、中草药等 20 多种植物，500 多个样品化验测定，灰田结出的可食部分有害物质含量均未超过国家食品卫生标准。

纯灰种植与覆土造田相比，不需要动用土方，成本较低。特别是在旧灰场上进行种草植树压尘是治理粉煤灰污染的一条有效途径。种植草坪可选用牧草沙打旺、苜蓿草等品种，可以起到防尘、固灰、保持水土的效果，但要解决灰场扬尘问题，还应以植树为主。灰场植树选用扎根较深、成活率较高的树种，如杨树、柳树。江苏徐州电厂在 1700 亩面积的贮灰场上种植柳树 15 万株，占地 1000 余亩。种植时采用株距 160cm、行距 200cm 的间距，每个植株坑 40cm×40cm。首先在挖好的株坑内填土 10cm（挖坑和填土配合好则有利于根部扩展及防止根部区的凝结，这在提高种植成活率方面证明是有效的），然后插上柳树再加掺和有化肥的土厚 10cm，然后覆灰踩实，最后进行大面积浇水（徐州电厂采取放冲灰水的方法），取得良好的效果，当年树苗成活率达 95%。如今的灰场已是一片茂密葱郁的小树林。由于树木遮盖了灰面，灰场扬尘得到了治理，在柳树成活较好的灰面，野生草类自然地在树周围生长，且长势良好，能完全盖住灰面。

三、粉煤灰生产肥料

粉煤灰中含有人们迄今所知植物生长所需的主要的 16 种元素和其他营养物质，被人们称为长效复合肥。利用粉煤灰生产肥料，是随着农业生产的需求不断提高而兴起的。针对不同的土壤、不同作物、不同气候条件，以粉煤灰为主要原料，经过加工处理，为农业生产提供多品种、多规格的颗粒化肥，以满足不同作物在不同条件下的生产需要。粉煤灰中含有农作物生长所需的硅（S）、铁（Fe）、钙（Ca）、镁（Mg）、钾（K）、锌（Zn）、锰（Mn）、磷（P）、硼（B）、硒（Se）等，所以利用粉煤灰生产的肥料，不仅能提高农作物对多种养分的吸收率，增强对病虫害的抗性，还能起到保墒透气、改善土壤环境，有益于微生物繁殖等优良作用，并且能使小麦、玉米、棉花、水稻等作物增产。

1. 粉煤灰复合肥

传统的复合肥是以 N、P、K 为原料，按特定的比例进行配制，用凹凸棒土作为添加剂，经过一定的生产工序，制成合格的复合肥料。粉煤灰复合肥的生产工艺和普通复合肥生产工艺基本相同，粉煤灰作为原料直接加入其中，既代替凹凸棒土，又利用了含有微量元素的废物。粉煤灰的掺入量一般占 10%，N、P、K 的含量不低于 25%，经检验符合国家复合肥产品标准。使用实践证明，在 N、P、K 养分相同的情况下，粉煤灰复合肥综合质量优于普通复合肥。

粉煤灰复合肥与普通复合肥生产工艺流程相同，只是添加剂和配方不同。换言之，生产复合肥的所有设备和生产线，都可用来生产粉煤灰复合肥。

（1）高效粉煤灰复混肥　高效粉煤灰复混肥是由活化粉煤灰与尿素、普钙和氯化钾复混而成，总养分为 25%。其具体配比为：粉煤灰 22、尿素 22、普钙 45、氯化钾 10、激发剂

1。复混肥中养分的比例为 N：P_2O_5：K_2O：中、微量元素＝1：0.7：0.6：0.2。

（2）长效粉煤灰复混肥　长效粉煤灰复混肥是由碳酸氢铵、磷酸氢二铵、氯化钾与活化后的粉煤灰复混而成。总养分为26％。其中 N：P_2O_5：K_2O：中、微量元素＝1：0.8：0.6：0.2。其具体配比为：粉煤灰21、碳酸氢铵50、磷酸氢二铵18、氯化钾10、激发剂1。

此种肥料之所以称为长效粉煤灰复混肥，是因为磷酸氢二铵与活化粉煤灰中的氧化镁、氧化钙等发生反应生成具有枸溶性的盐类，它们包裹在碳酸氢铵的表面形成一层保护层从而延缓了碳酸氢铵的分解和吸潮。

（3）含锌粉煤灰高效复混肥　锌可提高作物植物株性状的生长优势和抗灾抗病虫害的能力。而有些土壤 pH 值高达8以上，碳酸盐含量高达10％，有机质含量仅1％左右。因此很容易造成土壤中有效锌含量下降。若不及时补充锌就会影响到作物的正常生长。而粉煤灰复混肥中唯一缺少的微量元素就是锌，为弥补此不足，可在高效粉煤灰复混肥中添加硫酸锌制成含锌高效粉煤灰复混肥。它的总养分为26％，其中氮10％、P_2O_5 7％、K_2O 6％、Zn 1％、微量元素2％。具体配比为：粉煤灰18.5、普钙45、尿素22、氯化钾10、$ZnSO_4 \cdot 7H_2O$ 3.5、激发剂1。

2. 粉煤灰磁化肥

粉煤灰磁化肥是在粉煤灰中添加适量的氮、磷、钾养分和其他微量元素，经造粒、磁化得到的一种新型复合肥。该技术可根据各地土壤情况及各种作物对养分的要求不同，调整配方，生产出一系列专用肥。其生产工艺与粉煤灰复合肥的生产工艺基本相同，所不同的是磁化肥生产工艺流程中多了一道磁化工艺。粉煤灰磁化肥对农作物有明显的增产作用，在肥效、促进作物生长方面优于普通复合肥，每亩施用50kg粉煤灰磁化肥，可使作物增产5％～30％，施肥成本下降10％～30％。目前对粉煤灰磁化肥增产机理的主要解释如下。

（1）改善土壤结构　粉煤灰及其混合物经磁化后具有一定的剩磁，这些被磁化的活性颗粒施于土壤，具有较强的磁易感性，对土壤颗粒进行磁活化，加上粉煤灰本身具有的物理性质，可以改善土壤的保水、保肥、透气、透水性能和团粒结构，并使作物根系发生化学反应和磁生物效应，有利于营养成分的输送和根系的吸收。

（2）改进土壤化学作用　粉煤灰磁化肥中添加的氮、磷、钾养分（一般为15％～25％或30％），对作物的生长、增产起了关键作用。肥料中的铁磁性物质可调节土壤酸度，使土壤 pH 值增到6.5～7.0，降低水解酸度。

磁性物质施入土壤水解后可释放能量，该能量可促进土壤和肥料中微量元素的活化，提高土壤中可给态氮和钾及有效磷的水平，促进水解性氮和代换性钾的积累。

（3）促进某些微量元素的可溶性　磁化可使粉煤灰中某些矿物结构发生细微变化，促进肥料中或土壤中某些微量元素的溶出性，便于作物充分吸收利用。如粉煤灰中的硅、钾、磷、铁、锰、硼、铜、锌、铝等的溶出，对作物生长起到良好的促进作用。

（4）促进植物的酶系统发生变化　在磁场影响下植物性质的变化是与酶代谢、核内中央调节系统、酶的活度、DNA脱氧核糖核酸在磁场中定向等有关，从而可使蛋白质的合成以及光合作用的进行等过程得到活化。

四、粉煤灰中有害物质对农田和作物的影响

粉煤灰中有害物质主要是指汞、砷、铬、铅、镉五种有毒微量元素和^{235}U、^{232}Th、^{226}Ra、^{40}K

等天然放射性元素，外加致癌物质 3,4-苯并芘。当粉煤灰越来越广泛地被应用在农林牧业中，并取得了直接经济效益和防止了粉尘污染的环境效益的同时，人们最关心的是土壤施用粉煤灰后其中的有害物质对土壤环境和粮食、饲草、树木有何影响，是否会最终影响到人的健康。为此，许多科研工作者进行了多方面、大量的实验，使我们认识到粉煤灰中有害物质的含量主要受煤种、锅炉燃烧方式和温度、煤粉细度、除尘方式等影响，土壤中有害物质的含量也因地区而异。因此，评价粉煤灰对土壤环境的影响也就不能一概而论，需因地而异，因灰而异。这就意味着该项工作的广泛性和持久性。

目前，关于这方面的研究，国内外都有较多报道。在贮灰场纯灰种植条件下，苜蓿、玉米、黍、兰草、洋葱、胡萝卜、甘蓝、高粱等，都有砷、硼、镁和硒的明显积累趋势。种植于纽约电厂粉煤灰上的三叶草表现出以硒为主的有毒元素积累，冬小麦含硒 5.7mg/kg，而对照冬小麦含硒 0.02mg/kg，需按照有关工业废物利用方面的现行法规控制其施用量，以防有害金属在农业土壤中的积累。在有机土、风化土和冲积土三种土壤上小麦盆栽试验表明：土壤重金属元素的生物效应与土壤的 pH 值密切相关，在加灰 5% 时，风化土 pH 值从 6.1 上升到 8.3，故对麦苗中的重金属来说其总量积累规律是随着施灰量的增加递减；对于有机土来说，土壤有机物含量和离子交换能力高，土壤的缓冲能力强，加灰仅增加 pH 值 0.4，故一些重金属的总量则增加。

由表 12-39 看出，在 57 个耕田施灰土壤样中的砷、汞、镉、铬和铅五种重金属平均含量与无灰对照土壤中含量比较（25 个样品），其中施灰土壤中汞比对照土壤增加 0.118mg/L，增加 37.22%；铅比对照土壤增加 6.85mg/L，增加 11.9%；镉相近；铬和砷比对照低，均在污染起始值内，未达到污染程度。7 个粉煤灰样品含量与对照土壤比较，其中灰中铅含量平均为 98.96mg/L，比对照土壤高 41.6mg/L，达到轻度污染程度。但大田施灰量达不到这个程度，其他 4 种重金属含量也都来达到污染程度。通过对不同施灰年限和不同含灰量土壤上的作物籽实中（小麦、玉米和糙米等）五种有害重金属含量进行检测（见表 12-40）可以看出，有害重金属含量都在污染起始值以内，施灰并未造成污染。与无灰土壤种植的作物籽实相比较，砷、镉分别下降了 19.6% 和 31.8%，而汞、铅和铬的含量增高了，这与土壤的分析结果相一致。由此说明，用粉煤灰改良土壤，未造成土壤和作物籽实中五种有毒重金属的污染。试验中还对铀、铁等放射性元素含量也做了对比测定，未发现土壤和作物籽实达到污染程度。在评价粉煤灰改土后，有毒元素的生物有效性应结合土壤条件具体分析，提倡生物监测方法很有必要。

表 12-39　施灰地区无灰土、灰土及全灰中五种重金属含量

样品名称	元素	取样深度/cm	样品数	平均含量/(mg/L)	范围	标准差	变异系数	污染评价
未施灰土壤	砷	0～20	25	7.528	4.8～10.60	1.510	0.200	—
		20～10	2	9.900	8～11.8	2.687	0.271	—
	汞	0～20	25	0.317	0.11～0.72	0.160	0.510	—
		20～40	2	0.160	0.1～0.22	0.085	0.530	—
	镉	0～20	25	5.170	4.13～6.40	0.700	0.140	—
		20～10	2	4.07	3.87～4.27	0.283	0.0695	—
	铬	0～20	25	76.426	58.33～100.00	11.92	0.156	—
		20～40	2	66.67	66.67	0.007	0.001	—
	铅	0～20	25	57.332	41.67～91.67	13.460	0.235	—
		20～40	2	45.83	45.83	0.0005	0.0001	—

样品名称	元素	取样深度 /cm	样品数	平均含量 /(mg/L)	范围	标准差	变异系数	污染评价
施灰土壤	砷	0～20	57	7.175	4.2～10.60	1.560	0.217	—
		20～10	4	10.35	77.8～12.80	2.720	0.263	—
	汞	0～20	57	0.435	0.11～1.25	0.240	0.552	—
		20～40	4	0.553	0.12～0.75	0.294	0.532	—
	镉	0～20	57	5.124	3.87～6.93	0.734	0.143	—
		20～10	4	4.665	4.13～5.60	0.645	0.138	—
	铬	0～20	57	73.94	58.33～100.00	9.988	0.135	—
		20～40	4	80.21	62.5～116.67	24.856	0.310	—
	铅	0～20	57	64.181	41.67～125.00	12.320	0.192	—
		20～40	4	55.208	45.83～75.00	13.341	0.242	—
全灰土壤	砷		8	7.15	5.4～10.60	1.873	0.262	未
	汞	—	8	0.463	0.29～1.08	0.270	0.579	未
	镉	—	8	6.501	5.33～7.20	0.640	0.098	轻
	铬	—	8	71.873	50.00～83.33	12.750	0.172	未
	铅	—	8	98.957	83.33～112.50	11.520	0.116	轻

表 12-40　施灰土壤、无灰土壤的作物籽实中五种重金属含量

取样土样	样品名称	元素	样品个数	平均含量 /(mg/L)	范围	标准差	变异系数	增减 /%	污染评价
施灰土壤	作物籽实	砷	25	0.080	0～0.25	0.061	0.738	-19.6	未
		汞	25	0.0047	0～0.0183	0.0053	1.129	27.0	未
		镉	21	0.030	0.007～0.080	0.020	0.685	-31.8	未
		铬	21	0.362	0.18～1.023	0.207	0.570	10.4	未
		铅	21	0.0819	0～0.4	0.130	1.582	28.3	未
未施灰土壤	作物籽实	砷	14	0.102	0～0.25	0.075	0.732	—	—
		汞	15	0.0037	0～0.0159	0.0044	1.182	—	—
		镉	11	0.044	0～0.095	0.035	0.788	—	—
		铬	11	0.328	0.093～0.688	0.149	0.456	—	—
		铅	11	0.0636	0～0.34	0.111	1.749	—	—

　　为验证灰场种植作物的可食部分通过食物链进入人体和动物体内是否产生变异和影响，秦岭电厂在 1987 年 2 月，特选定同一母羊生的两只小羊，一只食粉煤灰上生长的小冠花，一只单食野草。当年 9 月将两只羊同时解剖，进行病理组织观察并对有关器官取样制片分析，结果发现，试验羊与对照羊均无显著病变现象。同时对试验羊与对照羊的肝、肾和心脏等器官和羊奶进行了五种有毒微量元素分析，结果表明，试验羊与对照羊的肝、肾和心脏内均未检出汞、砷，试验羊均含有一定量镉、铬，但均未超标，对照羊心脏未检出含镉、肝部未检出含铬，铅与试验羊含量相当。羊奶均未检出这 5 种元素。

　　为慎重起见，又对试验羊进行了 3 代的喂养并解剖分析，以便取得动物试验遗传因子和验证不同代体内是否存在富集。测试结果表明差异不明显，没有发现有害元素在动物体内的富集现象。通过多年的试验分析认为，灰场上种植的小冠花喂羊，羊肉、羊奶均可食用。

　　而已有的研究结果表明，粉煤灰中放射性含量对周围环境和其他种植的作物未造成污染，纯灰种植与土壤种植的作物苯并芘含量差异不显著，因此粉煤灰种植的作物不会危害人体健康。

五、粉煤灰增产效果

粉煤灰改良培肥土壤后，可使农作物产量增加。日本施用粉煤灰的土壤，水稻增产 7.5%～17%，油菜增产 130%～229%，橄榄增产 21%～84%。归纳各国试验粉煤灰施用量以 $75t/hm^2$ 增产效果比较显著，土壤类型以黏质土壤及各种生荒地最显著，作物类型以油料作物及各种蔬菜增产显著，可达 80%～100%，其次是粮食作物，增产可达 30%～40%。加拿大有报道，粉煤灰改良土壤可提高果树产量。

山西农业科学院在太原、晋城、永济等地黏质土壤的多点试验表明：亩施粉煤灰 20t，可使小麦增产 11.2%（$n=22$），玉米增产 15.5%（$n=14$），水稻增产 14.0%（$n=10$），棉花增产 12.2%（$n=3$），均达显著水平。西北农学院在褐土生生土上亩施灰 5～15t，小麦比对照增产 10.2%，玉米比对照增产 8.4%。用粉煤灰改良盐化潮湿始成土的田间试验表明：每公顷施灰 20t，水稻、小麦均有极显著增产。大豆盆栽试验表明：施用粉煤灰不仅可使产量增加 5%，而且可以提高大豆的粗蛋白及脂肪含量。花生盆栽试验表明：土壤中粉煤灰用量在 0～6.5% 范围内，随用量增加，花生产量由对照的 52.4g/盆上升到 71.73g/盆。

近几年来，用粉煤灰制作多元素复混肥和将粉煤灰磁化或磁化后制作复混肥受到越来越多生产厂家的重视。粉煤灰由于含有锌、铜、硼、钼、铁等微量元素，可将其加工成高效复合肥。河南农业科学院土肥所制作的粉煤灰复混肥与对照相比可使小麦增产 17.7%～88%，玉米增产 26.5%～67.2%，水稻增产 2.8%～25.6%，花生增产 12%～24.2%。与普通复合肥比较，各种作物增产幅度在 2.0%～13.5% 之间，至少表现出等量等效现象，而且有毒元素的籽粒积累量低于食品卫生标准。合肥工业大学研制的粉煤灰多元素复混肥经大田试验，优于等养分的常规施肥，也优于 25% 低浓度三元素复混肥，分别增产 19.1% 和 8.9%。张玉昌等关于多元磁化肥的试验证明，应用磁化肥比等养分的非磁化肥，水稻增产 7%～16%、小麦增产 10%～15%、玉米增产 5%～13%、蔬菜增产 10%～35%、苹果增产 6%～17%，且氮素利用率可提高 5%、磷素利用率提高 2.7%。河南省电力企业管理协会 1998 年在河南全省进行的田间试验也证明，施用粉煤灰磁化复混肥小麦增产 16.8%（$n=7$）、玉米增产 6.7%～17%（$n=3$）。多元磁化肥之所以具有较高的增产效果，是磁化肥土壤磁学效应、生物磁学效应、肥料磁学效应和配方施肥技术综合作用的结果。磁化粉煤灰具有的用量低、成本省等优点弥补了大用量粉煤灰改土的不足，在农业上的应用走出一条新路。

第六节　粉煤灰空心微珠的综合利用

粉煤灰空心微珠主要是指漂珠、沉珠、磁珠和炭粒，其作为一种新兴多功能材料，由于它具有颗粒微细、中空、质轻、耐高温、绝缘（漂珠、沉珠）、隔热保温、耐磨、耐酸、耐碱、化学性能稳定等特性，因而它已应用在建材、塑料、橡胶、涂料、化学、冶金、航海和航天等各方面。

1）在塑料、橡胶工业中，空心微珠是塑料、橡胶的优质填料。目前，阜新、镇江、鸡西、太原、北京等地，用空心微珠作填料已生产出大衣柜、沙发、电视机前罩、人造革、彩色地板块等二十多种塑料制品。

2）在耐火材料方面，利用漂珠可生产出密度 $0.4\sim0.8g/cm^3$ 轻质耐火砖，沉珠可用于生产高效保温材料，如微珠保温帽、防火涂料等。

3）在建筑工业中，空心微珠不但可制成人造大理石、消声材料、陶瓷材料，而且还可作为涂料的填充剂。

4）在石油工业中，沉珠可作为石油精炼过程的一种催化剂，用漂珠制成低密度水泥可用于固井。

5）在电气工业中，空心微珠可作为高压电瓷、轻型电气绝缘材料及密封材料的原料。

6）在化学工业中，空心微珠可作为某些化学反应的催化剂。

7）在冶金工业中，空心微珠可用于浇铸隔板填充料，用作砂芯的原料。

8）在航海、航天领域中，空心微珠一方面可用于深水潜艇、航天工具的隔热绝缘材料；另一方面在民用运输飞机中，微珠可用来生产一种轻质强度高、收缩性低的原料。

9）在汽车制造工业中，磁珠和沉珠可用于生产耐磨性良好的汽车刹车片和塑料活塞环、汽车发动机净化器等。

10）磁珠还可作为炼铁原料、海底管道或电缆护层混凝土的配料、高铁水泥的填充材料，更可以代替磁铁矿粉作为重介质选煤的加重质。

此外，从粉煤灰中分选出的精炭可用作炭黑、燃料、橡胶补强剂以及制备活性炭等。

一、漂珠的综合利用

基于漂珠优良的物理化学性质，人们一直在其理论研究及开发应用方面进行不懈的探索，诸多成果已在建材、塑料、橡胶、冶金、电力、涂料及油气勘探等领域显示出良好的应用前景。

1. 轻质高温隔热耐火材料

利用电厂粉煤灰漂珠生产轻质漂珠砖是目前最重要的一个方面。普通的轻质耐火砖存在着热导率、密度与力学强度三者之间的矛盾，虽然可生产出热导率和密度都较小的隔热材料，但却往往由于强度低而无法堆砌。此外，传统的隔热材料还存在着热导率随温度的升高而递增率增大的缺点。而利用漂珠作主要原料生产的漂珠轻质砖，其品质和使用效果均优于普通的隔热材料，可较好地解决上述矛盾，在电力、冶金、制药等行业得到了广泛应用。利用漂珠制作的轻质保温材料，具有抗压强度高、热导率低、保温范围广、化学稳定性好等优点，可广泛用于各种类型的管道、塔、罐、炉等热工设备上的保温或保冷。这种材料适用于使用温度在1200℃以下的各种高温工业炉，可提高热效率、降低能耗。该材料与常规的石棉、矿渣棉、硅藻土、珍珠岩相比，除了具有大致相同的绝热性能和更高的抗压强度外，还具有较低的吸收液体的能力，可用于有水汽或酸凝结的烟囱、烟道及其他装置内作衬料，是一种性能优越的新材料。

漂珠轻质砖的热导率低，而且随温度的升高其递增率比传统的轻质耐火材料都要小。在1000℃时的热导率略低于普通硅酸铝纤维，而其使用温度却要高出 $150\sim200$℃，而且生产漂珠砖的能耗仅为普通硅酸铝纤维的1/20，使生产成本大幅度降低。刘小波等以粉煤灰替代部分耐火黏土，采用粉煤灰、漂珠、造孔物、耐火黏土及黏结剂研制出粉煤灰-漂珠保温砖；李国昌等则利用漂珠为主要成分，配以膨润土、膨胀珍珠岩、膨胀蛭石及增强纤维等原辅材料，研制出具有良好性能的复合保温材料。在铸钢、铸铁及合金铸造工艺中需要一种保温帽技术，国外早在20世纪70年代已大量推广，而我国当时刚开始研究。利用漂珠为主要原料制成的空心微珠保温帽，具有保温性能好、耐火度高、强度高、成型工艺简单、操作方便、价格低廉等优点，其综合性能优于国内外其他材质的保温帽，可使铸件工艺出品率由原来的50%提高到80%，可降低成本50%左右。张业华等研制出带尺寸稳定层的漂珠保温帽口套；袁天锦等以漂珠为主料发明了一种双层轻质绝热板，将其用于钢锭模用保温帽侧壁上，改善了绝热板的绝热性能和保温效果，提高了成坯率。由于漂珠价廉易得，可降低生产成本，是炼钢技术中较为理想的保温材料。

2. 漂珠填料

在塑料、橡胶、涂料、玻璃钢及工程塑料等有机或有机-无机复合材料中使用漂珠作填料，既可节省树脂、降低成本，又能减轻材料质量并改善其电学和热学性能。用漂珠替代碳酸钙作聚氯乙烯填料，不仅可提高生产效率20%，且使产品光亮坚硬，其强度、耐性、电性和加工性能均得到改善和提高。林薇薇等利用漂珠填充的不饱和聚酯复合材料，是一种轻质（密度 $0.6g/cm^3$）、高强度、耐化学腐蚀的新型材料。

用漂珠作填料制成的复合材料具有极为广泛的用途，如目前在国内已用漂珠作填料生产出帐篷、汽车顶篷、活动房屋板、刹车片、玻璃钢游艇、浴室设备、卫生马桶、室内装饰板及包装材料等。用于人造大理石中则可减轻质量，提高抗龟裂能力和抗冲击强度。在墙体夹层结构、家具铸塑件、人造肢及教具等方面也大有可为。

3. 漂珠混凝土和低密度水泥

漂珠可作为掺料用于超轻混凝土和低密度水泥，可大幅度减轻质量。例如，用4份漂珠和1份水泥再配以适量的阳离子表面活性剂，可制成能浮在水面上的混凝土构件，适用于生产深水工作平台、筑造沼泽地上的通道等。在油气田固井作业中，常常使用水泥进行固井防漏。由于水泥的密度大，容易堵塞油气的孔隙且很难"解堵"，用漂珠作减轻剂不仅可减小水泥的密度，还能提高其强度，且其他性能也满足使用要求，优于其他的减轻剂。

4. 轻质浇注料

采用优质骨料和结合剂辅以漂珠，可配制优质隔热耐火浇注料。粉煤灰漂珠粒径小、质轻、中空、壁薄坚硬，因而能降低轻质耐火浇注料的体积密度；又由于其有一定活性，故对强度有一定贡献。粉煤灰漂珠的引入能改善轻质浇注料的和易性，满足浇注料的施工性能。作为耐火浇注料的基质材料，粉煤灰漂珠与轻质多孔骨料组成较为均匀的气相连续结构，从而降低材料的热导率。轻质耐火浇注料的体积密度随漂珠用量增加而下降，但耐压强度变化不明显。

5. 机械制动和传动装置中的摩擦材料

传统的摩擦材料一直使用石棉作为摩擦基础增强材料，而石棉是一种强致癌物质，发达的工业化国家对石棉基摩擦材料的生产及其使用都有严格的限制。因此，各国都在研究开发石棉摩擦材料的替代材料。翟玉生等以 α-氨丙基三乙氧基硅烷为活化剂，用活化处理的漂珠作基础增强填料，研制出自增强摩擦材料。其基本配方（质量分数）为：酚醛树脂10%～18%，丁腈

橡胶 $8\%\sim15\%$，漂珠 $24\%\sim40\%$，摩擦改善剂 $15\%\sim35\%$，助剂 $10\%\sim15\%$。

6. 活性漂珠处理废水的试验

（1）活性漂珠吸附 COD_{Cr} 的试验　取适量的活化漂珠加入一定量的废水样中（乳酸废水、淀粉废水、生活废水等），振荡 20min，使其充分作用后，静止 10min。过滤后量取 15mL，用 K_2CrO_4 法测定 COD_{Cr}，或将一定量的漂珠置于交换柱中，再将定量废水倒入交换柱中，使废水以 5mL/min 的流速过柱。然后按 K_2CrO_4 法测定流出液中的 COD_{Cr}（同时测定原废水中的 COD_{Cr}）。

本实验对用 H_2SO_4 和 $ZnCl_2$ 两种活化剂制作的活性漂珠吸附废水中的 COD_{Cr} 进行比较，结果见表 12-41。

表 12-41　H_2SO_4 及 $ZnCl_2$ 活化漂珠（2g）对乳酸废液的 COD_{Cr} 去除率

废水名称	原液 COD_{Cr} /(mg/L)	H_2SO_4 活化漂珠 COD_{Cr} /(mg/L)	去除率 /%	$ZnCl_2$ 活化漂珠 COD_{Cr} /(mg/L)	去除率 /%
乳酸废水	27983.62	16326.43	41.66	19252.73	31.20
	8405.95	7094.62	15.60	7103.03	15.49
淀粉废水	430.34	190.51	55.73	217.33	49.50
	2968.10	549.30	81.49	1018.11	65.70

由表 12-41 可知，H_2SO_4 活化的漂珠对上述两种废水中 COD_{Cr} 去除率明显优于 $ZnCl_2$ 活化的漂珠。这是因为 H_2SO_4 具有强氧化性和强酸性，能与漂珠中的氧化铝和氧化硅作用，生成水合硫酸铝、水合硅胶及水合硅酸铝凝胶。又由于硫酸的强氧化性和极强的脱水性，能将漂珠中的有机物较快地氧化和焦化成多孔碳，使漂珠的吸附性能大大提高。用 $ZnCl_2$ 活化漂珠时，虽说对漂珠中的金属氧化物和有机物具有强烈的腐蚀性，但它不能腐蚀漂珠中的非金属氧化物（如 SiO_2），不能生成多孔性的水合硅胶及水合硅酸铝凝胶。所以，用 H_2SO_4 活化的漂珠吸附性能明显高于用 $ZnCl_2$ 活化的漂珠，并选用 H_2SO_4 活化的漂珠。

由表 12-41 结果可以看出，对于不同废水，活性漂珠对 COD_{Cr} 的吸附有明显的选择性。这是由于淀粉废水中淀粉颗粒在水溶液中的溶解度较小，乳酸废水中乳酸分子在水溶液中的溶解度较大的缘故。废水的 pH 值也是影响吸附的因素之一，当溶液的 pH 值近于中性或弱碱性时，吸附剂容易吸附溶液中的溶质。另外，不同废水的有机物分子结构（分子大小、分子结构、官能团）不同，也是影响吸附性能的主要因素。

（2）漂珠对部分重金属元素的吸附情况　为了研究活性漂珠对废水中金属离子的吸附性能，取一定量含已知浓度的 Cu^{2+}、Pb^{2+}、Zn^{2+}、Cd^{2+}、Sr^{2+}、Ba^{2+}、Bi^{3+} 的溶液，将其置于装有一定量漂珠的交换柱中，使交换液以 5mL/min 的流速过柱，然后按上述方法测定流出液中的各种离子含量（同时测定原水样中的离子含量），见表 12-42。

表 12-42　活化漂珠对水中金属离子的吸附情况（各离子的原始浓度为 20mg/L）

元素	Ba^{2+}	Sr^{2+}	Pb^{2+}	Bi^{3+}	Cu^{2+}	Zn^{2+}	Cd^{2+}
交换 1 次浓度/(mg/L)	5.49	6.04	6.28	1.27	5.55	6.68	5.54
去除率/%	72.55	69.80	68.60	93.65	72.25	66.60	72.30
交换 2 次浓度/(mg/L)	12.42	13.42	12.95	13.13	13.73	14.04	13.05
去除率/%	37.90	33.80	35.24	34.50	31.35	29.80	34.75
交换 3 次浓度/(mg/L)	15.34	16.46	15.64	16.51	17.40	17.53	16.97
去除率/%	23.30	17.70	21.80	17.45	13.0	12.35	15.15

由表 12-42 看出，活性漂珠对不同的金属离子表现出较好的吸附性，首次吸附率平均近似于 70%。

（3）活性漂珠再生试验　再生试验结果见表 12-43。

表 12-43　再生活性漂珠对 CODCr 吸附的试验影响

漂珠种类	淀粉废水 COD_{Cr}/(mg/L)	去除后 COD_{Cr}/(mg/L)	去除率/%
再生活化漂珠	1123.40	538.61	52.06
再生活化漂珠	1123.40	456.92	56.66
非再生活化漂珠	1123.40	987.35	12.11

7. 漂珠在油田固井工程中的应用

油田固井工作中所用的水泥浆因地质层不同要求水泥浆的密度也不同，有的要求比正常水泥浆密度大，有的要求比正常水泥浆密度小。要求密度小的，就要用减轻剂来降低水泥浆的密度，以适应低压地层的固井施工。粉煤灰漂珠与水泥有极好的配伍性，能起到降低密度的作用。

（1）固井水泥浆的作用　油井所需水泥浆主要用于胶结油井井壁和套管。其目的是使含水层与含油的生产层封固隔开，使井内形成一条从油层流向地面的隔绝良好的油流通道。但在固井工程中，因某些异常地层承受不了纯水泥浆所产生的压力，发生了带缝隙、孔洞岩层压裂的现象，使油井的井壁与套管形成间隙，严重地影响固井质量。这就需用低密度的固井水泥浆进行固井，而漂珠水泥浆恰好满足这一要求。

（2）漂珠水泥浆的特点　在固井工程中，很多深井都需要用轻质低密度水泥浆，用粉煤灰漂珠正好能解决这一问题。漂珠的特性就是密度小，稳定性强，在 1300℃ 以下不发生化学变化，还具有流动性强等特点，所以将一定比例的粉煤灰漂珠掺入固井水泥中就得到不同密度的水泥浆。吉林油田选用漂珠为减轻剂并与其他外加剂配伍，研制成的复合低密度水泥浆性能为：流动度大于 230mm，密度 $1.33 \sim 1.60 g/cm^3$，稠化时间 $75 \sim 200 min$（$45 \sim 65℃$），24h 抗压强度大于 10MPa，析水为 0，高温高压失水小于 250mL。这里，漂珠加量占干水泥的 30% 左右，还有其他外加剂。该水泥浆性能稳定，在 3000m 深油井温度达 130℃ 左右不发生化学分解，从而保证了水泥浆的固井作用。

以上这些优点，在辽河油田及吉林油田都得到了充分应用，从而降低了固井工程费用和油田生产成本，提高了经济效益。

8. 其他

漂珠在石油工业和化学工业中用作某些化学反应的催化剂。在电器工业中，可作为高压电瓷、轻型电器绝缘材料及密封材料的原料。在高新技术材料领域也已显示出良好的应用前景。国外已采用漂珠作填料生产航天器上用的烧蚀材料。通过在漂珠表面镀铜改善其导电性，可用于制备特殊用途的复合材料。

二、沉珠的综合利用

粉煤灰沉珠具有质轻、中空、熔点高、热导率小、热稳定性强及耐压强度大等优点，具有的形态效应及微集料效应能够广泛用于建筑材料的生产与建设工程，更可作为填料而广泛应用于塑料、橡胶、树脂、人造大理石等多种材料的生产;此外,沉珠在石油、化工、精密陶瓷、航空航天等领域也具有广阔的利用前景。

粉煤灰沉珠是一种良好的矿物填充材料,有工业应用价值。沉珠经表面活化及改性后,可以作为橡胶等高分子材料的补强剂。金立薫等研究超细化沉珠在橡胶中的应用,获得了满意的效果。陈寿花等以粉煤灰提取珠填充酚醛塑料的研究表明,在一定填充范围内,随着沉珠填充量的增加,材料的电学性能、尺寸稳定性、耐热性、耐水性能均有所提高,而材料的弯曲强度、冲击强度下降。沉珠填充 PF 综合性能见表 12-44。由表可知,粉煤灰提取珠(沉珠)作为 PF 塑料填料,效果较好,且成本有所降低,而且由于具有"滚动轴承"效应,整个填充体系黏度变化不大,易于工艺操作。

表 12-44　沉珠填充 PF 综合性能

项目	填充塑料	国家标准	项目	填充塑料	国家标准
冲击强度/(kJ/m^2)	7.1	6	收缩率/%	0.68	0.5~1.00
弯曲强度/MPa	73.8	70	体积电阻率/(Ω·cm)	4.36×10^{12}	10^{10}
吸水率/%	0.7	0.8	表面电阻/Ω	4.6×10^{14}	10^{11}
耐沸水性	合格	合格	击穿电压/(kV/mm)	>12	≥12

沉珠用于生产涂料,其地面涂料和隔热涂料,具有耐磨、耐高温、隔热和防火的特性,而表现出来的作用同漂珠涂料相似。而且沉珠的其他用途也有与漂珠类似之处,这方面的研究和应用比较多见于粉煤灰微珠应用的文章中。

三、磁珠的综合利用

我国选煤行业一直使用原生磁铁矿粉作重介质选煤的加重质,虽然效果好,但存在浪费矿产资源、加工成本高、价格昂贵、增加选煤成本等不足。若采用磁珠替代磁铁矿粉,不仅能节约矿产资源,降低选煤成本,而且能减少粉煤灰对环境的污染,因此是一条变废为宝的好途径。

1. 磁珠与磁铁矿粉的性能对比较

为了进行磁珠作重介质选煤加重质的可行性研究,在实验室对磁珠和磁铁矿粉的性能进行了对比试验。试验中采用鸡西发电厂排放的粉煤灰经过二次精选又通过分级后所获得的细粒级磁珠和鸡西城子河选煤厂使用的弓长岭铁矿厂生产的磁铁矿粉做比较。

(1) 粒度组成　磁珠和磁铁矿粉的粒度组成见表 12-45。由表 12-45 可知,磁珠中小于 200 目和小于 325 目含量均高于磁铁矿粉相应粒级含量,说明磁珠作加重质在粒度组成上优于磁铁矿粉,而磁珠中小于 500 目含量小于磁铁矿粉,说明磁珠粒度均匀、泥化低、介质损失少。又因为磁珠为球形,对设备的磨损也低于磁铁矿粉。

表 12-45　磁珠和磁铁矿粉的粒度组成

粒度级/目	+200	200~325	325~400	400~500	-500	合计
磁珠	12.69	28.08	24.55	17.38	17.30	100.00
磁铁矿粉	19.20	22.20	13.47	9.24	35.89	100.00

(2) 密度、黏度和稳定性　磁珠密度为 3.6g/cm^3,磁铁矿粉密度为 4.5g/cm^3,由磁珠

和磁铁矿粉配制的悬浮液的沉降速度和稳定性比较见表 12-46。由于磁珠的密度低于磁铁矿粉，因此，在悬浮液密度相同的情况下，磁珠的容积浓度高、沉降速度慢；磁珠悬浮液的稳定性好于磁铁矿粉。

表 12-46 悬浮液的沉降速度、稳定性对比

悬浮液密度 /(g/cm³)	容积浓度/%		沉降速度/(cm/min)		稳定性指数/(S/cm)	
	磁珠	磁铁矿粉	磁珠	磁铁矿粉	磁珠	磁铁矿粉
1.30	11.5	8.6	15.6	16.8	3.85	3.60
1.45	17.3	12.9	6.0	8.4	10.02	7.24
1.80	30.8	22.9	0.87	2.64	68.94	22.74

此外，大量研究工作证明，经磨碎的加重质最大允许容积浓度为 35%，近于球形的加重质最大允许容积浓度可达 43%～48%，而炭珠形状基本为球形。因此，磁珠悬浮液的允许容积浓度高于磁铁矿粉，正好弥补了磁珠密度偏低、不易配制高密度悬浮液的缺点。

（3）比磁化率、磁性物含量和磁性回收率 磁珠和磁铁矿粉的比磁化率和磁性物含量测定结果见表 12-47。由表 12-47 可知，磁珠的磁性物含量为 98%，可满足重介质选煤要求。磁珠的比磁化率低于磁铁矿粉，这一方面是由于磁珠的 Fe_2O_3 含量较低；另一方面是因为磁珠和磁铁矿粉颗粒形状不同。研究表明，不规则体的比磁化率高于球体。但磁珠也属于强磁性矿物。

表 12-47 磁珠和磁铁矿粉比磁化率和磁性物含量测定结果

名称	比磁化率/(cm³/g)	磁性物含量/%
磁珠	0.054	98.00
磁铁矿粉	0.084	95.00

利用 XCRS-74 型湿式鼓形磁选机进行磁性物回收试验，其结果见表 12-48。由表 12-48 可知，在入料性质相同的条件下，虽然磁珠的精矿产率低，但是回收精矿中的磁性物含量高。因此，磁珠的回收率仍高于磁铁矿粉。

表 12-48 磁性物回收率对比结果

名称	入料			精矿			磁性物回收率 /%
	质量分数 /%	磁性物含量/%	非磁性物含量/%	磁性物含量/%	非磁性物含量/%	精矿产率/%	
磁珠Ⅰ	25.0	85.0	15.0	96.0	4.0	93.8	94.8
磁铁矿粉Ⅰ	25.0	85.0	15.0	94.0	6.0	94.4	93.6
磁珠Ⅱ	4.0	14.0	86.0	87.0	13.0	84.2	85.9
磁铁矿粉Ⅱ	4.0	14.0	86.0	84.0	16.0	85.0	84.7

（4）耐氧化性和耐磨性 为了对比磁珠和磁铁矿粉的耐氧化性，试验中采用强氧化方法，将它们同时在温度 600℃进行 4h 氧化试验，氧化前后比磁化率变化见表 12-49。

表 12-49 氧化前后比磁化率变化

名称	氧化前比磁化率/(cm³/g)	氧化后比磁化率/(cm³/g)	比磁化降低百分数/%
磁珠	0.054	0.0391	27.59
磁铁矿粉	0.084	0.0164	80.52

由表 12-49 可知，磁铁矿粉氧化前后比磁化率降低幅度远大于磁珠，说明磁铁矿粉容易

氧化，氧化后磁性减弱。而磁珠是在高温燃烧过程中形成的，所以不易氧化，在长期使用中介质损耗少。在对比耐磨性时，将粒度为 $200\sim500$ 目的磁珠和磁铁矿粉按 25%（质量分数），在棒磨机中进行研磨，经 20min 的研磨，结果见表 12-50。由表知，在相同条件下，磁铁矿粉研磨后 -500 目增量大于磁珠，说明磁珠耐磨性较磁铁矿粉强，这主要因为磁珠是球形颗粒的原因。

表 12-50　耐磨性对比试验结果

名称	质量分数/%	原样粒度/目	原样质量/g	磨后 -500 目质量/g	-500 目增量/%
磁珠	25%	$200\sim500$	33.0	9.5	28.79
磁铁矿粉	25%	$200\sim500$	33.0	14.4	43.64

2. 工业性试验

（1）试验方法　本次工业性试验采用平顶山姚孟电厂粉煤灰经过二次精选，然后精矿产品脱泥、脱水、分级后的磁珠逐步替代大冶铁矿的磁铁矿粉。所用磁珠和磁铁矿粉粒度组成和水分、密度以及磁性物含量分别见表 12-51 和表 12-52。

表 12-51　磁珠和磁铁矿粉粒度组成

	粒度/mm	$+0.5$	$0.5\sim0.25$	$0.25\sim0.125$	$0.125\sim0.075$	$0.075\sim0.045$	-0.045	合计
磁珠	产率/%	0.45	1.36	1.42	11.12	30.57	55.08	100.00
	磁性物含量/%	55.56	85.19	89.29	97.27	97.52	94.04	95.10
磁铁矿粉	产率/%	0.76	1.47	8.11	21.78	19.25	48.63	100.00
	磁性物含量/%	60.00	72.41	93.75	96.98	97.37	96.88	96.07

表 12-52　磁珠和磁铁矿粉的水分、密度、磁性物含量

项目	密度/(g/cm³)	水分/%	磁性物含量/%
磁珠	$3.50\sim3.75$	$8.00\sim13.00$	96.00
磁铁矿粉	$4.53\sim4.78$	$7.00\sim10.00$	95.00

试验共分四个阶段进行试验，四个阶段中的配比见表 12-53。

表 12-53　各试验阶段磁珠和磁铁矿粉的配比

试验阶段	一	二	三	四
磁珠/%	25	50	75	100
磁铁矿粉/%	75	50	25	0

（2）试验结果与分析　本次试验于 1994 年 5 月 16 日～6 月 20 日在田庄选煤厂进行。各试验阶段生产情况小计结果见表 12-54。

表 12-54　各试验阶段生产情况小计结果

项目	入选原煤/t	洗煤精煤/t	精煤产率/%	精煤灰分/%	介质用量/t	介质单耗/(kg/t煤)	悬浮液密度/(g/cm³) 介质库	块主选	块再选	末煤合格
阶段一小计	28498	19463	68.30	9.85	106.00	6.49	2.07	1.45	1.70	1.32
阶段二小计	57063	38951	68.26	9.71	173.30	6.93	2.04	1.42	1.55	1.28
阶段三小计	52790	35619	73.25	9.90	184.80	7.29	2.04	1.39	1.67	1.29
阶段四小计	22335	15836	70.74	9.42	104.75	9.26	2.04	1.32	1.57	1.25

四、炭粒的综合利用

粉煤灰中的炭粒主要是无晶质的无机碳，具有质轻、挥发分低、硫含量低、比表面积大，有一定的吸附能力和发热量等特点。可用于工业与民用燃料，如作为砖瓦厂砖坯的内燃燃料和民用型煤的添加料降低能耗和成本。也可用作碳素制品的原料，利用其表面多孔特点，作吸附剂或活性炭原料。也可作铸铁型砂掺合料及冶炼铁合金炭球还原剂等。其中用粉煤灰炭粒制备活性炭的研究取得新的进展，为粉煤灰的综合利用提供了有效的途径。

以电厂粉煤灰炭作为基础原料，配以煤焦油和少量的沥青，选择合适的工艺条件就可制造出性能较好的粒状活性炭。主要工艺过程、影响因素以及活性炭的性能如下。

1. 工艺过程

在煤焦油中配以少量的沥青，加热至 60～80℃，搅拌后加入粉煤灰炭中，使之充分混合均匀，并始终保持物料温度为 60～80℃，把物料装入成型模，挤压成型，活性炭直径为 5mm。以便保证在加热处理过程中容易排出气体，促进物料颗粒内部形成均匀的孔隙结构。

成型料经干燥后进行炭化。为了控制合适的炭化温度，对原料进行了差热分析，由分析结果可知，在 130℃时出现第一个吸热峰，煤中的水分开始蒸发。随着温度的升高，挥发气体开始逸出，煤质逐渐分解，360℃左右时有焦油生成，大约在 560℃时结束，当温度超过 600℃时炭被大量烧失。所以炭化温度控制在 500～550℃，升温速度为 5℃/min。

活性炭的活化或再生可以使用各种形式的活化炉，本试验采用竖式活化炉，它可以使制品不变形，活化均匀，且保证气密性，不被氧化。以水蒸气为活化介质，活化温度 900℃，活化时间 5～6h，水蒸气量为活化物：水蒸气＝10.6～1.2。炭与水蒸气在高温下的反应不仅是水蒸气的分解反应，也伴随着化学吸附过程。开始阶段是水蒸气在炭表面的物理吸附，进一步是炭与水蒸气形成中间表面络合物。在高温下中间表面络合物发生分解，脱离炭表面进入气相，产生高度发达的孔隙结构，活化反应方程式如下：

$$C + H_2O \longrightarrow CO + H_2$$
$$C + H_2O \longrightarrow C(H_2O)$$
$$C(H_2O) \longrightarrow C(O) + H_2$$
$$C(O) \longrightarrow CO$$

2. 影响活性炭质量的主要因素

活性炭的吸附性能不仅受其孔隙结构和表面化学结构的影响，而且原料中灰分对它的影响也是不可忽视的。原料中的一些无机成分，如 SiO_2 和 Al_2O_3，不但不能提高活性炭的性能，而且对活化过程有阻碍作用。无机成分中的矿物质使得炭化而活化表面不能顺利进行，孔隙结构形成不完全。粉煤灰炭的灰分含量比较高（21.31%），可通过浮选降低原料中的灰分，浮选效率达 40%～50%。经浮选的粉煤灰炭制备的活性炭，其吸碘值和亚甲基蓝的吸附值有明显的提高，试验结果见表 12-55。但炭分的含量与热解烧失率有很大的关系，炭分含量越低，烧失率越高，活性炭成本越高。所以既要保证孔隙结构的均匀发展，又不至于烧失率过大。

表 12-55 原料灰分含量对活性炭性能影响

编号	浮选前			浮选后		
	原料灰分/%	吸碘值/(mg/g)	亚甲基蓝吸附值/(mg/g)	原料灰分/%	吸碘值/(mg/g)	亚甲基蓝吸附值/(mg/g)
1	20.3	573.5	106.4	11.8	724.4	135.0
2	21.5	558.2	106.9	12.1	702.8	132.0

炭化过程是煤在惰性气氛下以一定的速度加热到指定温度后恒定一段时间冷却下来的过程，炭化条件对物料孔径的分布有重要作用，炭化料的结构基本决定了活性炭结构。炭化温度和升温速度既影响物料的原始热解行为，也影响了缩聚反应，物料的密实和坚固过程的深度取决于炭化温度。温度太低不足以形成强固的颗粒，机械强度也不够；随着温度的提高，颗粒强度上升，物料进入塑性状态，伴随着挥发性产物的强烈排出而引起物料的膨胀，形成了颗粒的孔隙结构，并在塑性物料固结以后保留下来。加热速度对孔径的分布有很大影响，加热速度缓慢则形成发达的微孔，随着加热速度的增大，孔隙度显著增大，将导致挥发分更强烈地排出，从而引起塑性物质的膨胀和粗孔的大量产生，同时活性炭的强度和吸附性能均有下降，因此选择合适的炭化条件，有助于气体较缓慢而又均匀地挥发。炭化条件对活性炭的影响见表 12-56。

表 12-56 炭化条件对活性炭性能的影响

编号	升温速度/(℃/min)	水容量/%	强度/%	吸碘值/(mg/g)	亚甲基蓝吸附值/(mg/g)	比表面积/(m²/g)
1	9.0	100.7	72.5	537.3	112.4	886.0
2	8.0	95.1	79.4	624.6	123.6	894.0
3	7.0	88.6	84.7	630.1	120.3	1007.0
4	6.0	83.2	89.4	717.4	131.5	1020.0
5	5.0	89.2	90.5	723.5	132.5	1035.0
6	4.0	82.1	91.6	731.4	139.8	1033.0

活化是活性炭制造过程中至关重要的环节，是通过水蒸气与炭的气固相反应，形成发达的孔隙结构。影响活性炭性能指标的主要活化因素是活化温度、活化时间、烧失率、活化介质等。本节主要讨论活化温度和活化时间，试验结果见表 12-57。

表 12-57 活化条件对活性炭性能的影响

编号	活化温度/℃	活化时间/h	水容量/%	强度/%	吸碘值/(mg/g)	亚甲基蓝吸附值/(mg/g)	比表面积/(m²/g)
1	800	5	56.1	91.8	398.7	95.6	875.0
2	850	5	68.1	90.7	482.0	116.0	921.0
3	900	5	102.3	87.3	723.5	138.2	989.0
4	950	5	93.8	83.5	734.6	141.8	1014.0
5	900	6	100.0	81.7	631.1	119.1	1048.0
6	900	4	88.4	90.6	510.2	122.5	872.0
7	900	3	85.8	92.5	327.9	87.3	643.0

从表 12-57 中数据可知，随着活化温度的升高，活性炭的比表面积、吸附性能都有明显的提高。但温度过高，对设备的要求较高，且不易操作，能耗大，有时还会造成灰分结渣现象。温度较低，活化时间延长，产率下降，但可生成孔隙结构比较发达的活性炭，水容量、比表面积呈上升趋势。随着活化时间的进一步延长，烧失率增大，耐磨强度、吸碘值及亚甲基蓝吸附值逐步提高到一定的程度后出现下降的趋势。

3. 活性炭制品的性能

用 ST-03A 比表面孔径测定仪测定粉煤灰炭制备的活性炭比表面积，以表征其物理性能，活性炭的强度、水容量、亚甲基蓝吸附值、吸碘值等均按国家标准局发布的《煤质颗粒活性测定方法》分析测得，其结果见表 12-58。由试验结果可知，采用活化工艺由粉煤灰炭制备的活性炭各项指标基本达到国家煤质颗粒活性炭标准（GB 7701），可用于空气的净化、有机溶剂的吸附回收、水处理及催化剂载体等方面。

表 12-58　活性炭的主要性能

项目	粒度/目	强度/%	水容量/%	吸碘值/(mg/g)	亚甲基蓝吸附值/(mg/g)	比表面积/(m²/g)
检验结果	10～20	87.2	101.9	725.0	139.0	1035.0

五、粉煤灰纳米颗粒的发现与应用

粉煤灰纳米空心微珠既不浮于水上，也不独立沉于水底，不易被发现，目前国内外报道极少。翟冠杰通过试验首次发现粉煤灰中含有大量纳米级空心球，进而对其物化性质进行研究。试验研究中采用特殊方法使肉眼看不见的纳米空心球分散于液体中，制成稳定胶体溶液，再经高速离心沉降后，用乙醚加超声波分散覆于 TEM 铜网上，通过透射电子显微镜（TEM），首次观察到有光环的纳米空心球。因此，证明粉煤灰纳米颗粒的存在。

由于纳米空心球的小尺寸效应、量子隧道效应和表面效应等，使其能在多个领域中发挥巨大作用。如分离出磁性纳米空心球可制成靶向药物载体；利用球壳的通透性可制造磁化粉煤灰缓释复合肥；非磁性粉煤灰纳米空心球可用于制备胶体状缓释农药；利用纳米空心球的核壳结构可制造荧光材料、光电材料和信息材料；利用其纳米尺寸制造微反应器（或称为模板合成纳米材料）；利用其巨大的比表面积和可装载性可制造高活性催化剂载体；利用其可烧结性可以制造纳米陶瓷、分子筛和超级保温材料；通过球内合成纳米氧化铁的方法可以制造超级磁性液体密封材料（因为球壳是玻璃体，既耐腐蚀又解决了团聚问题）；利用其质轻特点可作特种橡胶及塑料的填充剂；利用直径较大的粉煤灰纳米空心球（100～1000nm）的可浮性可制造海上石油泄漏的光降解催化剂等。

第三篇

煤烟脱硫石膏资源化技术

第十三章
烟气脱硫石膏的产生与品质

中国的能源结构决定着煤炭稳居第 1 能源的地位，且将在很长一段时间不会改变。同时，由于长期粗放式发展，我国工业能源资源消耗强度大，能源消耗和二氧化硫排放量分别占全社会能源消耗、二氧化硫排放总量的 70%以上。

作为燃用煤炭工业副产物的烟气脱硫石膏，被认为是 21 世纪中国最具开发利用价值的新型建筑材料。随着二氧化硫减排要求越来越高，正在实施的脱硫工程越来越多，副产品脱硫石膏将呈迅速增长之势。为贯彻《中华人民共和国环境保护法》《中华人民共和国大气污染防治法》《国务院关于加强环境保护重点工作的意见》等法律、法规，保护环境，防治污染，促进锅炉生产、运行和污染治理技术的进步，制定《锅炉大气污染物排放标准》（GB 13271—2014 代替 GB 13271—2001）。新法规及标准实施，执法力度及能力的提高，将极大地改善大气污染现状，同时也一定会增加粉尘颗粒物及脱硫石膏等工业固体废物排放量。如果不能很好处置和综合利用，会造成二次污染，因此，研究脱硫石膏的开发应用，制备出满足工程要求的新材料有着重要的意义。

第一节　烟气脱硫石膏的产生

湿式石灰石-石膏法烟气脱硫是用石灰石浆液洗涤经除尘后的烟气，烟气中的 SO_2 和石灰石浆液反应进而达到脱除 SO_2 的目的。目前为止这种方法是世界上应用最为成熟的脱硫技术。其特点是脱硫效率高达 95%以上，适合各种煤种，且吸收剂价廉易得，其脱硫副产物可进行综合利用，具有很大的商业价值。

1. 湿式石灰石-石膏法烟气脱硫过程

（1）SO_2 的吸收　在水中，气相 SO_2 被吸收，生成 H_2SO_3：

$$SO_2(l) + H_2O \longrightarrow H^+ + HSO^{3-}$$

（2）$CaCO_3$ 的消融 在 H^+ 的作用下，$CaCO_3$ 溶解成一定浓度的 Ca^{2+}：

$$CaCO_3 + 2H^+ \longrightarrow Ca^{2+} + H_2O + CO_2 \uparrow$$

（3）亚硫酸盐的氧化 反应过程中，一部分 HSO_3^- 和 SO_3^{2-} 氧化成 HSO_4^- 和 SO_4^{2-}：

$$HSO_3^- + \frac{1}{2}O_2 \longrightarrow H^+ + SO_4^{2-}$$

石膏结晶：

$$Ca^{2+} + SO_4^{2-} + 2H_2O \longrightarrow CaSO_4 \cdot 2H_2O \downarrow$$

反应过程中伴随以下副反应：

$$Ca^{2+} + SO_3^{2-} + 2H_2O \longrightarrow CaSO_3 \cdot 2H_2O$$

总反应方程式如下：

$$2CaCO_3 + 2SO_2 + O_2 + 4H_2O \longrightarrow 2(CaSO_4 \cdot H_2O) \downarrow + 2CO_2 \uparrow$$

烟气从锅炉出来后，经除尘的净烟气先经过气/气换热器（Gas-Gas Heater，GGH）冷却，然后进入脱硫吸收塔，在塔内，烟气中的二氧化硫与石灰石浆液发生反应被吸收，脱硫后的烟气经过 GGH 再热侧升温，最后从烟囱排放到大气中。吸收过二氧化硫的石灰石浆液循环利用，当石膏浆液达到一定饱和度时排入石膏脱水系统。

2. 湿式石灰石-石膏法主要系统组成

（1）烟气系统 烟气系统的主要作用是 FGD 系统的投入和切除。

经过除尘器除尘后的烟气先进入烟气换热器降温至 100℃ 以下，进入脱硫塔的烟气经喷淋脱硫后烟气温度进一步降低至 40～50℃，而后的净烟气经除雾器除去小液滴后再次进入 GGH 升温，使烟温高于露点温度，最终由烟囱排入大气。

烟气系统流程为：除尘后烟气→进口挡板→增压风机→GGH 原烟侧→吸收塔→GGH 净烟侧→出口挡板→烟囱

（2）吸收剂制备系统 石灰石价廉易得且储量丰富，是 FGD 中应用最为广泛的吸收剂。作为 FGD 吸收剂，石灰石的粒度为 250～400 目，且 CaO 的含量高于 50%。石灰石浆液制备系统由石灰石的磨制和浆液制备两部分组成，磨制好的石灰石粉输送进石浆液箱中，配制成的石灰石浆浓度在 20%～30% 范围内。吸收剂的制备系统对后续反应有很大的影响，石灰石的粒径过大或过小都会影响 SO_2 的吸收，还会影响石膏结晶过程，影响石膏晶体的粒度和纯度。

（3）SO_2 吸收系统 烟气中含有 SO_2、SO_3、HCl、HF 及飞灰等物质，吸收系统主要来脱除这些物质。除尘后的烟气经过 GGH 降温后进入脱硫塔，烟气中的 SO_2 与石灰石浆液发生反应，生成的亚硫酸根及亚硫酸氢根经氧化后，结晶生成石膏。石膏、飞灰和杂质等将被排入脱水系统。脱硫后的净烟气先进入除雾器除去小液滴，然后再经 GGH 升温后排入烟囱。吸收系统影响脱硫石膏生成因素有烟气流量、烟气中 SO_2 浓度、烟气含尘量、浆液 pH 值、吸收塔类型等。

（4）氧化系统 氧化系统主要是通过氧化风机向反应池内通入空气，将生成的 SO_3^{2-} 和 HSO_4^- 强制氧化成 SO_4^{2-}，最终结晶析出颗粒大、脱水性能好的脱硫石膏。氧化系统直接关系到石膏的品质。若氧化力度不够，脱硫石膏中亚硫酸钙和亚硫酸氢钙含量超标，这将严重影响脱硫石膏的综合利用。

（5）石膏脱水系统 石膏脱水系统主要设备有石膏浆液排出泵、石膏旋流器、真空皮带脱水机等，当吸收塔底部浆液含固量为8％～10％时，经一级水力旋流器分离出石膏、飞灰和石灰石残留物等固体，因为重力返回溢流箱，然后再用溢流泵返回吸收塔。在水力旋流器中浆液含固量达到40％～60％时，石膏和其他残留物用真空皮带机脱水至含水率低于10％，送进石膏料仓。脱硫石膏结晶粒径越大、氯离子和飞灰的含量越低，越有利于石膏脱水，氯离子含量过高严重影响石膏品质，为确保石膏品质，脱硫系统设有滤饼冲洗系统。

第二节 脱硫石膏理化性质

一、颗粒特征及分布规律

脱硫石膏晶体大部分单独存在且完整均匀，但也有双晶态存在，主要以六角板状、菱形、短柱状存在。不同产地的脱硫石膏的晶体形态也会有差异，这主要跟石灰石浆液、进入脱硫系统的飞灰含量、氧化系统运行情况等有关。

脱硫石膏是在脱硫塔中石膏浆液与烟气SO_2反应形成的，由于反应时间及反应浓度等因素相同，结晶后石膏晶体外观规整呈细粉态，粒径相差不大，脱硫石膏的粒径分布较窄，主要集中在$30～60\mu m$之间，基本呈正态分布。而天然石膏颗粒大小不均，形状不规则，但天然石膏粉磨后的级配优于脱硫石膏。脱硫石膏粉磨后粗颗粒多为石膏，细颗粒多为杂质，天然石膏恰恰相反。脱硫石膏这种特性不利于建筑石膏加水量的控制，浆液流变性不好，易造成成品容重偏大等问题。表13-1为脱硫石膏与天然石膏粒径对比。

表 13-1 两种石膏的颗粒分布特征

样品种类	$>80\mu m$	$60～80\mu m$	$40～60\mu m$	$20～40\mu m$	$<20\mu m$
A厂脱硫石膏	2.2	20.6	40.0	35.1	2.1
B厂脱硫石膏	3.5	17.0	39.1	38.5	1.9
天然石膏	8.7	15.6	14.4	31.9	29.4

二、物理性能

正常的脱硫石膏外观应接近白色，但因为有飞灰和其他杂质的存在，一般是灰白、灰、灰黄、浅黄、浅绿等外观色泽，其中燃煤烟气脱硫石膏一般呈现浅黄色或灰白色，而烧结烟气石膏呈现铁褐色。大部分脱硫石膏呈灰色或灰黄色。脱硫石膏含有10％～20％的游离水，其密度为$2.22～2.30g/cm^3$，容重为$0.73～0.88g/cm^3$，呈湿粉状。脱硫石膏的粒径较细，粒径小于$80\mu m$的占97％以上，其平均粒径在$30～50\mu m$。

由于含水率高呈细粉态，易造成黏附设备、积料堵塞的现象。

三、化学成分分析

脱硫石膏与天然石膏的化学成分和矿物组成基本相似，主要矿物成分均为二水石膏

（$CaSO_4 \cdot 2H_2O$）以及少量的 $CaSO_3 \cdot \frac{1}{2}H_2O$、$CaCO_3$ 和 SiO_2 等，此外还含有 Cl、K、Na 等成分。脱硫石膏主要成分 $CaSO_4 \cdot 2H_2O$ 含量达到 90％以上，纯度高于天然石膏。由于工艺条件等因素，脱硫石膏杂质成分较复杂，可溶性盐离子浓度高于天然石膏，由于引入飞灰的缘故，脱硫石膏中的二氧化硅的含量较高，会影响脱硫石膏的粉磨性能，同时烟气中的重金属和氯离子等会严重影响脱硫石膏品质。

与天然石膏相比，脱硫石膏的晶体粗大，均匀而整齐，外形多呈板状，长宽比为 $2:1 \sim 3:1$，其主体为粒状石膏。此外，还含有由粒状石膏再结晶形成的大块石膏以及在二次晶化作用下沿裂缝、空洞形成的纤维状和羽毛状石膏。

脱硫石膏与天然石膏化学成分组成对比如表 13-2 所列。

表 13-2　脱硫石膏与天然石膏的主要组成成分对比

化学成分	$CaSO_4 \cdot 2H_2O$	$CaSO_3 \cdot \frac{1}{2}H_2O$	$CaCO_3$	MgO	H_2O	SiO_2	Al_2O_3	Fe_2O_3
脱硫石膏/％	$85 \sim 90$	1.20	$5 \sim 8$	0.86	$10 \sim 15$	1.20	2.80	0.6
天然石膏/％	$70 \sim 74$	0.50	$2 \sim 4$	3.80	$3 \sim 4$	3.49	1.04	0.3

第三节　脱硫石膏品质影响因素

一、燃煤硫分对脱硫石膏品质的影响

火电厂燃烧煤的含硫量或者烟气中 SO_2 浓度是影响脱硫系统能否正常运行的重要参数。煤种含硫量如果超过脱硫系统设计值，一方面会加大石灰石浆液给浆量，另一方面若进入脱硫系统的含硫量过高会超出需要氧化亚硫酸钙的氧化风量设计值，这样石膏中亚硫酸钙含量就会增高，影响石膏浆液后续脱水处理，石膏含水率增加。我国火电厂燃煤含硫量基本在 $0.5\％ \sim 5\％$ 之间。

二、除尘效率对脱硫石膏品质的影响

脱硫装置正常运行下，脱硫石膏的颜色应接近白色，但脱硫石膏的颜色往往偏深，一般具有 20％～40％的白度，这主要是因为烟气除尘器的除尘效率不高，飞灰杂质随烟气进入脱硫装置，同时除尘烟气中残留飞灰颗粒携带 Cl^-、F^-、Al^{3+} 到石膏浆液中。Cl^- 主要以 $CaCl_2$ 形式存在，若除尘效率不高，进入脱硫系统的 Cl^- 浓度就会增大，因为共离子效应抑制了石灰石的溶解，降低了脱硫效率。F^- 和 Al^{3+} 在浆液中会发生复杂反应，生产的氟化铝络合物包裹在石灰石颗粒中，阻碍了石灰石的溶解，屏蔽石灰石颗粒导致石灰石不能完全反应，生产的石膏碳酸钙含量超标且石膏晶体颗粒粒径变小。

三、脱硫剂-石灰石对脱硫石膏品质的影响

石灰石的品质直接影响后续脱硫效率和石膏浆液中硫酸盐的含量。石灰石品质主要指其

化学成分、表面面积、粒径等。湿法烟气脱硫所用的石灰石要求 $CaCO_3$ 的含量越高越好，不低于 90%。石灰石中含有少量以白云石形式存在的 $MgCO_3$，白云石在吸收塔中很难溶解，会随着脱硫副产物离开脱硫系统，$MgCO_3$ 的含量会影响石灰石的活性，进而影响系统的脱硫性能和石膏品质。同时天然石灰石中还含有少量的 SiO_2、氧化铁和氧化铝等杂质，设计湿法脱硫工艺系统时对石灰石矿石中的杂质的考虑限值如表 13-3 所列。

表 13-3　湿法脱硫工艺系统对石灰石各成分设计值

组分	$CaCO_3$	SiO_2	$MgCO_3$	铁铝氧化物
质量分数/%	91	4	2	1.5

$MgCO_3$ 和铁铝氧化物都易溶于酸，进入吸收塔浆液中都易生成相应的镁、铁、铝盐，随着浆液的循环洗涤，浆液中可溶性盐浓度的增加弱化 $CaCO_3$ 的溶解，并且最终随脱硫石膏排出，是以后石膏制品泛碱现象重要原因。$MgSO_4$ 会阻碍 HSO_3^- 的氧化，影响石膏品质。因此要严格控制石灰石中其他组分的含量。表 13-4 列出石灰石品质要求。

表 13-4　电厂对石灰石品质要求

项目	$CaCO_3$	$MgCO_3$	惰性物质	水分	颗粒粒径
指标	≥90%	<4%	<6%	≤5%	$D_{90} \leqslant 44\mu m$

石灰石的粒径也是影响脱硫性能的重要因素，颗粒越大，比表面积越小，不利于石灰石的消融，颗粒太细会增加粉磨系统的能耗和投资，湿法脱硫工艺中石灰石的粒径要求一般为 90% 以上低于 $44\mu m$。石灰石粒径也不是越小越好，粒径太细会使反应速度过快，浆液的过饱和度太高，生成的石膏晶体太细，不利于脱硫石膏后续利用。合适的粒径能使烟气中 SO_2 与石灰石充分接触反应，减少结晶的石膏颗粒中残余的 $CaCO_3$ 含量。目前，石灰石粉细度一般为 325 目 90% 通过和 250 目 90% 通过两种产品。

四、石膏浆液 pH 值对脱硫石膏品质的影响

浆液的 pH 值是影响脱硫效率的重要因素，pH 值越高，浆液的碱性越强，传质系数越大，越有利于 SO_2 的吸收。但过高的 pH 值会阻碍石灰石的溶解，不利于石灰石的有效利用，从而降低相应的脱硫效率，并且，若浆液 pH 值过高，容易造成管道结垢堵塞。在 pH 值较低的情况下，SO_2 吸收速度变慢，当 pH 值低于 4 时石膏浆液将不能吸收 SO_2。在较低 pH 值下，石灰石的溶解度不高，在石灰石表面形成一层液膜，降低了石灰石的活性，使其溶解更难进行。想要提高脱硫剂的利用率必须要减小石灰石颗粒粒径。同样，石膏浆液的 pH 值也影响到 $CaSO_3$ 的氧化，有研究表明，pH 值的升高会使氧化速率减小。综合考虑，pH 值应控制在 5.5～6.0 范围内。

五、液气比 L/G 对脱硫石膏品质的影响

液气比是一个很重要的参数，它直接影响系统的脱硫效率、脱硫石膏的性能。当 pH 值一定时，液气比 L/G 增加脱硫效率会相应增加，但液气比的增加又分为两种情况。当浆液含量一定时，液气比 L/G 增加相当于烟气量减少，当气量减少时和浆液的碰撞程度降低，

气液接触面积减少造成了传质阻力增加，因此吸收 SO_2 的速率降低。但洗涤气量减少使得 SO_2 的绝对量降低，尽管吸收速率降低，一定吸收浆液的吸收容量不变，从而液气比增加，即处理气量降低，脱硫效率增加，且在液气比小时表现明显。这种情况下脱硫剂不能充分利用，生成的脱硫石膏品位降低。

当待洗涤的烟气量一定时，液气比 L/G 增加相当于液量增加。一方面石灰石浆液量增加相当于吸收剂的绝对量增加，因此吸收效率和吸收速率都有所增加；另一方面石灰石浆液量增加会使气液接触面积增大，降低了液相阻力，这种情况下系统运行能耗增加，但石灰石浆液利用效率高，生产的脱硫石膏品位高。

六、石膏浆液停留时间对脱硫石膏品质的影响

石膏浆液停留时间也是影响石膏品位优劣的关键因素。浆液停留时间是指浆液排出量与吸收塔内反应池的体积比。浆液在反应池内能停留足够长的时间，有利于石灰石与 SO_2 反应完全，保证了亚硫酸钙的完全氧化，保障了石膏晶体的成长时间，最终形成粒度均匀、品位高的石膏。

七、氯离子浓度对脱硫石膏品质的影响

烟气的 HCl 进入喷淋塔内被浆液吸收，Cl^- 与浆液液滴中的 Ca^{2+} 结合成极易溶于水的 $CaCl_2$，所以 Cl^- 的浓度较大。Cl^- 能抑制石灰石的溶解和 SO_2 吸收反应，当 Cl^- 含量较高时，浆液中的 Ca^{2+} 浓度相应升高，根据同离子效应，就抑制了石灰石的溶解，最终排出的脱硫石膏石灰石含量超标；高 Ca^{2+} 会降低浆液 pH 平衡值，使得浆液碱性降低，不利于 SO_2 的吸收反应。Cl^- 还影响石膏脱水性能，Cl^- 含量高，脱硫石膏不容易脱水，一般脱硫系统都配有石膏饼冲洗系统，主要作用是冲洗脱硫石膏中的 Cl^-。脱硫石膏的含水率一般都大于 10%，Cl^- 超标会影响石膏制品强度、凝结性、白度等性能。石膏企业对石膏 Cl^- 的含量要求相当严格。

八、不溶性杂质对脱硫石膏品质的影响

脱硫石膏中的不溶性杂质主要是未燃尽的炭粒、二氧化硅、氧化铝、氧化铁等，它们主要影响脱硫石膏的粉磨性，含量过高会降低粉磨效率。氧化铁不仅影响粉磨性，还会降低石膏白度，未燃尽的炭粒会降低脱硫建筑石膏制品的凝结性、强度和白度。

九、烟气飞灰颗粒对脱硫石膏品质的影响

目前燃煤锅炉除尘系统不能达到 100% 的除尘效率，所以未被除尘器捕集下来的一部分飞灰被烟气带进脱硫系统。湿式石灰石-石膏法脱硫工艺原理是烟气与喷淋浆液逆流接触，喷淋浆液在对 SO_2、SO_3、HF、HCl 脱除的过程中，被烟气携带来的飞灰颗粒也与浆液液滴接触而被捕集下来。因此，湿式石灰石-石膏法对飞灰也有一定的脱除效率。

我国火电厂大气污染物排放标准对粉尘和 SO_2 确定了排放要求。《火电厂大气污染物排

放标准》于1991年首次发布，1996年进行了第一次修订，2003年第二次修订，在2011年7月18号由环境保护部完成了第三次修订。2012年1月1日正式实施的《火电厂大气污染物排放标准》（GB 13223—2011）较原标准对烟尘和二氧化硫规定了更严格的排放浓度限值，烟尘由之前的$50mg/m^3$到现在的$30mg/m^3$，二氧化硫排放浓度限值也由$400mg/m^3$降低到$200mg/m^3$，且2012年1月1日后新建电厂二氧化硫的排放浓度为$100mg/m^3$。

锅炉烟气经过电除尘器除尘后，进入FGD的飞灰浓度依然高达$100\sim200mg/m^3$。吸收塔在对SO_2洗涤的过程中，绝大部分飞灰也被捕集留在石膏浆液中。烟气中的酸性气体HF被石灰石浆液捕集后，溶解的Ca^{2+}与F^-反应生成CaF_2，飞灰浸出的Al^{3+}也与F^-发生反应生成多核络合物，氟化铝络合物吸附在石灰石表面，被屏蔽的碳酸钙不能继续溶解，浆液中Ca^{2+}浓度不够，使得pH值降低，因此吸收SO_2的反应无法正常进行，进而脱硫效率下降。同时，飞灰中溶出的重金属如Hg、Cd、Zn等会阻碍脱硫反应，严重影响了石灰石的利用率，使得排出的脱硫石膏中碳酸钙含量超标，影响品质。

（1）飞灰颗粒对脱硫石膏脱水性能的影响　进入FGD系统的飞灰颗粒都比较小，粒径一般低于$20\mu m$，石膏浆液在真空皮带机上进行脱水时，细小的灰粒容易堵塞滤布，使得石膏脱水困难，含水量增加。

（2）飞灰颗粒对脱硫石膏白度的影响　脱硫石膏在正常情况下应该呈白色，但我国大部分脱硫石膏都只有20%左右的白度。当除尘器运行不稳定时，随烟气夹带进脱硫系统的飞灰含量就比较高，生产出来的脱硫石膏往往呈灰色、灰黄色。对石膏白度的影响主要是燃煤中黄铁矿和未燃尽的煤粉粒；飞灰中Fe_2O_3的含量在0.5%~10%之间，浆液中飞灰溶出的Fe^{3+}是影响石膏白度的主要因素。石膏饼冲洗系统能够有效冲洗掉石膏的Fe^{3+}和Cl^-，因此加大废水排放量可有效提高石膏白度。

（3）飞灰颗粒对脱硫石膏凝结性能的影响　石膏中飞灰会影响石膏做建筑材料的凝结性。脱硫石膏中含有的可溶性盐离子基本来自飞灰，当脱硫建筑石膏用来生产纸面石膏板时，可溶性离子Na^+、K^+、Mg^{2+}等影响石膏与纸的黏结，这些盐离子容易迁移在石膏制品表面造成碱化泛霜现象，影响脱硫建筑石膏的凝结性能。氧化铝和氧化硅的含量在飞灰中超过70%且都是不溶性的杂质，这对脱硫石膏的研磨性有很大影响，若飞灰含量过高会增大脱硫石膏的研磨成本，且对后续石膏制品的凝结性、强度产生一定的影响。

第四节　天然石膏与脱硫石膏品质对比

一、脱硫石膏与天然石膏的相同点

1) 凝结特征、水化动力学相近。
2) 主要矿物成分为$CaSO_4 \cdot 2H_2O$，在不同温度下转化形态一致。

二、脱硫石膏与天然石膏的不同点

（1）晶体形状　天然石膏晶体均为单斜晶系，大部分呈六角板状，少数为棱柱状。而脱硫石膏晶体大部分单独存在且完整均匀，但也有双晶态存在，主要以短柱状、六角板状、菱形存在。

（2）物理性能　天然石膏一般呈白色，而脱硫石膏多为灰黄色、褐色；天然石膏多为块状，颗粒粗细差别较大，脱硫石膏颗粒均匀，粒径级配差，呈湿粉状。

（3）含水率　脱硫石膏含水率一般在 $10\%\sim20\%$ 之间，天然石膏含水率一般低于 10%。

（4）化学成分　脱硫石膏品位高于天然石膏，杂质成分复杂，可溶性盐离子和氯离子含量高，脱硫建筑石膏制品易出现表面泛霜、黏结力降低等问题。

（5）制熟石膏的特性　脱硫石膏制成的建筑石膏流动性较差，石膏制品容重偏大。天然石膏与脱硫石膏制成熟石膏相关特性如表 13-5 所列。

表 13-5　天然石膏与脱硫石膏制成的熟石膏参数对比

| 项目 | | 脱硫石膏制成的熟石膏 | | 天然石膏制成的熟石膏 |
		未粉磨	粉磨后	
石膏相	二水石膏/%	4	4	2
	半水石膏/%	83	83	80
	无水石膏Ⅰ/%	4	4	5
	无水石膏Ⅱ/%	5	5	3
工艺数据	比表面积/(cm²/g)	1600	4700	4300
	松散容重/(g/L)	1100	900	900
	陈化前水/膏比	0.65	0.72	0.68
	陈化后水/膏比	0.56	0.64	0.60

第十四章

脱硫石膏资源化技术

随着资源节约型、环境友好型社会的快速推进，绿色发展的体制机制将进一步完善，为工业节能减排、淘汰落后产能等的实施创造良好环境，也将促进节能环保、新能源等新兴产业加速发展。2013年，我国工业副产石膏产生量1.84×10^8t，其中磷石膏7.0×10^7t，脱硫石膏7.55×10^7t，其他工业副产石膏3.8×10^7t。工业副产石膏年综合利用量8.8×10^7t，综合利用率达到48.1%。同比增长9.4%。其中磷石膏、脱硫石膏综合利用率分别达到27%和72%。脱硫石膏产生量超过1.0×10^6t的行业，包括电力、热力生产和供应业，化学原料和化学制品制造业，黑色金属冶炼和压延加工业，有色金属冶炼和压延加工业4个行业，其产生量分别占总量的88.32%、4.45%、3.31%和1.39%，综合利用率也是参差不齐。由此可见，脱硫石膏已经成为除粉煤灰外的另一重要的"城市矿山"。

第一节　国内外脱硫石膏利用概况

烟气脱硫在我国应用时间还不长，大部分燃煤电厂在"十一五"期间才投入使用湿式石灰石-石膏法烟气脱硫工艺，由于时间仓促，脱硫工艺和装备以及脱硫剂纯度等都是影响脱硫石膏性能不稳定的因素，这些不稳定因素主要表现在脱硫石膏品位不高，附着水含量较高，杂质及可溶性盐含量超标，白度不够等，严重影响了脱硫石膏资源化。

$CaSO_4 \cdot 2H_2O$是脱硫石膏品质的主要指标，燃煤电厂在安装石灰石-湿法烟气脱硫装置时，$CaSO_4 \cdot 2H_2O$的设计值应大于90%，欧洲石膏协会制定的《烟气脱硫石膏指标和分析方法》规定，$CaSO_4 \cdot 2H_2O$的含量应大于95%，但我国脱硫石膏中的含量普遍低于90%。我国脱硫石膏中水溶性镁盐、钠盐普遍高于发达国家脱硫石膏中的含量，我国脱硫石膏中氯离子的含量远远高于欧洲脱硫石膏100×10^{-6}的要求。我国现阶段还没有专门针对脱硫石膏的标准，表14-1是欧洲脱硫石膏工业标准。

表 14-1　欧洲脱硫石膏工业标准

成分	含量	成分	含量
含水率/%	<10	Fe_2O_3/%	<0.15
$CaSO_4 \cdot 2H_2O$/%	≥95	Al_2O_3/%	<2.5
Na_2O/%	<0.06	$CaCO_3 + MgCO_3$/%	<1.5
MgO/%	<0.10	K_2O/%	<0.06
Cl^-/10^{-6}	<100	pH 值	5~8
$CaSO_4 \cdot 1/2H_2O$/%	<0.50	白度/%	>80
SiO_2/%	<2.5	气味	同天然石膏

一、国外脱硫石膏生产利用动态

发达国家十分重视脱硫石膏的综合利用，在 20 世纪 70 年代末 80 年代初就已经形成了非常完善的研究、开发、利用体系。大部分发达国家的脱硫石膏利用率达到 90% 以上。

1. 日本

日本受天然石膏矿产储量少的限制，从 1975 年起就几乎全部采用工业副产石膏生产石膏板。日本是最早生产脱硫石膏的国家，现在每年生产的脱硫石膏超过 5.0×10^6 t，脱硫石膏资源化技术得到了很好的推广，全部用于生产石膏制品和水泥缓凝剂。日本吉野石膏公司是最大石膏制造商，其原料的 45% 来自于脱硫石膏。石膏制品主要是纸面石膏板和粉刷石膏。为使脱硫石膏得到综合应用，日本的建筑结构已由传统的木材转变为脱硫石膏板材，人均年消耗量达到 $5.3m^2$。日本规定国库补助的住宅建筑内墙防火板必须用石膏板。日本石膏板、水泥缓凝剂对脱硫石膏的质量要求如表 14-2、表 14-3 所列。

表 14-2　日本石膏板用脱硫石膏质量要求

质量指标	要求	质量指标	要求
$CaSO_4 \cdot 2H_2O$/%	≥95	Cl^-/(10^{-6} mg/L)	≤300
SO_3 含量/%	≤44	pH 值	5.5~7.5
MgO/(10^{-6} mg/L)	≤800	平均粒径/μm	50
NaO/(10^{-6} mg/L)	≤400	含水率/%	≤12
灰分/%	≤0.8	湿态拉伸强度/MPa	≥0.8

表 14-3　日本水泥缓凝剂用脱硫石膏质量要求

项目	$Ca_2SO_4 \cdot 2H_2O$/%	$CaSO_3$/%	灰分/%	含水率/%	粒径/μm
含量	≥90	≥2	≤2	≤12	≥50

2. 欧洲

德国是世界上最早进行烟气脱硫石膏研究开发的国家，脱硫石膏已得到了 100% 的利用。1983 年，德国制定了大型燃烧设备法规，该法规规定自 1988 年 7 月 1 日起新建火电厂必须安装烟气脱硫装备，脱硫效率应在 85% 以上，SO_2 排放浓度应低于 $400mg/m^3$，已投产运行的火电厂要在 5 年内完成脱硫装置的安装改造。该政策的严格实施确保了大部分的燃煤电厂安装了燃气脱硫装置，湿式石灰石石膏法脱硫工艺凭借脱硫效率高的优点获得了燃煤电厂的青睐。

为了能使脱硫石膏与天然石膏一样得到利用，德国的电力工业和石膏建材业紧密配合，从 20 世纪 80 年代初就对脱硫石膏资源化进行了研究，认为是具有较高商业价值的工业副产品。德国烟气脱硫石膏的应用情况主要分两种：一种是硬煤石膏，即发电燃料为无烟煤和烟煤时脱硫副产物，这种石膏可以直接作为原材料利用；另一种是褐煤石膏，褐煤是泥煤煤化的产物，介于泥煤和烟煤之间，褐煤石膏和硬煤石膏的唯一不同就是白度，褐煤石膏中混入了细颗粒惰性氧化物，主要是铁的化合物，褐煤石膏的白度在 20％～40％之间。为了减少褐煤石膏中的有色杂质，德国工业开发了一种溢流清洗工艺，这种工艺原理是按细颗粒有色杂质在溢流液中，通过高效浓缩器把杂质排出使其不再返回烟气吸收塔中。通过此种工艺，褐煤石膏颜色标准值能提高 30％，为褐煤石膏资源化创造了条件。

烟气脱硫石膏得到综合利用的前提是满足相应的工业标准，德国工业协会对脱硫石膏应用标准如表 14-4 所列。

表 14-4　德国工业协会对脱硫石膏指标要求

项目	指标要求	项目	指标要求
$CaSO_4 \cdot 2H_2O$/％	≥95	MgO/％	＜0.1
$CaSO_3 \cdot 1/2H_2O$/％	≤0.5	Cl^-/％	＜0.01
pH 值	5～9	Na_2O/％	＜0.06
含水率/％	≤10	有毒成分	无害

2000 年，德国石膏用量为 8.8×10^6 t，其中脱硫石膏占 60％，到 2004 年，德国石膏建材企业几乎全部采用脱硫石膏为建材原料，利用量达 6.2×10^6 t，其中有 1.5×10^5 t 用于生产粉刷石膏，同时还专门建设了针对脱硫石膏生产石膏填料的生产线。现如今，为减轻运输成本，一些生产石膏制品企业已经把厂区迁至电厂附近。

英国是欧洲第二个脱硫石膏生产基地，英国工业部门已制定相关法规规定必须使用脱硫石膏，同时政府会投资石膏厂的建设来鼓励脱硫石膏资源化，在英国脱硫石膏主要用于生产石膏板、石膏涂料等产品。

3. 美国

美国从 20 世纪 60 年代中期就开始使用烟气脱硫技术，1990 年，《净化空气法》和《清洁空气洲际法规》的实施，大大加快了美国燃煤电厂安装湿式石灰石-石膏法烟气脱硫设备。

目前美国 80％的火电厂都采用石灰石-石膏法烟气脱硫技术，每年产生大量的脱硫石膏。在 20 世纪 90 年代初期，脱硫石膏年产量仅 2.0×10^6 t，由于美国天然石膏储量丰富，且火电厂都分布在地广人稀的地方，所以脱硫石膏一直以堆放、填埋方式处理，脱硫石膏的利用率低于 5％。90 年代后期开始，脱硫石膏开始走进石膏板企业的视野。2006 年，美国火电厂排放的脱硫石膏有 1.2×10^7 t，其中利用率达到 75.4％，即 9.05×10^6 t 得到利用，其中 90％用于纸面石膏板的生产。

在美国 1t 脱硫石膏的价格为 3.5 美元，相当于天然石膏价格的 1/2，脱硫石膏凭借其良好的环保效益和优惠的价格越来越具备市场潜力。美国最大石膏板生产企业 US Gypsum 公司旗下的 21 家工厂有 9 家只用脱硫石膏为原材料，还有其中 6 家将天然石膏与脱硫石膏掺杂使用。美国第二大石膏企业 National Gypsum 公司投资 1.25 亿建成的石膏板厂在 2007 年投入运行，其原料均来自于杜克火电旗下的 4 个火电厂生产的脱硫石膏，每年的生产能力为 9.0×10^7 m²。同时，BPB 公司投资 1 亿美元的石膏板厂也是主要以附近的脱硫石膏为原料，

生产能力为 $6.5 \times 10^7 \text{m}^2$。在 2006～2009 年间,美国在燃煤电厂附近一共新建了 16 条以脱硫石膏为原料生产石膏板的生产线,这大大加快了美国脱硫石膏资源化进程。

专家预测未来美国若还以石膏板作为主要利用途径必会出现供大于求的情况,现在脱硫石膏的利用途径已逐渐延伸到石膏纤维板、自流平板材料等领域。

二、国内脱硫石膏生产利用动态

我国天然石膏储量丰富,加之湿式石灰石-石膏法烟气脱硫技术在我国起步较晚,对脱硫石膏的利用价值和市场需求认识不够,脱硫石膏性能、加工工艺、资源化途径等都没有系统科学的研究。大部分脱硫石膏采用抛弃法处理,这不仅污染了环境,还占用了大量的土地,不能使其变废为宝。近几年,随着脱硫技术的成熟和政府等职能部门对环保要求的提高,脱硫石膏已渐渐走入相关石膏企业的视野,目前国内已有相关针对利用脱硫石膏生产石膏制品的生产线,脱硫石膏的利用蕴藏着巨大的商机。由于天然石膏是几百万年长期形成的,而脱硫石膏却是在很短的时间内通过化学反应形成的,所以脱硫石膏在杂质含量、含水率、粒径级配等方面与天然石膏还是有所差别的,我国主要在两个方面加快了对脱硫石膏应用技术的研究:一是继续开拓以脱硫石膏为原料的应用领域,提高在水泥行业、建筑石膏等方面的市场利用价值;二是研制针对脱硫石膏煅烧成建筑石膏粉的设备和工艺,因现有的设备不能完全满足脱硫石膏加工工艺的要求。

目前,工业副产石膏主要用作水泥缓凝剂和生产纸面石膏板,二者消耗量约占工业副产石膏总利用量的 96%。工业副产石膏生产高强石膏、石膏机喷抹灰砂浆、石膏模盒及免煅烧胶凝材料等技术得到快速推广,市场增长较快。2013 年,水泥生产利用工业副产石膏 $6.0 \times 10^7 \text{t}$,纸面石膏板行业利用工业副产石膏 $2.4 \times 10^7 \text{t}$,墙体材料生产利用工业副产石膏 $4 \times 10^6 \text{t}$。我国不同地域工业副产石膏综合利用情况差异较大。京津冀、珠江三角洲及长江三角洲等地区工业副产石膏综合利用率高,部分地区甚至出现供不应求的局面,而内蒙古、西南、西北等地区综合利用率相对较低,累计堆存量较大。

第二节　脱硫石膏资源化技术

一、脱硫石膏在水泥工业的应用

1. 脱硫石膏用做水泥缓凝剂

石膏一直是水泥生产的主要辅料之一。在水泥中掺入 1%～4% 的石膏能有效调节水泥的凝结时间,增强水泥强度,降低水泥制品干缩率,提高抗冻性和安定性。石膏作为水泥缓凝剂,可以用来生产普通硅酸盐水泥、二水石膏水泥、石膏矿渣水泥等。水泥水化时,掺入的石膏很快与 $Ca(OH)_2$ 和 C_3A($3CaO \cdot Al_2O_2$)发生化学反应生成钙矾石,即 $C_3A \cdot CaSO_4 \cdot Ca(OH)_2$,这就包裹住 C_3A,防止其进一步水化,降低铝酸盐溶解度。因此,C_3A 对凝结时间不起主要作用,而是水化后生成的水化硫铝酸钙胶体溶液,浓度越大越可以延缓水泥的凝结时间。水泥水化过程中,主要是 4 种熟料发生反应。

（1）硅酸三钙水化　硅酸三钙遇水反应生成氢氧化钙和水化硅酸钙

$$3CaO \cdot SiO_2 + 3H_2O \longrightarrow 2Ca(OH)_2 + CaO \cdot SiO_2 \cdot H_2O$$

（2）硅酸二钙水化　此过程的速度较硅酸三钙水化慢

$$2CaO \cdot SiO_2 + 2H_2O \longrightarrow Ca(OH)_2 + CaO \cdot SiO_2 \cdot H_2O$$

此过程形成的水化物和硅酸三钙的水化物并无大的区别，因此统称 C-S-H 凝胶，但生成的氢氧化钙晶体粗大，量比较少。

（3）氯酸三钙水化　此过程水化速度快，放出大量的热，先生成水化铝酸钙，最终产物与石膏的添加量有关，有三硫型硫铝酸钙（钙矾石）。如果石膏添加量不足，先生成的钙矾石会和 C_3A 结合为单硫型水化硫铝酸钙。石膏的缓凝作用主要发生在这个过程。

（4）铁相固溶体水化　这个水化反应与硅酸三钙水化反应类似，只是反应速率慢，放热少。

脱硫石膏颗粒粒径小，用作水泥缓凝剂不需要研磨，且 $CaSO_4 \cdot 2H_2O$ 含量高于 90%，用脱硫石膏作水泥缓凝剂跟天然石膏相比，不仅降低生产能耗，而且对水泥的细度、凝结时间、放射性、抗压强度、抗折强度等无不良影响，各项技术指标符合国家相关标准要求。和南方等研究了脱硫石膏中亚硫酸盐对水泥物理、化学性能、缓凝时间的影响，研究表明脱硫石膏中少量的亚硫酸盐仅仅轻微延长了凝结时间，若提高熟料的 C_3A，这种影响可以忽略不计。同济大学的施惠生和刘红岩对脱硫石膏作为水泥缓凝剂与天然石膏在各方面进行的实验研究表明，脱硫石膏对水泥有较好的改性作用，水泥的强度和凝结时间都有所提高。表14-5 是同济大学天然石膏与脱硫石膏作为缓凝剂对水泥性能的影响比较。

表 14-5　天然石膏与脱硫石膏对水泥的影响

石膏种类	掺量/%	初凝时刻	终凝时刻	7d 强度/MPa		28d 强度/MPa		安定性
				抗折	抗压	抗折	抗压	合格
天然石膏	1.5	03:52	04:55	6.47	30.83	9.24	54.68	合格
	2.5	04:36	05:54	6.13	29.40	9.23	53.79	合格
	3.5	05:12	06:39	6.00	27.77	9.04	53.05	合格
脱硫石膏	1.5	04:05	05:18	6.20	31.15	9.52	53.36	合格
	2.5	04:45	06:17	6.28	31.24	9.75	54.54	合格
	3.5	05:35	07:05	6.63	31.63	9.76	55.19	合格

从表14-5可以得出，脱硫石膏较天然石膏可以很好地延长水泥的凝结时间，并且抗折强度、抗压强度都比天然石膏作为缓凝剂高。中国建筑材料科学研究总院的王昕、颜碧兰对不同产地的脱硫石膏对水泥物理性能的影响进行了对比分析，研究发现脱硫石膏作为水泥缓凝剂后水泥 3d 和 28d 抗压强度分别平均提高 8% 左右，而 90d 的抗压强度没有较大变化，天然石膏中含有影响水泥强度的黏土等杂质，脱硫石膏呈湿细粉态，水泥水化时起到晶核作用，利于加速水泥早期水化；不同产地脱硫石膏都使得水泥的初凝、终凝时间有 $30 \sim 60min$ 不同程度的延长；脱硫石膏能明显改善水泥砂浆的流变性，对干缩率的影响较小，这主要是因为脱硫石膏是在短时间内形成的，颗粒比较匀称，与水泥混合相容性较好。

我国已利用的脱硫石膏有 80% 用作水泥缓凝剂，水泥厂是将脱硫石膏变废为宝的消耗大户。目前全国各地分布的水泥厂有数千家，只要排放脱硫石膏的火电厂与当地水泥企业有良好的配合沟通，脱硫石膏将会显示出它巨大的市场优势。2011 年，我国水泥产量 $2.09 \times 10^9 t$，如果按加入 3% 的脱硫石膏作为生产水泥的辅料估算，则每年脱硫石膏的用量将超过

6.0×10^7 t，若按市场价格用脱硫石膏生产水泥，每吨水泥成本能降低 4.5 元，总成本将节省 3 亿元。脱硫石膏代替天然石膏作为水泥缓凝剂有巨大的市场潜力和经济效益。

2. 脱硫石膏制硫酸联产水泥

脱硫石膏用于水泥工业的另一重要途径是制硫酸联产水泥。水泥生产时，先将脱硫石膏烘干脱水成半水石膏，再与焦炭、黏土等辅料按配比混合、粉磨均匀成生料，生料经预热后加入回转窑中，在高温下发生如下反应：

$$2CaSO_4 + C \longrightarrow 2CaO + 2SO_2 \uparrow + CO_2 \uparrow$$

生成的 CaO 与物料中的 SiO_2、Al_2O_3 和 Fe_2O_3 等通过矿化反应生成水泥熟料，最后将熟料与石膏、煤渣等按配比磨制成水泥。

$$12CaO + 2SiO_2 + 2Al_2O_3 + Fe_2O_3 \longrightarrow 3CaO \cdot SiO_2 + 3CaO \cdot Al_2O_3 + 4CaO \cdot Al_2O_3 \cdot Fe_2O_3$$

含 SO_2（质量分数 8%～9%）的窑气经电除尘、酸气净化、干燥后在钒催化下经两次转化制得 SO_3，SO_3 被质量浓度为 98% 的浓硫酸二次吸收后制得 H_2SO_4。

脱硫石膏联产水泥工艺具有的优点包括：①脱硫石膏中钙和硫可以得到充分利用；②脱硫石膏被消化而不产生二次废渣；③副产的硫用于硫酸生产，减少了硫酸外购和运输量，降低了成本。

3. 生产低碱度水泥

低碱度水泥是以脱硫石膏、石灰石和矾土为原料，在立窑中烧制的硫铝酸盐水泥熟料，其主要矿物为无水硫铝酸钙和硅酸三钙（C_3S），外掺磷石膏和石灰石磨制而成。工程实践表明，该法生产的水泥具有早期强度高、硬化快、碱度低、微膨胀等特性，成本低于硅酸盐水泥，用该水泥制造的玻璃纤维增强水泥制品具有质量轻、强度高、韧性好、耐火、耐水、可锯、可钉、不弯曲、不变形等优点，现已经广泛用于制造"GRC"轻质多孔板。

4. 作水泥矿化剂

在煅烧硅酸盐水泥时加入石膏（以 SO_3 计，1%～2%）和 CaF_2（0.8%～1.6%）复合矿化剂可以节省能耗，提高产品产量和质量。使用天然石膏-萤石复合矿化剂烧制的熟料，在微观结构上的最大缺陷是 C_3S 受液相熔蚀产生分解的现象严重，而加入脱硫石膏烧出的熟料基本克服了这一缺点。适当含量的 P_2O_5 能促进固相反应进行，使 C_3S 晶格融入更多的 Al_2O_3、Fe_2O_3、MgO 等，进而降低物料共熔温度，并使大量生产的 C_3S 从液相中结晶出来，显著改善熟料易烧性。

二、脱硫石膏在建筑方面的应用

1. 生产石膏板

石膏板是以熟石膏为主要原料，掺入添加剂和纤维作为配料，再在表面粘贴覆盖板纸制造成的建筑材料。利用脱硫石膏生产石膏板需以煅烧的脱硫石膏为基材，应先将二水脱硫石膏在较低温下煅烧促使其生成 β 型半水石膏，即脱硫建筑石膏。在生产实际中，可以掺入木纤维、纸纤维等组分和水混合成石膏料浆，挤压成纸面石膏板，再经切割干燥而成。

纸面石膏板的制作过程简单，主要的工艺过程为浇注、凝结、切断、烘干等。根据用途分类，常用的石膏板有普通纸面石膏板、防水纸面石膏板、耐火纸面石膏板。

石膏板作为建筑材料主要有以下特点。

1) 质轻、造价低。用纸面石膏板做隔墙材料，种类仅为同厚度砖墙的 1/15，且石膏价格便宜，降低了生产成本。

2) 生产工艺简单，能耗低。由于生产工艺过程简单，投资少，便于大规模生产。

3) 保温耐热性能好。石膏板的热导率仅为 $0.16W/(m \cdot K)$，仅为砖瓦的 1/6，具有优良的保温隔热性能。

4) 不易燃，防火性能好。石膏板含有大量的化合水，遇火释放化合水过程中会吸收环境中大量的热，由此降低周围环境温度利于防火。另外，石膏板还具有良好的隔声性能、装饰性能、施工性等。

脱硫石膏中的氯离子、可溶性盐离子、有机物等杂质是影响石膏板质量的重要因素。如果浓度过高会使石膏板成型的时间延长或缩短，间接影响了石膏板的强度。这些杂质在石膏板生产工艺中的干燥阶段有反应，随着干燥程度的增加，这些杂质会逐渐向石膏板表层迁移。当浓度超过一定限值时表面会产生碱化现象，使得外观不美观平整，各杂质影响分述如下。

(1) 氯离子的影响　氯离子的浓度虽然很小，但却是影响脱硫石膏品质的最主要因素。氯离子浓度过高会影响石膏板纸和石膏芯的结合，降低石膏强度；同时氯离子加速钉子和钢筋的生锈，对建筑物的安全性造成影响；还会导致石膏制品不能完全干燥。脱硫石膏中的氯离子主要来自排入脱硫系统中的飞灰，脱水系统中设置滤饼冲洗工艺就是为了降低氯离子浓度，确保石膏品质。

(2) 水溶性盐离子的影响　石膏中的水溶性盐主要包括钠盐、钾盐、镁盐等。钠盐主要存在形式是 Na_2SO_4，在纸面石膏板干燥过程中，Na_2SO_4 迁移到石膏面纸与石膏芯之间且形成一层膜，石膏板干燥后，当冷却温度低至 32℃时，Na_2SO_4 吸收空气中的水汽形成白色絮状的粉末 $Na_2SO_4 \cdot 10H_2O$，导致面纸与膏芯黏结不好，这就是常见的墙体粉化现象；钾盐在脱硫石膏中以 $CaSO_4 \cdot K_2SO_4 \cdot H_2O$ 复盐形式存在，镁盐以 $MgSO_4$ 形式存在，它们对石膏板的影响机理与钠盐类似，主要影响石膏面纸和纸芯的黏结。

(3) 脱硫石膏板各项指标要求　纸面石膏板因具有良好的防火、防潮、抗震、隔声等性能，越来越受到重视。其主要夹芯材料是由石膏煅烧成的熟石膏粉，因此石膏的品质是制约石膏板应用的关键因素。欧洲的发达国家都对作为石膏板原料的石膏有具体的指标要求。表14-6 是德国对板用脱硫石膏的各项指标要求。

表 14-6　德国对板用脱硫石膏的各项指标要求

项目	$Ca_2SO_4 \cdot 2H_2O$	Na_2O	K_2O	$CaMg(CO_3)_2$	SiO_2	Cl^-	黏土
质量要求/%	≥85	≤0.06	≤0.06	≤1.5	≤2.5	≤0.01	≤1

我国 2008 年修订的《建筑石膏》(GB/T 9776) 中规定建筑石膏中 β-半水硫酸钙的质量分数应不小于 60%，但对杂质成分中 K_2O、Na_2O、MgO、Cl^- 等的含量有限制，而没有具体限量标准。马德广提出了对纸面石膏板用石膏的工业指标的建议：$Ca_2SO_4 \cdot 2H_2O$ 边界

品位≥85%；杂质成分限量，Na_2O≤0.1%、K_2O≤0.1%、Cl^-≤0.01%。

目前国内石膏板厂对脱硫石膏品质要求如表14-7所列。

表14-7　中国石膏板企业对脱硫石膏品质指标要求

项目	指标要求	项目	指标要求
水分/%	≤10	Al_2O_3/%	<0.3
$Ca_2SO_4 \cdot 2H_2O$/%	≥90	MgO/%	<0.1
Ca_2CO_3/%	<3	pH 值	5～7
Na_2O/%	<0.06	氯离子/10^{-6}	<100
K_2O/%	<0.04	放射性	符合国标
SiO_2/%	<2.5	可燃性有机物/%	<0.1
Fe_2O_3/%	<1.5		

我国石膏板应用历史较短，作为新型建材凭借其独特的优良性能，应用量正逐步提升。2002年我国人均石膏板用量仅为 $0.13m^2$，在接下的几年中我国石膏板的产量提高了近10倍，2009年人均用量已达到 $1.14m^2$，但这个数据远远落后于全球 $2.5m^2$/人的平均水平。以美国为例，在20世纪90年代石膏板的消费量就超过了 $2×10^9m^2$，人均消费量在2006年达到 $13.97m^2$。因此，我国石膏板的需求量极大，消费脱硫石膏的潜力巨大。一条 $3×10^7m^2$ 的生产线，按 $1m^2$ 石膏板用8kg脱硫石膏计算，则每年消耗 $2.4×10^5t$ 脱硫石膏，预计2012年和2013年我国石膏板用量将分别达到 $2.8×10^9m^2$ 和 $3.2×10^9m^2$，若全部使用脱硫石膏为原料，则仅在石膏板行业2012年和2013年分别利用脱硫石膏 $2.2×10^7t$、$2.5×10^7t$。

2. 脱硫石膏制备石膏砌块、石膏条板技术

普通石膏砌块、石膏条板都是以脱硫建筑石膏（β型半水石膏）为主要原料，外掺入粉煤灰、激发剂等浇注成型，然后经烘干或自然干燥成型的。石膏砌块可以替代混凝土空心砌块用作非承重隔墙，具有质轻、防火、隔热、保温、外观整齐美观的优良性能。

粉煤灰高强石膏砌块是由α型半水石膏浆液掺入粉煤灰浇注成型。石膏与粉煤灰的主要成分二氧化硅、三氧化二铝水化生产硫铝酸钙胶凝材料，相较于普通石膏砌块，由于它强度高，无需添加水泥而掺入30%的粉煤灰，这样充分利用了电厂两大固体废物——脱硫石膏、粉煤灰；另外，它的软化系数远远高于普通石膏砌块且收缩率低，不会造成裂纹等现象。丛钢利用脱硫石膏制成的石膏空心砌块进行性能测验，测试结果表明脱硫石膏空心砌块的力学性能完全达到使用要求。表14-8为国内脱硫建筑石膏空心砌块各项力学性能测试结果汇总。

表14-8　国内脱硫建筑石膏空心砌块力学性能指标

测试项目	测试结果	测试项目	测试结果
密度/(kg/m^3)	700～750	耐火极限/h	2.0～4.0
抗压强度/MPa	450	隔声量/dB	44
热导率/[W/(K·m)]	0.22		

用脱硫石膏生产石膏砌块的设备和工艺与天然石膏相同，考虑到脱硫石膏颗粒级配差、标准稠度需水量大、强度高，因此在生产过程中要加入减水剂来确保砌块强度。现在欧美国家都已广泛推广应用脱硫石膏生产石膏砌块，法国石膏砌块年产量为 $1.7×10^7m^3$、德国 $6×10^6m^3$、荷兰 $3×10^6m^3$，但我国的石膏砌块应用还没有得到很好的推广。若将我国2006年的墙体材料的5%用石膏砌块代替，则相当于消耗2000多万吨的脱硫石膏。

3. 生产建筑石膏

建筑石膏（α型半水石膏）是二水石膏在不饱和蒸汽环境中经脱水、干燥、粉磨而制成的。α型半水石膏因其优良性能被广泛应用在汽车、陶瓷、建筑、精密仪器等领域。α型半水石膏的制备方法主要有蒸压法、加压水溶液法及常压盐溶液法。

国外对用脱硫石膏制备α型半水石膏的研究比较早。1992年日本通过添加转晶剂和晶种研制出了吴羽法制备α型半水石膏；德国BSH公司采用水热法利用脱硫石膏生产α型半水石膏的生产力为20000/a；美国的Quante等申请了利用硫酸溶液、硫酸盐制备α型半水石膏的专利，将脱硫石膏先制成硫酸溶液，设定温度为100℃，然后将固体物质进行分离干燥，最后得到α型半水石膏。

国内东南大学的段珍华利用动态水热法，用脱硫石膏制备出了抗压强度40~60MPa的α型半水石膏。厦门市建筑科学研究所的桂苗苗等采用蒸压法，在确定了150℃下蒸压8h，然后恒温烘干24h可制得抗压强度为26.8MPa的α型半水石膏。

由于脱硫石膏的结晶体为短柱状，其结构紧密、致密的结晶结构网使水化、硬化体有较大的表观密度（比天然石膏硬化体高10%~20%），研究表明脱硫石膏品位高粒度细，是制备α型半水石膏的优良材料。

因此，采用烟气脱硫石膏为原料制成的建筑石膏性能比天然石膏更好，强度比国家标准规定的优等品强度值高40%~50%，生产电耗比天然石膏低40%~60%，生产成本则为天然石膏成本的70%~80%，为脱硫石膏的大量应用奠定了坚实的基础。

4. 生产粉刷石膏

粉刷石膏又称为墙体抹灰材料，是以建筑石膏为主要成分，掺入少量工业废渣、多种外加剂和集料制成的气硬性胶凝材料，按用途分为底层粉刷石膏、面层粉刷石膏、保温层粉刷石膏，是一种新型的高效节能环保材料。

以脱硫石膏生产粉刷石膏，必须将脱硫石膏低温煅烧为β型半水石膏，然后添加建筑砂、纤维素、黏结剂等外加剂组合成粉刷石膏。重庆大学对珞璜电厂脱硫石膏制备的粉刷石膏研究分析表明，该石膏完全达到国家对粉刷石膏的要求，脱硫石膏品位高，用脱硫石膏生产的建筑石膏粉强度高、粒度小，是生产粉刷石膏的理想原料。粉刷石膏与传统的水泥砂浆比主要有以下优点。

①黏结性能好，适用于多种基材；②材质轻，方便施工，粉刷石膏的材料单位面积质量为$11.8kg/m^2$，低于传统抹灰的$19kg/m^2$；③具有很好的防火耐高温性能，且收缩率低，不易出现墙面开裂等现象；④经济性好，目前天然石膏的价格为脱硫石膏的1倍左右，因此具有很好的价格优势。

在德国，每年有1.5×10^6t的脱硫石膏用于生产粉刷石膏；在我国，影响脱硫石膏制备粉刷石膏的关键因素是脱硫石膏的白度。由于我国除尘器出口的烟尘含量比较高，以及外加脱硫剂石灰石纯度的影响，生产出的脱硫石膏多为灰褐色。上海大学利用杭州半山电厂生产的脱硫石膏制备干粉粉刷石膏，完全达到国家《粉刷石膏行业标准》相关指标要求。重庆建筑大学用脱硫石膏制成的粉刷石膏各项指标均达到国家标准要求（见表14-9）。

表 14-9　脱硫石膏制粉刷石膏的性能

项目	凝结时间/h	抗折强度/MPa	抗压强度/MPa
粉刷石膏	1.5～3	3.8	21.8
国家标准	1～8	3.0	5.0

5. 用于公路建设

利用脱硫石膏与水泥配合加固软土地基，不仅可以节省大量水泥、降低固化剂成本，而且加固土的抗压强度得到大幅度的提高。研究表明，将脱硫石膏、火电厂废物、高炉矿渣、有机外加剂按一定的比例制备成回填材料，该材料的 28d 强度可达到 32.5 级水泥的标准，在影响路基材料应用的膨胀率、溶出率等方面也符合有关要求。脱硫石膏作为修筑道路的回填材料，既可为城市筑路提供材料来源，又可解决脱硫石膏的处置问题。

三、脱硫石膏在化工方面的应用

1. 脱硫石膏制备硫酸钙晶须

硫酸钙晶须是一种针状或纤维状晶体，在造纸、橡胶、PVC 等方面都有应用。相关研究表明，只要控制好合理的工艺参数，用脱硫石膏代替天然石膏完全可以生产出高质量的硫酸钙晶须。硫酸钙晶须制备影响因素主要有：反应温度、反应时间、粒度、pH 值等。东北大学以脱硫石膏为原料，在不同实验条件下研究了晶须生成工程中长径比的变化规律，最终确定了最佳参数：温度 140℃，粒度 1.36μm，最佳 pH 值为 5，液固比为 10∶1。硫酸钙晶须与橡胶聚合物亲和力强，具有抗高温、耐化学腐蚀、高强度等优点，是发展前景很好的高附加值绿色环保材料，用脱硫石膏制备硫酸钙晶须处于起步阶段，为脱硫石膏利用提供了巨大的市场潜力。

2. 利用脱硫石膏生产元素硫

20 世纪 60 年代末，德国建成 1 套利用石膏生产元素硫的工业试验装置。20 世纪 70 年代末，巴西也开发了类似生产方法。印度已有 2 家公司应用了巴西开发的生产方法，建成了中型生产装置。生产在一密闭的竖直反应窑（炉温 1100～1200℃）中进行，反应时石膏中的硫酸钙被还原性强的焦炭或焦炉气首先还原为 SO_2，再进一步还原为元素硫。此法的不足之处是能耗高，因而元素硫的成本也高，由于目前国际市场上石油和天然气的价格偏低，因此相比而言采用此法回收硫很不经济，只有在硫资源十分缺乏的情况下，采用此法才经济可行。

3. 利用脱硫石膏生产 CaO 和 SO_2

研究表明，在氧化性气氛下，$CaSO_4$ 在 1175℃高温下才能发生分解反应；而在还原性气氛下，$CaSO_4$ 分解反应的活性得到增强，通过竞争反应可以使 $CaSO_4$ 在更低的温度下实现分解，进而生成 CaO 和 CaS。

氧化性气氛下：

$$CaSO_4 \longrightarrow CaO + SO_2 + \frac{1}{2}O_2$$

还原性气氛下：

$$CaSO_4 + CO \longrightarrow CaO + SO_2 + CO_2$$
$$CaSO_4 + 4CO \longrightarrow CaS + 4CO_2$$

研究结果表明，在 CO 体积分数小于 1% 的情况下，$CaSO_4$ 的还原分解反应随温度提高和 CO 体积分数增加，SO_2 的析出量也增大，这为脱硫石膏的资源化利用提供了基础。

四、脱硫石膏在农业方面的应用

1. 土壤改良

脱硫石膏含有作物生长所需的重要养分有磷、硫、钙、硅、镁、铁等，可以代替天然石膏改良土壤理化性状及微生物活动条件。

近年来，脱硫石膏在改良土壤方面的应用研究已经成为热点。研究表明，施用脱硫石膏对交换性钠的去除、可溶盐的淋洗效率以及土壤的导水率有直接影响；在盐碱土上连续施用脱硫石膏会改善土壤的理化性状，使得盐碱土壤的 pH 值、代换性钠和碱化度下降，在利用脱硫石膏改良盐碱土 1 年后，土壤中磷素指标均有显著提高；土壤中的 Na^+ 与石膏溶解产生 Ca^{2+} 交换，补充 Ca^{2+} 可消除碳酸盐对植物的毒害作用，降低了土壤的碱化度，调节了土壤 pH 值，提高了土壤黏粒的分散性，使土壤透水性变好。同时脱硫石膏中还含有植物生长必需的硫、硅等矿物元素，有益作物生长。

山西省农业科学研究院试验表明施用脱硫石膏的盐碱地表层容重下降了 0.1 个百分点，孔隙率提高 6.35%，土壤硬度也由原来的 $18.5kg/cm^2$ 降低到 $14.3kg/cm^2$。而且在用脱硫石膏改造的盐碱地上种植玉米，玉米产量与脱硫石膏用量呈正相关关系；宁夏大学也对脱硫石膏改良盐碱地进行了实验研究，研究表明脱硫石膏能有效降低土壤的总碱度、pH 值，油葵的产量也会相应提高，但不成正相关关系，最佳用量为 $11.25t/hm^2$。

2. 生产肥料

硫铵是传统的氮肥，采用脱硫石膏生产硫铵是基于简单的复分解反应：

$$(NH_4)_2CO_3 + CaSO_4 \longrightarrow CaCO_3 + (NH_4)_2SO_4$$

经过反应转化后，可以将价值较低的碳酸铵转化为价值较高的、营养成分较多的硫铵肥料。同时，钙又是作物需要量仅次于硫的第 5 种营养元素，它可以增强作物对病虫害的抵抗能力，使作物茎叶粗壮、籽粒饱满，如花生需钙量仅次于钾，增施钙肥可以显著提高花生的产量与品质。利用脱硫石膏中的 Ca^{2+} 和土壤中游离的 $NaHCO_3$、Na_2SO_4 作用，生成 $NaHCO_3$ 和 Na_2SO_4，降低土壤的碱性，消除碳酸盐对作物的毒害，同时 Ca^{2+} 可替代土壤胶体上的钠离子，补充活性钙，增强土壤的抗碱能力。

五、脱硫石膏开发利用方向

随着我国环保要求的提高和烟气脱硫的逐步普及，我国脱硫石膏的产量也在迅速增长。目前，脱硫石膏的利用方法主要是作为水泥辅料、石膏板、石膏砌块和粉刷石膏等产品，脱硫石膏的大规模资源化利用还存在一定局限和未解决的问题,其原因主要是:①环境保护和资源化利用意识淡薄;②缺乏脱硫石膏利用的关键技术;③缺乏脱硫石膏的相关标准;④我国天然石膏资源较为丰富。

目前脱硫石膏利用途径可分为煅烧和不煅烧两大类,分别用作水泥缓凝剂和建筑石膏。然而,这两种途径并不能有效改善脱硫石膏利用受限制的局面,因此需开发出新的适合我国特色的、能更有效利用脱硫石膏的途径。近年来,南京师范大学也在脱硫石膏高温分解方面进行了有益探索,并认为,在 $850\sim1050℃$ 和 $0.5\%\sim5\%CO$ 范围内脱硫石膏的分解率可达 90% 以上;脱硫石膏的总分解率和还原分解速率均随着 CO 体积分数的增大而增大,但增大的幅度逐渐减小,掺杂添加剂(Fe_2O_3)不仅可以提高石膏的总分解率,而且合适的 Fe_2O_3 掺杂量还可以加快石膏的还原分解反应速率。基于实验室研究,还提出了一种利用煤炭综合处理硫铁矿和脱硫石膏的系统和方法,为脱硫石膏的热化学处理和大规模利用提供基础,是未来值得进一步深入研究与探索的重要方向。

第三节　脱硫石膏加工工艺与设备

脱硫石膏比天然石膏品位高,在水化动力学、凝结特征上相似,但其短时间的生成过程也使其在加工利用方面有一定的技术难题。影响脱硫石膏综合应用的因素不仅包括脱硫石膏本身的特性,当其作为建筑石膏制品原料时,脱硫石膏煅烧设备、煅烧参数、粉磨参数、陈化时间等也是影响其利用的关键因素。目前我国石膏生产设备都是针对天然石膏的,脱硫石膏因其含水率大、级配低,易造成设备堵塞、下料困难等问题。

脱硫石膏当作为水泥缓凝剂时才不需要加工煅烧;当用作建筑石膏时,必须先进行干燥、煅烧、粉磨等工艺。目前将脱硫石膏加工成 β 型半水石膏主要有三种比较成熟的工艺:两步法干燥、煅烧,间接换热式回转炉煅烧,间接换热式流化床干燥煅烧。

脱硫石膏生产线的先进程度和成功,关键取决于干燥煅烧工艺技术和设备的先进性和合理性。我国脱硫石膏呈湿粉状,含水率较高,适宜采用先干燥后煅烧生产工艺,一般脱硫石膏含水率较高,粒度又较细时,选用闪蒸式气流干燥设备效果最理想。

石膏的煅烧设备众多,有连续炒锅、内加热管式回转窑、直热式回转窑、流化床式焙烧炉、沸腾炉等,实际生产选用哪种煅烧工艺和设备,由所生产的终端产品来决定。对如何选择到合理、先进且经济的干燥煅烧工艺和设备,下面做详细分析论述。

一、脱硫石膏制品采用的煅烧工艺与设备

用脱硫石膏生产石膏制品时,首先要考虑生产效率,加快模具周转,这就要干燥煅烧后的石膏具有凝结硬化快的特性;其次要考核脱硫石膏原料的含水率和细度。国内的脱硫石膏原料一般含水率较高,通常在 $10\%\sim20\%$,所以在实际生产中常采用先干燥后煅烧工艺,即湿脱硫石膏→干燥→煅烧→半水脱硫石膏。

在生产过程中将干燥与煅烧分两步工艺进行,首先干燥脱出表面水,再进行煅烧脱出部分结晶水获得半水石膏,经气固分离后,粉体进入料仓储藏均化。为保证生产能力,应选用

快速干燥煅烧设备的闪蒸式气流干燥设备，该设备由于是热气体直接与原料进行热交换，热效率高，几秒钟就能除去游离水。其他煅烧设备可选用闪蒸式气流煅烧、直热式回转窑、彼特磨、沙司基特磨等；也可采用一次闪蒸式气流干燥和煅烧的工艺设备，生产效率更高。

该工艺的主要特点为：①依据脱硫石膏的特点，确定合理的干燥、煅烧工艺，用该工艺生产的半水石膏可获得优等品，可直接用于生产面板、砌块等制品；②产品品质稳定，由于干燥与煅烧分步进行，脱硫石膏含水量变化，可调整干燥过程；③充分利用能源、负压操作、密闭性好、无粉尘外漏、无污染、环保达标、回收率高等；④煅烧分解迅速、连续自动生产。

二、 脱硫石膏胶凝材料的煅烧工艺与设备

在生产石膏胶凝材料的过程中，根据产品要求凝结硬化慢，可多加外加剂降低成本的特点，除干燥仍然选择快速干燥外，煅烧应选用低温慢速煅烧设备，常用的有炒锅、内加热管式回转窑、流化床式焙烧炉等。采用低温慢烧可使石膏在煅烧设备中停留较长时间，使熟石膏获得非常好的相组成，即半水石膏含量较高，无水或二水石膏含量较低，而且使石膏的凝结硬化速率减慢。

三、同时生产石膏制品和胶凝材料采用的煅烧工艺及设备

两类产品同时生产时，要看哪一类产品产量大，是主导地位，则煅烧工艺和设备以此为基础制定；若两类产品产量相当，则可同时选用2套煅烧设备，以满足产品生产的需要。

四、粉磨工艺与设备

脱硫石膏粒径分布非常狭窄，加工成熟石膏粉后，必须要进行粉磨改性，增大颗粒级配，改善脱硫熟石膏粉的性能。

现在一般熟石膏粉生产企业大都使用雷蒙磨、球磨、冲击、涡轮磨等磨机，各类磨机各有所长，但采用冲击式磨粉机比较合适，产量大、电耗低、可根据需要调节熟石膏粉的粒径范围，粉磨效果好，能够满足石膏制品的要求。经过粉磨后可以改变脱硫熟石膏粉的容重和改善脱硫石膏粉的级配，粉磨后能够得到性能稳定、符合用户需求指标的熟石膏粉。

第四篇

石墨尾矿资源化技术

　　石墨在高温下形成。分布最广是石墨的变质矿床，系由富含有机质或碳质的沉积岩经区域变质作用而成，一些石墨矿床还与煤田伴生。石墨是一种无机非金属材料，在润滑、耐磨、腐蚀、导电、储能等领域应用十分广泛，是化学和电器工业必不可少的原料，同时在国防工业和高科技产品中也发挥着不可替代的作用。我国石墨资源丰富，分布于黑龙江、山东、四川、内蒙古等20个省（自治区），储量居世界第一，以鳞片状晶质类为主。晶质石墨储量最大的是黑龙江省，为 $1.76 \times 10^7 \mathrm{t}$，约占全国储量的 57.87%。

　　石墨尾矿是石墨选矿厂生产石墨后排放的工业矿渣。这些尾矿颗粒细，密度小，由于其排放量大，可利用性差，在石墨选矿厂周围大量、长期堆积，占用了大量的土地，每遇区域暴雨，随水冲入河流，造成雨水污染和抬高河床。每逢刮风，便沙土漫天，严重影响着当地人们的正常生活，对区域生态环境产生了不利的影响。如何利用或治理这些尾矿已成为亟待解决的大事。

第十五章

石墨尾矿的形成和特性

第一节　石墨尾矿形成和对社会环境的影响

一、石墨尾矿对社会环境的影响

石墨尾矿是排放的尾矿矿浆经自然脱水后所形成的固体工业废料，是固体工业废料的主要组成部分，通常作为固体废料排至河沟或抛置于矿山附近的堤坝的尾矿库中，成为环境污染的主要组成部分。

1. 堆存需用大量土地

石墨矿山开采后，将会产生大量废石、排土和尾砂，我国 2010 年产出品质石墨 50 多万吨，其中排放出超过 $6 \times 10^6 t$ 的尾矿。以鸡西市柳毛石墨矿为例，堆积的尾矿坝超过 500m，17m 高，堆存它们需要占用大量的地表面积。另外，尾矿坝和废石场设置不当或者管理不严，都会造成严重的溃坝、滑坡或泥石流事故，使大面积的土地受到破坏，水体遭受污染并危及人身和财产安全。

2. 造成水体污染

在石墨生产过程中，浮选用化学试剂随尾矿置放于尾矿库，废矿堆尾矿在长期氧化、风蚀、溶滤过程中，使各种有毒矿物成分或有害物质随水转入地下，造成地表水、地下水体长期不断的化学污染。

3. 引起大气污染

由于石墨尾矿颗粒较细，堆积在尾矿库中的尾矿，在风起的时候会形成一个尘暴源，在日常公路运输和生产中都会产生大量的扬尘，成为污染大气环境的重要部分。

4. 造成土壤重金属污染

由于母矿组成成分及加工、洗选过程加入的氟化物、无机盐、洗选油等化学物质的影响，其尾矿渣重金属含量高，使石墨尾矿废弃地成为重金属污染物严重超标的矿业废弃地。由点源排放形成的石墨尾矿库的有毒重金属元素通过大气和水体进入土壤，在土壤中累积，且不易被土壤生物所降解，导致土壤污染、生态环境恶化、土壤动物减少。土壤重金属污染具有潜伏性、不可逆性和长期性以及影响后果严重等特点。

二、石墨尾矿的矿物组成

石墨尾矿的矿物组成基本为：石英、长石、方解石、白云石、透辉石、透闪石、矽线石、石墨、绢云母、白云母、黑云母、绿泥石、绿帘石、高岭土、蒙脱石等造岩矿物和少量可综合回收的金红石、钛铁矿、磷灰石、锆石等伴生矿物。

石墨尾矿的粒度分布范围比较宽，粒度范围在 0～0.4mm 之间，以中粗粒为主。不同地区石墨尾矿的主要成分及含量不同。如山东青岛南墅地区堆放的石墨尾矿有粗细两种。粗尾矿呈浅黄色，触摸染手。颗粒大小基本均匀，粒径为 0.3～0.4 mm。X 射线粉晶衍射结果表明，粗尾矿主要由斜长石、伊利石和角闪石组成，含少量石英和绿泥石。细尾矿呈灰黑色，土状，黏性较好；颗粒大小均匀，粒径小于 0.074mm。矿物组成主要有伊利石、蒙脱石、石英、斜长石、绿泥石和少量石墨。再如黑龙江省鸡西石墨尾矿，实物如图 15-1 所示。

图 15-1　石墨尾矿

石墨尾矿呈微细粉状，黄褐色，呈土状光泽。石墨尾矿的矿物组成见表 15-1。石墨尾矿的化学组成见表 15-2。石墨尾矿的矿床属常见的区域变质岩类型，表面为浅灰绿色颗粒。由表 15-1 可知，石墨尾矿的主要矿物成分是石英和微斜长石，黑云母、黏土、赤铁矿占少部分，烧失量较低。由表 15-2 可以看出，石墨尾矿的化学组成为：SiO_2 占 62.5%、CaO 占 15.5%、Al_2O_3 占 10.2%，其中还有少量 Mn、Fe、Cu、Zn 等金属元素。

表 15-1　石墨尾矿的矿物组成　　　　　　　　　单位：%

矿物	赤铁矿	黏土	微斜长石	黑云母	石英	其他	烧失量
含量	1.1	7.4	41.4	8.6	38.3	3.2	4.15

表 15-2　石墨尾矿的化学组成　　　　　　　　　单位：%

化学成分	Na_2O	MgO	Al_2O_3	SiO_2	P_2O_5	SO_3	K_2O	CaO	TiO_2	V_2O_5	MnO
含量	0.269	2.326	10.205	62.498	0.012	0.539	2.26	15.547	0.589	0.308	0.103
化学成分	Fe_2O_3	NiO	CuO	ZnO	Rb_2O	SrO	Y_2O_3	ZrO_2	BaO	Cl	
含量	5.073	0.015	0.017	0.066	0.016	0.031	0.007	0.029	0.071	0.02	

不同地域的石墨尾矿成分和含量的不同，使得其回收利用的用途不同。第十六章将详细介绍石墨尾矿的综合利用。

第二节　石墨尾矿的沉降性

我国尾矿库溃坝事故频繁发生，造成了恶劣的社会影响、严重的伤亡事故、环境污染以及重大财产损失。由于我国90%以上的尾矿库采用上游法筑坝堆存工艺，滑坡、地震液化、洪水漫坝、坝坡失稳、渗流破坏、管理失位被认为是引起尾矿库溃坝的主要因素；"浸润线"被认为是尾矿库安全的"生命线"。要保证尾矿库安全，就必须降低尾矿的饱和含水率，其重要技术措施之一就是尾矿浆在库内堆存过程中强化沉降和排水，提高堆存尾矿的稳定性。

本节以四川攀枝花市某石墨选矿企业的尾矿为实验材料，介绍石墨尾矿浆的沉降特性和影响因素。

一、石墨尾矿沉降实验

1. 材料

（1）石墨尾矿　本试验所用的尾矿取自攀枝花市某石墨选矿企业的排浆管，矿浆质量分数为10%，pH值为7～8，尾矿固体主要物理参数见表15-3，尾矿粒度分布见表15-4。

表 15-3　尾矿基础物理参数

颗粒密度/(g/cm^3)	松散容重/(g/cm^3)	振实容重/(g/cm^3)	孔隙率/%	自然安息角/(°)
2.68	1.29	1.54	42.52	42

表 15-4　尾矿的粒度分布

粒径/mm	>0.154	0.154～0.098	0.098～0.074	0.074～0.061	0.061～0.045	<0.045
质量分布/%	2.01	29.61	14.11	38.60	6.32	9.35

根据尾矿的粒级定义，由于 $d<0.098$mm 的尾矿质量分数为68.38%，大于50%则属于细粒级尾矿。尾矿的性质是随矿源、选矿工艺参数的变化而频繁变化的。尾矿的主要矿物为石英、云母、长石、透闪石、透辉石、石榴石、方解石、金红石、硫铁矿、石墨、绿泥石、绿帘石、高岭石、蒙托石、钛铁矿、绢云母等；其化学成分中 SiO_2 的含量大于80%。因尾矿中含有石墨，有较好的润滑流动性，故干尾矿难以堆积。

（2）药剂　在研究过程中采用了硫酸、烧碱、水玻璃，主要用于调整尾矿浆的 pH 值；采用了促沉剂 CBC-S，是以工业废渣为主要原料复配而成的具有胶凝性质的铝硅酸盐材料，主要化学组成为 CaO、SiO_2、Al_2O_3、SO_3、K_2O、Na_2O、NH_4^+、PO_4^{3-} 以及表面活性剂。在低掺量时具有促进尾矿沉降的作用。其机理为：在水相条件下，CBC-S 迅速水化，产生活性的硅酸根和铝酸根阴离子与尾矿颗粒表面的硅羟基和铝羟基通过离子交换、重排、脱水聚合形成以铝硅长链为主的化学键合陶瓷结构，形成以尾矿核心颗粒为骨架、铝硅胶结矿物为基体的复合材料，宏观上表现出一定的力学强度和水稳性。

2. 实验方法

取搅拌均匀的料浆注入量筒中至规定刻度，自然静置，在静置过程中的不同时段记录清液层和沉降层的高度。清液层高度与总高度之比为泌水比，沉降比＝1－泌水比。

3. 实验仪器

电热鼓风干燥箱 101-1A 型、JJ-5 型行星式水泥胶砂搅拌机、ISO 胶砂振动台、电子天平、电子秤、1000mL 量筒、500mL 量筒、烧杯、筛分机、$\phi25 \times 200$mm 塑胶管、卷尺等。

二、原尾矿浆的沉降特性

10%～30% 原尾矿浆的沉降曲线见图 15-2。从图 15-2 可以看出，石墨尾矿总体上属于易沉降尾矿，原始浓度越小，沉降速度越快，泌水比越大。一般情况下，选矿厂的排尾质量分数在 10% 左右，可利用其快速沉降特性，首先在厂内进行沉降浓缩，可减少矿浆体积输送量 80%，具有显著的节能效益。

不同浓度尾矿经过自然沉降，最终沉降体的质量分数基本恒定在 70% 左右，但起始浓度不同，沉降完成的时间有所差异，一般情况下，浓度越低，沉降完成时间越短，其原因是：浓度越低，颗粒在沉降过程中相互碰撞的概率越小，其沉降的主要影响因素是单一的水的阻力；而在较高浓度下，还存在颗粒之间的碰撞，使沉降方向改变；在颗粒沉积过程中，液体向上流动，降低了颗粒的下沉速度，浓度越大，颗粒越多，由于受液体浮力的影响，颗粒之间只要有很小的力就

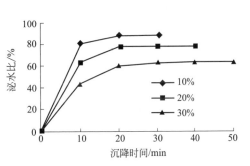

图 15-2　不同浓度原尾矿浆沉降曲线

可相互支撑使颗粒处于半悬浮状态，颗粒之间仍存在大量由水充满的空隙。因此，要完成颗粒之间的自然排水，只有通过提高沉降层的厚度，利用重力使颗粒相互挤压而密实。

沉降完成后，沉降体的颗粒尺寸是从上往下依次增大，密实度也具有相同的规律。这一性质决定了尾矿在库内堆存过程中水平和垂直方向上的性质是不均衡的。以往的观点认为粗粒态尾矿因容易沉降，所以适合作为筑坝材料，细粒态尾矿难以沉降而堆存在库尾。这种堆存方式实际上存在致命的弱点：粗粒态尾矿颗粒相对均一，颗粒之间存在大量空隙而难以密实，颗粒与颗粒之间几乎没有黏聚性，颗粒之间的堆聚结构很容易在水的浸蚀下瓦解崩塌，缺口成为汇集流水的沟壑，不断带走尾矿颗粒，最后可能演变成为溃坝；而细颗粒虽然难以沉降，但很容易板结，颗粒之间具有黏聚性，所以受水的影响相对小。因此，理想的堆聚结构应该是粗细颗粒搭配，尽量减少颗粒间隙，从而降低水的侵蚀作用。

三、原尾矿浆的强化沉降

把原尾矿进一步粉磨，使 $d < 0.098$mm 的尾矿质量分数大于 80%，属于微细粒级尾矿的范畴。

不同细度尾矿浆沉降曲线，见图 15-3。从图 15-3 可以看出，微细粒尾矿的沉降与原尾矿（相当于粗粒态）相比具有完全不同的沉降特性，在质量分数相同情况下（10%）不但沉降速度慢，泌水效率低，而且沉降 24h 后沉降层的质量分数只有 60% 左右，水层长时间处于混浊状态。这种特性的尾矿若不采取技术措施强化沉降和固结，将面临堆存过程中的安全风险。

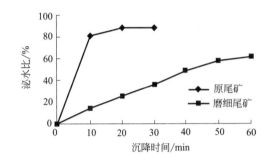

图 15-3　不同细度尾矿浆沉降曲线

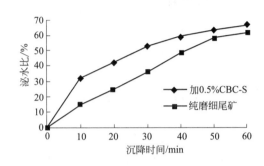

图 15-4　细磨尾矿浆强化沉降曲线

在纯磨细尾矿中添加 0.5% CBC-S 的沉降趋势对比见图 15-4。由图 15-4 可以看出，微量 CBC-S 的加入可以在原矿基础上明显提高沉降速度，提高泌水比，进而降低沉降层的含水率，与此同时，添加了 CBC-S 后，矿浆是一种总体均衡沉降的过程，泌水清澈透明，沉降层的粒度偏析小。

CBC-S 的作用机理归结如下：石墨尾矿的化学成分主要为二氧化硅，在破碎粉磨过程中，硅氧键断裂，形成硅氧负离子不平衡状态，为了保持平衡，只有通过吸附水中的氢离子形成半稳定的硅羟基，并通过氢键力使微细颗粒吸附；CBC-S 在水相介质条件下，首先电离出具有良好水合作用的阴阳离子，破坏微细颗粒之间的黏聚，使尾矿颗粒分散而依靠其自身的重力沉降；同时 CBC-S 进一步水化，生成具有活性的硅酸和铝酸中间产物，在金属阳离子的促进作用下，与尾矿颗粒表面的硅羟基、铝羟基发生脱水作用，生成铝硅聚合物，使悬浮的微细颗粒重力增大而下沉；此外，微细的悬浮颗粒吸附在 CBC-S 颗粒表面，通过挟裹作用而沉降。因此，CBC-S 的促沉机理是吸附、电离、化学结合综合作用的结果。

由于 CBC-S 水化产生的凝胶矿物对微细尾矿颗粒有增重作用，对大颗粒的沉降有抑制作用，故表现出使尾矿整体均衡沉降的效果，这就达到了使最终沉降体粗细颗粒混合堆存的目的，从而提高堆存体的密实度和稳定性。

四、 CBC-S 对高浓度矿浆的沉降影响规律和沉降体特性

在 10% 的矿浆中掺入 0.5% 的 CBC-S 后依靠其自然沉降，可以把沉降体的质量分数提高到 70%，但这种高浓度矿浆难以管道输送，在实际工程上，可以先浓缩到 50% 左右，既直接回用了大量选矿废水，减少了矿浆输送量，同时又能满足尾矿浆的输送。该矿浆在库内继续泌水沉降，但在尾矿库环境中，尾矿长期处于饱和含水状态，具有塑化流动性，还是难以保证安全。

向质量分数为 50% 的浆中掺加不同比例的 CBC-S 后，矿浆的沉降趋势见图 15-5。从图 15-5 可以看出，与纯矿浆相比，掺加了 CBC-S 的矿浆在 30min 前的泌水率略低，即沉降速

度要慢，但超过 40min 后几乎具有相同的泌水率，其最终泌水效果与 CBC-S 的掺量关系不大，但泌水过程与 CBC-S 的掺量有关。

不同类型矿浆沉降 60min 后沉降体的物理性质见表 15-5；沉降 28d 后的土工力学性能见表 15-6。表 15-5 和表 15-6 数据说明，掺 CBC-S 后的矿浆可以明显改善水质，并且对微细颗粒的沉降有利；纯矿浆通过泌水后逐渐干化，干化后遇水成泥，具有流动性，因此其土工性质是不稳定的；掺有 CBC-S 的沉降体在饱和含水状态下逐渐硬化成为具有一定承载力和水稳性的复合材料，这一性质对于尾矿的安全堆存意义重大。

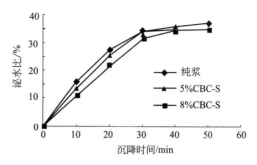

图 15-5　CBC-S 对高浓度尾矿浆沉降的影响

表 15-5　沉降过程参数对比

浆体形式	起始质量分数 $C/\%$	沉降质量分数 $C'/\%$	原浆密度 $/(g/cm^3)$	沉降体密度 $/(g/cm^3)$	泌水比 $/\%$	沉降时间 $/min$	水质
原矿浆	50	69.87	1.47	1.78	0.369	50	混浊
加 5%CBC-S	50	66.58	1.46	1.73	0.364	35	清澈

表 15-6　沉降 28d 后的土工力学性能

浆体形式	含水率/%	密度/(g/cm³)	单轴抗压强度/MPa	弹性模量/GPa	黏聚力/MPa	摩擦角/(°)
原矿浆	31	1.83	—	—	10	35
加 5%CBC-S	32	1.82	0.6	0.07	100	42

五、石墨尾矿特性

石墨尾矿属于细粒尾矿，在含水率为 30% 的状态下即具有流变性，不利于稳定堆存；由于尚含有残余石墨，颗粒黏聚性差，即使干式堆存也容易出现滑坡问题。就总体而言，石墨尾矿容易沉降，但因选矿药剂和微细颗粒的影响，自然沉降的水质较差；不同浓度的尾矿，沉降过程现象有所不同，但最终沉降体的性质基本相似，浓度越低，沉降体的颗粒分级特性越明显。在尾矿浆中掺入以铝硅为主的 CBC-S，在低掺量时具有强化沉降和改善水质的作用，在高掺量时能对尾矿产生固化胶结作用，对尾矿的安全堆存有利。

第十六章

石墨尾矿综合利用

第一节　石墨尾矿综合利用概况

一、石墨尾矿资源化利用现状

目前，国内石墨尾矿资源化利用途径：一是从石墨选矿尾矿中回收有价矿物；二是用于制白炭黑；三是在建材工业上的应用，主要集中在制作免烧结砖、烧结砖瓦、加气混凝土、泡沫混凝土、水泥配料以及道路基层材料等领域。

1. 从石墨选矿尾矿中回收有价矿物

自然界中独生的矿物较少，伴生的矿物较多，石墨矿石中除石墨外还有黄铁矿、磁黄铁矿、斑铜矿等金属矿物和金红石等稀有金属矿物，其中有的矿物含量较高，有回收价值。要综合回收石墨尾矿中的几种矿物需采用联合流程，多种选矿方法联合使用。以平度刘格庄和文登藏格庄石墨矿的尾矿再选为例，采用石墨浮选尾矿不经磨矿直接浮硫的工艺，可获得含黄铁矿、磁黄铁矿的硫精矿产品。以莱西南墅石墨矿刘家庄矿区和文登藏格庄石墨矿的尾矿再选为例，经浮选-重选-磁选-电选联合流程，可综合回收金红石精矿和铁精矿两种合格产品。

在对石墨矿提纯的过程中，石墨矿中伴生的矿物绝大部分都进入尾矿中，若随尾矿被抛弃，这样会造成极大的资源浪费。东华理工大学余志伟等采用加酸焙烧—水浸—除钾铝—萃取—反萃取—氧化沉淀钒工艺可使浮选尾矿中钒的浸出率、萃取率、反萃取率、沉淀率达到95.5%、87.6%、99.9%、99.0%，同时可获得对浮选尾矿产率为9.2%和23.2%的钾明矾和铵明矾。

2. 制白炭黑

柳毛石墨厂李洪君利用石墨尾矿砂制白炭黑，其工艺过程为尾矿砂破碎后加碱焙烧，经过水浸取，加酸反应，洗涤，干燥，粉碎等工序制白炭黑。此法也是石墨尾矿综合利用的一条有利途径。

3. 石墨尾矿在建材工业上的应用

（1）用作墙体材料　杨中喜等利用固化技术在石墨尾矿里加入少量廉价而常用的无机或有机化合物配制的固化剂及少量普通硅酸盐水泥熟料，通过石墨尾矿里的一些成分和固化剂及水泥熟料发生一定的物理、化学反应，经过加压或者挤压成型，在简单的养护下，制成具有一定强度和耐久性、符合国家标准的免烧砖。

（2）用作承重烧结砖　济南大学黄世峰等利用黏土作为粘接剂与石墨尾矿砂按一定比例混合在箱式电炉中烧成承重烧结砖，当石墨尾矿砂与黏土配比为 3：2、配体烧成温度在 $1000 \sim 1080^{\circ}C$ 时，能够更好地促进颗粒间的相互反应，且液相填充于颗粒的空隙中，从而减少气孔率，增加致密度，提高坯体的机械强度。

（3）生产烧结多孔砖　青岛石墨股份有限公司解家伟等利用石墨尾矿与黏土按比例搭配加水搅拌混合均匀，经陈化后在油压机上压制成型，放置于干燥箱中快速烘干，制备出了可代替传统黏土砖的烧结多孔砖，该实验表明，颗粒越细可降低产品的烧成温度，同时扩大产品的烧成温度范围。

（4）研制环保陶瓷生态砖　环保陶瓷生态砖是一种具有多孔结构的地面铺设材料，由青岛科技大学张灿英等以石墨尾矿、煤矸石、垃圾焚烧灰等固体废物为主要原料制成，其制备工艺与普通砖瓦工艺相同，将一定颗粒级配的石墨尾矿与一定比例的煤矸石细粉、废玻璃、垃圾焚烧灰等混合均匀，加入温度为 $15\% \sim 25\%$ 的水，真空炼泥，采用挤出成型挤出泥段，然后切成砖坯，在 $1000 \sim 1200^{\circ}C$ 烧成。

（5）用作高速公路底基层　1999 年，在潍莱高速公路建设中首次进行了石墨尾矿用于高速公路建设的尝试，只对该材料的水理、物理性能及其力学性能进行了研究；同济大学房建果博士研究了采用石墨尾矿作为高速公路填筑材料的可行性，研究表明采用 6% 的水泥稳定石墨尾矿，该材料强度满足规范要求，且具有良好的抗温缩性能，可以用作高速公路路面基层。

二、石墨尾矿资源化利用存在的主要问题和对策

将石墨尾矿用作高速路基层，既消化了大量的尾矿，又解决了道路建设的材料短缺问题，是一条很好的尾矿利用途径，但受到道路建设区域、运输、筑路成本等诸多因素的制约；利用石墨尾矿生产墙体材料，虽然样品达到国家相应的产品标准，但所得产品规格小、密度大，属于低档次的产品，推广应用比较困难；而尾矿作为生产白炭黑和保护渣原料的应用也还存在很多问题亟待解决。

尾矿综合利用是非常复杂的问题。要真正实现尾矿的资源化，一是采用更先进的技术提高产品的档次；二是要在经济上有发展前景。这就要求尾矿综合利用研究者突破现有材料生产工艺的约束，在充分研究尾矿特点的基础上进行特色开发，提升产品档次。例如，尾矿成

分主要是硅酸盐造岩矿物，而大多数无机非金属材料由骨料（石英）、熔剂（长石、透辉石、透闪石、矽线石）和结合剂（绿泥石、绿帘石、高岭土、蒙脱石）三类原料组成，与尾矿的组成基本一致，这就为以尾矿为原料开发建陶、微晶玻璃、渗水砖等中、高档产品创造了条件。

第二节　石墨尾矿再选

我国目前开采的鳞片石墨矿固定碳品位大多在 6%～10% 之间，但在实际生产中，由于人们缺乏资源与环境保护意识，大都采用采富弃贫、简单加工的方式去追求利润最大化的目标。入选矿石固定碳品位在 10% 以上、尾矿固定碳品位在 5% 左右的石墨选矿厂目前仍不鲜见，在选矿技术尚不成熟的过去，这种状况更加突出。鉴于上述情况，历史石墨矿山的尾矿和现役石墨矿山的早期尾矿中就储藏有大量的二次石墨资源。

为了满足经济建设对石墨的需求，保护我国现有的石墨矿石资源和矿区生态环境，增加社会财富，对某些石墨尾矿固定碳含量较高、具有可再次回收石墨的尾矿，采用浮选工艺进行石墨再回收利用。

北京有色金属研究总院李凤、宋永胜等在对黑龙江萝北某石墨尾矿进行性质分析的基础上，采用浮选工艺进行了石墨再回收试验。

通过对石墨尾矿成分分析、粒度分析和主要矿物的嵌布特征分析，经过粗选条件试验、精选水玻璃用量试验、一段磨矿细度试验、开路试验、低品位中矿再选试验、闭路试验。得到如下结论。

1）黑龙江萝北某石墨矿尾矿库内尾砂粒度较细，小于 0.074mm 的占 89.48%，有用矿物石墨含量为 4.87%，脉石矿物种类较多，以石英和绢云母为主，含量均在 20% 左右。该尾砂各粒级石墨含量差异较大，0.030mm 以上各粒级石墨含量明显较高，小于 0.030mm 的粒级石墨含量虽然较低，但因该粒级产率高达 70.02%，因而石墨分布率仍高达 49.40%；除大于 0.074mm 粒级石墨单体解离度极低，其他各粒级石墨单体解离度基本均在 80% 左右。试样中的石墨为无定形石墨，多以鳞片状或平行状石墨集合体及粒状单体形式存在，具有强非均质性。黑云母和绢云母均呈片状、条带状分布，部分与石墨连生。石英多呈他形粒状分布，部分和石墨连生。

2）采用 1 粗 1 精—4 阶段磨矿 5 阶段精选—高品位中矿直接返回—低品位中矿集中 1 次扫精选后返回流程处理该试样，最终获得了固定碳含量为 85.65%、回收率为 66.22% 的石墨精矿。该精矿质量满足 GB 3519—2008 规定的耐火级石墨材料质量标准。

第三节　石墨尾矿回收有价矿物

黄铁矿是制硫酸的原料，其烧渣可以炼铁。金红石是提取稀有金属钛的主要原料。钛是一种重要的稀有元素，它具有许多优良的性能，如熔点高、相对密度小（4.35～4.52，介于铝和不锈钢之间）、强度高、抗腐蚀性好等，广泛应用于国防、冶金等部门，是一种重要的战略物资。因此，从石墨尾矿中回收这些矿物具有很大的社会效益和经济效益。

一、石墨尾矿中的矿物及其特性

石墨尾矿中的重矿物（相对密度＞3.32）主要有黄铁矿、磁黄铁矿、黄铜矿、褐铁矿、石榴石、黝帘石、金红石等，其次为榍石、锆英石、钛铁矿、独居石、白钨矿等。

中间比重的矿物（相对密度2.9～3.32），主要为透辉石、透闪石、磷灰石等。

小比重矿物（相对密度＜2.9），主要为石英、长石、云母、方解石、绿泥石等。

1. 黄铁矿

黄铁矿（FeS_2），含硫53％。黄铁矿是一种分布极广的矿物，几乎所有的硫化矿床和石墨矿床中都或多或少的有黄铁矿存在，黄铁矿的相对密度很大，利用重选法回收并不困难，但要和其他重矿物进一步分离则不容易，所以一般均采用浮选法回收。

黄铁矿易为石灰和氰化物抑制。在我国有色金属选矿实践中，多采用石灰来抑制黄铁矿。当黄铁矿含量少时，石灰可以少加，pH值保持在8～9为宜；当黄铁矿含量高时，石灰的用量要大，pH值可以高达11以上。氰化物对石灰的抑制作用比较敏感，少量的氰化物就可以发生抑制作用，有时光加石灰效果不明显，可以少加一点氰化物，便可以达到很好的抑制效果。

在浮选石墨时添加石灰，对黄铁矿有抑制作用，但用浮选法回收黄铁矿时，在浮选前需要进行活化才能浮选。黄铁矿常用的活化剂是 H_2SO_4。用 H_2SO_4 将pH降至酸性，然后加 $CuSO_4$ 活化浮选。这种方法劳动条件差，影响工人健康，且易腐蚀设备。最好用苏打或 CO_2 气体活化。

2. 磁黄铁矿

磁黄铁矿含硫量一般比黄铁矿低，容易氧化和泥化，可浮性不如黄铁矿好。

磁黄铁矿可在弱酸性介质中，用高级黄药浮选，或用脂肪酸浮选。通常预先用 $CuSO_4$ 或 Na_2S 活化浮选。

磁黄铁矿可用石灰、苏打、氰化物等进行抑制，特殊情况下可用高锰酸钾。

磁黄铁矿具有磁性，可用磁选法回收。

3. 其他矿石

黄铜矿、斑铜矿等铜的硫化矿物，可浮性较好，用黄药作捕收剂较易回收。

金红石、钛铁矿、锆英石等矿物，相对密度较大，可浮性不好，通常用脂肪酸类捕收剂捕收，但分选效果不好。金红石和锆英石两者磁性相近，但导电性不同，可用电选分离。

二、选别流程

根据矿物性质可以拟定选别原则流程。

1. 重选

金红石、黄铁矿、锆英石等矿物相对密度较大，可首先考虑用重选法处理，因为重选法成本较低。石墨浮选尾矿中重矿物的相对密度都在 3.32 以上，与石英等矿物密度相差较大，可先将尾矿用重选法处理，抛弃大量相对密度小的矿物，得重砂矿物。然后将这一部分矿物进一步分离。

2. 浮选

黄铁矿的可浮性较好，用黄药极易捕收。而黄药对其他重矿物没有捕收作用。所以可将重选混合精矿用浮选法处理，选出黄铁矿。

3. 磁选

黄铁矿等含铁矿物均具磁性，可以采用磁选法回收。

4. 电选

金红石和锆英石两者磁性相近，但导电性相差较大，可以采用电选法分离。

其流程如图 16-1 所示。

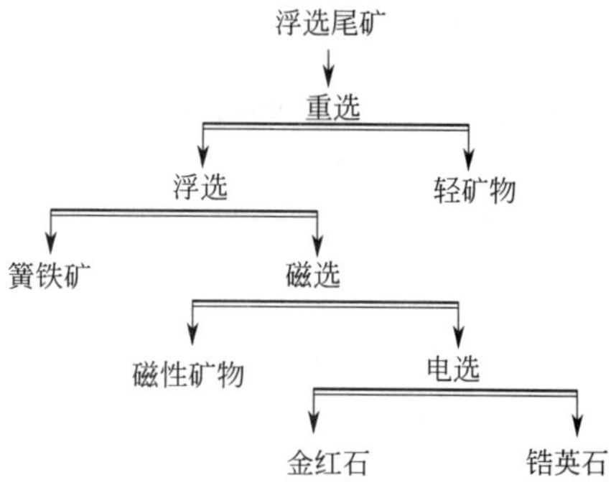

上述流程并不是一成不变的，应根据原矿性质，因地制宜，灵活应用。如只回收黄铁矿则直接浮选即可。如同时回收几种矿物，流程就比较复杂，必须采用联合流程。

选矿对金红石精矿有害杂质硫的含量要求很严，而含硫矿物主要是黄铁矿，欲使硫的含量降至允许范围可进行焙烧。所得 SO_2 可以用来制 H_2SO_4。

图 16-1　电选法分离金红石和锆英石流程

三、选矿方法

要综合回收石墨尾矿中的几种矿物需采用联合流程，多种选矿方法联合使用。下面简要介绍重选、电选和磁选。

1. 重力选矿

重力选矿简称重选，它是最古老的一种选矿方法，其分选原理是以有用矿物和脉石的密度差为基础的。分选过程如在水中进行则称为湿法选矿或水力重选，若分选过程在空气中进行则称为风选。风选用得不多，仅在干旱缺水地区或特殊情况下采用。湿法选矿则应用较广。

重力选矿是以矿粒在介质中的沉落规律为基础的。由于在真空中所有的物体不论其密度和形状如何，沉落速度都相同，也就是说在真空中大小不同的物体，沉落速度差为零。因而在真空中不能将密度不同的矿物分开。而在介质中则不一样，例如在空气中密度大的物体较密度小的物体沉落速度快，球体较偏平物体落得快。在水中沉落速度的差异更为显著。在重介质当中，密度小的物体漂在水面，密度大的物体则沉下。基于以上原理，将粒度和密度不同的粒群放在运动介质中，它们将具有不同的沉落速度，从而可以将它们按密度或粒度分选开来。矿粒的密度差越大，它们在介质中沉落速度差越大，分选效率越高。介质的密度越大（不得大于大比重矿粒之密度），混合粒群在其中的沉落速度差别越显著，分选效果也越好。

重选过程中，矿粒在运动介质中同时受到重力和阻力的作用，然而重力是主要的。

重选根据作用原理不同，可分为以下几种方法：①分级（水力和风力分级）；②跳汰（水力和风力）；③重介质选矿；④斜槽选矿；⑤摇床；⑥洗矿。

其中跳汰、重介质选矿、斜槽选矿和摇床是按密度分选，分级和洗矿是按粒度分选。通常分级和洗矿只做选别前的准备作业，只有当细粒和粗粒部分密度不同时才可能是选别作业。

目前重力选矿法广泛应用于选煤、稀有金属（钨、锡、钍、铝、钛等）矿石，贵金属（金、铂）、非金属（金刚石、石棉）等矿物。

在稀有金属选矿中粗选多用溜槽和摇床，精选则采用电磁选或浮选。

溜槽种类多种多样，下面仅介绍一种较简单的溜槽，叫扇形溜槽。这种溜槽目前在国内外用得很多，它是一种新型的连续工作的溜槽，具有结构简单、生产效率高等优点。

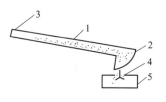

扇形溜槽的构造特点如图 16-2 所示，它是一个倾斜放置的槽子，可用木板或聚氯乙烯塑料制成，给矿端宽，排矿端窄（给矿端和排矿端宽度之比称为尖缩比，排矿端有一个扇形板）。

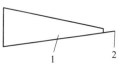

图 16-2　扇形溜槽示意
1—槽体；2—扇形板；3—矿浆匀分槽；4—分隔板；5—接矿槽

工作原理（见图 16-2），矿浆经匀分槽 3 均匀地给到溜槽 1 上，与其他溜槽一样，由于重力和水的作用，在流动过程中，矿粒按密度分层，密度大的矿粒在下层，流动较慢，密度小的矿粒因流动速度快而在上层。随着溜槽的逐渐尖缩，矿浆流速加快，分层更为明显。由于矿浆流速各层不同，在排矿端形成一扇形矿流，扇形板 2 使之充分散开。借助于分隔板 4 将扇形矿浆分为精矿和尾矿，分别进入接矿槽 5 中。调节分隔板 4 的位置可以调节精矿和尾矿的产率和品位。扇形矿浆流的出现是扇形溜槽选择过程的特点，这是和其他溜槽不同之处。

影响溜槽分选效果的因素如下。

1）给矿量：给矿量较少时，分选效果较好；给矿量过多，回收率下降，因此给矿量应适当。

2）给矿浓度：浓度太稀，矿浆流速大，分选效果差；太浓时，按密度分选的条件变坏；据实验给矿浓度以 50% 左右为宜。

3）溜槽坡度：坡度太小，容易在槽底形成沉积层，矿粒群松散不好，分选效果变坏，坡度太大，流速快，分选效果也不好；适宜的坡度以矿浆能自流而不沉积为准。

扇形溜槽构造简单设运动部件，单位面积处理量大，耗水量少，适于粗选。表 16-1 是某矿所用的扇形溜槽的技术特性。

表 16-1　某矿所用的扇形溜槽的技术特性

规格尺寸/mm			尖缩比	坡度/(°)	给矿浓度/%
长度	给矿端宽	排矿端宽			
1000	400	20	20	15	50

摇床在稀有金属选矿当中应用也很广，具体构造和工作原理请参看有关书籍。

2. 磁选

磁选是根据矿物磁性不同而进行分选的一种方法。矿物的选分是在磁选机的磁场中进行的。

磁选过程如图 16-3 所示。被处理的矿粒由给矿装置给入磁选机的磁场中，同时受到磁力和机械力的作用，磁性矿粒受到磁力的作用被吸附在转鼓上，至离开磁场时落下，通常成为精矿。非磁性矿粒，所受到的机械力大于磁力，因此依其重力作用方向落下，通常为尾矿。磁性矿粒和非磁性矿粒因而分离。

根据矿物磁性的不同，可将矿物分为三类。

（1）强磁性矿物　典型的矿物有磁铁矿、磁黄铁矿等。

（2）弱磁性矿物　属于此类的矿物很多，包括大多数含铁矿物、含锰矿物、含钛矿物、含钨的矿物及部分造岩矿物。如赤铁矿、褐铁矿、水锰矿、钛铁矿、黑钨矿、拓榴石、黑云母等。

（3）非磁性矿物　此类矿物有白钨矿、锡石、黄铁矿、大部分造岩矿物。

磁选机的磁场可由电磁铁建立也可由永磁铁建立，永磁式优点较多，近年来应用较广。根据磁选机磁场强度的大小可将磁场分为两类。

图 16-3　磁选过程示意

（1）弱磁场磁选机　用于分选强磁性矿物。磁场强度为 $900 \sim 1600 Oe$（$1Oe \approx 79.6 A/m$，下同）。

（2）强磁场磁选机　用于分选弱磁性矿物。磁场强度为 $6000 \sim 20000 Oe$。

磁选主要用于选别黑色金属矿石，是铁矿石最有效的选矿方法。此外在稀有金属选矿中也常用，但多用于精选作业，如钛铁矿、独居石、锆英石、金红石等的分离。

3. 电选

电选是根据矿物导电性的不同而进行分选的一种方法。分选是在电选机的高压电场中进行的。

各种矿物的导电性是各不相同的，大多数硫化矿物导电性较好；闪锌矿和黑钨矿、锡石等矿物具有中等的导电性；绝大多数的硅酸盐、碳酸盐等矿物导电性很差。石墨的导电性很好，金刚石的导电性却很差。矿物的导电性依其所含杂质及其表面状态不同而有很大差别。

矿粒通过电选机的电场时，因其导电性不同而带有不同的电荷，受到不同的电力。同时也受到机械力的作用。由于各种矿粒受力情况不同，因而运动轨迹也不相同，从而达到分选的目的。

要使矿粒在电场中受到电力的作用，首先必须使矿粒带电。使矿粒带电的方法有以下两种。

（1）接触带电（见图 16-4）　将导体颗粒 2 和非导体颗粒 1 置于电场中的一个电极如正极上，则两个颗粒都产生正负电荷，导体因其容易导电，立即将负电荷传给电极而中和，正电荷同电极相斥，非导体因不易传电，仍保持中性。由于其负电荷更接近于正极反而被吸引。

（2）在电晕电场中带电（见图 16-5）　电晕放电发生在不均匀电场中。两个电极的曲率半径相差很远。电晕电极是一根很细的导线，另一电极为一圆鼓或圆筒。电晕电极与高压电源的负极相连，另一电极接地。

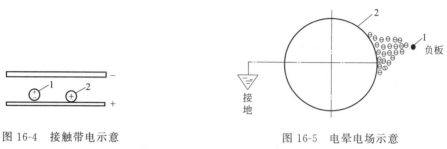

图 16-4　接触带电示意
1—非导体颗粒；2—导体颗粒

图 16-5　电晕电场示意
1—电晕电极；2—接地电极

当电晕电极通以高压电时，在电晕电极和接地电极之间形成电晕电场，空气分子发生电离，负离子向正电极移动，形成所谓"电风"，进入电场中的矿粒吸引负离子而带负电荷，并在电力的作用下向正极移动，最后落在接地电极上。导体很快将电荷传给电极而带正电，同性相斥，非导体则吸在接地电极上，最后被滚筒后面的刷子刷下。

第四节　石墨尾矿中回收绢云母和提纯钒

绢云母是一种新型的非金属矿物材料，其特殊的晶体结构决定了绢云母特殊的物理、化学、力学、光学等性质。绢云母应用广泛，与传统原料相比具有不可替代的独特性能。

一、回收绢云母

1. 绢云母的性质

石墨尾矿中常含有云母等可回收的有用矿物，石墨尾矿中的云母属于云母族中的白云母亚类，为绢云母。绢云母虽然与白云母具有相同化学成分和相近的结构，但也有一定的差异，其化学式为：$KAl_2[AlSi_3O_{10}](OH)_2$。颜色为银灰色至银白色，珍珠光泽，在正交偏光下呈绚丽的丝绢光泽，密度为 $2.7g/cm^3$，莫氏硬度为 2.5。绢云母化学性质稳定，不仅耐酸碱，还能防腐蚀。绢云母矿物属单斜晶系，二轴平行薄片平面，容易产生消光效应，片状绢云母不仅可阻挡可见光，抵挡紫外线和红外辐射，而且还可以阻挡微波，具有保温、耐老化、耐磨性好等特性。绢云母晶体结构稳定，矿物表面具有高电阻和体积电阻，其损耗的电解质较低，能耐电晕，抗电弧，绝缘度高。绢云母熔点较高，可达到1260℃，热膨胀系数小，耐热性能好，在550℃高温下能保持原有性能。

我国的绢云母矿产资源丰富，具有分布广、储量大等特点，但可供直接利用资源却不多。由于绢云母为硅酸盐矿物，与之共生的矿物大部分也为硅酸盐，其分离较为困难，除直接开采原矿绢云母外，大部分伴生绢云母均作为尾矿丢弃，造成了大量的资源浪费。

下面介绍石墨尾矿中的绢云母赋存状态，回收绢云母的工艺流程。

2. 石墨尾矿中绢云母赋存状态

（1）扫描电镜分析　石墨尾矿中的绢云母一般呈片状、条带状分布，部分与石墨连生。对石墨尾矿矿样和纯绢云母矿样进行 SEM 分析，图 16-6、图 16-7 分别为石墨尾矿和纯绢云母的扫描电镜图片。

从图 16-6 可以看出，石墨尾矿中的绢云母主要呈粒状、片状（长径比较小）或层状，少量呈针状形式存在。长石主要为粒状，在长石颗粒表面还粘有细小的云母颗粒。从图 16-7 可以看到，纯绢云母矿样中，颗粒主要以粒状和片状性态存在。与石墨尾矿中的云母相比，其长径比稍大一些，片状白云母的含量要稍多些，这主要是因为石墨尾矿的粒度比白云母标准矿样的要细得多。

　　　(a)　　　　　　　　(b)　　　　　　　　(a)　　　　　　　　(b)

　　图 16-6　石墨尾矿 SEM 图　　　　　　　图 16-7　纯绢云母 SEM 图

（2）光学显微镜分析　图 16-8 和图 16-9 分别为石墨尾矿透光和单偏光照片。石墨尾矿中的云母在单偏光下为无色透明，微带浅褐色，正交偏光下，其颜色艳丽，为二级蓝，多呈片状或鳞片状。

　　　　　　　　　　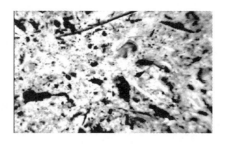

　图 16-8　石墨尾矿光学　　　　　　　　图 16-9　石墨尾矿光学
显微镜照片 10×40 透光（＋）　　　　显微镜照片 10×25 透光（一）

图 16-10 和图 16-11 为纯绢云母的光学显微镜照片。绢云母在单偏光下为无色透明，微带浅褐色，正交偏光下，其颜色艳丽，为二级蓝，多呈片状或鳞片状。石墨尾矿中云母与纯绢云母在单偏光、正交偏光下颜色大体一致。而石墨尾矿中云母的正交偏光下颜色比纯云母的正交偏光颜色更加艳丽，这主要是因为石墨尾矿中云母的颗粒更加细小的缘故。

图 16-10　纯绢云母光学显微镜
照片 10×40 透光（＋）

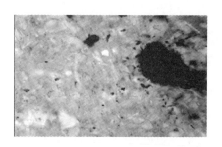

图 16-11　纯绢云母光学显微镜
照片 10×25 透光（一）

3. 石墨尾矿中回收绢云母的工艺流程

（1）李凤等对某石墨尾矿进行回收绢云母的选矿试验　北京有色金属研究总院李凤等对某石墨尾矿进行回收绢云母选矿试验，以某石墨尾矿为样品，对试样进行物质组成、化学元素分析和粒度分析，结果见表 16-2。

表 16-2　试样粒度分析结果

粒级/μm	产率/%	绢云母含量/%	绢云母分布率/%
＞74	10.52	12.15	21.34
74～45	3.16	15.59	8.22
45～38	7.91	14.44	19.07
38～30	8.39	12.31	17.24
30～19	19.12	6.35	20.27
＜19	50.90	1.63	13.86
合计	100.00	5.99	100.00

从表 16-2 可知：试样粒度很细，小于 $74\mu m$ 和小于 $19\mu m$ 粒级的产率分别达到 89.48％和 50.90％。但小于 $19\mu m$ 粒级虽然占到了 1/2 以上，绢云母的含量却只有 1.63％，因而绢云母的分布率不到 14％。

采用水力旋流器脱泥-沉砂浮选的试验方案，并根据试样粒度分析结果，将脱泥粒度定为 $19\mu m$。

进行水力旋流器脱泥-沉砂浮选试验的全流程如图 16-12 所示，试验结果见表 16-3。

表 16-3　全流程试验结果

产品	产率/%	绢云母含量/%	绢云母回收率/%
绢云母精矿	5.46	85.11	77.53
矿泥	53.41	0.97	8.61
浮选尾矿	41.13	2.00	13.86
总尾矿	94.54	1.42	22.47
试样	100.00	5.99	100.00

由表 16-3 可知，采用图 16-12 所示工艺流程，可获得绢云母含量为 85.11％、绢云母回

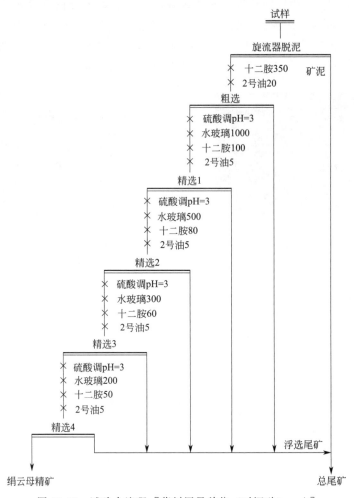

图 16-12 试验全流程 [药剂用量单位（对沉砂）：g/t]

收率为 77.53% 的绢云母精矿，此精矿满足橡胶填料的要求。

上述实验可以得出以下结论。

1）采用沉砂口和溢流口直径均为 2mm 的 GSDF 型 50mm 水力旋流器，在 0.2MPa 给矿压力和 8% 给矿浓度下，可脱除产率达 53.41% 的矿泥，有 91.39% 的绢云母富集到沉砂中，使沉砂的绢云母含量由原尾矿的 5.99% 提高到 11.75%。

2）脱泥沉砂经十二胺 1 次粗选、4 次精选，可获得绢云母含量为 85.11%、绢云母回收率为 77.53%、满足橡胶填料要求的绢云母精矿。

（2）刘淑贤等从石墨尾矿中回收绢云母的试验 河北联合大学矿业工程学院刘淑贤等进行了从石墨尾矿中回收绢云母的试验研究，通过对石墨尾矿性质的分析测试，系统地研究了从石墨尾矿中回收绢云母的工艺条件，并确定了回收绢云母的工艺流程。提出试验流程为石墨尾矿→石墨浮选→绢云母浮选。工艺流程见图 16-13。

通过对石墨尾矿进行浮选试验，绢云母含量为 24% 的石墨尾矿经过石墨浮选后的尾矿在 pH=2.5、抑制剂淀粉加入量为 200g/t、捕收剂十二胺加入量为 1000g/t、柴油加入量为 100g/t 的药剂制度下进行浮选，经 1 次粗选、1 次扫选、4 次精选工艺流程最终得到产率为 10.21%、绢云母含量为 70.41%、回收率为 28.95% 的绢云母精矿。

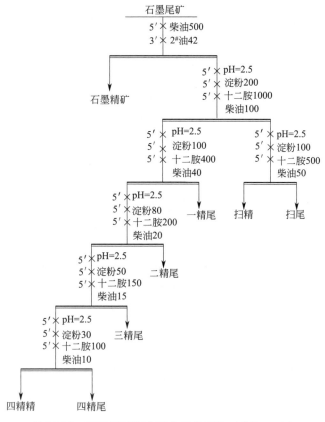

图 16-13　石墨尾矿综合回收工艺流程（单位：g/t）

二、石墨尾矿提钒

钒作为具有重要战略意义的稀有金属，在航空工业、原子能工业、宇航工业、国防尖端工业等领域中被越来越广泛地应用，是一种不可缺少的重要资源。

石墨矿中伴生的钒绝大部分都进入尾矿中，若随尾矿被废弃，将造成钒资源的巨大浪费。进行金溪石墨尾矿提钒技术的研究，对促进石墨尾矿的开发、提高我国钒资源的保障程度具有现实意义。

1. 石墨尾矿含钒特点及工艺流程

金溪石墨矿是目前发现的唯一的含钒石墨矿类型，该类型含钒资源的提钒技术在国内外均属空白。从石煤中提取钒是我国获得钒资源的一个重要途径，我国石煤提钒技术非常成熟，为含钒石墨尾矿的提钒打下了较好的技术基础。金溪石墨矿中钒的赋存状态与石煤有一定的差别，但也有其相似之处。借鉴石煤提钒技术成果，对金溪石墨尾矿进行提钒技术探索研究。

金溪石墨矿石中含有品位较高的钒。钒以氧化钒的形式赋存于钒白云母中，钒白云母呈片状或扇状集合体与鳞片石墨共生，单晶片径为 0.2～5mm，集合体可达 1 cm 以上，大多沿片理平行分布。石墨矿石中钒白云母的含量占 5%～10%，V_2O_5 的含量为 0.4%～

0.7%。该类型的伴生钒资源是我国发现的一种新的独特的钒资源类型。根据金溪石墨矿石中钒的特点，结合石煤提钒工艺技术，制定了从金溪石墨尾矿中提钒的试验方案，其原则工艺流程如图16-14所示。

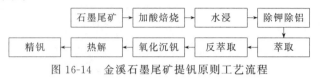

图16-14 金溪石墨尾矿提钒原则工艺流程

2. 加酸焙烧-水浸

试验方法为：称取100 g石墨尾矿样品于坩埚中，加入10 mL浓H_2SO_4和适量的水，混合均匀，置于马弗炉中，在一定的温度和时间下焙烧，然后取出自然冷却。将冷却后的焙烧产物置于烧杯中，加入500mL水，于90℃恒温水浴中搅拌浸出一定时间，使钒以离子形式转入溶液中，然后将渣滤出。

通过试验，确定石墨尾矿加酸焙烧-水浸的最优条件为：硫酸加入量10%，焙烧温度550℃，焙烧时间3 h，浸取时间2 h。在此条件下，钒的浸出率达到95.4%～95.6%，得到的滤渣量超过80g。

3. 除钾除铝

焙烧产物的浸出过程中，石墨尾矿中的Al_2O_3、Fe_2O_3、K_2O等组分也会随钒一起溶出，以K^+、Al^{3+}、Fe^{3+}的形式进入浸出液中，因此在提钒前必须对浸出液进行净化处理。试验采用冷凝结晶和加氨水络合的方法使钾和铝以钾明矾[$K_2SO_4 \cdot Al_2(SO_4)_3 \cdot 24H_2O$]和铵明矾[$(NH_4)_2SO_4 \cdot Al_2(SO_4)_3 \cdot 24H_2O$]的形式结晶出来（钒不参与结晶），达到除钾除铝的目的。

试验方法：先将浸出液浓缩到所需浓度，放入5℃左右的冰箱中冷凝24 h，使钾和部分铝结晶成钾明矾晶体，然后将钾明矾晶体从浸出液中分离出来。分离出钾明矾晶体之后的浸出液中还有部分Al^{3+}存在，通过加入一定量的氨水，同时加入适量的浓硫酸以补充SO_4^{2-}，使剩余的Al^{3+}被NH_4^+和SO_4^{2-}络合成铵明矾晶体而得以分离。

根据试验，加氨水络合的最佳条件为浸出液、氨水、浓硫酸的体积比为50:7:3.1（溶液pH值在1左右）。

按照上述方法，处理100g石墨尾矿可获得钾明矾9.2g、铵明矾23.2g。

4. 萃取和反萃取

通过焙烧-浸出的方法将含钒白云母中的钒转变为水溶性或酸溶性的含钒离子团[如$HV_{10}O_{28}^{5-}$、$VO_3(OH)^{2-}$、$V_2O_7^{4-}$、$V_4O_{12}^{2-}$、VO_3^-、VO_2^+等]后，用有机萃取剂（85%煤油+5%TBP+10%P204）将浸取液中的钒离子转移至有机相中，从而使钒与其他金属离子分离（其他金属离子大都不能进入有机相）。含钒有机溶液再用反萃取剂（0.5 mol/L的Na_2CO_3溶液）进行反萃取，使钒从有机相转入再水相中。

试验方法：使水相（浸出液）与有机相（萃取剂）的体积比为4:1，调整混合液的pH值在2～3之间，于分液漏斗中振荡、静置，使钒从水相转入有机相中，然后测萃余液（水相）中残余钒的含量。对萃取液（有机相）按照水相（反萃取剂）与有机相的体积比为

1：4的条件进行反萃，使钒转入水相中，然后测水相中钒的含量。

试验结果表明，萃取-反萃取的最佳 pH 值为 2.6。在此条件下，浸出液经过 3 次萃取，钒的总萃取率达到 87.6%；萃取液经过 1 次反萃取，钒的反萃取率达到 99.9%。

5. 氧化沉钒

反萃取液中的钒呈四价，沉钒之前需将其用氯酸钠氧化成五价。氧化后在搅拌条件下用氨水调溶液 pH＝1.9～2.2，然后在 90～95℃下继续搅拌 1～3 h，沉淀出多钒酸铵（红钒），沉淀率可达到 99.0%。

试验表明：pH 值控制在 2 左右可获得最高沉淀率；提高温度可加速钒的沉淀；搅拌能使沉淀物均匀扩散，提高反应速度，特别是在沉钒后期溶液中钒浓度不断降低时，搅拌的影响更明显。

沉淀出的红钒经洗涤后，在氧化气氛中于 500～550℃下热解 2 h，可得到棕黄色或橙红色粉状精钒产品。

6. 结论

采用加酸焙烧—水浸—除钾铝—萃取—反萃取—氧化沉钒处理金溪石墨矿浮选尾矿，钒的浸出率、萃取率、反萃取率和沉淀率可分别达到 95.5%、87.6%、99.9% 和 99.0%，同时可获得浮选尾矿产率分别为 9.2% 和 23.2% 的钾明矾和铵明矾。此外，浸出渣主要由硅酸盐组成，并具有较高的活性，可以作为水泥掺合料和生产建筑材料的原料。

第五节　石墨尾矿矿渣在高速公路底基层上的应用

随着社会经济的发展，我国公路建设日新月异。为了进一步推进公路建设事业，降低公路工程造价就成了必然。除了采用新材料、新工艺、新技术减少工程投资外，充分利用当地材料无疑成了降低造价最重要的方法和手段。国道 206 高速公路与潍莱高速公路连接线工程就是充分利用当地石墨尾矿资源，既降低了工程造价，又减少了存放石墨尾矿废物占用的大面积农田，改善了当地环境和景观，创造了极大的社会效益。

一、石墨尾矿渣用于高速公路底基层的研究工作

毛洪录等对石墨尾矿矿渣在高速公路底基层中的应用进行了大量的研究工作。研究成果如下。

1）石墨尾矿含有大量的原生矿物砂粒，其级配良好，颗粒组成以粗中砂粒为主，细粒含量较少。采用水泥稳定后，碾压密实，可获得较高的强度。除含有大量的原生矿物砂粒外，其中还含有少量的黏土矿物，存在一些活性的硅铝组分，这有利于水泥稳定，并使材料具有弱的可塑性和黏结性。采用 6% 的水泥稳定后，水温稳定性好，材料强度高，适宜用作高速公路底基层。

2）水泥稳定石墨尾矿的击实曲线存在两个峰值，显示了无黏性土的典型击实曲线的特

点，工程中应采用第二峰值指标作为施工压实控制标准。

3）由于材料的干缩变形、特别是初期的干缩变形较大，施工时应做好材料的初期养生，并注意施工的连续性。

4）水泥稳定石墨尾矿的干缩变形比水泥土小，比水泥沙砾大，干缩变形大于温缩变形。温缩变形低于其他的半刚性材料，具有良好的抗温缩性能。

5）干缩试验表明，水泥稳定石墨尾矿在自然风干条件下的干缩应变和干缩系数均较大，因此，底基层施工中作好材料的初期养生至关重要。另外，干缩主要发生在养生后 100 h 的干燥期内，底基层及其上层结构层连续施工，避免水分快速散失是控制干缩裂缝的另一个关键。

二、石墨尾矿用作高速公路底基层工程实例

潍（坊）—莱（阳）高速公路地处鲁东丘陵地区，全长 140.6km。试验段位于平度市境内，工程桩号 K50+000～K70+000，地形以平原为主，中部、南部、西部多平原，东北部多低山，西北部平原丘陵相间，山地丘陵分布普遍棕色土，平原各地分布砂、黏土。在第四、五合同段，利用石墨矿渣铺筑路面底基层 7km，用去石墨矿渣超过 $2×10^5 m^3$，既解决了沿线缺少路用砂石料的问题，又节约了土地，减少了环境污染。通过弯沉检测及取芯强度试验，平均弯沉值为 81.8（0.01mm），7 d 强度为 3.6～3.8MPa，均满足规范要求。潍莱公路已通车多年，通过检测，其平整度为 1.18（IRI），弯沉值为 14.9（0.01 mm），路面平整稳定，使用情况良好，取得了显著的经济效益和社会效益。

第六节　石墨尾矿制备太阳能中温储热材料

近年来，国内外学者对太阳能高温（＞450℃）储热材料研究较多，而中温段（100～450℃）储热材料研究有限。中温储热材料应用前景广阔，可用建筑节能采暖、工业余热回收、电力调峰以及太阳能热利用等领域。

太阳能作为可再生能源，具有取之不尽、无污染的特点。太阳能中温储热陶瓷不仅要求较低的吸水率、较高的抗折强度以及在使用温度范围内具有良好的抗热震性。利用石墨尾矿制备太阳能中温储热陶瓷材料，既能环保安全地将石墨尾矿资源化，又能开拓新的太阳能蓄热材料。

武汉理工大学吴建锋、刘溢等以石墨尾矿为主要原料，研制了太阳能热发电用中温储热陶瓷，研究了储热陶瓷样品组成和烧成温度对样品吸水率、气孔率、体积密度、抗折强度及抗热震性能的影响。

其采用黑龙江石墨尾矿、山铝页岩、高岭土等为原料，设计的"Ca-Al-Si"系统蓄热陶瓷配方组成如表 16-4 所列。

按表 16-4 实验配方称取原料、球磨、过筛（250 目）半干压成型后制得坯体，将坯体置于马弗炉内烧成。升温速率：≤1000℃，5℃/min；＞1000℃，3℃/min。分别在 100℃、300℃、500℃、700℃、900℃保温 0.5h，在 1000℃保温 1h，分别在 1080℃、1100℃、

1120℃、1140℃最高温度保温 2h。

表 16-4　实验配方组成　　　　　　　　　　　　　　　　　单位:%

配方号	石墨尾矿	山东页岩	星子高岭土	英德钾长石	英德钠长石
A1	50	25	10	10	5
A2	60	20	5	10	5
A3	70	10	5	10	5
A4	80	10	10	0	0
A5	90	0	10	0	0

根据阿基米德原理、采用静力称重法测定了烧成样品的吸水率（W_a,%）、气孔率（P_a,%）、体积密度（D，g/cm³）；使用微机控制电子万能试验机测试了样品的抗折强度；使用温控电阻炉测试了样品的抗热震性；使用 X 射线衍射仪对样品的相组成进行分析；使用扫描电镜对样品的显微结构进行分析（所有 SEM 测试样品均以质量分数 3%的 HF 溶液腐蚀 120s 制样）。得出以下结论。

1）利用石墨尾矿制备陶瓷材料是可行的，石墨尾矿质陶瓷材料有望用于太阳能中温段储热。经 1100℃烧成的 A3 配方的综合性能较优，其吸水率为 0.07%，气孔率为 0.17%，体积密度为 2.48g/cm³，抗折强度为 80.06MPa。经热震（20～600℃，空冷）30 次后样品表面无裂纹，且热震后抗折强度为 76.70MPa，强度损失率小。利用石墨尾矿制备中温储热陶瓷以 1100℃烧成、石墨尾矿含量 70%为最佳制备工艺参数。

2）配方中引入钾长石、钠长石作为助熔剂，可降低石墨尾矿质陶瓷的烧成温度，降低样品的吸水率、气孔率，提高体积密度和抗折强度。

3）热震前后样品的相组成和显微结构分析表明样品的主晶相为板块状斜长石类晶相，颗粒状石英。钙长石新相的生成赋予了样品较高的抗折强度和良好的抗热震性，同时样品内闭气孔的均匀分布改善了样品的抗热震性。

第七节　石墨选矿尾矿砂生产白炭黑

白炭黑主要用于橡胶、塑料、黏合剂、化工等行业，作添加剂、补强剂、填充剂、增稠防沉淀剂。因此，开发这一资源很有意义。李洪君等研究了利用尾矿砂生产白炭黑，不仅成本低，且可减轻处理尾矿砂的负担，变废为宝，改善环境，这些研究成果还突破了长期以来以硅酸钠为原料生产白炭黑的传统做法，并为此类尾矿的综合利用提供了一条有利的途径。

1. 生产白炭黑原材料

尾矿砂：通过 200 目。

化学成分：SiO_2 65.82%；CaO 12.51%；Al_2O_3 8.94%；Fe_2O_3 6.37%；MgO 2.77%；C 2.51%；其他微量。

氢氧化钠：固体，纯度 98%。

盐酸：浓度 31%。

2. 生产过程

利用尾矿砂生产白炭黑，要在高温下与 NaOH 熔融、反应，再与 HCl 反应：

$$SiO_2 + 2NaOH \xrightarrow[\triangle]{950℃} Na_2SiO_3 + H_2O$$

$$Na_2SiO_3 + 2HCl \longrightarrow 2NaCl + H_2SiO_3$$

尾矿砂在投入反应釜活化前，首先要加工成一定的粒度，即碎至 200 目。粒度大，活化困难，反应不完全，产品质量低；粒度小，比表面能大，有利于酸、碱溶液两相反应、提高反应速度，反应完全。

3. 工艺过程

尾矿砂破碎（至 200 目）→加碱焙烧（950℃）→水浸取→加酸反应→洗涤→干燥→粉碎→白炭黑。

以尾矿砂为原料，经过的有碳化、水浸、酸化、洗涤、脱水、干燥等工序。由于尾矿砂中含有铁或其他矿物杂质，所以首先采用碳化法清除。试验证明，在一定温度下，可使有机碳受热分解挥发，从而达到提高白度的目的；尾矿砂（碎至 200 目）加 NaOH（熔融），系按一定比例（1∶0.9 左右），搅拌均匀后，在 950℃下静态煅烧，煅烧时间约 2h；煅烧液体冷却后，加水浸泡，浸泡完需将水抽滤出来；与 HCl 反应，按 1∶2 左右配比，在反应釜中进行，加 HCl 时要不断搅拌，于 20～80℃下反应 1～2h；待反应完全后，加水洗涤，洗涤时一定要严格控制 pH 值在 7 左右，pH 值过高或过低，都将影响产品质量。

在干燥时温度一定要控制适当，≤180℃。温度过高，时间过长，产品由白色变成黄色，对其中游离酸含量及其脱色率都产生影响。干燥产品经粉碎，即得成品白炭黑。

4. 产品理化指标

利用尾矿砂生产白炭黑，产品质量都达到或接近于 GB 1057 标准的要求，见表 16-5。

表 16-5　尾矿砂生产白炭黑实测结果

检验项目	标准	实测值	检验项目	标准	实测值
SiO_2 含量/%	≥86.0	99.2	pH 值	6.0～8.0	7.6
颜色（白度）/%		96	总含铜量/(mg/kg)	≤30	10
筛余物(45μm)/%	≤0.5	0.1	总含锰量/(mg/kg)	≤50	50
加热减量/%	4.0～8.0	8.0	总含铁量/(mg/kg)	≤1000	1000
灼烧减量/%	≤7.0	7.0	表面积/(m²/g)	≥190	192

注：本结果通过黑龙江省精细化工产品质量监督检验站和吉林省抚顺石油化工研究院质量检验测试中心检测。

第八节　石墨选矿尾矿砂生产复合型保护渣

20 世纪 80 年代前，各钢厂都推广保护渣、发热剂、绝热板"三位一体"浇注。但此种浇注方法成本高、劳动强度大，因此，迫切需要研制一种性能全面、质量稳定的新型保护渣。而柳毛石墨矿的矿床是变质生成的，它的矿石成分比较接近理想的保护渣配料组成（石墨矿石化学分析结果：SiO_2，45%～53%；CaO，7%～12%；Al_2O_3，6%～9%；C，15%～20%）。李洪君等进行了利用石墨选矿尾矿砂生产复合型保护渣的生产试验。得出结论：①使用 L_F 系列型复合渣，省去发热剂（保温剂），它与绝热板配合使用可以变"三位一体"为"两位一体"浇注；②使用 L_F 系列型复合渣，不但能降低钢锭成本，还减轻浇注劳动强度；③用尾矿砂生产复合型保护渣，减轻处理尾矿负担，并为保护渣的开发利用提供了新的原料来源。

1. 原材料化学成分

尾矿砂：SiO_2 65.82%；CaO 12.51%；Al_2O_3 8.94%；Fe_2O_3 6.37%；MgO 2.77%；C 2.81%；其他微量。通过 100 目筛。

大理石：SiO_2 10.40%；CaO 30.00%；Al_2O_3 1.80%。

酸化石墨：SiO_2 0.48%；Al_2O_3 0.21%；Fe_2O_3 0.33%；MgO 0.19%；其他为 C，大于 100 目。

萤石：CaF_2＞80%；其余为杂质。

固体水玻璃：$SiO_2 \geq 70\%$；$Na_2O \geq 17\%$。

粉状石墨：C 含量$\geq 88\%$，灰分$\leq 11\%$；小于 100 目产品。

2. L_F 系列复合型保护渣制备

根据 SiO_2-CaO-Al_2O_3 三元系相图，目前保护渣均非单一的三元系，也有四元和多元的。故一般将原料的众多组分先行简化，选择三元主要组分后，其余组分均作调整剂用。

依据保护渣使用性能要求，选择化学成分合适、理化性能较佳、保温性能强的对 L_F 渣配方进行调整：首先确定基料尾矿砂后，选用当地碱性材料大理岩调节碱度，以降低 SiO_2 含量、加快成渣速度；酸性材料采用固体水玻璃作为助熔剂，调节熔点和渣的流动性；熔剂则选用萤石，除调节熔点和流动性外，它对降黏特别有效；石墨粉用来调节成渣速度，创造还原性气氛，改善渣的铺展性，降低烧结层厚度，减少模壁渣衣，提高保温效果等。通过对各原辅材料的考察，找其各影响因素，更好地确定了配比。通过试验室及工业试验，从而验证了该渣的合理性。L_F 系列复合型保护渣的成分设计：尾矿砂 65%～85%，大理岩 10%～30%，酸化石墨 2%～8%，萤石 5%～25%，固体水玻璃 5%～20%，粉状石墨 5%～25%。

L_F 系列复合型保护渣的主要化学成分：SiO_2 30%～45%；CaO 10%～30%；Al_2O_3 4%～18%；$Fe_2O_3 \leq 5\%$；$MgO \leq 7\%$；C 6%～15%；主要物理性能：熔点 1120～1200℃，熔速$\leq 38s$，水分$< 0.7\%$，膨胀倍数> 2。

通过试验，对钢材增碳问题又有了新的认识。过去，保护渣中含碳量一般都超过 20%，含碳量越高，钢中含碳量越低，则钢锭增碳越严重；另外，在浇注过程中，还必须加发热剂（保温剂），由于发热剂等都含有一定的石墨粉，所以更促使钢液增碳。

3. 渣的性能

钢液在浇注过程中使用保护渣，出现有"三层结构"，这是由于采用了"三位一体"浇注。而 L_F 渣在浇注过程中，结果却出现"四层结构"（图 16-15），即绝热层（保温层）、粉渣层、烧结层、熔融层。取消了发热剂（保温剂）的使用，实现了"二位一体"浇注。

如前所述，L_F 渣具有熔点高、熔速快、含碳量低、铺展性好等特点，再加酸化石墨膨胀后膨胀保温，使渣在使用时能迅速膨胀，钢锭表面出现多层薄片的光滑结构，气孔率及体积明显地增加。同时渣内保温材料的膨胀、松散、多孔，孔间又不贯通，提高了粉状材料的保温性能，厚厚地盖在钢锭头上，其保温作用十分显著。

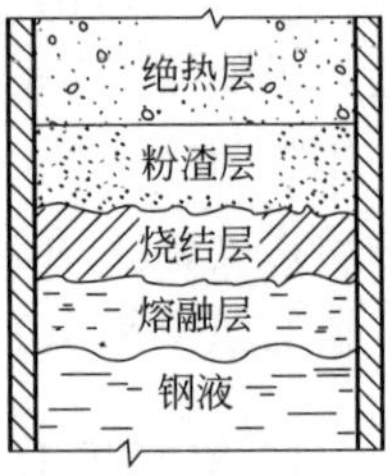

图 16-15　L_F 渣
熔化状况分布示意

4. 生产试验

为了保证复合渣的组织均匀、各项性能符合要求，必须使尾矿砂粉碎通过 100 目。大理岩、萤石、水玻璃等辅助材料，亦应保证 96% 的颗粒通过 100 目。按配方比例、粉碎、干燥、配合、混匀、包装，L_F 系列复合型保护渣生产工艺流程：〈粉状石墨＋［尾矿砂、大理岩、萤石（粉碎、干燥）］＋水玻璃（烘烤、粉碎）＋膨胀材料〉→配料→搅拌→粉碎→成品→包装。

（1）钢锭表面质量　见表 16-6。

表 16-6　不同渣浇注和钢锭表面质量对比

浇注方式	特级率/%	甲级率/%	合计/%
普通渣＋发热剂	13	71	84
L_F 渣	28	67	95

（2）钢锭头部质量　见表 16-7。

表 16-7　钢锭头部质量

浇注方式	帽口总高/mm	浇高/mm	实心高度/mm
L_F 渣	170	125	86
普通渣＋发热剂	170	120	78

（3）低倍质量　见表 16-8。

表 16-8　45$^{\#}$ 钢头尾低倍组织检验

浇注方式	检验		合格率/%	
	钢种	部位	初试	复试
L_F 渣	45	头	96.11	99.53
		尾	97.45	99.38
普通渣＋发热剂	40A	头	94.61	99.02
		尾	95.13	99.14

注：检验件数，均为 185 件。

（4）钢锭增碳　采用 L_F 系列渣保护浇注的钢锭，其表面增碳情况统计见表 16-9。

表 16-9　表面增碳情况

钢种	成品 C/%	钢材 C/%		
		头部	中部	尾部
20	0.19	0.20	0.19	0.19
40A	0.43	0.43	0.43	0.43

由表 16-6～表 16-9 可见，复合渣与普通渣加发热剂浇钢效果结果相符。但使用 L_F 渣可取消发热剂的使用，使保护浇注成本降低。减少了浇注工序后，钢的成本也相应下降，同时

减少了钢厂订货、进料、库房以及工艺简化后全过程的费用。因此，使用复合型保护渣，保护、浇注综合经济效益可观。

保护渣、复合型保护渣对渣中所含水分一定要严加控制。渣中水分高，渣的铺展性、流动性、活泼性差，使熔渣中气泡增多，得到的钢锭表面质量也差。

第九节　石墨尾矿在建筑材料中的应用

随着经济的发展，建筑业需要大量的建材，而资源却越来越匮乏，这就使人们不得不另辟蹊径，寻求其他原料。石墨尾矿在建筑材料中的应用，对综合利用石墨尾矿资源、改善环境、实现可持续发展具有十分重要的意义。

一、石墨尾矿制备建筑陶瓷

中国地质大学陈宝海、杜高翔等以黑龙江石墨尾矿为主要原料，辅以适量的石英和高岭土，采用压制成型法，制备烧结陶瓷砖。并对陶瓷砖的抗折强度、吸水率、烧成收缩率和烧失量等性能进行测试，通过扫描电子显微镜（SEM）、热重-差热（TG-DTA）和 X 射线衍射（XRD）等方法分析烧结机理。

结果如下。①当原料含水率为 $6\% \sim 8\%$、成型压力为 25MPa、烧成温度为 $1060 \sim 1080 \mathbb{℃}$ 时，制得的陶瓷砖为暗红色，颜色一致性好，强度较高，符合国家标准 GB/T 4100—2006。当烧成温度为 $1060℃$ 时，抗折强度最大，达到 68.90MPa，吸水率为 0.306%。②当烧成温度在 $1060℃$ 以上时，陶瓷砖的抗折强度、吸水率和烧成收缩率均呈负相关关系，可由烧成收缩率定量表征制品的物理性能。③烧成温度在 $950℃$ 左右时开始析出钙长石，$1050℃$ 左右时有大量的液相产生。烧结陶瓷砖中的钙长石和玻璃相对其成瓷和强度的提高都起到了重要作用。

1. 原料

石墨尾矿，取自黑龙江省鹤岗市萝北县，呈灰黑色，对其 X 射线衍射图分析可知，石墨尾矿主要由微斜长石、石英、白云母组成，含少量钠长石、方解石、赤铁矿、闪石和绿泥石。高岭土，取自河北省定兴县宏峰耐火材料厂，呈淡黄色，对其 X 射线衍射图分析可知，该高岭土主要由高岭石，及部分长石、石英，少量云母组成。粉石英，取自云南文山州广南县，是经过提纯的粉石英，SiO_2 含量为 99.4%，呈白色，$d_{50} = 10.04 \mu m$，$d_{90} = 20.67 \mu m$。石墨尾矿及高岭土的化学成分见表 16-10。

表 16-10　石墨尾矿及高岭土的化学成分　　　　单位：%

样品	SiO_2	Al_2O_3	Fe_2O_3	FeO	MgO	CaO	Na_2O	K_2O	TiO_2	烧失量
石墨尾矿	56.49	11.53	7.57	2.60	2.03	7.97	0.73	2.87	0.31	6.95
高岭土	49.70	32.96	1.15	0.18	0.41	0.81	0.28	1.89	0.24	11.80

2. 烧结流程和方法

烧结流程：原料粉碎→配料、混料→造粒→压制成型→坯体干燥→烧成→成品。

将粉碎好的原料按照石墨尾矿（g）：石英（g）：高岭土（g）＝70：15：15 的比例进行配料，再用振动磨机混磨，使 90％左右的颗粒粒度达到 200 目；喷水造粒，控制原料含水率为 6％～8％；采用压制成型的方法，模具规格为 80mm×10mm×（7.5～8）mm，成型压力 25MPa；在（100±5）℃干燥箱中干燥；烧成温度分别为 1020℃、1030℃、1040℃、1050℃、1060℃、1070℃、1080℃、1090℃、1100℃；对陶瓷砖的抗折强度、吸水率、烧成收缩率和烧失量等性能进行测试，以确定最佳烧成温度；通过扫描电子显微镜（SEM）、热重-差热（TG-DTA）和 X 射线衍射（XRD）等方法分析烧结机理。

3. 烧结机理分析

通过陶瓷砖扫描电镜的图片可以看到：一些圆形气孔，断面纹路无规则，为光滑的玻璃相断面特征，说明该样品已经成瓷，其断面形貌是一种普通陶瓷的断面形貌。另外，有一些颗粒物质，它们构成了陶瓷砖的骨架结构，与玻璃相交错在一起，形成一个网状结构，增加了其抵抗变形的能力，提高了制品的强度和化学稳定性。

对配合原料［石墨尾矿（g）：石英（g）：高岭土（g）＝70：15：15］进行了热重-差热分析，结果发现，在 200℃左右时，差热曲线有一个微小的吸热谷，这是原料中吸附水和自由水的排除所至；500℃左右差热曲线有一个吸热谷，同时，热重曲线失重加剧，这是因为高岭石在 450～650℃时要释放结构水，晶体结构被破坏；850℃左右差热曲线再次出现一个吸热谷，同时，热重曲线失重再次加剧，这是因为石英的晶型发生了转变（α-石英向 α-鳞石英转变）；950℃左右的微小放热峰主要是钙长石开始结晶；1050℃左右的吸热谷是液相量大量产生造成的；随后在 1130℃左右的放热峰为莫来石开始结晶。

对陶瓷砖进行了粉晶 X 射线衍射分析，衍射图显示：该陶瓷砖的主要物相为石英、钙长石和赤铁矿，其中钙长石为新生成的相。钙长石呈针状，强度较高，在坯体中形成交织的网状结构，能够提高陶瓷砖的强度。在衍射图中没有找到莫来石的衍射峰，表明反应并没有生成莫来石，这主要是因为烧成温度较低，还没有达到莫来石结晶的温度。钙长石是陶瓷砖的主要晶相，对其强度的提高起到了重要的作用。

另外，陶瓷砖中也有大量的玻璃相，玻璃相主要是尾矿中的氧化铁、氧化钙、氧化钠等成分与石英反应生成的。玻璃相在高温条件下为液态，能够填充到气孔中，从而与石英、钙长石交错在一起，在陶瓷体内形成网状结构，这一网状结构大大提高了陶瓷砖的强度。玻璃相对陶瓷砖的成瓷和其强度的提高都具有重要的意义。

二、石墨尾矿制备烧结砖

中国地质大学材料科学与工程学院白志民、廖立兵以石墨尾矿替代黏土生产建筑砖瓦，系统开展了石墨尾矿制备烧结砖及彩色瓦的工艺研究。成果如下。

1）石墨尾矿矿物组成和化学成分与砖瓦黏土、煤矸石相近，可以作为烧结砖瓦原料。

2）以石墨尾矿为原料，在不添加其他原料的情况下，通过不同比例粗、细尾矿的混合和半干压成型，1040～1060℃条件下恒温 20min，可以制备性能符合国标要求的建筑砖瓦。

分析发现，40%细尾矿与60%粗尾矿混合，是制备抗压强度大、吸水率低的合格制品的最佳配方。

3）实验制品的烧成收缩率与吸水率具有明显负相关关系，与抗压强度明显正相关，因此可由烧成收缩率定量表征制品的物理性能。制品抗压强度与吸水率呈负相关关系，但烧结温度明显影响相关曲线的截距。

4）石墨尾矿在1040～1060℃条件下烧成与其含有大量伊利石等含水矿物、Fe_2O_3含量较高、石英含量低有关。细尾矿中石墨的存在不利于烧结。

5）以石墨尾矿为原料制备烧结砖技术可行，易于实现机械化和自动化生产，且经济上是合理的。

1. 原料

选自南墅地区堆放的石墨尾矿，有粗细两种。粗尾矿呈浅黄色，触摸染手。颗粒大小基本均匀，粒径为0.3～0.4 mm。X射线粉晶衍射结果表明，粗尾矿主要由斜长石、伊利石和角闪石组成，含少量石英和绿泥石。细尾矿呈灰黑色，土状，黏性较好；颗粒大小均匀，粒径小于0.074mm。矿物组成主要有伊利石、蒙脱石、石英、斜长石和绿泥石，少量石墨。粗、细尾矿及对比原料的化学组成见表16-11。由表16-11可以看出，尾矿中含有伊利石、蒙脱石、绿泥石等黏土矿物，可以满足制备砖瓦成型工艺对原料黏性的要求；石英、斜长石等矿物可以满足工艺对减黏原料的要求。石墨尾矿的化学组成与典型的砖瓦黏土、页岩及煤矸石相近，它们的Na_2O+K_2O含量及Fe_2O_3含量较高，有利于较低温度下的烧成。

表 16-11　石墨尾矿及对比原料的化学组成　　　　单位：%

样品	SiO_2	TiO_2	Al_2O_3	Fe_2O_3	MgO	CaO	Na_2O	K_2O	P_2O_5	烧失量
粗尾矿	57.75	0.86	12.99	7.89	4.90	6.28	0.77	1.70	0.11	5.50
细尾矿	45.67	0.67	13.75	10.40	7.92	5.20	2.17	3.09	0.12	10.80
砖瓦黏土	62.63		15.59	5.25	2.34	4.17	4.41			8.20
砖瓦页岩	53.18		16.20	6.30	2.00	4.20	4.60			6.10
煤矸石	60.20		15.53	7.34	0.97	4.14				16.30

注：1 砖瓦黏土采自北京土桥砖瓦厂。2 砖瓦页岩为重庆市二砖厂原料。3 煤矸石为山东新汶县煤矿砖瓦原料煤矸石。

2. 制备工艺过程

采用了由煤矸石制备烧结砖的工艺过程，主要包括配料—混料、磨料—半干压成型—烧成等。

（1）配料　坯体全部采用石墨尾矿，共确定5个配方，各配方粗、细尾矿的比例，1号配方为细尾矿30%，粗尾矿70%；2号配方为细尾矿40%，粗尾矿60%；3号配方为细尾矿50%，粗尾矿50%；4号配方为细尾矿60%，粗尾矿40%；5号配方为细尾矿70%，粗尾矿30%。

（2）混料、磨料　按比例配好的样品在振动磨中混磨，使90%左右的颗粒粒度达到小于200目。通过人工造粒，使含水量6%～8%的粉体形成粒度1mm以下的大小不等的球形颗粒。

（3）半干压成型　成型在单向加压的钢模具中进行，成型压力控制在25MPa左右。成型后坯体直径在50mm左右，厚度在8mm左右。

（4）烧成　坯体焙烧在箱式电炉中进行，升温速度控制在10℃/min左右。烧成温度分别设置在1040℃和1060℃，恒温时间为20min。

3. 烧成机理

烧成的制品呈砖红色，色泽均匀；样品无明显变形、裂纹、炸裂、起层脱落等现象。

石墨尾矿烧结砖与普通黏土砖及煤矸石砖的烧结温度相近，为 1040~1060℃。在此温度范围内实现烧结与体系中出现足够的熔体相有关，而导致熔体出现的可能原因如下。

1) 石墨尾矿中含有大量伊利石，它在 600℃ 以上晶格开始破坏，逐渐分解为无定形物质——熔体，温度达到 900~1000℃ 时，分解完毕，完全变为熔融体。其他含水矿物，如绿泥石、蒙脱石、角闪石等也大都在 1000℃ 左右分解为无定形物质。

2) 尾矿中 Fe_2O_3 含量较高，它在硅酸盐体系中与 K_2O 和 Na_2O 的作用相同（助熔剂），可以明显降低体系的熔融温度，有利于熔融体的形成。

3) 尾矿中石英（SiO_2）含量较低，也有利于低共熔熔浆体系的形成。

4) 实验3、实验4、实验5三个配方，随细尾矿比例的增加，烧结性能变差，可能与细尾矿中含有耐高温矿物石墨有关。

5) 烧成温度提高，熔融玻璃量会相应增加，未熔颗粒被黏结得更牢固，因而制品抗压强度提高；熔融玻璃数量增加，气孔数量会相应减少且连通性变差，导致吸水率降低。

4. 彩色瓦的制备

以粗尾矿加 4% 萤石和少量 Fe_2O_3 粉末配制了棕红色釉料。将其涂敷在由 40% 细尾矿和 60% 粗尾矿制备的生坯上，并在 1060℃ 恒温 20min 一次烧成，会在坯体上形成厚度、颜色均匀、无明显裂纹的棕红色釉层。釉层几乎不渗水，符合国家建筑用瓦的质量标准。

5. 石墨尾矿制备烧结砖中泛霜性能的调控技术

中国地质大学材料科学与工程学院张卫卫、左然芳等将石墨尾矿、黏土、煤泥按照一定配比混合后，经过干燥、烧结可制备烧结砖。除泛霜外烧结砖性能符合 GB/T 5101—2003。采用添加外加剂和控制原料细度的方法抑制泛霜，当添加 2%$BaCO_3$ 和 7% 无定型二氧化硅并控制原料粒度为 21.48μm，泛霜现象得到抑制。

烧结砖泛霜机理分析如下。

1) 石墨选矿 pH 调整剂 $Ca(OH)_2$ 与空气中 CO_2 反应生成 $CaCO_3$ 留在石墨尾矿中，石墨尾矿中含 10.14%CaO 和 2.49%MgO，原料中碱性氧化物含量超过 3% 时制品会出现泛霜。

2) 石墨矿的伴生矿物有黄铁矿、磁黄铁矿等含硫矿物；石墨尾矿 SEM、EDS 分析，发现尾矿中含有少量黄铁矿；黄铁矿在高温下分解生成的 SO_2 与钙氧化物反应生成 $CaSO_3$，$CaSO_3$ 在高温下进一步被氧化为 $CaSO_4$。

3) 烧成过程中，煤泥中有机硫氧化生成的 SO_2 与原料中碱性氧化物反应生成 $CaSO_4$ 或 $MgSO_4$ 等可溶性盐，导致制品泛霜。反应方程式如下。

$$4FeS_2 + 11O_2 \xrightarrow{\text{高温}} 2Fe_2O_3 + 8SO_2$$

$$CaCO_3 \xrightarrow{800\sim900℃} CaO + CO_2$$

$$SO_2 + CaO \xrightarrow{\text{高温}} CaSO_3$$

$$2CaSO_3 + O_2 \xrightarrow{\text{高温}} 2CaSO_4$$

三、石墨尾矿制备路面砖

利用胶磷矿尾矿和石墨矿尾矿作为骨料制备的彩色地面砖，是一种绿色建筑材料。这种砖以胶磷矿尾矿作底层的集料，石墨矿尾矿作面层，其生产过程符合高效节能和"清洁生产"的要求，不但能大量消耗尾矿，又可减轻尾矿造成的严重污染。

中国矿业大学（北京）化学与环境工程学院王丽娜、申保磊进行了利用胶磷矿尾矿和石墨矿尾矿为原料制备混凝土路面砖的试验，其中石墨矿尾矿砂制备水泥砂浆，附在路面砖面层。通过实验发现，利用石墨尾砂代替天然砂制作混凝土砌块是可行的。①石墨混凝土在凝固的初期强度较河砂混凝土低，而在后期强度增长较快，随着龄期的增长，两者抗压强度差距缩小。②将路面砖分为面层和底层，分别用不同的原料及配比，既满足了路面砖的抗压强度又节省了颜料的用量。石墨混凝土砌块强度远远低于胶磷尾矿混凝土砌块强度，但将石墨砂浆附在砌块面层上时，砌块整体强度符合路面砖强度要求，同时，只将颜料掺入砌块面层，又可以节省颜料用量。③确定了路面砖的最佳原料配比：采用 32.5R 水泥，用量占原料的 25%，减水剂用量为水泥用量的 0.8%，颜料的用量为原料的 5%，制得了既符合标准又能充分利用尾矿资源的道路砖。

1. 试验材料

胶磷矿尾矿：某选厂的尾矿。

石墨矿尾矿：某选厂的尾矿。

水泥：本试验选用 32.5R 级普通硅酸盐水泥。

铁红：化学式 Fe_2O_3。本试验选用的是选铁产生的尾矿硫酸渣，主要化学成分氧化铁。

铁黑：化学式 Fe_3O_4。本试验选用的是磁铁矿，主要成分为四氧化三铁。

2. 试验仪器

压力试验机：试验机的示值相对误差应不超过 ±1%。试件的预期破坏荷载值不小于试验机全量程的 20%，也不大于全量程的 80%。标准养护箱、砂浆搅拌机、振动成型台、模具、刮刀、称、量筒等。

3. 试验方法

普通混凝土按照设计配合比称取试验用原材料，加入砂浆搅拌机中干搅拌 0.5min 后使之混合均匀，然后加水继续搅拌 2～3min 制成胶凝浆体，再将混凝土浆体注入试模中，轻微振动使其完全填满试模，并用镘刀刮平。一般在 24h 后拆模，放入标准养护箱养护。

4. 试验过程

首先做底层，称好一定量的骨料，按试验结果的最佳配比相互混合，搅拌均匀，倒入模具（模具体积为 7cm×7cm×7cm），放在振动成型台上，振动 20～30s。然后再按照面层原料配合比制出石墨砂浆，用试验用搅拌机搅拌 0.5min，附在底层上，厚度为 8～10mm，放在振动成型台上振动 20～30s，再用刮刀抹平，静置 24h 后脱模称重，放入标准养护箱中，分别测 3d、7d、28d 的抗压强度。

然后进行石墨矿分级与未分级的强度对比试验、尾矿用量试验、减水剂用量试验。试验结果为：分别用分级和未分级的石墨砂做成混凝土砌块后，7d后测其强度，发现用分级后的石墨砂制成的混凝土抗压能力强。在尾矿砂含量的试验中，发现水泥含量占25％时，强度指标就已符合要求。在减水剂用量试验中，试验数据显示，当减水剂用量为水泥的0.8％时，效果最佳，而此时的水料比为0.18。据此初步确定的原料配合比为：采用分级石墨尾矿砂、水泥含量为25％（灰砂比0.33）、水料比0.18、减水剂用量为0.8％。

最后进行路面砖基层与面层复合后的强度试验，根据确定的底层原料配合比：水灰比0.35、减水剂用量0.7％、砂率35％、骨料百分比68％；试验得出的面层原料及配合比：分级的石墨砂（即用160目的筛子将石墨砂进行筛分，筛上部分作为骨料，筛下部分主要是黏土）、水泥是32.5R、水泥用量25％、水料比0.18、减水剂占水泥的0.8％。按照此配比，将路面砖面层和基层复合，首先在不加入颜料的情况下制成的路面砖，加入颜料后，试验发现颜料对路面砖的抗压强度影响不大。加入铁红的彩色路面砖呈暗红色，加入铁黑的路面砖呈暗黑色。测其3d、7d和28d的抗压强度，彩色路面砖3d的抗压强度大于11MPa，7d的抗压强度大于17MPa，28d的抗压强度大于30MPa，均符合路面砖力学性能标准。测定吸水率为6％～7％，符合吸水率≤14％的要求。

四、石墨尾矿制备新型墙体材料

砖在建筑上仍属于用量最大的一种墙体材料。而烧结黏土砖由于要毁掉大量的农田、耗费大量的能源，所以受到了国家的限制，要求研究黏土砖的其他代用品。利用固化技术，在石墨尾矿里加入少量价廉而常用的无机或有机化合物配制的固化剂及少量普通硅酸盐水泥熟料，通过石墨尾矿里的一些成分和固化剂及水泥熟料发生一定的物理、化学反应，经过加压或挤压成型，在简单的养护下，制成具有一定的强度和耐久性，符合国家标准的免烧砖。既节约了土地和能源，又变废为宝，固化了其有害成分，避免了对环境的污染，而且工艺简单，生产成本较低，具有较强的市场竞争力，有着重要的研究意义及应用前景。

山东建材工业学院杨中喜、岳云龙等探讨了利用固化剂生产石墨尾矿固化砖的可行性，其成本低于普通黏土砖，不仅节约了能源，而且充分利用了工业废渣。

1. 原材料

石墨尾矿：山东省某石墨矿。

普通硅酸盐水泥熟料：山东省某水泥厂熟料。

固化剂：以氧化钙、硫酸铝、碳酸钠、硫酸钙、矿渣、硫铝酸盐水泥熟料、硬脂酸钙、胺盐等无机和有机化合物为原料，按照一定的比例配制成四种固化剂，分别编号为A、B、C、D。

2. 制备方案

根据先期探索实验，选定4种固化剂的掺入量为4％、6％、8％，分别对石墨尾矿进行试验研究，普通硅酸盐水泥熟料的掺入量为10％，成型模具规格为4cm×4cm×16cm，所有原料经烘干，保持干燥状态下配料，水泥胶砂搅拌机搅拌均匀，水灰比在0.2～0.3之间，采用振动成型，常温下养护箱中养护，压力试验机上测其1d、3d、28d抗压强度，抗折试验机上测其 3d、28d 抗折强度，根据其抗压、抗折强度确定适合的固化剂及最佳掺入量。然后，使用 240mm×115mm×53mm 与现行的普通黏土砖的尺寸保持一致的大模具，用适合固化剂及最佳掺入量配料，适当加水，人工搅拌均匀，在压力试验机上进行加压成型，成型压力为 5.6MPa，常温养护箱中养护，1 天脱模，测其 1d、3d、28d 强度及其他性能指标，检验石墨尾矿免烧固化砖是否达到国家标准。

3. 石墨尾矿固化砖的性能

在石墨尾矿中掺 8% 的固化剂用 240mm×115mm×53mm 大模具制作石墨尾矿固化砖，测其抗压、抗折强度，如表 16-12 所列。

表 16-12　石墨尾矿固化砖的抗压、抗折强度

抗压强度/MPa			抗折强度/MPa	
1d	3d	28d	3d	28d
2.62	11.80	18.05	2.75	3.30

石墨尾矿固化砖的耐久性试验，结果如下。

(1) 抗冻性　经 15 次冻融循环，其质量损失为 0.5%，抗压强度的损失率为 10%；经 25 次循环，其质量损失为 1.2%，抗压强度的损失率为 13%，并未发现有裂纹产生，符合砖的抗冻性要求。

(2) 吸水率　经测定其吸水率为 14%，符合一等砖的要求。

(3) 容重　经测定砖的容重为 1750kg/m³。

(4) 耐水性　经测定其饱和强度，符合一等砖的要求。

通过以上试验可以看出，石墨尾矿固化砖完全符合规定的一等免烧砖标准。

五、石墨尾矿制备泡沫混凝土

随着建筑业的迅速发展以及墙材革新与建筑节能的要求，泡沫混凝土因其特性而受到广泛的重视。目前，广泛研究和应用的泡沫混凝土主要是水泥-粉煤灰-砂体系，山东理工大学王少海利用石墨矿尾矿、普通水泥、起泡等制备泡沫混凝土，并对泡沫混凝土的性能进行测试。结果表明：其性能完全达到《泡沫混凝土砌块》（JC/T 1062—2007）中密度等级为 B08、强度等级为 A3.5 的要求。

1. 原材料

(1) 石墨尾矿　石墨尾矿取自湖北某石墨矿，其矿床类型属于结晶片岩型，尾矿外观为灰绿色粉末，自然含水率为 2.52%，容重为 1.7g/cm³。测定其石墨尾矿矿物组成及筛分粒度。可知尾矿属粗中粒，平均粒度 $d_{50}=0.14mm$，小于 5μm 粒级（黏性粒级）含量低，尾矿的可塑性差。尾矿的化学组成：Na_2O 0.74%，K_2O 3.11%，CaO 0.86%，MgO 2.12%，SiO_2 63.19%，TiO_2 0.72%，Al_2O_3 17.32%，Fe_2O_3 4.91%，LOI 7.12%。尾矿的化学组成以 SiO_2 为主，Al_2O_3 含量较高，S 未测出，满足混凝土集料基本要求。

(2) 水泥　生产泡沫混凝土可以采用硅酸盐水泥、普通硅酸盐水泥和其他水泥。泡沫混凝土为了固泡的需要，要求水泥凝结尽量快。为了提高稳泡质量和泡沫混凝土的早期强度，尽量选用新出厂的水泥。本试验选用山东铝业水泥厂的 32.5R 级普通硅酸盐水泥。

（3）发泡剂　采用 HTD-1 型复合发泡剂，它具有发泡能力强、泡沫细密均匀、沉降量低、泌水量小等优点。

2. 混凝土制备

普通混凝土按照设计配合比称取试验用原材料，加入砂浆搅拌机中干搅拌 0.5min 后使之混合均匀，然后加水继续搅拌 2～3min 制成胶凝浆体，再将混凝土浆体注入试模中，轻微振动使其完全填满试模，并用镘刀刮平，24～48h 后拆模，放入标准养护室养护。

泡沫混凝土按照设计配合比称取试验用原材料，加入砂浆搅拌机中干搅拌 0.5min 后使之混合均匀，然后加水继续搅拌 2～3min 制成胶凝浆体，同时将发泡剂与水以 1∶40 混合，在制泡机中发泡，当泡沫气泡大小均匀、稳定时，再将其陆续加入搅拌状态下的混凝土浆体中，继续搅拌 1～2min，当泡沫与料浆混合均匀、浆面看不到漂浮的泡沫时，将泡沫混凝土浆体注入试模中，轻微振动使其完全填满试模，并用镘刀刮平。由于泡沫混凝土的强度较低，浇注后 24h 内要注意保护，24～48h 后拆模，拆模后立即放入标准养护室中养护。

3. 尾矿分级与否对强度的影响

水泥比例为 40％，水灰比为 0.3，水泥标号为 32.5R，标准养护 7d，测试其未分级石墨尾矿和分级石墨尾矿抗压强度并对比。结果发现，在相同的条件下，未经过分级的石墨尾矿制备的混凝土 7d 的抗压强度比经过分级的石墨尾矿制备的混凝土抗压强度高。由此得出：利用此石墨矿尾矿，不需分级即可直接制备泡沫混凝土。

4. 尾矿用量试验

利用尾矿中较粗粒级部分作为骨料，先加入 80％的尾砂作为骨料按照标准制作混凝土试块，然后逐步加大水泥的含量制作混凝土试块。确定试验用水灰比为 0.3，测试时间为28d。根据试验数据得出，当尾矿用量为 70％时，其试块强度已达到建筑行业标准。

5. 石墨尾矿混凝土的强度规律

为考察石墨尾矿制备的混凝土在硬化过程中强度形成的规律，将同一配比下的石墨尾矿制备的混凝土和普通河砂制备的混凝土，分别在标准养护下的 3d、7d、28d、60d、90d 的强度进行了对比。水泥为 32.5R 型普通硅酸盐水泥，水泥含量为 40％，水灰比为 0.3。根据各龄期样品的抗压强度曲线分析得出：石墨尾矿制备的混凝土强度明显低于河砂制备的混凝土。主要原因有两个方面：①石墨矿尾矿中的轻质颗粒含量较高，轻质颗粒使石墨尾矿制备的混凝土强度显著降低；②薄片状云母表面光滑，不利于同胶凝材料水化产物的胶结，云母周围因此而形成胶结薄弱带，并且是二维同向分布，当云母含量较高时，这种云母胶结薄弱带大量存在，导致混凝土性能劣化。

6. 泡沫混凝土试验

石墨尾矿组成对泡沫混凝土的影响与普通混凝土类似，故在利用石墨尾矿制备泡沫混凝土时也无需分级。同样，云母及轻质物料也会使泡沫混凝土轻微劣化。

（1）试验方法和标准　检测指标为 28d 的抗压强度、抗冻性能、单位体积质量、干燥收缩率、导热系数、碳化系数，试件的尺寸为 100mm×100mm×100mm，检测的方法参照《蒸压加气混凝土砌块》(GB/T 11968—2006)。

（2）泡沫混凝土技术指标　泡沫混凝土的质量经国家建筑材料测试中心进行检测，其主要技术指标见表 16-13。

表 16-13　泡沫混凝土砌块技术指标测试结果

技术指标	测试结果	规范要求
单位体积质量/(kg/m³)	827	JC 1062—2007B08、A3.5 等级要求
抗压强度/MPa	3.52	
干燥收缩值/(mm/m)	0.56	B08 为干表观密度(<830kg/m³)，　A3.5 为平均值(≥3.5MPa)，单组最
抗冻性(−17~20℃)	15 次冻融合格	小值(≥2.8MPa)
热导率/[W/(m·K)]	0.086	

由表 16-13 可见，用石墨尾矿制得的泡沫混凝土技术指标完全达到《泡沫混凝土砌块》(JC 1062—2007) 中 B08、A3.5 等级的要求。

7. 石墨尾矿混凝土压敏性能

刘洪波、张大双等为了利用生产石墨产生的工业废料石墨尾矿，减少环境污染，将石墨尾矿掺到混凝土中，制备智能混凝土。对不同石墨尾矿掺量、不同碳纤维掺量进行压敏特性试验，研究其压应力与电阻率之间的关系。试验结果表明：石墨尾矿掺量为 5%~10%，碳纤维掺量为 0.3%~0.6%，石墨尾矿混凝土电阻率能达到良好的效果；压力在弹性范围内循环加载，电阻率随应力的增加而减小，随应力的减小而增大。适宜掺量的石墨尾矿混凝土具有良好的压敏特性，在智能混凝土中添加石墨尾矿，减少碳纤维含量，可节约成本，为智能混凝土的监测和控制的研究奠定基础。

六、石墨尾矿粉用量对碱磷渣基胶凝材料净浆强度的影响

碱磷渣胶凝材料早期强度较低，不利于实现快速修补，通过在碱磷渣材料中掺入适量的石墨尾矿粉和普通硅酸盐水泥进行快硬早强磷渣基胶凝材料的研制。三峡大学彭艳周、张俊等进行了试验。结果表明，掺入 10% 的普通硅酸盐水泥和 15% 的石墨尾矿粉时，可有效提高碱磷渣胶凝材料的早期强度。

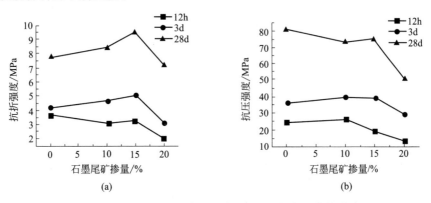

图 16-16　石墨尾矿粉掺量对磷渣基胶凝材料强度的影响

由于掺入水泥后，随着水泥的用量增多，水泥水化产物 $Ca(OH)_2$ 也增多，可能影响磷渣基胶凝材料硬化体内部的界面区结构，从而影响其混凝土耐久性．研究了当普通硅酸盐水泥掺量为 10％、Na_2SiO_3 掺量为 5％，掺入石墨尾矿粉按 10％、15％和 20％等，其净浆试件的强度试验结果如图 16-16 所示。由图 16-16 可知，相比于未掺入石墨尾矿粉的磷渣基量取代磷渣基胶凝材料，掺入 15％石墨尾矿粉后的磷渣基胶凝材料 3d 的强度增加，28d 的抗压强度降低，28d 抗折强度反而增加，说明掺入适量的石墨尾矿粉可以降低磷渣基胶凝材料的压折比，改善了其脆性，同时还能控制成本。

参 考 文 献

[1] 王绍文，梁富智，王纪曾．固体废弃物资源化技术与应用．北京：冶金出版社，2003.

[2] 赵由才，张华，宋立杰等．实用环境工程手册——固体废物污染控制与资源化．北京：化学工业出版社，2002.

[3] 芈振明．固体废物的处理与处置．北京：高等教育出版社，1990.

[4] 杨国清，刘康怀．固体废物处理工程．北京：科学出版社，2000.

[5] 董保澍．固体废物的处理与利用．北京：冶金工业出版社，1999.

[6] 《三废治理与利用》编委会．三废治理与利用．北京：冶金工业出版社，1995.

[7] 杨慧芬．固体废物处理技术及工程应用．北京：机械工业出版社，2003.

[8] 庄伟强．固体废物处理与利用．北京：化学工业出版社，2001.

[9] 李国刚．固体废物检验与监测分析方法．北京：化学工业出版社，2003.

[10] 吴宗鑫，陈文颖．以煤为主多元化的清洁能源战略．北京：清华大学出版社，2001.

[11] 朱书全，戚家伟，崔广文．我国洁净煤技术发展现状及其发展意义．选煤技术，2003，(6).

[12] 曹征彦．中国清洁煤技术．北京：中国物资出版社，1998.

[13] 赵跃民等．煤炭资源综合利用手册．北京：科学出版社，2004.

[14] 姜振泉，李雷．煤矸石的环境问题及其资源化利用．环境科学研究，1998，11 (3)：57-59.

[15] 胡维淳．煤矸石综合利用是大有可为的事业．中国煤炭，2002，28 (8)：8-10.

[16] 朱安峰，陈明功．煤矸石中化学元素的开发和应用进展．煤炭加工与综合利用，2003，(2)：40-44.

[17] 谢宏全，张光灿．煤矸石山对生态环境的影响及治理对策．北京工业职业技术学院学报，2002，1 (3)：26-30.

[18] 常允新，朱学顺，宋长斌，卫政润．煤矸石的危害与防治．中国地质灾害与防治学报，2001，12 (2)：39-43.

[19] 邓寅生，李毓琼，张玉贵．我国煤矸石分类探讨．煤炭加工与综合利用，1998，(3)：26-30.

[20] 舒方才．改造工艺设备实现矸石再选．煤炭加工与综合利用，2000，(6)：40-41.

[21] 王凤兰，刘国停，金晓明．增设矸石再洗工艺的实践及效果．煤炭技术，2002，21 (4)：31-32.

[22] 李建康，王树勇．煤矸石新型建材的研究．化工冶金，1999，20 (2)：173-177.

[23] 邓寅生，李毓琼编．煤炭固体废物资源化利用．北京：煤炭工业出版社，1997.

[24] 潘嘉芬．高硫煤矸石的选矿综合利用．山东建材学院学报，1997，11 (1)：37-38.

[25] 魏明安．利用煤矸石制取优质高岭土的试验研究．有色金属（冶炼部分），2002，(3)：22-25，38.

[26] 刘广义，戴塔根．富镓煤矸石的综合利用．中国资源综合利用，2000，(12)：16-19.

[27] 张雷．高钙页岩煤矸石承重砌块．房材与应用，1997，(4)：12-13.

[28] 张明华，张美琴，张子平．煤矸石陶粒的膨化机理及其研制．吉林建材，1999，(4)：8-14.

[29] 施龙清，韩进，尹增德，陆鸿．煤矸石改良土壤的应用研究．中国煤炭，1998，24 (5)：37-39.

[30] 王德海．煤矸石粉体研究开发进展．中国煤炭，1997，23 (5)：31-32.

[31] 蔡晋强，张顶烈，巴陵，禹永红．以高铝矸石为原料制取多用途氢氧化铝．煤炭加工与综合利用，1997，(3)：27-31.

[32] 刘小波，肖秋国，傅勇坚，刘小平．煤矸石中氧化铝的提取率与工艺因素的关系．煤炭学报，1998，23 (4)：435-438.

[33] 杜玉成，郑水林，康凤华．煤矸石制备氢氧化铝-氧化铝及高纯 α-氧化铝微粉的研究．河北冶金，1997，(5)：28-31.

[34] 夏士朋，石光耀．煤矸石制备氢氧化铝和氧化铝新工艺研究．四川化工与腐蚀控制，2001，(1)：25-27.

[35] 张宝军，杨建国．利用煤矸石生产聚合氯化铝的研究．再生资源研究，2001，(4)：28-30.

[36] 李俊梅．煤矸石制备高效净水剂的研究．现代化工，1997，(12)：30-32.

[37] 李多松，姚红仙．用煤矸石制取白炭黑的研究．煤炭加工与综合利用，1997，(4)：33-35.

[38] 顾炳伟．利用煤矸石合成 4A 分子筛初探．江苏地质，1997，21 (2)：90-92.

[39] 廉先进，葛宝勋，李凯琦．用煤矸石作原料合成 A 型沸石分子筛工艺条件的探讨．郑州大学学报（自然科学版），1998，30 (2)：34-38.

[40] 贾立胜，田震．以煤矸石为原料合成 Y 型沸石．非金属矿，2002，25 (4)：29-30.

[41] 边炳鑫．粉煤灰空心微珠分选及其综合利用的研究．徐州：中国矿业大学，1996.

[42] 王福元等.粉煤灰利用手册.北京：中国电力出版社，1997：1-13.

[43] 韩怀强等.粉煤灰利用技术.北京：化学工业出版社，2001：1-10.

[44] 沈旦申.粉煤灰混凝土.北京：中国铁道出版社，1989.1-37.

[45] 边炳鑫等.粉煤灰空心微珠的分选及综合利用的研究.中国矿业大学学报，1993，(2)：20.

[46] 孙俊民等.粉煤灰的形成和特性及其应用前景.煤炭转化，1999，22 (1)：10-14.

[47] 陶恩中.粉煤灰资源化中的几个问题.粉煤灰综合利用，1996，(1)：55.

[48] 王立刚等.粉煤灰资源的综合利用及发展重点.山西煤炭，1999，19 (2)：13-15.

[49] 欧阳小琴等.粉煤灰资源综合利用的现状.江西能源，2002，(2)：20-22.

[50] 古德生等.粉煤灰应用研究现状.采矿技术，2002，2 (2)：1-4.

[51] 全北平等.粉煤灰空心微珠的研究与应用进展.化工矿物与加工，2003，(11)：31-33.

[52] 孙俊民.洁净煤燃烧产物的特性与利用潜力.洁净煤技术，1998，(2)：43-46.

[53] 周珊等.我国粉煤灰综合利用研究进展.冶金能源，2002，21 (5)：53-55.

[54] 钱觉时.粉煤灰特性与粉煤灰水泥.北京：科学出版社，2002，5-11.

[55] 孙俊民.燃煤固体产物的矿物组成研究.矿物学报，2001，21 (1)：14-18.

[56] 孙俊民等.煤粉颗粒中矿物分布特征及其对飞灰特性的影响.煤炭学报，2000，(5).

[57] 钱觉时等.粉煤灰矿物组成（上）.粉煤灰综合利用，2001，(1)：26-31.

[58] 钱觉时等.粉煤灰矿物组成（中）.粉煤灰综合利用，2001，(2)：37-41.

[59] 张覃等.粉煤灰的矿物学特性研究.粉煤灰综合利用，2001，(1)：11-14.

[60] 王振生等.选煤厂生产技术管理.北京：煤炭工业出版社，1990：59-63.

[61] 路迈西等.选煤厂经营管理.北京：煤炭工业出版社，1991：39-59.

[62] 韩怀强等.粉煤灰利用技术.北京：化学工业出版社，2001：16-29.

[63] 王明杰.固体废弃物取样、制样方法研究.上海环境科学，1995，14 (6)：6-9.

[64] 王甲.采样与制样.水力采煤与管道运输，2000，(3)：16-21.

[65] 谢华林等.ICP-AES法测定粉煤灰全组分化学元素的研究.粉煤灰综合利用，2003，(6)：38-40.

[66] 郭宝珠.ICP-AES法测定粉煤灰中13种元素.辽宁化工，2000，29 (5)：304-305.

[67] 赵文霞.导数-原子捕集联用火焰原子吸收法测定粉煤灰中镉.内蒙古大学学报（自然科学版），2002，33 (4)：433-436.

[68] 丰宝宽.燃烧-碘酸钾法测定粉煤灰的SO_3含量.青岛建筑工程学院学报，1997，18 (1)：31-34.

[69] 边炳鑫.粉煤灰理化性质及其综合利用.煤矿环境保护，1997，(3).

[70] 钱觉时等.粉煤灰矿物组成（下）.粉煤灰综合利用，2001，(2)：24.

[71] 仲兆裕.粉煤灰漂珠及其在隔热耐火材料中的应用.粉煤灰综合利用，1995，(2)：20.

[72] 余方喜等.高钙固硫粉煤灰的物性及活性研究.粉煤灰综合利用，1995，(2)：20.

[73] 侯浩波.粉煤空心微珠的特性与应用.粉煤灰综合利用，1993，(1)：39.

[74] Taneja S P etuov. Characterization of iron phases in coal ash from. thermal power plant. Fuel Processing Technology，1991，29：209.

[75] 李高勇等.粉煤灰颗粒分选特性的研究.武汉钢铁学院学报，1987，(3)：55.

[76] 李文青等.粉煤灰中的微珠特征及形成机理探讨.环境工程，1997，(4)：51.

[77] 杨赞中等.热电厂粉煤灰漂珠的物化性能及应用.建材技术与应用，2002，(6)：13.

[78] 徐风广.漂珠的物性研究及与原始粉煤灰的比较.煤炭科学技术，2002，(9).

[79] 王栋知等.燃煤电厂粉煤灰中沉珠的理化特性.粉煤灰综合利用，1996，(2)：55.

[80] 丛培君等.粉煤灰中玻璃微珠成因机理.天津大学学报，1996，(1)：55.

[81] 张家骏等.物理选矿.北京：煤炭工业出版社，1992：46-52.

[82] 蔡障.选煤厂固-液、固-气分离技术.北京：煤炭工业出版社，1992：54.

[83] 柳吉祥.旋转流分选的理论及应用.北京：煤炭工业出版社，1985.

[84] 胡熙庚等.浮选理论与工艺.长沙：中南工业大学出版社，1991：50.

[85] 王常任.磁电选矿.北京：冶金工业出版社，1986：1-10.

[86] 许容华.干灰分选与应用研究（上）.粉煤灰，1998，(4)：18-22.

[87] 许容华. 干灰分选与应用研究（下）. 粉煤灰，1998，(5)：19-22.

[88] 李振声. 粉煤灰分选机的开发与应用. 粉煤灰，1998，(1)：21.

[89] 许荣华. 粉煤灰分选技术的发展及应用. 粉煤灰，2001，(1)：30.

[90] 高凤岭. 超细风选工艺及应用效益. 粉煤灰综合利用，1998，(1)：1-3.

[91] 淳于贤伟. 我国电除尘灰的粒度分布特征. 粉煤灰综合利用，1998，(3)：28-31.

[92] Bian Bingxin. The Separation Performance Fly Ash in Water Media. 中国矿业大学学报（英文版），2001，(7).

[93] 边炳鑫. 粉煤灰颗粒在水介质中的分选机理的研究. 黑龙江矿业学院学报，2000，(1).

[94] 边炳鑫. 粉煤灰中沉珠分选机理与分选试验的研究. 中国矿业大学学报，1997，(1).

[95] 边炳鑫. 粉煤灰中漂珠分选机理与分选试验的研究. 中国矿业大学学报，1997，(4).

[96] 张金明等. 从粉煤灰中回收炭粉和漂珠的生产实践. 环境工程，1992，(5)：41.

[97] Bian Bingxin. Study on separation an utilization-technology of magnetic beads in fly ash. 煤炭学报（英文版），2000，(12).

[98] 边炳鑫. 粉煤灰中炭粒的分选原理和试验研究. 煤炭学报，2000，(6).

[99] 边炳鑫. 泡沫浮选粉煤灰中炭粒的研究. 矿产综合利用，1997，(2).

[100] 张全国等. 粉煤灰高压静电脱碳工艺特性的试验研究. 粉煤灰，2002，(5).

[101] Bingxin Bian, et al. Experimental Study on Separation of Unburned Carbon from Coal Fly Ash by Electrostatic Separa-tion Method. Dry Separation Science and Technology, 2002；(6).

[102] Yufen Yang, et al. Experimental Research on Removing Unburned Carbon from Fly Ash with Triboelectric Separa-tor. Dry Separation Science and Technology, 2002，(6).

[103] 王溥. 国内外粉煤灰利用沿革与发展（上）. 粉煤灰，1998，(3)：9-13.

[104] 王溥. 国内外粉煤灰利用沿革与发展（中）. 粉煤灰，1998，(4)：8-11.

[105] 王溥. 国内外粉煤灰利用沿革与发展（下）. 粉煤灰，1998，(5)：13-16.

[106] 朱天益. 美国粉煤灰利用. 粉煤灰综合利用，1994，(3)：51-58.

[107] 邵靖邦. 欧洲国家粉煤灰利用. 粉煤灰综合利用，1996，(2)：43-47.

[108] 张瑞荣. 粉煤灰陶粒的生产技术及发展方向. 中国资源综合利用，2002，(8)：33-35.

[109] 战洪艳等. 粉煤灰陶粒. 粉煤灰综合利用，2002，(5)：40-42.

[110] 李贵宝. 粉煤灰农业利用展望. 粉煤灰综合利用，1999，(3)：48-52.

[111] 张昌鸣等. 粉煤灰净化焦化废水及其机理研究. 粉煤灰综合利用，1998，(4)：34.

[112] 边炳鑫. 粉煤灰空心微珠的特性及综合利用研究. 煤炭加工与综合利用，1997，(3)：38-40.

[113] 肖泽俊等. 粉煤灰磁珠选煤加重质的研究及应用. 煤炭加工与综合利用，1995，(4)：37-40.

[114] 王振国等. 磁球-重介质选煤的新型加重质. 矿产综合利用，1990，(1).

[115] 赵爱武. 粉煤灰磁珠在水处理技术中的应用. 煤炭科学技术，1997，25 (5)：35-37.

[116] 毛玉如等. 粉煤灰的有效利用. 再生资源研究，2001，(1)：34-35.

[117] 刘小波. 粉煤灰-漂珠保温砖的研制. 粉煤灰综合利用，1996，(1)：42-44.

[118] 李国昌，王萍. 利用漂珠研制复合保温材料. 矿产保护与利用，1996，(3)：50-52.

[119] 杨赞中等. 热电厂粉煤灰漂珠的物化性能及综合利用. 矿产保护与利用，2002，(10)：46-49.

[120] 吴新华等. 电厂粉煤灰炭制颗粒活性炭的研究. 环境科学，1993，(4)：47-49.

[121] 陈寿花等. 粉煤灰提取珠填充酚醛塑料的研究. 粉煤灰，1999，(5)：22-24.

[122] 谢建中. 粉煤灰制橡胶填料的研究. 矿产保护与利用，1995，(3)：43-44.

[123] 陈国华. 粉煤灰在微晶玻璃中的应用. 粉煤灰综合利用，1997，(1)：23-25.

[124] 李策雷等. 空心漂珠的应用. 电力建设，1995，(10)：10-11.

[125] 李巧玲等. 用粉煤灰制取分子筛的研究. 新技术新工艺，1998，(3)：37-38.

[126] 翟冠杰. 粉煤灰纳米空心球的发现及其性能的研究. 粉煤灰综合利用，2002，(2)：10-11.

[127] 吴正如. 利用沸腾炉渣生产砌块是综合利用煤矸石的有效途径. 煤炭工程，2003，(6)：53-55.

[128] 张大双. 石墨尾矿混凝土受力和导电性能研究. 哈尔滨：黑龙江大学，2015.

[129] 张大伟. 石墨行业可持续发展的环境问题与对策初探. 非金属矿，2008，31 (5)：64.

[130] 王允威等. 石墨尾矿资源化利用现状. 攀枝花学院学报，2011，28 (6) 1-3.

[131]　边炳鑫．石墨加工与石墨材料．徐州：中国矿业大学出版社，2014．

[132]　赵敏．石墨资源开发迫在眉睫．科技创新与品牌，2010，（10）：12-13．

[133]　呼涛，杨大鹏．十多万吨石墨矿石染黑青山绿水．经济参考报，2006，（10）．

[134]　余志伟，邢丽华．含钒石墨尾矿提钒技术研究．金属矿山，2008，（8）：142-144．

[135]　李洪君．利用石墨选矿尾矿砂生产白炭黑的研究．非金属矿，1996，（4）：44-45．

[136]　杨中喜，岳云龙，陶文宏等．利用固化技术研制石墨尾矿墙体材料．河南建材，2001，（2）：33-34．

[137]　黄世峰，王晓轩，侯文萍等．石墨尾矿尾砂制承重烧结砖．新型建筑材料，2001，（12）：35-36．

[138]　解家伟，吕克政．综合利用石墨尾矿砂生产烧结多孔砖初探．砖瓦，2002，（1）：46-47．

[139]　张灿英，王峰，朱海涛等．用工业尾矿研制新型生态建材环保陶瓷砖．山东陶瓷，2005，（6）：11-13．

[140]　房建果，姚占勇，苏公灿等．石墨尾矿用作高速公路底基层．山东大学学报，2003，（5）：562-567．

[141]　韩雪冰等．石墨尾矿库及周围土壤重金属污染特征与评价．黑龙江大学工程学报，2011，2（2）：59

[142]　范会林，李军，马沛岚．表面处理对木粉增强PVC发泡复合板材料性能影响．工程塑料应用，2003，31（8）：22-25．

[143]　程仑．硅藻土符合材料净化室内空气的实验研究．环境保护科学，2007，33（3）：16-19．

[144]　钟鑫，薛平，丁筠．改性木粉/PVC复合材料的性能研究．中国塑料，2004，18（3）：62-66．

[145]　吉瑞光等．石墨尾矿沉降特性研究．非金属矿，2012，35（1）：24-26．

[146]　张召述．工业废渣制备CBC复合材料基础研究．昆明：昆明理工大学，2006．

[147]　周兴龙，张文彬，王文潜．量筒内进行矿浆沉降试验的方法．有色金属（选矿部分），2005（5）：30-32．

[148]　莫如爵，刘绍斌，黄翠荣，等．中国石墨矿床地质．北京：中国建筑工业出版社，1989．

[149]　殷树海．加强"三废"防治，促进石墨矿山可持续发展．中国非金属矿工业导刊．2007，63：47．

[150]　侯明兰等．山东省矿山尾矿综合利用现状与建议．矿冶，2004，13（4）：40．

[151]　湖北建工学院石墨课组．石墨　第七讲　石墨尾矿的综合利用．非金属矿．1975，Z1：48-50．

[152]　余志伟，邢丽华．含钒石墨尾矿提钒技术研究．金属矿山．2008，386（8）：142-144．

[153]　李凤，宋永胜等．从某石墨尾矿中回收绢云母的选矿试验．金属矿山．2014，458（8）：170-174．

[154]　刘淑贤，魏少波．从石墨尾矿中回收绢云母的试验研究．中国矿业．2013，22（7）：97-100．

[155]　刘淑贤等．石墨尾矿中绢云母的综合鉴定及浮选回收试验．化工矿物与加工．2014，6：20-22．

[156]　李凤，宋永胜等．某石墨尾矿再选试验．金属矿山，2014，455（5）：171-175．

[157]　吴建锋，刘溢等．利用石墨尾矿研制太阳能中温储热陶瓷及抗热震性．武汉理工大学学报．2015，37（8）：12-17．

[158]　陈宝海，杜高翔．利用石墨尾矿制备建筑陶瓷．非金属矿，2011，34（6）：45-47．

[159]　白志民，廖立兵．石墨尾矿烧砖制备工艺及性能研究．矿物岩石地球化学通报．1999，18（4）：221-225．

[160]　张卫卫，左然芳．利用石墨尾矿制备烧结砖中泛霜性能的调控技术研究．非金属矿．2013，36（6）：28-29．

[161]　王丽娜，申保磊．石墨尾矿制备路面砖面层的试验研究．中国非金属矿工业导刊．2012，99（5）：24-27．

[162]　彭艳周，张俊．快硬早强磷渣基胶凝材料的制备及其微观结构研究．三峡大学学报（自然科学版），2015，37（6）：15-19．

[163]　杨中喜岳，云龙陶等．利用固化技术研制石墨尾矿墙体材料．河南建材，2001，2：13-14．

[164]　王少海．石墨尾矿制备泡沫混凝土的试验研究．中国非金属矿工业导刊，2011，91（4）：35-37．

[165]　刘洪波、张大双．石墨尾矿混凝土压敏性能研究．黑龙江大学工程学报，2015，6（1）：22．

[166]　潘春娟．石墨尾矿在底基层中的应用．山西交通科技，2013，222（3）：37-38．

[167]　房建果等．石墨尾矿用作高速公路底基层．山东大学学报（工学版），2003，33（5）：562-567．

[168]　毛洪录等．石墨矿渣在高速公路底基层上的应用．中外公路，2004，24（2）：64-66．

[169]　李洪君．利用石墨选矿尾矿砂生产白炭黑的研究．非金属矿，1996，112（4）：33-34．

[170]　李洪君．利用石墨选矿尾矿砂生产复合型保护渣．非金属矿，1997，116（2）：44-45．

[171]　翟小伟，赵彦辉．我国矸石山自燃防治技术发展趋势．煤矿安全，2014，45（12）：193-196．